普通高等教育“十三五”规划教材

单片机与嵌入式系统原理及应用

主　编　王宝珠　冯文果
副主编　王　强　谌　丽　何永洪
参　编　黄　沛　喻　婷　费　莉
主　审　黄　俊

机 械 工 业 出 版 社

本书以8051单片机和ARM11微处理器S3C6410为主线，全面、系统地阐述了单片机嵌入式系统的原理和应用，主要内容包括单片机概述、MCS－51单片机的硬件结构与原理、MCS－51单片机指令系统、MCS－51单片机汇编程序设计、MCS－51单片机的C语言程序设计、MCS－51单片机的内部资源、MCS－51单片机的常用外设扩展、MCS－51单片机接口技术、AT89C51单片机应用设计与开发、嵌入式系统基础知识、ARM微处理器体系结构、ARM11微处理器S3C6410、S3C6410的I/O口及操作、S3C6410的中断控制、S3C6410的串口UART、S3C6410的PWM控制、S3C6410的实时时钟、S3C6410看门狗电路、工程项目开发实例。

本书结构严谨、逻辑清晰、叙述详细、通俗易懂，具有较多的编程实例和工程项目开发实例，可作为工科院校电气工程、电子信息工程、通信工程、自动化、机电一体化等专业本科生和专科生教材，也可供嵌入式系统的开发人员以及其他对嵌入式系统有兴趣的技术人员参考。

图书在版编目（CIP）数据

单片机与嵌入式系统原理及应用/王宝珠，冯文果主编．—北京：机械工业出版社，2018.2（2022.9重印）
普通高等教育“十三五”规划教材
ISBN 978-7-111-58893-1

Ⅰ.①单…　Ⅱ.①王…②冯…　Ⅲ.①单片微型计算机-系统设计-高等学校-教材　Ⅳ.①TP368.1

中国版本图书馆CIP数据核字（2018）第003253号

机械工业出版社（北京市百万庄大街22号　邮政编码100037）
策划编辑：徐　凡　责任编辑：徐　凡　韩　静
责任校对：潘　蕊　封面设计：张　静
责任印制：郜　敏
北京富资园科技发展有限公司印刷
2022年9月第1版第2次印刷
184mm×260mm · 27印张 · 661千字
标准书号：ISBN 978-7-111-58893-1
定价：59.8元

前　言

自20世纪70年代问世以来，单片机已对人类社会产生了巨大的影响。尤其是美国Intel公司生产的MCS－51单片机，由于其具有集成度高、体积小、功能强、可靠性高、价格低等优点，已被广泛应用于工业测控、智能仪器仪表、家用电器等领域。此外，MCS－51单片机也是教学用单片机的最佳选择。嵌入式系统是以应用为中心，以计算机技术为基础，软硬件可裁剪（这是指嵌入式系统的大小和规格会随着具体应用需求而改变），适用于应用系统对功能、可靠性、成本、体积、功耗有严格要求的专用计算机系统。嵌入式系统可以说是当前最热门、最有发展前途的IT应用领域之一。嵌入式系统通常会用在一些特定的专用设备上，特别是随着家电的智能化，嵌入式系统更显重要。目前国内嵌入式系统开发人才是很稀缺的，因为这一领域较新，且发展太快，所以熟练掌握这些新技术的人才是相当难找的，人才供需比是1：8，所以就业前景非常好。

本书以实用为宗旨，采用理论与实际相结合的形式，用众多的实例来讲解理论知识。在内容安排上由浅入深、由易到难、通俗易懂。本书规划授课学时为64学时，章节内容安排偏多，但各章节内容之间既有相关继承性，又有一定的独立性，方便了读者学习和参考，各授课教师可根据学习对象的基础及需求不同，对授课学时进行灵活的调整。

本书的主要特点如下：

1. 本书图文并茂、实用性强，既可作为应用型本科自动化、电子信息类专业“单片机与嵌入式系统原理及应用”课程的教材和参考书，同时又可供各类电子工程和自动化技术人员、计算机爱好者以及嵌入式系统自学者参考。

2. 本书从实用角度出发，与传统的单片机与嵌入式基本原理书籍相比较，更注重面向实际应用和实际开发，书中案例大多来源于编者平时的教学、企业工程经验以及科研工作，有利于初学者迅速掌握单片机与嵌入式技术。

3. 本书致力于培养学生对学习方法的掌握，找出并抓住学科知识的内在联系，形成一个完整的体系，有利于学生系统地学习。

全书共19章。第1章主要介绍了计算机的基本概念、计算机的基本组成及单片微型计算机的结构原理，最后阐述了单片微型计算机的应用与发展。第2章主要讲解了MCS－51单片机的硬件结构和片内各功能部件的工作原理。第3章详细介绍了MCS－51单片机的寻址方式及指令系统。第4章介绍了汇编程序设计的方法及步骤，并举实例进行了说明。第5章介绍了MCS－51单片机的C语言程序设计，通过本章的学习，读者能够了解单片机C语言程序设计的方法。第6章对单片机的内部资源I/O口、定时/计数器、中断、串口进行了详细介绍。第7章主要介绍了程序存储器（ROM）扩展、数据存储器（RAM）扩展以及并行I/O口的扩展。第8章介绍了几种单片机常用的外设，包括键盘、显示器、打印机、A－D和D－A转换器等。第9章主要介绍单片机产品的设计与开发，具体讨论了有关产品开发设计的问题。第10章主要对嵌入式系统的基本知识，包括基本概念、应用领域、特点、组成及嵌入式处理器分类等进行了详细介绍，使读者对嵌入式系统有一个基本的了解。第11章主要介绍了常用ARM处理器系列，对ARM7内核、存储体系、总线结构、流水线技术、处理器状态与模式、寄存器组织和异常处理等进行了详细介绍，使学生对ARM的体系结构有一个清楚的认识。第12章主要介绍了S3C6410的内部资源，如定义的头文件、常用函数及其使用。第13章主要介绍了GPIO的功能、控制寄存器及其应用。第14章主要介绍了S3C6410中断控制系统的构成及应用实例。第15章主要介绍了S3C6410的串行端口RS232通信及编程方法。第16章主要介绍了PWM的工作原理、输出控制、控制寄存器的功能和编程思路。第17、18章主要介绍了S3C6410的RTC和看门狗的原理，以及利用相关的资源来编写相关的例程。第19章通过实际的工程项目介绍了一般嵌入式系统的开发流程。

本书的第1章由何永洪、王宝珠编写，第2~6章和附录由王宝珠编写，第12~19章由冯文果编写，第7~9章由王强编写，第10、11章由谌丽编写。全书由王宝珠统编定稿，由黄俊教授主审。同时，在本书编写过程中，黄沛、喻婷、费莉帮助收集资料、整理书稿，给予了大力的支持和帮助。

本书在编写过程中参考了大量的相关书籍和资料，在此向这些书籍和资料的编写者表示衷心的感谢。

由于编者水平有限，书中难免有疏漏、错误和不妥之处，敬请读者批评指正。

编　者

目　录

前　言

第 1 章　概述 …… 1

1.1　计算机基本概念 …… 1

1.1.1　计算机的组成 …… 1

1.1.2　信息在计算机中的表示 …… 2

1.1.3　计算机的软件 …… 5

1.2　微型计算机的基本构成 …… 5

1.2.1　微处理器 …… 5

1.2.2　存储器 …… 6

1.2.3　系统总线 …… 6

1.3　单片机的结构与特点 …… 6

1.3.1　单片机的基本结构 …… 6

1.3.2　单片机的主要特点 …… 7

1.4　单片机的重要指标及类型 …… 8

1.5　单片机的应用与发展 …… 8

1.5.1　单片机的应用 …… 8

1.5.2　单片机的发展 …… 9

习题 …… 12

第 2 章　MCS-51 单片机的硬件结构与原理 …… 13

2.1　51 系列单片机简介 …… 13

2.2　MCS-51 单片机的硬件结构原理 …… 14

2.2.1　基本结构组成 …… 14

2.2.2　中央处理器 …… 15

2.2.3　存储器 …… 18

2.2.4　外部引脚 …… 23

2.3　MCS-51 单片机的输入/输出端口 …… 25

2.3.1　P0 口 …… 26

2.3.2　P1 口 …… 28

2.3.3　P2 口 …… 28

2.3.4　P3 口 …… 29

2.4　MCS-51 单片机的最小系统 …… 30

2.4.1　电源 …… 30

2.4.2　时钟电路 …… 30

2.4.3　复位电路 …… 33

2.5　MCS-51 单片机的工作方式 …… 34

2.5.1　全速执行方式 …… 34

2.5.2　单步执行方式 …… 34

2.5.3　掉电及节电方式 …… 35

习题 …… 37

第 3 章　MCS-51 单片机指令系统 …… 38

3.1　MCS-51 单片机的指令格式及描述符号 …… 38

3.1.1　指令格式 …… 38

3.1.2　指令中用到的描述符号 …… 39

3.2　MCS-51 单片机指令的寻址方式 …… 39

3.2.1　立即寻址 …… 40

3.2.2　直接寻址 …… 40

3.2.3　寄存器寻址 …… 40

3.2.4　寄存器间接寻址 …… 41

3.2.5　变址寻址（基址+变址寻址） …… 41

3.2.6　位寻址 …… 42

3.2.7　绝对寻址 …… 42

3.2.8　相对寻址 …… 42

3.3　MCS-51 的指令系统 …… 43

3.3.1　数据传送类指令 …… 43

3.3.2　算术运算类指令 …… 47

3.3.3　逻辑运算类指令 …… 50

3.3.4　控制转移类指令 …… 53

3.3.5　位操作类指令 …… 57

3.4　MCS-51 单片机汇编程序常用伪指令 …… 59

习题 …… 62

第 4 章　MCS-51 单片机汇编程序设计 …… 65

4.1　程序编制的方法和步骤 …… 65

4.2　数据传送程序设计 …… 65

4.3　查表程序设计 …… 66

4.4　运算程序设计 …… 67

4.4.1　算术运算程序设计 …… 67

4.4.2　逻辑运算程序设计 …… 70

4.5　代码转换程序设计 …… 70

4.6　分支程序设计 …… 71

4.6.1　简单分支程序设计 …… 71

4.6.2 散转程序设计 …… 72
4.7 循环程序设计 …… 75
4.8 子程序设计 …… 76
4.8.1 子程序的现场保护 …… 77
4.8.2 主程序和子程序间的参数传递 … 77
习题 …… 79
第5章 MCS-51单片机的C语言程序设计 …… 80
5.1 C51 概述 …… 80
5.1.1 C51 基本知识 …… 80
5.1.2 C51 程序结构 …… 81
5.2 C51 的数据类型 …… 81
5.2.1 C51 的基本数据类型 …… 82
5.2.2 C51 特有的数据类型 …… 83
5.3 C51 的变量与存储类型 …… 83
5.3.1 C51 的普通变量及定义 …… 84
5.3.2 C51 的特殊功能寄存器变量 …… 86
5.3.3 C51 的位变量 …… 86
5.3.4 C51 的指针变量 …… 87
5.4 C51 的运算符和表达式 …… 88
5.5 绝对地址的访问 …… 90
5.5.1 使用 C51 运行库中的预定义宏 …… 90
5.5.2 通过指针访问 …… 91
5.5.3 使用 C51 扩展关键字_at_ …… 92
5.6 C51 的并行接口 …… 92
5.7 流程控制语句 …… 93
5.7.1 表达式语句 …… 93
5.7.2 复合语句 …… 93
5.7.3 条件语句 …… 94
5.7.4 开关语句 …… 95
5.7.5 循环语句 …… 96
5.7.6 跳转语句 …… 98
5.8 构造数据 …… 99
5.8.1 数组 …… 100
5.8.2 指针 …… 101
5.8.3 结构 …… 103
5.8.4 联合 …… 106
5.8.5 枚举 …… 107
5.9 C51 中的函数 …… 107
5.9.1 C51 函数的参数传递 …… 108
5.9.2 C51 函数的调用与声明 …… 109
5.9.3 C51 函数的返回值 …… 110
5.9.4 C51 函数的存储模式 …… 110
5.9.5 C51 的中断函数 …… 110
5.9.6 C51 函数的寄存器组选择 …… 111
5.9.7 C51 的重入函数 …… 112
习题 …… 113
第6章 MCS-51单片机的内部资源 …… 114
6.1 MCS-51 的并行 I/O 口 …… 114
6.2 MCS-51 单片机的中断系统 …… 114
6.2.1 中断的概念 …… 115
6.2.2 MCS-51 单片机的中断源 …… 116
6.2.3 中断的控制 …… 117
6.2.4 中断响应 …… 119
6.2.5 中断的编程及应用 …… 120
6.3 MCS-51 单片机的定时/计数器 …… 121
6.3.1 定时/计数器的主要特性 …… 121
6.3.2 定时/计数器的结构和工作原理 …… 122
6.3.3 定时/计数器的控制 …… 123
6.3.4 定时/计数器的工作方式 …… 124
6.3.5 定时/计数器的编程及应用 …… 127
6.4 MCS-51 单片机的串行接口 …… 132
6.4.1 串行通信的基本概念 …… 132
6.4.2 串行接口结构原理 …… 134
6.4.3 串行口的工作方式 …… 136
6.4.4 串行口的编程及应用 …… 140
习题 …… 149
第7章 MCS-51单片机的常用外设扩展 …… 151
7.1 存储器扩展设计 …… 151
7.1.1 单片机程序存储器概述 …… 151
7.1.2 EPROM 扩展 …… 152
7.2 数据存储器扩展 …… 154
7.2.1 SRAM 扩展实例 …… 154
7.2.2 外部 RAM 与 I/O 同时扩展 …… 156
7.3 并行 I/O 口扩展 …… 157
7.3.1 简单 I/O 口扩展 …… 158
7.3.2 基于可编程芯片 8255A 的扩展 …… 159
习题 …… 165
第8章 MCS-51单片机接口技术 …… 166
8.1 MCS-51 单片机与 LED 显示器的接口 …… 166
8.1.1 LED 显示器的结构与原理 …… 166

8.1.2　LED 数码管的显示方式 ………… 168
8.1.3　LED 显示器与单片机的接口 …… 169
8.2　MCS－51 单片机与键盘的接口 ……… 172
8.2.1　键盘的工作原理 ………………… 172
8.2.2　独立式键盘与单片机的接口 …… 173
8.2.3　矩阵式键盘与单片机的接口 …… 174
8.3　MCS－51 单片机与 A－D 或 D－A 转换器的接口 ……………………… 176
8.3.1　MCS－51 单片机与 D－A 转换器的接口 ……………………………… 176
8.3.2　MCS－51 单片机与 A－D 转换器的接口 ……………………………… 180
习题 ……………………………………… 185
第 9 章　AT89C51 单片机应用设计与开发 …………………………………… 186
9.1　AT89C51 单片机系统设计步骤 ……… 186
9.1.1　设计任务 ………………………… 186
9.1.2　应用系统设计 …………………… 186
9.1.3　硬件设计 ………………………… 187
9.1.4　软件设计 ………………………… 188
9.1.5　系统调试 ………………………… 189
9.2　AT89C51 单片机系统抗干扰技术 …… 189
9.2.1　干扰源及其传播途径 …………… 189
9.2.2　抗干扰措施的电源设计 ………… 190
9.2.3　产品的地线设计 ………………… 193
9.2.4　A－D 和 D－A 转换器的抗干扰措施 ……………………………… 194
9.2.5　传输干扰 ………………………… 195
9.2.6　抗干扰措施的元器件 …………… 196
9.3　单片机应用系统设计实例 ………… 198
9.3.1　数字时钟设计 …………………… 198
9.3.2　市电频率测量设计 ……………… 210
习题 ……………………………………… 218
第 10 章　嵌入式系统基础知识 ……… 219
10.1　嵌入式系统的概念………………… 219
10.2　嵌入式系统的特点………………… 220
10.3　嵌入式系统的应用………………… 221
10.4　嵌入式系统的组成………………… 222
10.4.1　嵌入式处理器 ………………… 222
10.4.2　外围设备 ……………………… 222
10.4.3　嵌入式操作系统 ……………… 223
10.4.4　应用软件 ……………………… 223
10.5　嵌入式处理器的类型……………… 223
10.6　嵌入式操作系统的概念与分类……… 225
10.6.1　嵌入式操作系统的概念 ……… 225
10.6.2　嵌入式操作系统的分类 ……… 226
习题 ……………………………………… 227
第 11 章　ARM 微处理器体系结构 …… 228
11.1　ARM 简介 ………………………… 228
11.1.1　RISC 结构特性 ………………… 228
11.1.2　常用 ARM 处理器系列 ………… 229
11.2　ARM7 TDMI 模块、内核和功能框图……………………………………… 232
11.2.1　ARM7 TDMI 模块框图 ………… 232
11.2.2　ARM7 TDMI 内核框图 ………… 232
11.2.3　ARM7 TDMI 功能框图 ………… 233
11.3　ARM 的存储体系 ………………… 234
11.4　ARM 的总线结构 ………………… 235
11.5　ARM 的流水线技术 ……………… 237
11.5.1　流水线的概念与原理 ………… 237
11.5.2　流水线的分类 ………………… 238
11.5.3　影响流水线性能的因素 ……… 240
11.6　ARM 的工作状态 ………………… 241
11.7　ARM 的工作模式 ………………… 242
11.8　ARM 的寄存器组织 ……………… 243
11.8.1　ARM 状态下的寄存器组织 …… 243
11.8.2　Thumb 状态下的寄存器组织 … 245
11.8.3　程序状态寄存器 ……………… 246
11.9　ARM 的异常处理 ………………… 248
习题 ……………………………………… 252
第 12 章　ARM11 微处理器 S3C6410 …… 253
12.1　S3C6410 简介 ……………………… 253
12.2　S3C6410 芯片结构 ………………… 253
12.3　S3C6410 封装及引脚定义 ………… 257
12.4　存储器映射………………………… 269
12.4.1　高地址区域 …………………… 270
12.4.2　低地址区域 …………………… 270
12.5　S3C6410 处理器时钟和电源管理 …… 271
12.5.1　时钟源的选择 ………………… 271
12.5.2　PLL 和总线时钟………………… 271
12.5.3　电源管理 ……………………… 273
12.5.4　复位方式 ……………………… 274
12.6　S3C6410 内部资源定义的头文件及常用函数……………………………… 274
12.6.1　头文件 ………………………… 274
12.6.2　常用函数 ……………………… 283

习题 …… 285

第 13 章 S3C6410 的 I/O 口及操作 …… 286
13.1 S3C6410 I/O 概述 …… 286
13.1.1 GPIO 特性 …… 286
13.1.2 GPIO 控制寄存器分类 …… 287
13.2 S3C6410 I/O 端口控制寄存器 …… 287
13.3 I/O 控制的 C 语言编程实例 …… 317
13.3.1 硬件电路 …… 318
13.3.2 实现功能和编程思路 …… 318
13.3.3 参考程序 …… 318
习题 …… 319

第 14 章 S3C6410 的中断控制 …… 320
14.1 S3C6410 中断控制器概述 …… 320
14.2 S3C6410 中断源及中断号 …… 320
14.3 外部中断与控制寄存器 …… 322
14.3.1 外部中断源分组 …… 323
14.3.2 外部中断控制寄存器 …… 323
14.3.3 外部中断优先级仲裁及中断号 …… 339
14.4 中断处理过程及控制器 …… 341
14.4.1 中断流程 …… 341
14.4.2 中断控制器 …… 342
14.5 中断程序编写实例 …… 350
14.5.1 编程思路 …… 351
14.5.2 实例程序 …… 351
习题 …… 355

第 15 章 S3C6410 的串口 UART …… 356
15.1 S3C6410 的串口概述 …… 356
15.1.1 S3C6410 串行通信单元 …… 356
15.1.2 UART 通信操作 …… 358
15.2 UART 的控制寄存器 …… 359
15.3 UART 通信程序实例 …… 369
15.3.1 RS232 接口电路 …… 369
15.3.2 编程思路 …… 370
15.3.3 UART 实例程序 …… 370
习题 …… 372

第 16 章 S3C6410 的 PWM 控制 …… 373
16.1 PWM 定时器概述 …… 373
16.1.1 脉宽调制的概念和原理 …… 373
16.1.2 S3C6410 的 PWM 定时器 …… 373
16.1.3 S3C6410 的自动重新加载和双缓冲功能 …… 375
16.1.4 定时器的基本操作示例 …… 376
16.2 PWM 输出电平控制 …… 376
16.2.1 PWM 工作原理 …… 376
16.2.2 PWM 输出控制 …… 377
16.3 PWM 定时器控制寄存器 …… 378
16.4 定时器控制编程实例 …… 386
16.4.1 硬件电路 …… 386
16.4.2 参考程序 …… 386
习题 …… 388

第 17 章 S3C6410 的实时时钟 …… 389
17.1 S3C6410 的实时时钟概述 …… 389
17.1.1 S3C6410 的 RTC 单元 …… 389
17.1.2 RTC 控制寄存器 …… 391
17.2 RTC 应用编程实例 …… 398
习题 …… 400

第 18 章 S3C6410 看门狗电路 …… 401
18.1 S3C6410 看门狗概述 …… 401
18.1.1 S3C6410 看门狗的工作原理 …… 401
18.1.2 S3C6410 看门狗的功能 …… 401
18.1.3 S3C6410 看门狗控制寄存器 …… 402
18.2 看门狗控制编程实例 …… 404
18.2.1 例程思路 …… 404
18.2.2 参考程序 …… 404
习题 …… 406

第 19 章 工程项目开发实例 …… 407
19.1 工程项目任务和软硬件准备 …… 407
19.1.1 项目任务 …… 407
19.1.2 项目的软硬件准备 …… 407
19.2 工程项目建立步骤 …… 407
19.2.1 项目整体思路 …… 407
19.2.2 建立工程项目 …… 409
19.2.3 编写（参考）程序 …… 410
19.2.4 工程环境配置 …… 412
19.2.5 工程编译方法 …… 417
19.2.6 工程文件下载 …… 417

附录 MCS-51 单片机指令表 …… 420

参考文献 …… 424

第 1 章　概　　述

自从 1946 年世界上第一台电子计算机诞生以来，电子计算机得到了飞速的发展。从当初的运算速度仅每秒 5000 次加法、400 次乘法，到 2013 年我国推出的超级计算机“天河二号”，已达到每秒 3. 39 亿亿次的浮点运算速度，其发展历程只有半个多世纪，可谓日新月异。如今，随着计算机的广泛应用，它正在深刻地影响着人们的生活，我们很难设想没有了计算机的生活会怎样。

1.1　计算机基本概念

1946 年，美国为计算弹道轨迹而研制成功了世界第一台现代电子计算机。其基本结构是由冯·诺依曼在 1946 年于 EDVAC 报告中提出的，称为冯·诺依曼体系结构，当代计算机仍在采用这样的体系结构。

1.1.1　计算机的组成

计算机系统由硬件与软件两个部分构成。硬件由相关设备与硬件电路构成，是计算机的运行平台。软件由程序与数据构成，程序在硬件平台上运行，实现了计算机的逻辑功能。

计算机硬件由算术逻辑单元、控制器、存储器、输入设备和输出设备五大部件构成，如图 1-1 所示。其体系结构沿用至今。

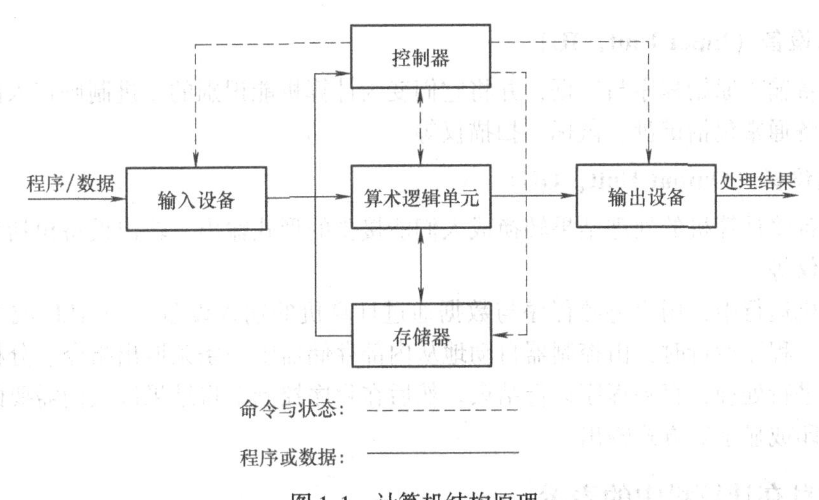

图 1-1　计算机结构原理

1. 算术逻辑单元（Arithmetic Logic Unit，ALU）

算术逻辑单元包括运算器与通用寄存器。运算器用于算术与逻辑运算；算术运算实现各种数值运算，比如加、减、乘、除等；逻辑运算进行逻辑处理与判断，比如与、或、非、比较、移位等。通用寄存器用来暂时存放参加运算的原始数据（操作数）与中间结果。操作数来自内存或输入设备。

2. 控制器（Control Unit，CU）

控制器是执行程序的部件。程序是完成某一特定功能的指令序列。指令在控制逻辑电路控制下，从内部存储器取指令、分析指令、执行指令。控制器由程序计数器、指令寄存器、指令译码器及控制逻辑等电路构成。其功能作用如下：

1）程序计数器（Program Counter，PC）：用于存放下一条将要执行的指令地址。计算机将根据其地址取出指令。PC 在取出一个指令字节后会自动加 1，以指向下一指令字节。因此，计算机通常是自动地顺序执行程序，只有在执行转移类指令的时候才会改变顺序。PC 的初值是程序在存储器中的起始位置，是存放程序的第一条指令的地方。

2）指令寄存器（Instruction Register，IR）：用于存放当前正在执行的指令，并且保存至执行完毕。指令由内部存储器输入到该寄存器中。

3）指令译码器（Instruction Decoder，ID）：分析解释指令寄存器中的指令功能。电路将当前指令的操作码分解成若干不能再分解的微操作，并将这些微操作信号序列输出。

4）控制逻辑（Sequential Control Logic，SCL）：由时钟电路、分频器、节拍发生器等电路构成。系统由它来安排执行上述微操作信号序列的工作时序，包括取指令与执行指令。

3. 存储器（Memory，MEM）

计算机系统通常采用二级存储。内存储器采用半导体存储器，用来存放计算机正在运行的程序与数据，具有易失性、速度快的特点，但由于价格昂贵所以容量有限。外存储器采用硬盘、光盘、U 盘等，被用来存放暂时没有运行的程序与数据，具有非易失性、速度慢的特点，但由于价格低廉所以容量大，被称为海量存储器。外存储器属于计算机的 I/O 设备。

4. 输入设备（Input Unit，IU）

输入设备输入原始程序与数据，并将它们变为计算机能识别的二进制码存入内部存储器中。输入设备通常包括键盘、鼠标、扫描仪等。

5. 输出设备（Output Unit，OU）

输出设备将计算机的处理结果转换成人们能接受的形式输出。输出设备包括显示器、打印机、绘图仪等。

在计算机运行中，用户将源程序与数据通过计算机的输入设备，经 ALU 或者直接存入内部存储器。程序运行时，由控制器自动地从内部存储器中一条条取出指令、分析指令并执行，对数据进行处理，直到程序运行结束。然后在程序控制下将结果以人们需要的方式经输出设备以打印或显示等方式输出。

1.1.2 信息在计算机中的表示

在计算机中，无论是程序还是数据都是放在存储器内，且都是以二进制方式表示的。人们将信息以不同的时间加以区分。在取指周期中，计算机从存储器中取出的是指令，这些“0”“1”代码称为指令码；在指令的执行周期中，从存储器取出的是数据，是指令的操作数。

最初的计算机主要用于科学计算，如今的计算机还要用于字符、语音、图像等信息的处理，这些信息通常采用特定的编码形式表示。

1. 数在计算机中的表示

（1）无符号数

无符号数二进制的所有位都是数值的有效位。所以一个8位的无符号数的表示范围是0～255，对应的二进制为00000000B～11111111B。

（2）符号数

符号数最高位为符号位，其余二进制位是数值位。计算机的符号数通常采用补码方式表示。一个n位二进制整数（不包括符号位）的补码定义如下：

$$[X]_{补}=\begin{cases}X & 0\leqslant X<2^{n}\\ 2^{n+1}+X & -2^{n}\leqslant X<0\end{cases}$$

所以，对于一个7位的二进制符号数，加上它的一个符号位即8位二进制数，其补码表示范围由上式可算得。

例如：一个8位二进制最大的正数的补码是原码本身，即01111111B，对应十进制数为127；一个8位二进制最小的负数的补码为：100000000B+（-10000000B）=10000000B，对应十进制数为-128。所以对应8位二进制补码表示范围是：-128～+127。

补码转换也可以采取在原码基础上除符号位取反加1的方法求得。

求补运算，就是将一个包括符号位的二进制数全部取反加1的运算。这是补码运算中将正数变负数，负数变正数的补码运算。

（3）BCD码

BCD码又称二-十进制码，即用二进制方式来表示的十进制码，见表1-1。一位BCD码由4位二进制数表示，按其位权计值，也称8-4-2-1码。

表1-1 BCD码

十进制数	BCD码	说 明
0	0000	有效编码
1	0001	有效编码
2	0010	有效编码
3	0011	有效编码
4	0100	有效编码
5	0101	有效编码
6	0110	有效编码
7	0111	有效编码
8	1000	有效编码
9	1001	有效编码
10～15	1010～1111	无效编码

由于 BCD 码编码效率低（只有 0.625% 的效率），因此很少直接用于数字运算，而通常用于数据的输入与输出，以符合人们熟悉的数的表示习惯。所以，在计算机中数值运算与处理通常采用二进制数进行。BCD 码分为非压缩 BCD 码与压缩 BCD 码两种形式。

1）非压缩 BCD 码：一个字节一位 BCD 码。

	BCD

2）压缩 BCD 码：一个字节两位 BCD 码。

BCD	BCD

2. 字符在计算机中的表示

计算机中的文本文件，比如用户设计的 C 语言源程序、文字信息等，采用的是二进制的编码形式。其中，英文采用的是 ASCII 码，汉字采用的是汉字编码，如国标码。

ASCII——American Standard Code for Information Interchange，美国信息交换标准代码，由文本字符与控制字符组成。

文本字符包括大小写英文字母、数字、标点符号、运算符、制表符等，编码为 20H ~ 7EH，共 96 个。其中十六进制 20H 代表空格，如表 1-2 给出的 ASCII 码文本字符对照表所示。

表 1-2　ASCII 码文本字符对照表

十六进制	字符	十六进制	字符	十六进制	字符	十六进制	字符	十六进制	字符	十六进制	字符
20H		30H	0	40H	@	50H	P	60H	`	70H	p
21H	!	31H	1	41H	A	51H	Q	61H	a	71H	q
22H	"	32H	2	42H	B	52H	R	62H	b	72H	r
23H	#	33H	3	43H	C	53H	S	63H	c	73H	s
24H	$	34H	4	44H	D	54H	T	64H	d	74H	t
25H	%	35H	5	45H	E	55H	U	65H	e	75H	u
26H	&	36H	6	46H	F	56H	V	66H	f	76H	v
27H	'	37H	7	47H	G	57H	W	67H	g	77H	w
28H	(	38H	8	48H	H	58H	X	68H	h	78H	x
29H	)	39H	9	49H	I	59H	Y	69H	i	79H	y
2AH	*	3AH	:	4AH	J	5AH	Z	6AH	j	7AH	z
2BH	+	3BH	;	4BH	K	5BH	[	6BH	k	7BH	{
2CH	,	3CH	<	4CH	L	5CH	\	6CH	l	7CH	|
2DH	–	3DH	=	4DH	M	5DH	]	6DH	m	7DH	}
2EH	.	3EH	>	4EH	N	5EH	^	6EH	n	7EH	~
2FH	/	3FH	?	4FH	O	5FH	_	6FH	o	7FH	DEL

00H ~ 1FH 及 7FH，共 33 个控制字符，主要用于文本的编辑与控制。如表 1-3 列出的 ASCII 码控制字符对照表所示。

表 1-3　ASCII 码控制字符对照表

十六进制	缩写	名称及意义	十六进制	缩写	名称及意义
00H	NUL	Null（空）	11H	DC1	Device Control 1（设备控制 1）
01H	SOH	Start of Heading（报头开始）	12H	DC2	Device Control 2（设备控制 2）
02H	STX	Start of Text（正文开始）	13H	DC3	Device Control 3（设备控制 3）
03H	ETX	End of Text（正文结束）	14H	DC4	Device Control 4（设备控制 4）
04H	EOT	End of Transmission（传输结束）	15H	NAK	Negative Acknowledge（否认）
05H	ENQ	Enquiry（查询）	16H	SYN	Synchronous Idle（同步空闲）
06H	ACK	Acknowledge（确认）	17H	ETB	End of Transmission Block（传输块结束）
07H	BEL	Bell（振铃）	18H	CAN	Cancel（取消）
08H	BS	Backspace（退格）	19H	EM	End of Medium（介质结束）
09H	HT	Horizontal Tab（水平制表）	1AH	SUB	Substitute（替换）
0AH	LF	Line Feed（换行）	1BH	ESC	Escape（转义）
0BH	VT	Vertical Tab（垂直制表）	1CH	FS	File Separator（文件分隔符）
0CH	FF	Form Feed（换页）	1DH	GS	Group Separator（分组符）
0DH	CR	Carriage Return（回车）	1EH	RS	Record Separator（记录分隔符）
0EH	SO	Shift Out（移出）	1FH	US	Unit Separator（单元分隔符）
0FH	SI	Shift In（移入）	7FH	DEL	Delete（删除）
10H	DLE	Data Link Escape（数据链路转义）			

1.1.3　计算机的软件

计算机软件由系统软件与应用软件构成。

系统软件（System Software）包括操作系统、计算机语言处理系统、数据库管理系统、系统实用程序等。其中操作系统是计算机与程序员的用户界面，其他软件都是程序员的工具软件。

应用软件是用户自行设计的软件，如自动化控制系统、电信计费系统等。

1.2　微型计算机的基本构成

1.2.1　微处理器

微型计算机由中央处理器、存储器、输入/输出设备构成。中央处理器是指计算机内部对数据进行处理并对处理过程进行控制的部件。伴随着大规模集成电路技术的迅速发展，芯片集成密度越来越高，CPU 可以集成在一个半导体芯片上，这种具有中央处理器功能的大规模集成电路器件，被统称为微处理器。系统各功能部件采用单总线方式连接，这种系统被称为微型计算机，如图 1-2 所示，这样的系统结构简单，体积小。由于它的小型化、低成本，过去也称其为台式机（Desktop）或桌面机，又叫个人计算机。

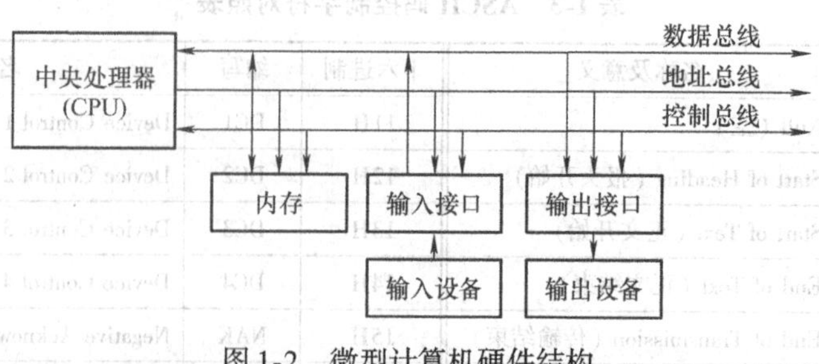

图 1-2 微型计算机硬件结构

1.2.2 存储器

为了追求最快的存取速度与最好的性价比，微型计算机的存储器往往采用多级存储结构，按所在物理位置分为内部存储器与外部存储器。

内部存储器用来存放当前正在运行的程序（指令）与数据。目前内部存储器主要由半导体器件构成，相对外部存储器来说，其速度快、价格贵，所以容量小。

外部存储器也称辅助存储器，用来存放备用数据或程序，如软盘、硬盘、CD - ROM等，都属于计算机的外部存储器。其价格相对低，容量大，所以又称为海量存储器。

在微型计算机系统中，各种用户程序存放在外部存储器中。当系统运行程序时，计算机首先将用户程序从外部存储器读入内存，再由计算机启动 CPU 运行程序。

1.2.3 系统总线

系统总线是 CPU 与计算机其他各功能部件信息传送的公共通道，采用总线方式连接可以大大减少各功能部件之间的连接复杂度，使系统连接简单灵活。按照信息的不同类型，系统总线通常由三组信号线组成，即数据总线、地址总线和控制总线。

数据总线是 CPU 与存储器之间及 CPU 与 I/O 之间传送数据或指令信息的公共通道，其传送是双向的，数据总线的宽度与 CPU 字长相同。

地址总线用来传送 CPU 发出的所要访问的单向的设备地址信息。计算机系统的每一个存储单元、每一个 I/O 端口都分配有唯一地址，用于 CPU 对设备的访问。

控制总线用来传送 CPU 发出到其他设备的或者由其他各设备发出到 CPU 的操作控制信号。对于每一个控制信号其方向是固定的，其控制总线长度与系统的基本操作类型有关。

1.3 单片机的结构与特点

随着微电子技术与计算机技术的不断发展，计算机的应用越来越广泛，它不仅向大型化发展，也在不断地向小型化方面发展。单片机就是由微型计算机发展而来的。

1.3.1 单片机的基本结构

单片机就是在一片半导体硅片上集成了中央处理单元（CPU）、存储器（RAM、ROM）、并行 I/O、串行 I/O、定时/计数器、中断系统、系统时钟电路及系统总线的微型计算机。它具有微型计算机的属性，因而被称为单片微型计算机，简称单片机。图 1-3 所示为单片机结构图。

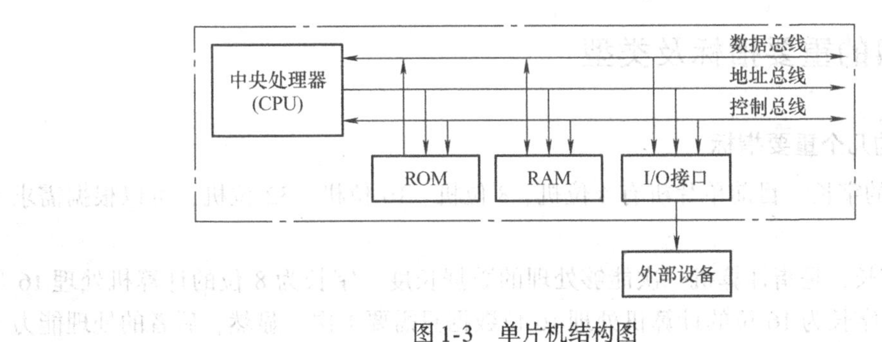

图 1-3 单片机结构图

单片机的存储器由 ROM 与 RAM 构成。ROM 用来固化应用程序，使程序上电就能运行，这点与微型计算机不一样。RAM 用来存放程序相关数据。对于单片机的 I/O 接口，生产商会根据不同应用植入对应的 I/O 来满足需求，在实际应用中，用户只需要考虑如何将应用设备与单片机的 I/O 相连就可以了，这就大大简化了单片机应用系统的硬件设计。如果片内没有所需 I/O 接口电路，用户可以使用芯片的可扩展端口扩展 I/O 接口电路。

单片机体积小、功耗低，作为系统功能部件很容易被嵌入到系统中，最初的单片机是应用于测控领域中。国际上也称单片机为嵌入式控制器（Embedded MicroController Unit，EMCU），或称微控制器（MicroController Unit，MCU）。

1.3.2 单片机的主要特点

单片机本身就是一个微型计算机，因此只要在单片机的外部适当增加一些必要的外围扩展电路，就可以灵活地构成各种应用系统。单片机具有如下特点。

1. 体积小

在应用系统中，单片机作为系统中的一个部件嵌入，因此要求单片机应尽可能小。目前号称全球最小封装的单片机是 PIC10F20X，它采用了 SOT－23－6 封装，其尺寸仅为 $3 \times 3mm^2$。如此小的封装，几乎可以在任何设计中使用，不必考虑 PCB 空间。

2. 通常采用哈佛结构

单片机的存储器采用哈佛（Harvard）结构，程序存储器与数据存储器分开。程序存储器采用只读存储器（ROM），用来存放程序与常数。数据存储器采用随机存储器（RAM），用来存放与程序相关的数据。

3. 引脚复用

为了降低单片机的体积与成本，又能提供更多的功能，单片机的引脚多采取复用方式，包括功能复用与分时复用。

1）功能复用。一个引脚可以有多种功能，但是同一个应用只能选用其中的一种功能而不能同时占用多种。例如，MCS－51 单片机的 P3 口的 P3.0 与 P3.1 引脚，既可以作为普通 I/O 端口用，又可以作为串行接口用，但具体应用时只能使用其中一种。

2）分时复用。一个引脚可以有多种功能，应用可以分时复用这些功能。例如，MCS－51 单片机的 P0 口在总线扩展时，可以是地址总线的 A0～A7，也可以是数据总线的 D0～D7，但这两种不能同时出现在该端口上。

1.4 单片机的重要指标及类型

1. 单片机的几个重要指标

1）单片机的字长。目前单片机有4位机、8位机、16位机、32位机，可以根据需求来选择。

计算机的字长，是指计算机一次能够处理的数据长度。字长为8位的计算机处理16位数据需要2次，字长为16位的计算机处理16位数据只需要1次。显然，后者的处理能力比前者强。

2）单片机的时钟。单片机的速度与时钟成正比，可以根据应用需求选择。

3）低电压。2.7V即可工作。

4）低功耗。可以低到nA级，更适用于电池供电。

2. 单片机的两种类型

按照用途不同，单片机可分为通用型单片机和专用型单片机。

（1）通用型单片机

单片机内部资源（如存储器空间与I/O资源）是有限的，通用型单片机是将这些资源通过端口全部开放给用户。用户可以此为核心，再配以外围接口电路针对应用需求进行单片机扩展。例如，89C51内部有128B数据存储器、4KB程序存储器，I/O口包括1个串行口、2个定时/计数器、4个8位并行口，显然内部资源是匮乏的。但是它的P0、P2口可以扩充16位地址总线与8位数据总线，这使得89C51的程序存储器与数据存储器可以扩展到64KB；片内没有的I/O口也可以在这些总线上增加新的I/O接口。

（2）专用型单片机

专用型单片机是专门针对特定用途而设计的单片机产品，这种单片机只用于特定产品开发。较之通用型单片机，专用型单片机的系统结构简单、成本低，所以专用型单片机具有十分明显的综合优势与较高的性价比。例如，nRF24E1片内集成了8051内核，I/O接口集成了nRF2401射频收发器、10位/100ks/s A-D转换器、PWM、SPI，它是专为射频产品开发的单片机。

在单片机应用开发中，可先使用通用型单片机设计成开发平台，针对不同的产品进行开发，再与IC厂商合作定制成专用型单片机，这样的应用系统结构简单，可靠性高且成本低。

1.5 单片机的应用与发展

1.5.1 单片机的应用

单片机的应用就是以单片机为硬件平台，用计算机语言（C语言、汇编语言）来设计系统功能。即便是产品的功能升级也仅需修改软件而已，而不必修改硬件电路，这是用纯数字电路设计的系统不可比拟的。

随着人们对单片机应用的广泛需求，IC生产商针对不同市场，开发出了各种不同类型的单片机来满足需求。如今单片机不但应用于测控领域，而且几乎在所有电子产品中都得到了广泛应用，其应用领域大体归纳如下：

1. 工业检测与控制

单片机已广泛应用于工业过程控制、智能控制、设备控制、数据采集和传输、测试、测量、监控等。在工业自动化领域中，机电一体化技术将发挥越来越重要的作用。在这种集机械、微电子和计算机技术为一体的综合技术（如机器人技术）中，单片机也发挥着非常重要的作用。

2. 仪器仪表

目前对仪器仪表的自动化和智能化要求越来越高。单片机的使用有助于提高仪器仪表的精度和准确度，使其简化结构、减小体积而易于携带和使用，加速仪器仪表向数字化、智能化、多功能化方向发展。

3. 消费类电子产品

消费类电子产品，如洗衣机、电冰箱、空调机、电风扇、电视机、微波炉、加湿机、消毒柜等，在嵌入了单片机后，功能和性能大大提高，从而实现了智能化、最优化控制。

4. 通信

如调制解调器、各类手机、传真机、程控电话交换机、信息网络及各种通信设备中，单片机也已经得到广泛应用。

5. 武器装备

在现代化的武器装备中，如飞机、军舰、坦克、导弹、鱼雷制导、智能武器装备、航天飞机导航系统，都有单片机嵌入其中。

6. 各种终端及计算机外部设备

计算机网络终端以及计算机外部设备，如打印机、硬盘驱动器、绘图机、传真机、复印机等，都使用了单片机作为控制器。

7. 汽车电子设备

单片机已经广泛地应用在各种汽车电子设备中，如汽车安全系统、汽车信息系统、智能自动驾驶系统、卫星汽车导航系统、汽车紧急请求服务系统、汽车防撞监控系统、汽车自动诊断系统以及汽车黑匣子等。

8. 分布式多机系统

在较复杂多节点的测控系统中，常采用分布式多机系统，一般由若干台功能各异的单片机组成，各自完成特定的任务，它们通过串行通信相互联系、协调工作。在这种系统中，单片机往往作为一个终端机，安装在系统的某些节点上，对现场信息进行实时测量和控制。

由此看来，单片机在工业自动化、自动控制、智能仪器仪表、消费类电子产品直到国防尖端技术领域，都发挥着十分重要的作用。

1.5.2 单片机的发展

1. 单片机的发展历程

根据单片机发展的时间，可分为如下4个阶段：

(1) 第一阶段 (1976—1978 年): 单片机的探索阶段

以 Intel 公司的 MCS-48 为代表。MCS-48 的推出是在工控领域的探索，参与这一探索的公司还有 Motorola、Zilog 公司等，它们都取得了满意的效果。这就是 SCM 单片微型计算机的诞生年代，“单片机”一词即由此而来。

(2) 第二阶段 (1978—1982 年): 单片机的完善阶段

Intel 公司在 MCS-48 的基础上推出了完善的、典型的单片机系列 MCS-51。它在以下几个方面奠定了通用总线型单片机体系结构的基础。

1) 完善的外部总线。MCS-51 设置了经典的 8 位单片机的总线结构，包括 8 位数据总线、16 位地址总线、控制总线及具有多机通信功能的串行通信接口。

2) CPU 外围功能单元的集中管理模式。

3) 体现工控特性的位地址空间及位操作方式。

4) 指令系统趋于丰富和完善，并且增加了许多突出控制功能的指令。

(3) 第三阶段 (1982—1990 年): 8 位单片机的巩固发展及 16 位单片机的推出阶段，也是单片机向微控制器发展的阶段

Intel 公司推出的 MCS-96 系列单片机，将一些用于测控系统的 A-D 转换器、程序运行监视器、脉宽调制器等纳入片中，体现了单片机的微控制器特征。随着 MCS-51 系列的广泛应用，许多电气厂商竞相使用 80C51 为内核，将许多测控系统中使用的电路技术、接口技术、多通道 A-D 转换部件、可靠性技术等应用到单片机中，增强了外围电路的功能，强化了智能控制的特征。

(4) 第四阶段 (1990 年至今): 微控制器的全面发展阶段

随着单片机在各个领域全面深入地发展和应用，出现了高速、大寻址范围、强运算能力的 8/16/32 位通用型单片机，以及小型廉价的专用型单片机。

根据单片机发展的功能与应用，经历了 SCM、MCU、SoC 三大阶段。

单片机作为微型计算机的一个重要分支，应用面很广，发展很快。自单片机诞生至今，已发展为上百种系列的近千个机种。目前，单片机正朝着高性能和多品种方向发展，其发展趋势将进一步向着 CMOS 化、低功耗、小体积、大容量、高性能、低价格和外围电路内装化等几个方面发展。

1) 单片微型计算机 (Single Chip Microcomputer, SCM) 阶段。

这一阶段主要是寻求最佳的单片形态嵌入式系统的最佳体系结构。“创新模式”获得成功，奠定了 SCM 与通用计算机完全不同的发展道路。在开创嵌入式系统独立发展的道路上，Intel 公司功不可没。

2) 微控制器 (Micro Controller Unit, MCU) 阶段。

这一阶段主要的技术发展方向是：不断扩展满足嵌入式应用时对象系统要求的各种外围电路与接口电路，突显其对象的智能化控制能力。它所涉及的领域都与对象系统相关，因此，发展 MCU 的重任不可避免地落在电气、电子技术厂家身上。从这一角度来看，Intel 公司逐渐淡出 MCU 的发展也有其客观因素。在发展 MCU 方面，最著名的厂家当数 Philips 公司。Philips 公司以其在嵌入式应用方面的巨大优势，将 MCS-51 从单片微型计算机迅速发展到微控制器。因此，当我们回顾嵌入式系统发展道路时，不要忘记 Intel 公司和 Philips 公司的历史功绩。

3）片上系统（System on Chip，SoC）阶段。

单片机是嵌入式系统的独立发展之路，向 MCU 阶段发展的重要因素，就是寻求应用系统在芯片上的最大化解决。因此，专用单片机的发展自然形成了 SoC 化趋势。随着微电子技术、IC 设计、EDA 工具的发展，基于 SoC 的单片机应用系统设计会有较大的发展。因此，对单片机的理解可以从单片微型计算机、单片微控制器延伸到单片应用系统。

嵌入式微处理器是目前推崇的单片机应用系统，它以通用计算机中的 CPU 为基础。与 PC 相比，嵌入式微处理器本身（或稍加扩展）就是一个小的计算机系统，可独立运行，具有完整的功能。其代表性产品为 ARM 系列，ARM 是 Advanced RISC Machines 的缩写，其中 RISC 是 Reduced Instructions Set Code（精简指令集计算机）的缩写。嵌入式处理器的地址线为 32 条，能扩展较大的存储器空间，可以处理的数据字长为 4/8/16/32 位，可配置实时多任务操作系统（Real Time Operating System，RTOS），RTOS 是嵌入式应用软件的基础和开发平台。

常用的 RTOS 为 Linux 和 WIN CE 以及 μC－OSⅡ。由于嵌入式实时多任务操作系统具有高度灵活性，因此可以很容易地对它进行定制或做适当开发，即对其进行“裁减”“移植”和“编写”，从而设计出用户所需的应用程序来满足不同的需要。

2. 单片机的发展趋势

（1）CMOS 化

近年，由于 CHMOS 技术的进展，大大地促进了单片机的 CMOS 化。CMOS 芯片除了低功耗特性之外，还具有功耗的可控性，使单片机可以工作在功耗精细管理状态。这也是今后以 80C51 取代 8051 为标准 MCU 芯片的原因。因为单片机芯片大多采用 CMOS（金属栅氧化物）半导体工艺生产，因此 CMOS 电路的特点是低功耗、高密度、低速度、低价格。采用双极型半导体工艺的 TTL 电路速度快，但功耗和芯片面积较大。随着技术和工艺水平的提高，又出现了 HMOS（高密度、高速度 MOS）和 CHMOS 工艺以及 CHMOS 和 HMOS 工艺的结合。目前生产的 CHMOS 电路已达到 LSTTL 的速度，传输延迟时间小于 2ns，它的综合优势已优于 TTL 电路。因而，在单片机领域 CMOS 电路正在逐渐取代 TTL 电路。

（2）低功耗化

单片机的功耗已从毫安级降到微安级，其使用电压可以低到 3V，可以用于使用电池供电的终端产品。低功耗化的效应不仅是功耗低，而且带来了产品的高可靠性、高抗干扰能力以及产品的便携化。

（3）低电压化

几乎所有的单片机都有 WAIT、STOP 等省电运行方式。允许使用的电压范围也越来越宽，一般在 3～6V 范围内工作。低电压供电的单片机电源下限可达 1～2V，目前 0.8V 供电的单片机已经问世。

（4）低噪声与高可靠性

为提高单片机的抗电磁干扰能力，使产品能适应恶劣的工作环境，满足电磁兼容性方面更高标准的要求，各单片机厂家在单片机内部电路中都采用了新的技术措施——大容量化，以往单片机内的 ROM 存储容量为 1～4KB，RAM 为 64～128B。但在需要复杂控制的场合，该存储容量是不够的，必须进行外接扩充。为了适应这种领域的要求，须运用新的工艺，使片内存储器大容量化。目前有的单片机片内程序存储器容量可达 128KB 甚至更多，RAM 最大为 2KB。

（5）高性能化

主要是指进一步改进 CPU 的性能，加快指令运算的速度和提高系统控制的可靠性。采用精简指令集（RISC）结构和流水线技术，可以大幅度提高运行速度。目前指令速度最高者已达 100MIPS（Million Instruction Per Seconds，即兆指令每秒），并加强了位处理功能、中断和定时控制功能。这类单片机的运算速度比标准的单片机高出 10 倍以上。由于这类单片机有极高的指令速度，所以可以用软件模拟其 I/O 功能，由此引入了虚拟外设的新概念。

（6）小容量、低价格化

与上述相反，以 4 位、8 位机为中心的小容量、低价格化也是发展方向之一。这类单片机的用途是把以往用数字逻辑集成电路组成的控制电路单片化，可广泛用于家电产品。外围电路内装化，也是单片机发展的主要方向。随着集成度的不断提高，使得单片机有可能把众多的各种外围功能器件集成在片内。除了一般必须具有的 CPU、ROM、RAM、定时/计数器等以外，片内集成的部件还有模–数转换器、DMA 控制器、声音发生器、监视定时器、液晶显示驱动器、彩色电视机和录像机用的锁相电路等。目前通用型单片机通过三总线结构扩展外围器件已成为单片机应用的主流结构。随着低价位 OTP（One Time Programmable）及各种类型片内程序存储器的发展，加之外围接口不断进入片内，推动了单片机“单片”应用结构的发展。特别是 I^2C、SPI 等串行总线的引入，可以使单片机的引脚设计得更少，单片机系统结构更加简化及规范化。串行总线的引入也可应用于较复杂、多节点的测控系统中。

习　题

1－1　简述微型计算机的基本结构。

1－2　给出下列有符号数的原码、反码和补码（设计算机字长为 8 位）。

+35　　−78　　+6　　−8　　+114

1－3　嵌入式系统是什么？

1－4　总线是什么？总线的功能是什么？按功能不同，总线可分为哪几种？

1－5　简述单片机的主要应用领域。

1－6　简述单片机的发展趋势。

第2章　MCS－51单片机的硬件结构与原理

51系列单片机是具有8051内核体系结构、引脚信号和指令系统及性能完全相同的单片机的总称，该系列单片机以其典型的结构、特殊功能寄存器的集中管理方式、灵活的位操作和面向控制的指令系统，为单片机的发展奠定了良好的基础。本章主要从应用的角度介绍MCS－51单片机的硬件结构和原理。学习单片机的硬件结构原理时，应重点掌握单片机给用户提供了哪些内部资源以及如何合理地应用这些资源。

2.1　51系列单片机简介

MCS－51单片机是美国Intel公司在20世纪80年代推出的高性能8位系列单片机。它包含51和52两个子系列，属于这一系列的单片机有多种型号，如8051/8751/8031、8052/8752/8032、80C51/87C51/80C31、80C52/87C52/80C32等。这些单片机都是以8051为内核，其硬件组成和指令系统也基本相同。

该系列单片机的生产工艺有两种，即早期的HMOS工艺和现在的CHMOS工艺。CHMOS工艺既保持了HMOS工艺高速度和高密度的特点，还具备CMOS工艺低功耗的特点。芯片型号中带有字母“C”的为CHMOS型，不带有“C”的为HMOS型。HMOS型芯片的电平只与TTL电平兼容，而CHMOS型芯片的电平与TTL电平和CMOS电平都兼容。

MCS－51系列单片机在功能上有两大类，即基本型和增强型。以芯片型号的末位数字来判断，末位数字为“1”的为基本型，末位数字为“2”的为增强型，如8051/8751/8031为基本型，8052/8752/8032为增强型。

在片内存储器的配置上，早期有3种形式：ROM、EPROM和ROMLess（无片内程序存储器）。如8051芯片带4KB的ROM，8751芯片带4KB的EPROM，8031芯片不带ROM。人们现在普遍采用另一种具有Flash存储器的芯片。

MCS－51单片机（51子系列）的主要特点如下：

1）8位CPU。

2）片内带振荡器，频率范围为1.2～12MHz。

3）片内带128B的数据存储器。

4）片内带4KB的程序存储器。

5）程序存储器的寻址能力为64KB。

6）片外数据存储器的寻址能力为64KB。

7）128个位寻址空间。

8）21个字节特殊功能寄存器。

9）4个8位的并行I/O接口：P0、P1、P2、P3。

10）2个16位定时/计数器。

11）2个优先级别的5个中断源。

12）1 个全双工的串行 I/O 接口，可多机通信。

13）111 条指令，含乘法指令和除法指令。

14）采用单一+5V 电源。

本章将以 51 系列的 8051 为例来介绍 MCS－51 单片机的硬件结构和基本原理。

2.2 MCS－51 单片机的硬件结构原理

2.2.1 基本结构组成

MCS－51 单片机包含 9 大功能部件，内部结构框图如图 2-1 所示，这些功能部件通过片内单一总线连接起来，由 SFR（特殊功能寄存器）对这些部件集中控制。

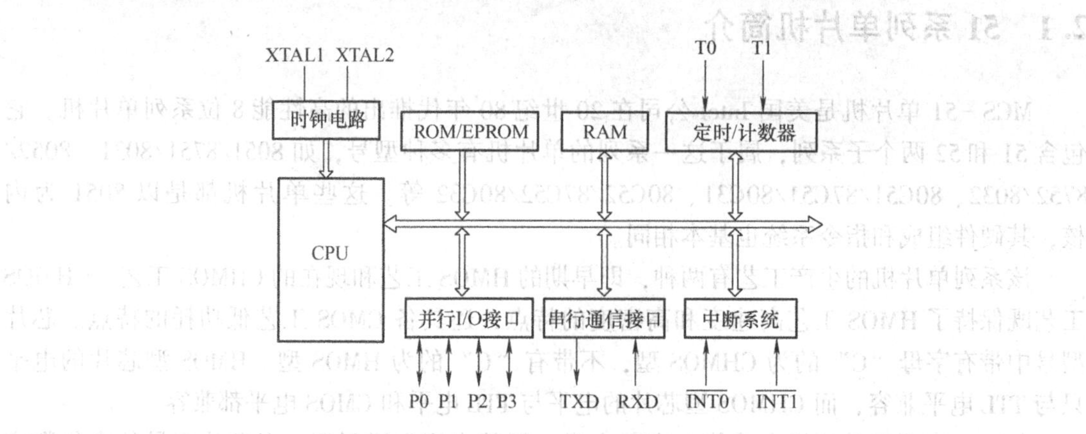

图 2-1 MCS－51 单片机的内部结构框图

从图 2-1 可以看出，MCS－51 单片机主要包括以下几大功能部件。

1. 中央处理器（CPU）

MCS－51 单片机的 CPU 是 8 位的处理器，是单片机的核心，能处理 8 位二进制数据或代码，其主要任务是负责控制、指挥和调度整个系统协调工作，完成运算和控制等功能。

2. 数据存储器（RAM）

MCS－51 单片机片内有 128 个 8 位数据存储单元（52 子系列有 256 个），用来存放可以随时读/写的数据，如运算的中间结果、临时数据等。

3. 程序存储器（ROM）

片内程序存储器的大小为 4KB，主要用于存放程序代码、原始数据和表格。但也有一些单片机内部不带 ROM，如 8031。

4. 并行输入/输出（I/O）口

MCS－51 单片机共有 4 个 8 位并行 I/O 口，分别为 P0 口、P1 口、P2 口、P3 口，每个口既可以用作输入也可以用作输出。

5. 串行通信接口

MCS-51单片机具有1个全双工通用异步接收发送器（Universal Asynchronous Receiver/Transmitter，UART）串行口，用以实现单片机与单片机或其他微机之间的串行数据通信。

6. 定时/计数器

MCS-51单片机具有2个16位定时/计数器T0和T1（52子系列有3个16位定时/计数器），可以作为定时器或计数器使用，有4种不同的工作方式。

7. 中断系统

MCS-51单片机的中断控制系统具有5个中断源，包括2个外部中断（$\overline{\text{INT0}}$和$\overline{\text{INT1}}$）和3个内部中断（定时/计数器T0、T1和串口中断）。每个中断源均可以设置成高优先级或低优先级。

8. 时钟电路

MCS-51单片机片内具有振荡器和时钟产生电路，但石英晶体和微调电容需要外接，时钟频率范围为1.2~12MHz。时钟电路用于产生整个单片机运行的脉冲时序，决定了单片机运行的速度。

9. 特殊功能寄存器（SFR）

SFR是一个具有特殊功能的RAM区，用于对片内各功能模块进行管理、控制、监视，实际是一些控制寄存器和状态寄存器。MCS-51单片机共有21个特殊功能寄存器。

2.2.2 中央处理器

中央处理器（CPU）是单片机的大脑，是单片机内部最核心的部分。CPU从功能上分包含控制器和运算器两部分，主要功能是产生各种控制信号，控制存储器、输入/输出端口的数据传送，数据的算术运算、逻辑运算以及位操作处理等。

1. 控制器

控制器是单片机的控制中心，如图2-2所示，它包括定时和控制电路、指令寄存器、指令译码器、程序计数器（PC）、堆栈指针（SP）、数据指针（DPTR）以及信息传送控制部件等。控制器以时钟振荡信号为基准产生CPU工作的时序信号，先从程序存储器ROM中取出指令到指令寄存器，然后在指令译码器中对指令进行译码，在规定的时刻发出执行指令所需的全部控制信号，送到单片机内部的各功能部件，指挥各功能部件协调工作产生相应的操作，完成对应的功能。

（1）程序计数器（PC）

程序计数器（PC）是控制器中最基本的寄存器，用来存放下一条将要执行的指令在程序存储器中的地址。当CPU要取指令时，会将PC的内容送到地址总线上，从存储器中对应的地址位置取出指令后，PC内容自动加1，指向下一条指令，以保证程序按顺序执行。

PC中内容的变化决定了程序的流向。由于它具有自动加1的功能，通常情况下程序顺序执行；但当CPU执行转移指令、子程序调用指令或响应中断时，程序计数器（PC）会被写入新的数值，从而使程序的流向发生变化。

程序计数器（PC）是一个16位的寄存器，因此，CPU可寻址访问的程序存储器最大容量为64KB，其寻址范围为0000H~FFFFH。

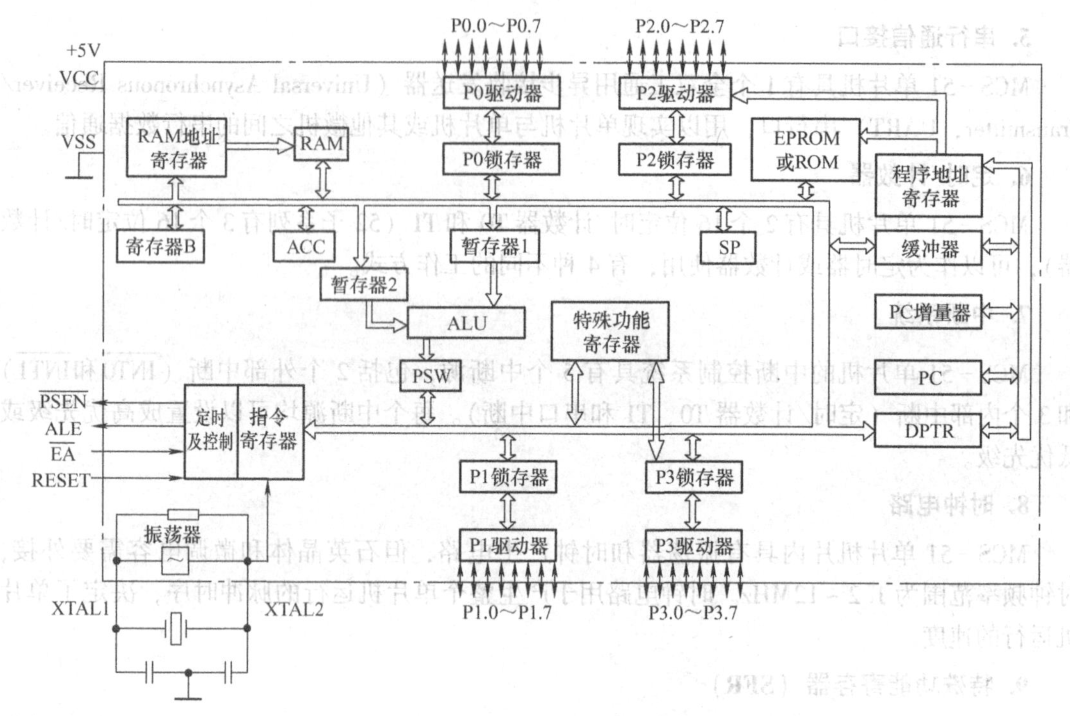

图 2-2 MCS－51 单片机内部结构图

(2) 指令寄存器

指令寄存器是一个 8 位的寄存器，用于暂存待执行的指令操作码，等待译码，其输出送指令译码器。

(3) 指令译码器

指令译码器对指令寄存器中的指令进行译码，将指令转变为执行此指令所需要的电信号，根据译码器输出的信号，再经时钟控制电路定时产生执行该指令所需要的各种控制信号，从而控制单片机的各个部件完成相应的工作。

(4) 数据指针（DPTR）

DPTR 是一个 16 位的专用地址指针寄存器，主要用来存放 16 位地址，作为间接寻址寄存器使用，可用于存放片内 ROM 地址，也可用于存放片外 RAM 和片外 ROM 地址。

(5) 振荡器及定时电路

8051 单片机内有振荡电路，因此只需要外接石英晶体和频率微调电容（2 个 30pF 左右）即可，其频率范围为 1.2～12MHz，该脉冲信号作为 8051 单片机的最基本节拍，即时间的最小单位，单片机在该节拍的控制下协调工作。

2. 运算器

运算器是以算术逻辑单元（ALU）为核心，再加上累加器（ACC）、寄存器（B）、两个 8 位暂存器（TMP1、TMP2）、程序状态寄存器（PSW）、BCD 码运算调整电路等组成。它能实现算术运算、逻辑运算、位运算、数据传输等操作。

(1) 算术逻辑单元（ALU）

ALU 是一个 8 位的运算器，它不仅可以完成 8 位二进制数据的加、减、乘、除等基本的算术运算，还可以对 8 位变量进行按位“与”“或”“异或”及循环移位、求补、清“0”

等逻辑运算。ALU 还具有一般的微机 ALU 所不具备的功能，即位处理操作功能，如清“0”、置位、“与”“或”等操作。

(2) 累加器（ACC）

ACC 是一个 8 位累加器，它通过暂存器与 ALU 相连，是 CPU 工作中使用最频繁的寄存器。ALU 进行运算时，数据绝大多数都来自于累加器（ACC），运算完成之后结果也通常送回累加器（ACC）。编写程序时，在堆栈操作指令和位操作指令中，累加器名必须用全称 ACC，在其他指令中可写为 A。

(3) 寄存器（B）

寄存器（B）一般作暂存器用，在 ALU 进行乘除法运算时，配合累加器（ACC），与其构成寄存器对（AB），存放规定的数据。它还可以作为内部 RAM 中的一个单元来使用。

(4) 程序状态寄存器（PSW）

程序状态寄存器（PSW）是一个 8 位的专用寄存器，用于存放程序运行中的有关状态信息，作为程序查询或判断的依据。在实际应用中，PSW 是经常用到的重要资源。该寄存器按位定义了特征信息，其格式定义如下：

D7	D6	D5	D4	D3	D2	D1	D0
C	AC	F0	RS1	RS0	OV	—	P

C(PSW.7)：进位标志位。在进行加减运算时，如果操作结果最高位有进位或借位时，C 被硬件置“1”，否则被清“0”。在进行位操作时，C 可以被认为是位累加器，它的作用相当于 CPU 中的累加器 A。

AC(PSW.6)：辅助进位标志位（或称半进位标志位），在进行 8 位加减运算时，低 4 位向高 4 位产生进位或借位时，将由硬件置“1”，否则被清“0”。AC 位可作为 BCD 码调整时的判断位。

F0(PSW.5)：用户自定义标志位。由用户置“1”或清“0”，可作为用户自定义的一个状态标记。

RS1、RS0(PSW.4、PSW.3)：工作寄存器组（R0 ~ R7）选择位。用以选择 CPU 当前工作的寄存器组。用户可用软件改变 RS1、RS0 的值，来切换当前的寄存器组。RS1、RS0 与寄存器组的对应关系见表 2-1。单片机上电或复位后，RS1 RS0 = 00，CPU 选中的是第 0 组的 8 个单元为当前工作寄存器。根据需要，用户可以利用传送指令或者位操作指令来改变其状态，这样设置对程序中保护现场提供了方便。

表 2-1　工作寄存器地址表

RS1	RS0	工作寄存器组
0	0	0 组（00H ~ 07H）
0	1	1 组（08H ~ 0FH）
1	0	2 组（10H ~ 17H）
1	1	3 组（18H ~ 1FH）

OV(PSW.2)：溢出标志位，表示运算结果是否溢出。当运算结果超出了运算器的数值范围时，则由硬件将 OV 置“1”，否则清“0”。8 位无符号数处理的数值范围为 0 ~ 255，

超出此数值范围则溢出；带符号数在机内用补码表示，其数值范围为 -128 ~ +127，超出此范围则溢出。在做无符号数加减法运算时，OV 与进位标志 C 的状态相同；在做有符号数加减法运算时，如最高位、次高位之一有进位（借位），OV 被置“1”，即 OV 的值为最高位和次高位的异或。

执行乘法指令（MUL AB）时，积大于 255 时 OV 置“1”，否则清“0”。

执行除法指令（DIV AB）时，如果 B 中所放除数为 0，则 OV 置“1”，否则清“0”。

P(PSW.0)：奇偶标志位。该位始终跟踪累加器（A）内容的奇偶性。如果“1”的个数为奇数时，则 P 置“1”，否则清“0”。凡是改变累加器（A）中内容的指令均会影响 P 标志位。

（5）堆栈指针（SP）

SP 是 1 个 8 位寄存器，在堆栈操作中用于指定堆栈顶部在内部 RAM 中的位置，可自动加“1”或减“1”，系统复位后，SP 初始化为 07H。SP 主要用于程序设计中保护断点和现场用，进出栈遵循“先进后出”的原则。

2.2.3 存储器

51 系列单片机的存储器结构与通用单片机不同，称为哈佛结构，其特点是程序存储器地址空间和数据存储器地址空间相互独立，分别寻址。

51 单片机从物理结构上可分为片内、片外程序存储器（8031 和 8032 没有片内程序存储器）与片内、片外数据存储器 4 部分；从功能上可分为程序存储器、片内数据存储器、特殊功能寄存器、位地址空间和片外数据存储器 5 部分；其寻址空间可划分为程序存储器、片内数据存储器和片外数据存储器 3 个独立的地址空间。其分布情况如图 2-3 所示。

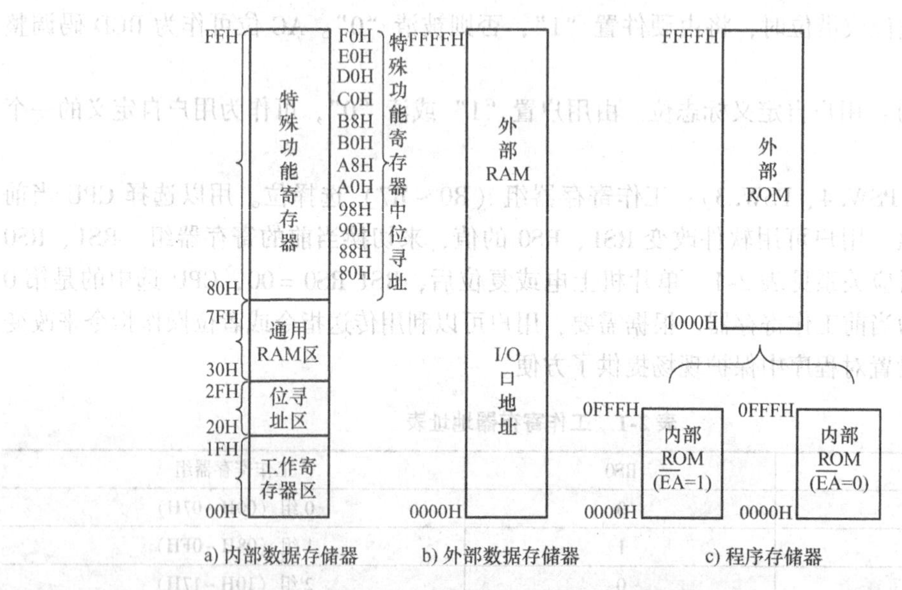

图 2-3 MCS-51 单片机存储器空间分配

1. 程序存储器

程序存储器（Read Only Memory，ROM）为只读存储器，即只能从中读取数据，而不能在单片机运行过程中在线写入数据，同时，掉电不会丢失数据。

51 单片机的程序存储器用于存储程序代码、常数和表格等，这些代码及数据通过编程器写入，它可由只读存储器 ROM 或 EPROM 等组成。为了有序地读出指令，人们设置了一个专用寄存器——程序计数器（PC），用以存放要执行的指令地址。每取出指令的 1 个字节后，其内容自动加 1，指向下一字节地址，依次使 CPU 从程序存储器取指令并加以执行。寻址程序存储器的唯一方式是通过 PC。由于 51 单片机的程序计数器为 16 位，所以，可寻址的程序存储器地址空间为 64KB。片内 ROM 容量为 4KB，地址为 0000H ~ 0FFFH，片外最多可扩至 64KB，地址为 1000H ~ FFFFH，片内外是统一编址的，并且访问指令相同，均为 MOVC 类指令。图 2-4 给出了程序存储器编址图。

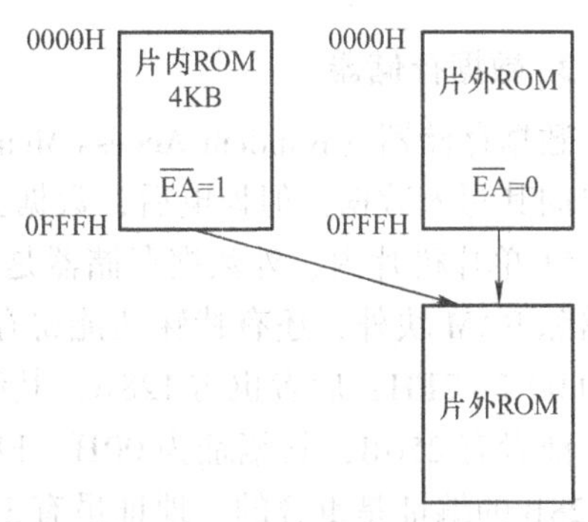

图 2-4 MCS - 51 单片机程序存储器编址

片外程序存储器与片内程序存储器的编址是可以重叠的，通过$\overline{EA}$的换接可实现分别访问。当引脚$\overline{EA}$接高电平时，程序计数器 PC 在 0000H ~ 0FFFH 范围内（即前 4KB 地址）执行片内 ROM 中的程序，当指令地址超过 0FFFH 后，就自动地转向片外 ROM，从 1000H 开始取指令。当引脚$\overline{EA}$接低电平时，CPU 只能从片外程序存储器中取指令，地址从 0000H 开始，对于片内无程序存储器的 51 单片机（如 8031），$\overline{EA}$应接低电平；对于片内有程序存储器的 51 单片机，如果$\overline{EA}$引脚接低电平，将强行执行片外程序存储器中的程序。

程序存储器的某些单元是留给系统使用的，见表 2-2。其中 0000H ~ 0002H 用于存放初始化引导程序。一般在起始地址 0000H 位置放置一条绝对转移指令，跳向主程序的入口地址，单片机上电复位后，PC 指向 0000H 位置，CPU 从该单元开始取指令并执行，从而立刻跳转到主程序起始位置开始运行主程序。表 2-3 所示为 51 单片机的 5 个中断入口地址，当中断响应时，按照中断的类型，PC 会自动转向各自的中断入口地址位置。在实际使用过程中，由于两个相邻中断入口地址之间仅有 8 个字节单元，而用这 8 个字节单元来存放中断服务程序往往是不够用的，因此，一般会在这些入口地址位置放置一条绝对转移指令，使 PC 跳转到用户的中断服务程序起始地址上去，从而使 CPU 开始执行相应的中断服务程序。

表 2-2 程序存储器保留的存储单元

存储单元	保留目的
0000H ~ 0002H	复位后初始化引导程序
0003H ~ 000AH	外部中断 0
000BH ~ 0012H	定时/计数器 T0 溢出中断
0013H ~ 001AH	外部中断 1
001BH ~ 0022H	定时/计数器 T1 溢出中断
0023H ~ 002AH	串行口中断

表 2-3 中断入口地址

中 断 源	入 口 地 址
外部中断 0	0003H
定时/计数器 T0	000BH
外部中断 1	0013H
定时/计数器 T1	001BH
串行口	0023H
定时/计数器 T2（仅 52 子系列有）	002BH

2. 数据存储器

数据存储器（Random Access Memory，RAM）为随机存储器，既可以从中读取数据，也可以向其写入数据，但掉电后，数据会丢失，主要用于存放运算中间结果、临时数据等。

51 单片机片内、外数据存储器是两个独立的地址空间，应分别单独编址。片内数据存储器除 RAM 块外，还有特殊功能寄存器（SFR）块。对于 51 子系列，前者有 128B，其编址为 00H ~ 7FH；后者也占 128B，其编址为 80H ~ FFH，两者连续而不重叠。对于 52 子系列，前者有 256B，其编址为 00H ~ FFH；后者占 128B，其编址为 80H ~ FFH，后者与前者高 128B 的编址是重叠的。地址虽有重叠，但使用不同寻址方式的指令访问，所以不会引起混乱。片外数据存储器采用 16 位编址，最大可扩展到 64KB。MCS - 51 单片机数据存储器编址如图 2-5 所示。

片外数据存储器的低 256B，也可以使用 8 位地址访问，访问的地址为 00H ~ FFH。在这种情况下，地址空间与片内数据存储器重叠，但访问片内、外数据存储器使用的指令不同，片内采用 MOV 类指令，片外采用 MOVX 类指令，也不会引起冲突。

片外数据存储器与程序存储器的地址空间也是重叠的，但也不会发生冲突。因为它们是两个独立的地址空间，使用不同的指令访问，控制信号也不同。访问程序存储器时，用 $\overline{PSEN}$信号选通，而访问片外数据存储器时，由$\overline{RD}$和$\overline{WR}$选通信号选通。

8051 单片机的片内数据存储器结构如图 2-6 所示。其空间为 256B，但实际提供给用户的空间只有 128B(00H ~ 7FH)，分为工作寄存器区、可位寻址区和用户区；其余空间（80H ~ FFH）为特殊功能寄存器（Special Function Register，SFR）区，用于存放一些专用寄存器。

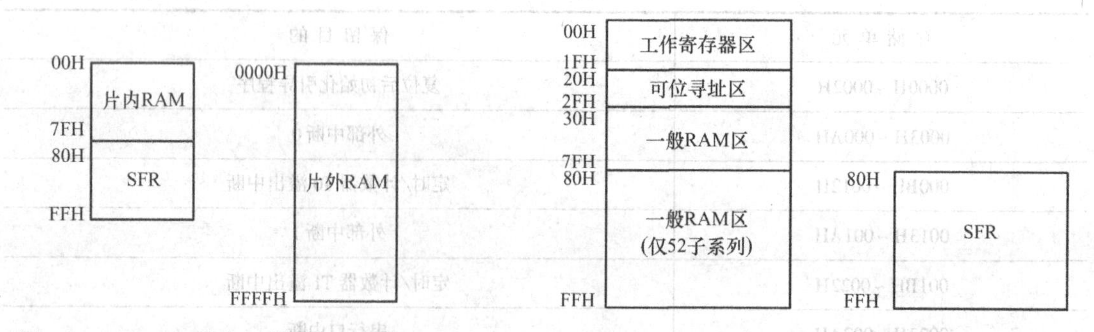

图 2-5 MCS - 51 单片机数据存储器编址

图 2-6 8051 单片机的片内数据存储器结构

（1）工作寄存器区

地址为00H～1FH的32个单元是4个通用工作寄存器区，每个区含8个8位通用寄存器R0～R7。见表2-1，用户可以通过指令改变PSW中的RS1、RS0来指定当前程序使用的寄存器区，这种功能可用于保护现场和恢复数据。在单片机运行过程中，任何时候最多只有一组寄存器工作，此时其余的寄存器区可以作为一般的数据存储器使用。

（2）可位寻址区

20H～2FH为可位寻址区，这16个字节单元具有双重功能。它们可以作为一般的数据缓冲区，采用字节地址进行寻址，即每次访问一个字节单元，实现对一个字节数据的读/写操作。可位寻址区地址见表2-4。

表2-4 位寻址区地址（地址为十六进制）

字节单元地址	D7	D6	D5	D4	D3	D2	D1	D0
20H	07	06	05	04	03	02	01	00
21H	0F	0E	0D	0C	0B	0A	09	08
22H	17	16	15	14	13	12	11	10
23H	1F	1E	1D	1C	1B	1A	19	18
24H	27	26	25	24	23	22	21	20
25H	2F	2E	2D	2C	2B	2A	29	28
26H	37	36	35	34	33	32	31	30
27H	3F	3E	3D	3C	3B	3A	39	38
28H	47	46	45	44	43	42	41	40
29H	4F	4E	4D	4C	4B	4A	49	48
2AH	57	56	55	54	53	52	51	50
2BH	5F	5E	5D	5C	5B	5A	59	58
2CH	67	66	65	64	63	62	61	60
2DH	6F	6E	6D	6C	6B	6A	69	68
2EH	77	76	75	74	73	72	71	70
2FH	7F	7E	7D	7C	7B	7A	79	78

每个字节地址指向一个8位的存储单元，每个位存储单元对应一个位地址，位地址范围为00H～7FH。位寻址区是对字节存储器的有效补充，通常可以把各种程序状态标志、位控制变量存放于可位寻址区内。

（3）用户区

30H～7FH是一般RAM区，也称为用户RAM区，共80B，对于52子系列，一般RAM区为30H～FFH单元。另外，对于前两区中未用的单元也可作为用户RAM单元使用。

（4）堆栈和堆栈指针

在程序设计中，堆栈是用来存放重要信息的存储单元，是一种先进后出的数据结构。在51单片机中，堆栈使用的是片内数据存储器的一段区域，在具体应用时应避开工作寄存器区和位寻址区，一般设在2FH以后的单元，如果工作寄存器和位寻址区未用，也可开辟为堆栈。栈顶的位置由专门设置的堆栈指针寄存器SP指出。51单片机的SP是8位寄存器，

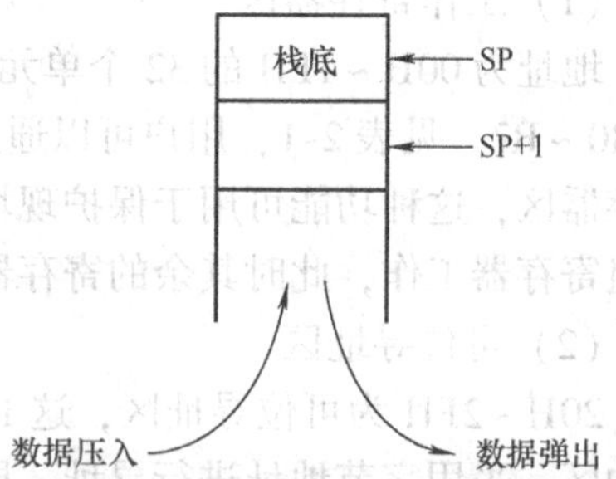

堆栈为向上生长型（即堆栈从栈底地址单元开始，向高地址端延伸），如图 2-7 所示。

当数据压入堆栈时，SP 的值自动加 1，然后再存入数据。当数据从堆栈弹出时，先读取数据，SP 的值自动减 1。复位时，SP 的初值为 07H，堆栈实际上从 08H 开始堆放信息。实际应用中，用户在初始化程序中要给 SP 重新赋值，以规定堆栈的初始位置，即栈底位置。

图 2-7 MCS－51 单片机堆栈

（5）特殊功能寄存器区

特殊功能寄存器（SFR）又称专用寄存器，用于控制、管理片内算术逻辑部件、并行 I/O 口、串行 I/O 口、定时/计数器、中断系统等功能模块的工作以及监视程序运行状态等。对于用户而言，掌握 SFR 是非常重要的。

SFR（PC 除外）分布在 80H～0FFH 的地址空间，与片内 RAM 统一编址，作为直接寻址字节。除 PC 外，51 子系列有 18 个专用寄存器，其中 3 个为双字节寄存器，共占用 21B；52 子系列有 21 个专用寄存器，其中 5 个双字节寄存器，共占用 26B。其中，累加器（ACC，也可写为 A）、寄存器（B）、程序状态寄存器（PSW）、堆栈指针（SP）、16 位数据指针（DPTR）在 2.2.2 节已经介绍过。寄存器 P0～P3 用于 4 个并行 I/O 口的控制，寄存器 IP 及 IE 用于配置中断系统，寄存器 TCON、TMOD、TL0、TL1、TH0、TH1 用于配置定时/计数器 T0 和 T1，寄存器 SCON、SBUF 和 PCON 用于配置串行通信接口。SFR 的名称、符号、地址等见表 2-5。

表 2-5 SFR 的名称、符号、地址表

特殊功能寄存器名称	符号	地址	位地址与位名称							
			D7	D6	D5	D4	D3	D2	D1	D0
P0 口	P0	80H	87	86	85	84	83	82	81	80
堆栈指针	SP	81H								
数据指针低字节	DPL	82H								
数据指针高字节	DPH	83H								
定时/计数器控制	TCON	88H	TF1 8F	TR1 8E	TF0 8D	TR0 8C	IE1 8B	IT1 8A	IE0 89	IT0 88
定时/计数器方式	TMOD	89H	GATE	$C/\overline{T}$	M1	M0	GATE	$C/\overline{T}$	M1	M0
定时/计数器 0 低字节	TL0	8AH								
定时/计数器 0 高字节	TH0	8BH								
定时/计数器 1 低字节	TL1	8CH								
定时/计数器 1 高字节	TH1	8DH								
P1 口	P1	90H	97	96	95	94	93	92	91	90
电源控制	PCON	97H	SMOD				GF1	GF0	PD	IDL
串行口控制	SCON	98H	SM0 9F	SM1 9E	SM2 9D	REN 9C	TB8 9B	RB8 9A	TI 99	RI 98

（续）

特殊功能寄存器名称	符号	地址	位地址与位名称							
			D7	D6	D5	D4	D3	D2	D1	D0
串行口数据	SBUF	99H								
P2 口	P2	A0H	A7	A6	A5	A4	A3	A2	A1	A0
中断允许控制	IE	A8H	EA AF		ET2 AD	ES AC	ET1 AB	EX1 AA	ET0 A9	EX0 A8
P3 口	P3	B0H	B7	B6	B5	B4	B3	B2	B1	B0
中断优先级控制	IP	B8H			PT2 BD	PS BC	PT1 BB	PX1 BA	PT0 B9	PX0 B8
定时/计数器 2 控制	T2CON	C8H	TF2 CF	EXF2 CE	RCLK CD	TCLK CC	EXEN2 CB	TR2 CA	$C/\overline{T2}$ C9	CP/RL2 C8
定时/计数器 2 重装低字节	RLDL	CAH								
定时/计数器 2 重装高字节	RLDH	CBH								
定时/计数器 2 低字节	TL2	CCH								
定时/计数器 2 高字节	TH2	CDH								
程序状态寄存器	PSW	D0H	C D7	AC D6	F0 D5	RS1 D4	RS0 D3	OV D2	D1	P D0
累加器	A	E0H	E7	E6	E5	E4	E3	E2	E1	E0
寄存器	B	F0H	F7	F6	F5	F4	F3	F2	F1	F0

从表 2-5 中可知，51 子系列有 11 个专用寄存器可以位寻址（52 子系列有 12 个专用寄存器可以位寻址），这 11 个寄存器有一个共同的特点：它们字节地址的低半字节都为 0H 或 8H（即地址能被 8 整除），共有 83 个位地址单元，加上 RAM 20H～2FH 单元中的 128 个可位寻址单元，构成了 8051 单片机的整个位地址空间。

另外，用户在使用存储器时要注意以下两点：

1）能够作为用户数据存放区的片内数据存储器最多只有 128B，SFR 区不能作为一般数据缓冲区使用，只能作为寄存器使用，在访问时，既可直接用寄存器的名称，也可用字节地址或位地址。

2）在 SFR 区中用户只能使用定义的 21B 地址单元，尚未定义的字节地址单元用户不能使用，否则将得到一个不确定的随机数。

2.2.4 外部引脚

对于任何集成电路芯片，用户都是通过它的引脚来使用其内部功能，引脚是应用集成电路芯片的物理界面，如图 2-8 所示。

8051 单片机采用的是 DIP40 的封装形式，可分为电源引脚、外接晶体引脚、控制引脚和输入/输出引脚 4 类。

1. 主电源引脚

VCC（40 脚）：接 +5V 电源正端。

VSS（20 脚）：接地端。

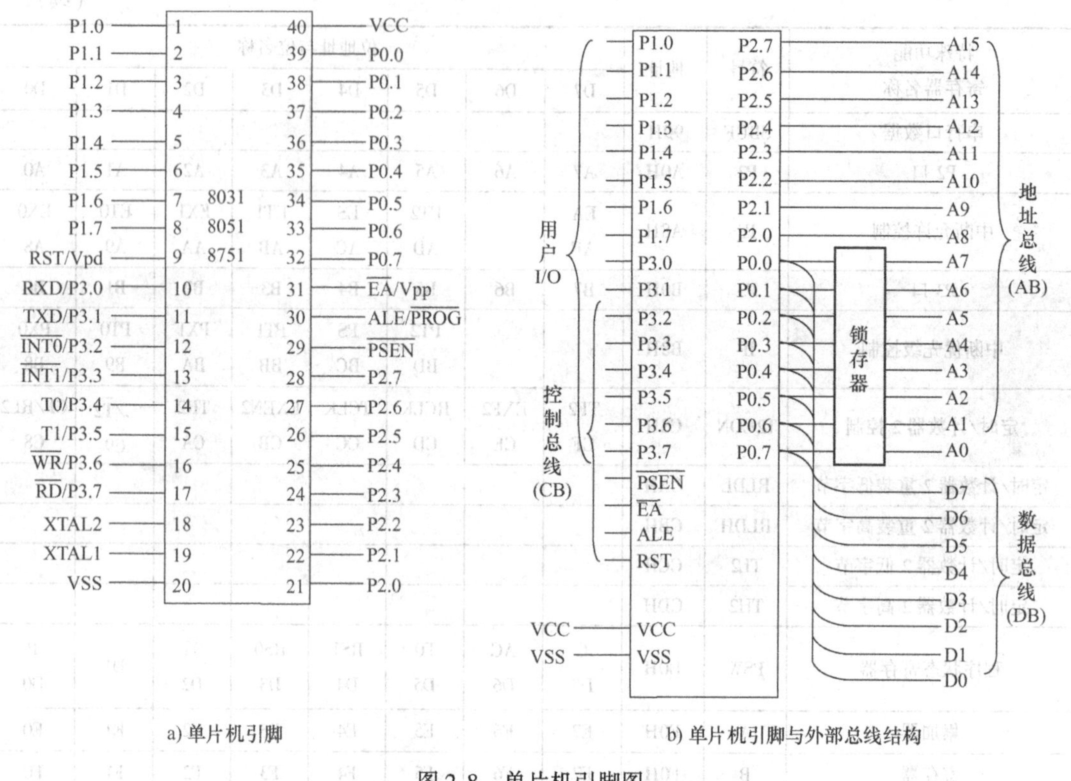

图 2-8 单片机引脚图

2. 外接晶体引脚

XTAL1（19 脚）：内部振荡电路高增益反相放大器的输入端，接外接晶振的一个引脚。

XTAL2（18 脚）：内部振荡电路高增益反相放大器的输出端，接外接晶振的另一个引脚。

当采用外部振荡器时，对于 HMOS 单片机，XTAL1 引脚接地，XTAL2 接片外振荡脉冲输入（带上拉电阻）；对于 CHMOS 单片机，XTAL2 引脚接地，XTAL1 接片外振荡脉冲输入（带上拉电阻）。

3. 控制引脚

1）RST/Vpd（9 脚）：RST 即 RESET，Vpd 为备用电源。当单片机振荡器工作时，该引脚上出现持续两个机器周期的高电平，就可实现复位操作，使单片机回复到初始状态。上电时，考虑到振荡器有一定的起振时间，该引脚上高电平必须持续 10ms 以上才能保证有效复位。Vpd 引脚可接备用电源，当 VCC 发生故障降低到低电平规定值或掉电时，该备用电源为内部 RAM 供电，以保证 RAM 中的数据不丢失。

2）ALE/$\overline{\text{PROG}}$（30 脚）：地址锁存允许信号端，主要用于控制 P0 口连接锁存器的地址锁存允许。当 8051 单片机上电并正常工作后，ALE 引脚不断向外输出脉冲信号，频率为振荡器频率 f_{OSC} 的 1/6。CPU 访问片外程序存储器时，ALE 输出信号作为锁存 P0 低 8 位地址的控制信号。不访问片外程序存储器时，ALE 引脚可以用作对外输出时钟或定时信号。通常将 ALE 端是否有频率为 $f_{OSC}/6$ 的脉冲信号输出作为判断 8051 芯片好坏的依据。在对片内带有 EPROM 的单片机编程时，$\overline{\text{PROG}}$引脚作为编程脉冲的输入端。

3）$\overline{\text{PSEN}}$（29 脚）：片外程序存储器读选通信号输出端，低电平有效。在访问片外程序存储器时，此端定时输出低电平脉冲作为读片外程序存储器的选通信号，接外部程序存储器的$\overline{\text{OE}}$端。在访问片外数据存储器期间，$\overline{\text{PSEN}}$信号不出现。

4）$\overline{\text{EA}}$/Vpp（31 脚）：片外程序存储器地址允许输入端。$\overline{\text{EA}}$引脚为低电平时，选用片外程序存储器，高电平或悬空时选用片内程序存储器。对于无片内 ROM 的 8031，$\overline{\text{EA}}$引脚必须接地。对片内 EPROM 固化编程时，Vpp 引脚作为施加较高编程电压（一般为 21V）的输入端。

4. 并行 I/O 引脚

1）P0 口（39～32 脚）：P0.0～P0.7 统称为 P0 口，是一个漏极开路的 8 位双向 I/O 口；在不接片外存储器与不扩展 I/O 口时，作为准双向输入/输出口；在接有片外存储器或扩展 I/O 口时，P0 口分时复用为低 8 位地址总线和双向数据总线。

2）P1 口（1～8 脚）：P1.0～P1.7 统称为 P1 口，是一个内部带上拉电阻的 8 位准双向 I/O 口。对于 52 子系列单片机，P1.0 与 P1.1 还有第二功能：P1.0 可用作定时/计数器 2 的计数脉冲输入端 T2，P1.1 可用作定时/计数器 2 的外部控制端 T2EX。

3）P2 口（21～28 脚）：P2.0～P2.7 统称为 P2 口，是一个内部带上拉电阻的 8 位准双向 I/O 口；在访问片外存储器或扩展 I/O 口且寻址范围超过 256B 时，P2 口用作高 8 位地址总线。

4）P3 口（10～17 脚）：P3.0～P3.7 统称为 P3 口，除作为准双向 I/O 口使用外，还可以将每一位用于第二功能，见表 2-6，而且 P3 口的每一条引脚均可独立定义为第一功能的输入/输出或第二功能。

表 2-6　P3 口第二功能表

端　口	第 二 功 能
P3.0	RXD 串口输入端
P3.1	TXD 串口输出端
P3.2	$\overline{\text{INT0}}$外部中断 0 输入端
P3.3	$\overline{\text{INT1}}$外部中断 1 输入端
P3.4	T0 定时/计数器 0 的外部脉冲输入端
P3.5	T1 定时/计数器 1 的外部脉冲输入端
P3.6	$\overline{\text{WR}}$外部数据存储器写信号，低电平有效
P3.7	$\overline{\text{RD}}$外部数据存储器读信号，低电平有效

2.3　MCS－51 单片机的输入/输出端口

在单片机的应用中，I/O 口发挥着至关重要的作用，它们是单片机与外部输入/输出设备之间进行信息交换的桥梁。51 系列单片机有 4 个 8 位并行输入/输出端口：P0、P1、P2、

P3。这 4 个端口既可以并行输入或输出 8 位数据，又可以按位操作，即每一位均能独立输入或输出。虽然 4 个端口统称为并行 I/O 口，但各自具有不同的功能特性。

在无片外扩展存储器的系统中，4 个端口的每一位都可以作为准双向 I/O 端口使用，而在有片外扩展存储器的系统中，P2 口送出高 8 位地址，P0 口为双向总线，分时用作低 8 位地址总线/8 位数据总线。

8051 单片机 I/O 端口的设计非常巧妙，掌握其 I/O 端口的逻辑电路，既有利于正确合理地使用端口，又有助于对单片机外围电路的设计。下面分别从各端口内部接口结构来介绍其功能特性。

2.3.1 P0 口

1. P0 口结构

P0 口是一个三态双向口，可作为地址/数据分时复用口，也可作为通用的 I/O 接口。它的 1 位的电路内部结构如图 2-9 所示，P0 口由 8 个这样的电路组成。它包括一个输出锁存器、两个三态缓冲器（分别用作引脚数据和锁存器数据的输入缓冲）、输出驱动电路（场效应晶体管 VT1 和 VT2）和输出控制电路（与门、反相器和转换开关 MUX）组成，当 CPU 使控制线 $C=0$ 时，多路开关 MUX 在图 2-9 所示 0 位置，P0 口为通用 I/O 口；当 $C=1$ 时，开关拨向 1 位置，P0 口分时作为地址/数据总线使用。

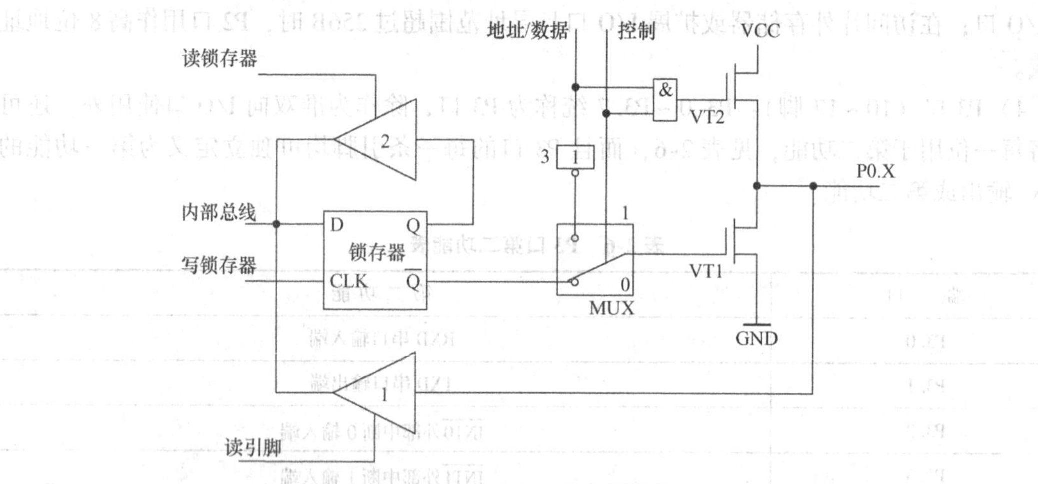

图 2-9　P0 口 1 位内部结构

2. P0 口通用 I/O 接口功能

当单片机不进行外部程序存储器或外部数据存储器扩展时，P0 口作为通用 I/O 口使用。这时，控制线接低电平 0，场效应晶体管 VT1 与锁存器的 $\overline{Q}$ 端相连，此时因与门的输出为 0，场效应晶体管 VT2 处于截止状态，因此，输出级是漏极开路式输出。

（1）P0 口用作输出口

当 CPU 执行数据输出指令时，内部产生一个写脉冲信号，加在锁存器的时钟端 CLK 上，这样与内部总线相连的 D 端的数据取反后反映在 $\overline{Q}$ 端，再经 VT1 反相，输出到 P0. X 线上。在内部经过了两次反相，P0 引脚上出现的数据正好是内部总线输出的数据。

(2) P0 口用作输入口

当要从 P0 口输入数据时，应区分执行的是“读引脚”指令还是“读锁存器”指令。所谓“读引脚”是指直接读取引脚 P0. X 上的状态，这时由“读引脚”信号把三态缓冲器 1 打开，引脚上的状态经缓冲器读入内部总线，这类操作一般用数据传送类指令来完成；而“读锁存器”则是由“读锁存器”信号把三态缓冲器 2 打开，从而把 D 锁存器的 Q 端的状态读入内部总线。

在执行“读引脚”指令时，内部产生一个读引脚控制信号，开通输入缓冲器 1，引脚数据就进入内部总线。但需要注意的是，由于场效应晶体管 VT1 并接在引脚 P0 上，所以只有在锁存器是“1”状态时，才能正确输入。当锁存器是“1”状态时，$\overline{Q}=0$，VT1 和 VT2 全部截止，P0 引脚呈现高阻抗输入状态；当锁存器是“0”状态时，$\overline{Q}=1$，VT1 导通，P0 口被箝位在低电平，不能正确输入。这就是称 P0 口为准双向口的内在原因。

“读锁存器”可以避免因外部电路等原因使端口引脚的状态发生变化而造成的误读。

当 P0 口作通用 I/O 接口时，应注意以下 3 点：

1）在输出数据时，由于 VT2 截止，输出级是漏极开路电路，要使“1”信号正常输出，必须外接上拉电阻。

2）P0 口作为通用 I/O 口输入使用时，是准双向口，所以在输入数据前，应先向 P0 口写“1”。

3）单片机复位时，锁存器被置位为“1”状态。

3. P0 口地址/数据分时复用功能

当单片机需要外扩程序存储器和数据存储器时，CPU 对片外存储器进行读写操作（在 $\overline{EA}=0$ 时，执行 MOVC 指令或执行 MOVX 指令），由内部硬件自动使控制线 $C=1$，开关 MUX 拨向反相器输出端。这时 P0 口作为低 8 位地址/8 位数据总线，当 P0 口作为地址/数据分时复用总线时，可分为两种情况：一种是从 P0 口输出地址或数据，另一种是从 P0 口输入数据。

(1) P0 口用作输出地址/数据总线

CPU 内部“地址/数据线”上的数据经反相器与场效应晶体管 VT1 栅极接通，当输出“1”时，场效应晶体管 VT1 截止，VT2 导通，引脚为“1”状态，当输出“0”时，场效应晶体管 VT1 导通，VT2 截止，引脚为“0”状态。可见，引脚状态正好与“地址/数据线”的信息相同，工作时上下两个场效应晶体管处于反相，构成推拉式结构，大大增加了负载驱动能力。

(2) P0 口用作数据输入口

当从 P0 口输入数据时，首先低 8 位地址信息出现在“地址/数据线”上，此时引脚的状态与“地址/数据线”上的信息相同。然后硬件自动使控制线 $C=0$，转换开关打向下端，场效应晶体管 VT2 截止，同时，P0 口自动写入“FFH”，这时，VT1 截止，与此同时，“读引脚”信号有效，数据从缓冲器 1 进入内部总线。

综上，P0 口既可作通用 I/O 使用，又可作低地址/数据总线使用。在没有外部扩展存储器或 I/O 接口时，P0 口可作为通用的 I/O 接口，但只是一个准双向口；在有外部扩展存储器或 I/O 接口时，P0 口分时复用为地址/数据总线，是一个真正的双向口。作 I/O 输出时，输出级漏极开路必须外接上拉电阻才能输出高电平；作I/O输入时，必须先向对应的锁存器写入“1”状态，才不影响高电平输入。值得注意的是，当P0口用作地址/数据总线时，就无法再作I/O口使用了。还需指出，P0口输出具有驱动8个LSTTL负载的能力。一个LSTTL负载的驱动电流约为100μA，即P0口能提供约800μA的负载驱动电流。

2.3.2 P1口

P1口在51单片机中，对应单片机的1~8引脚，只有准双向I/O口的功能，即只能作通用I/O使用。对于52子系列，P1口的P1.0和P1.1，除作为通用I/O口线外还具有第二功能，即P1.0可作为定时/计数器2的外部计数脉冲输入端T2，P1.1可作为定时/计数器2的外部控制输入端T2EX。其1位的电路内部结构如图2-10所示，与P0口不同，P1口的输出驱动部分由场效应晶体管VT1与内部上拉电阻组成。

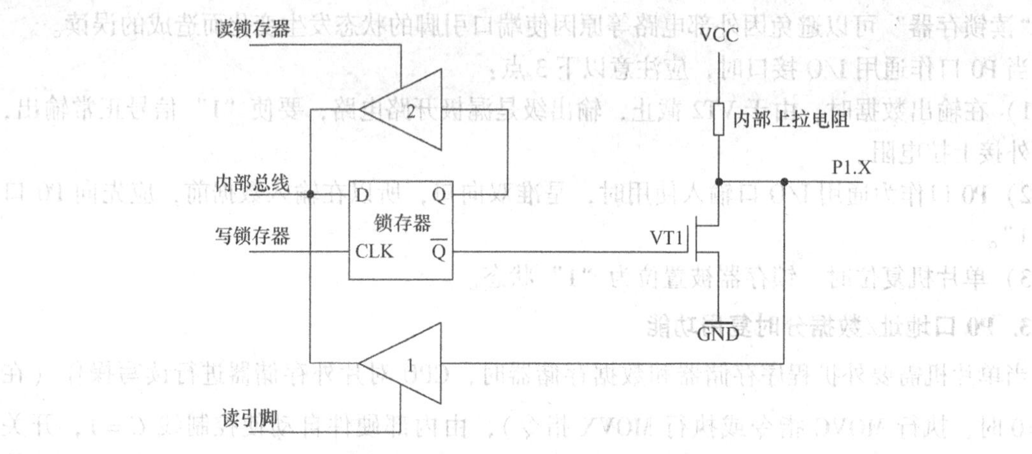

图2-10 P1口1位电路内部结构

P1口用作输出时，当P1口的某位输出高电平时，能向外提供上拉电阻，不必外接上拉电阻。P1口用作输入时，也必须先向对应的锁存器写入“1”，使场效应晶体管VT1截止。P1口输出具有驱动4个LSTTL负载的能力。

2.3.3 P2口

P2口在51单片机中，对应单片机的21~28引脚，P2口具有准双向I/O口和高8位地址总线两种功能。其1位的电路内部结构如图2-11所示，与P1口不同，P2口多了一个模拟开关MUX和反相器3。

当作为准双向通用I/O口时，CPU产生一个控制信号使开关MUX接向锁存器Q端，经反相器接VT1，其工作原理与P1口相同，P2口的I/O特性及端口操作同P0、P1口。当单片机外扩有存储器时，P2口用作高8位地址总线。这时，CPU产生控制信号使转换开关MUX接向地址输出，由程序计数器PCH来的高8位地址或者由数据指针DPH来的高8位地址中的一位，经反相器和晶体管VT1原样呈现在P2口的一条引脚上。P2口的8个引脚整体输出高8位的地址。输出地址时，P2口锁存器的内容不会改变。因此，取址、访问外部存储器或者I/O口结束后，当转换开关MUX转接至输出锁存器的Q端时，引脚上将恢复原来的数据。

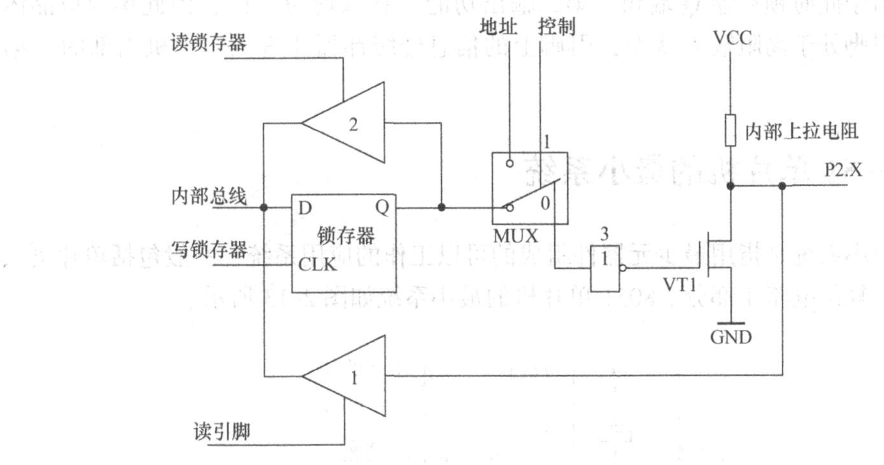

图 2-11 P2 口 1 位电路内部结构

2.3.4 P3 口

P3 口在 51 单片机中，对应单片机的 10 ~ 17 引脚，除用作准双向 I/O 外，还具有第二功能。其 1 位电路内部结构图如图 2-12 所示，它的输出驱动由与非门 3、VT1 和内部上拉电阻组成，输入比 P0、P1、P2 口多了一个缓冲器 4。

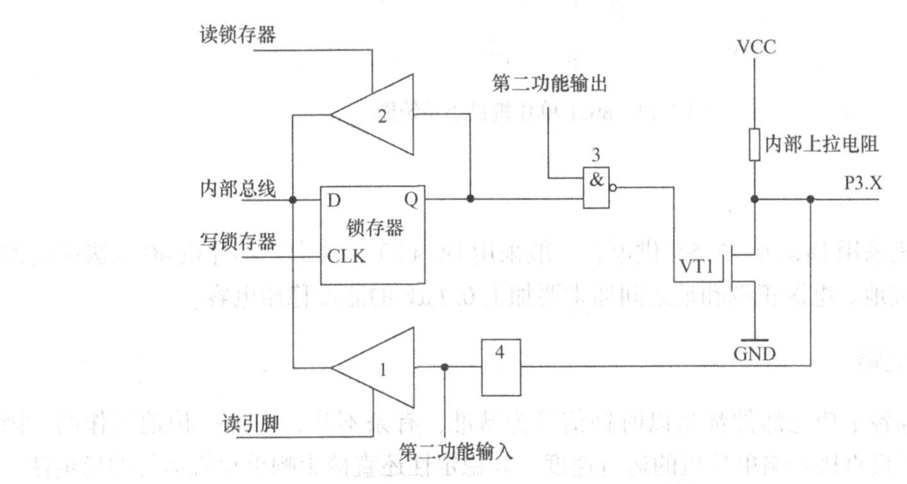

图 2-12 P3 口 1 位电路内部结构

当 P3 口用作通用 I/O 输出时，“第二功能输出”端由内部硬件保持高电平，经过与非门，D 锁存器输出端 Q 的状态送至场效应晶体管输出。而作为通用 I/O 口输入时，同 P0 ~ P2 口一样，需要向端口锁存器写“1”，场效应晶体管截止，引脚端作为高阻输入。当 CPU 发出读命令时，三态缓冲器 1 或 2 打开，锁存器状态或引脚状态经缓冲器送到 CPU 内部总线上。

当 P3 口用作第二功能时，各引脚功能详见表 2-6，D 锁存器 Q 端被内部硬件自动置“1”，否则引脚将被钳位在低电平。作为第二功能使用时，与非门对“第二功能”端是畅通的。作为第二功能输入时，由于端口不作为通用 I/O 口，“读引脚”无效，三态缓冲器 1 不导通，同时，由于此时锁存器Q端和“第二输出功能”状态均为“1”，因此场效应晶体管截止，该端口引脚处于高阻输入状态，引脚上的信息经缓冲器4进入单片机内部的“第二功能输入”端。

2.4 MCS-51单片机的最小系统

单片机的最小系统是指用最少元器件组成的可以工作的应用系统，一般包括单片机、电源、时钟电路、复位电路4部分。8051单片机的最小系统如图2-13所示。

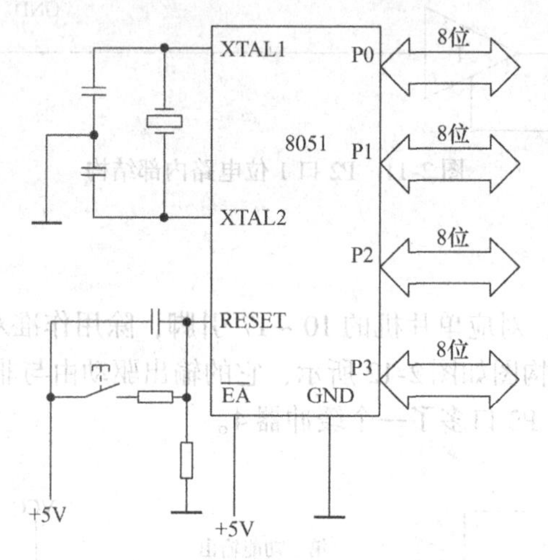

图2-13 8051单片机最小系统图

2.4.1 电源

8051单片机采用DC4.0~5.5V供电，一般采用DC+5V，其中，单片机40引脚接电源正端，20引脚接地。电源正端和地之间通常要加上0.1μF的滤波稳压电容。

2.4.2 时钟电路

单片机内部各个功能部件都是以时钟信号为基准，有条不紊、一拍一拍地工作的。因此，时钟频率不仅直接影响单片机的运行速度，其稳定性还直接影响单片机运行的稳定性。

1. 时钟电路

单片机内部有一个由高增益反相放大器构成的振荡电路，XTAL1（19引脚）、XTAL2（18引脚）分别为振荡电路的输入和输出端，时钟可以由内部方式或者外部方式产生。

（1）内部时钟产生方式

内部时钟产生电路如图2-14a所示，在19引脚（XTAL1）和18引脚（XTAL2）之间接石英晶体和两个电容就构成了稳定的自激振荡器，电容C2、C3的取值一般在30pF左右，对振荡频率有微调的作用。

对8051单片机而言，外接晶体振荡器频率f_{osc}的范围为1.2~12MHz。晶体的振荡频率越高使得单片机时钟频率也就越高，则单片机的运行速度也就越快。但反过来，运行速度越

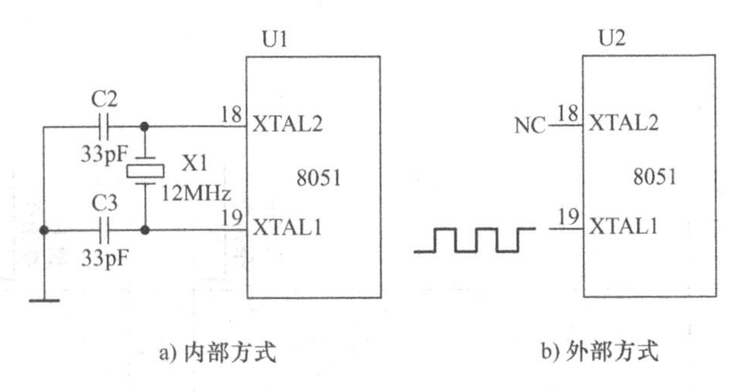

a) 内部方式　　b) 外部方式

图 2-14　8051 单片机时钟电路

快，对存储器的速度要求就越高，对印制电路板的工艺要求也越高，即要求线路间的寄生电容要小；晶体和电容应尽可能与单片机芯片靠近，以减少寄生电容，更好地保证振荡器稳定、可靠地工作；还应采用温度稳定性好的电容来进一步提高稳定性。

随着集成电路工艺的发展，单片机允许的最高时钟频率也在逐步提高，现在很多高速单片机的时钟频率已经达到 40MHz 以上。

（2）外部时钟产生方式

单片机采用外部振荡电路产生脉冲信号的电路如图 2-14b 所示。对于 HMOS 单片机，XTAL1 引脚接地，XTAL2 引脚接片外振荡脉冲输入；对于 CHMOS 单片机，XTAL2 引脚悬空，XTAL1 引脚接片外振荡脉冲输入。

2. 时钟周期、机器周期、指令周期和指令时序

单片机指令的执行均是在 CPU 控制器的时序控制电路的控制作用下进行的，各种时序均与时钟周期有关。

（1）时钟周期

时钟周期是单片机的基本时间单位，即单片机内部时钟电路产生（或外部时钟电路送入）的信号周期。若时钟电路的（晶振）振荡频率为 f_{OSC}，则时钟周期 $T_{OSC}=1/f_{OSC}$。

（2）机器周期

机器周期是单片机的基本操作周期，即完成一个基本操作所需要的时间。执行一条指令的过程可分为几个机器周期，每个机器周期完成一个基本操作。8051 单片机的每 12 个时钟周期为一个机器周期，即 $T_{cy}=12/f_{OSC}$。例如，若 $f_{OSC}=12\text{MHz}$，则 $T_{cy}=1\mu\text{s}$。每个机器周期包含 6 种状态，分别为：S1、S2、…、S6，每个状态包含两拍 P1 和 P2。因此，一个机器周期中的 12 个时钟周期可表示为：S1P1、S1P2、S2P1、S2P2、…、S6P1、S6P2，如图 2-15 所示。

（3）指令周期

指令周期是最大的时序定时单位，是指单片机执行一条指令所需要的时间。指令周期用机器周期来表示。每条指令按其所占空间的字节长度来分，8051 单片机指令可分为单字节指令、双字节指令和三字节指令。单字节和双字节指令的执行时间一般为单个机器周期或两个机器周期；三字节指令大都需要两个机器周期来完成，只有乘、除法是 4 机器周期指令，需要 4 个机器周期来完成。

（4）指令时序

每一条指令的执行都包括取指和执行两个阶段。在取指阶段，CPU 把程序计数器（PC）中的地址送到内部或者外部程序存储器 ROM，并从中取出相应的指令操作码和操作数。在

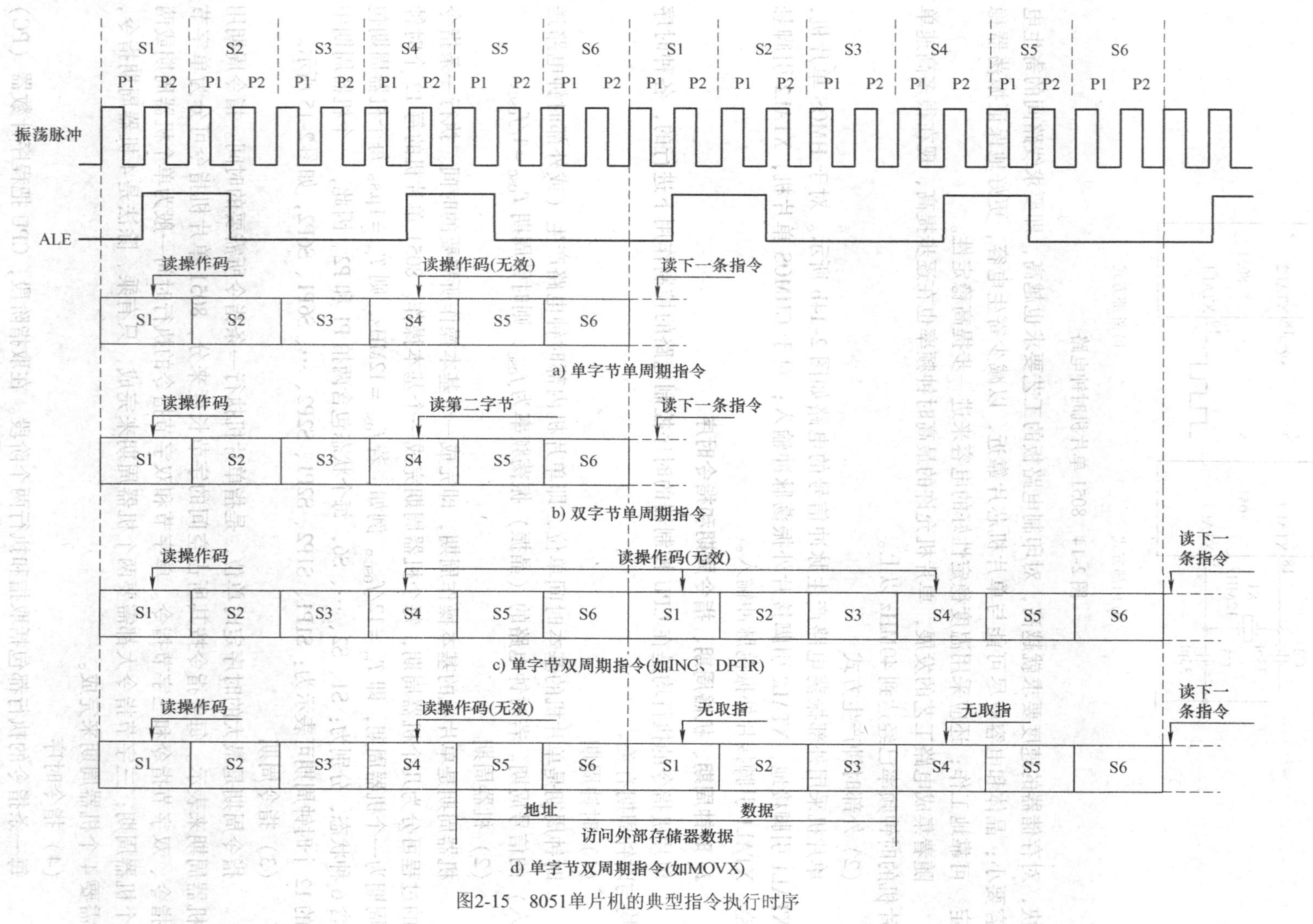

a) 单字节单周期指令

b) 双字节单周期指令

c) 单字节双周期指令(如INC、DPTR)

d) 单字节双周期指令(如MOVX)

图2-15 8051单片机的典型指令执行时序

执行指令阶段，对指令操作码进行译码，以产生一系列控制信号来完成指令的执行。

图 2-15 表示了几种典型指令的取指和执行时序。用户可以通过观察 ALE 信号分析 CPU 取指时序。由图可知，在每个机器周期内，地址锁存信号 ALE 两次有效，第一次出现在 S1P2 和 S2P1 期间，第二次出现在 S4P2 和 S5P1 期间，产生地址锁存操作。

单字节单周期指令只需进行一次读指令操作，在一个机器周期内执行完，如图 2-15a 所示。在 S1P2 期间进行读指令操作，因为是单字节指令，PC 不加 1；在 S4P2 期间仍进行读指令操作，但读出的仍是原指令码，属于一次无效操作。

双字节单周期指令需要进行两次读指令操作，在一个机器周期内执行完，如图 2-15b 所示。在 S1P2 期间进行读指令操作，PC 加 1；在 S4P2 期间读指令的第二字节。

不需片外存储器数据的单字节双周期指令，只需进行一次读指令操作，在两个机器周期执行完，如图 2-15c 所示。两个机器周期发生 4 次读指令操作，但第一次读指令有效，PC 不加 1，所以后 3 次读指令无效。

需要从片外数据存储器取数据的单字节双周期指令如图 2-15d 所示。在第一个机器周期，第一次读指令，PC 不加 1，第二次读指令无效。在第二个机器周期，对外部数据存储器进行访问，无 ALE 信号，不产生读指令操作。从 S5P1 ~ S4P1 进入访问数据存储器操作时序。

应注意：当对片外数据存储器进行读写时，ALE 信号不是周期性的。

2.4.3 复位电路

1. 复位状态

复位状态就是单片机正常运行前的初始状态。当加电启动或者在运行过程中强制按下复位按钮后，单片机就处于复位状态。

在振荡器正常工作情况下，要实现对 51 单片机进行复位，必须在 RST 引脚持续加至少两个机器周期（24 个时钟周期）的高电平（实际应用中要求持续时间在 10ms 以上）。CPU 在 RST 引脚出现高电平后的第二个机器周期执行内部复位，以后每个机器周期重复一次，直至 RST 引脚出现低电平。

复位期间不产生 ALE 和$\overline{\text{PSEN}}$信号，ALE = 1，$\overline{\text{PSEN}}$ = 1，片内 RAM 不受复位的影响。复位后，特殊功能寄存器和程序计数器（PC）状态见表 2-7。

表 2-7 复位后特殊功能寄存器状态表

特殊功能寄存器	初始内容	特殊功能寄存器	初始内容
A	00H	TCON	00H
PC	0000H	TL0	00H
B	00H	TH0	00H
PSW	00H	TL1	00H
SP	07H	TH1	00H
DPTR	0000H	SCON	00H
P0 ~ P3	FFH	SBUF	XXXXXXXXB
IP	XX000000B	PCON	0XXX0000B
IE	0X000000B	TMOD	00H

2. 复位电路

MCS－51 单片机提供复位高电平的电路需要用户从外部接入 RST 引脚。单片机的复位有上电自动复位和手动复位两种。上电自动复位如图 2-16a 所示，上电瞬间，RST 引脚电位为 +5V，随着 RC 电路充电电流的减小，RST 引脚的电位逐渐下降，只要在 RST 引脚处保持两个机器周期以上（实际需要 10ms）的高电平就能使单片机有效复位。因此使用 10kΩ 电阻和 22μF 电容，其时间常数足以满足要求。手动复位电路如图 2-16b 所示，在电容两端并接一个按键开关，当开关常开时为上电复位，当开关闭合时，相当于 RST 端与 VCC 电源接通，提供足够宽度的高电平完成手动复位。

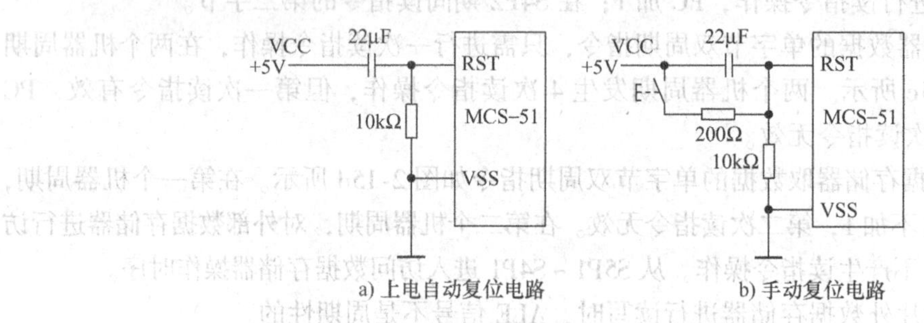

a) 上电自动复位电路　　b) 手动复位电路

图 2-16　51 单片机复位电路

复位电路虽然简单，但它的作用非常重要。检查一个单片机最小系统能否正常运行，首先要看能否复位成功。初步检查方法，可用示波器探头监视 RST 端，按下复位键，看是否有足够幅度的波形输出，还可以通过改变阻容值来实验。值得注意的是，若 RST 引脚始终保持高电平，系统也不能正常工作。

单片机复位后，PC 指向程序的入口地址 0000H，使其从起始地址开始执行程序。所以当单片机运行出错或进入死循环时，可按复位按钮重新启动。

2.5　MCS－51 单片机的工作方式

单片机的工作方式包括复位方式、全速执行方式、单步执行方式、掉电和节电方式以及 EPROM 编程和校验方式。

复位方式详见 2.4.3 节，这里不再赘述。

2.5.1　全速执行方式

单片机程序全速执行方式是单片机的基本工作方式，也是单片机的主要工作方式，单片机在实现用户功能时，通常采用这种方式。单片机执行的程序放置在片内或片外程序存储器中。系统复位后，PC 指针指向 0000H，程序便从 0000H 开始执行，直至结束。注意：从 0003H 到 0032H 是中断服务程序区，因此，用户程序都放置在中断服务区后面，一般在 0000H 处放一条长转移指令转移到用户程序。

2.5.2　单步执行方式

所谓单步执行，是指在外部单步脉冲的作用下，使单片机一个单步脉冲执行一条指令后就暂停下来，再一个单步脉冲再执行一条指令后又暂停下来。它通常用于调试程序、跟踪程序执行和了解程序执行过程。

一般的微型计算机，单步执行由单步执行中断来完成，而单片机没有单步执行中断，MCS－51单片机的单步执行也要利用中断系统完成。MCS－51的中断系统规定，从中断服务程序中返回之后，至少要再执行一条指令，才能重新进入中断。将外部脉冲加到$\overline{\text{INT0}}$引脚，平时让它为低电平，通过编程规定$\overline{\text{INT0}}$为电平触发。那么，不来脉冲时$\overline{\text{INT0}}$总处于响应中断的状态。

在$\overline{\text{INT0}}$的中断服务程序中安排下面的指令：

```
PAUSE0：JNB   P3.2，PAUSE0       ；若INT0=0，不往下执行
PAUSE1：JB    P3.2，PAUSE1       ；若INT0=1，不往下执行
RETI                             ；返回主程序执行下一条指令
```

当$\overline{\text{INT0}}$不来外部脉冲时，$\overline{\text{INT0}}$保持低电平，一直响应中断，执行中断服务程序。在中断服务程序中，第一条指令在$\overline{\text{INT0}}$为低电平时进入死循环，不返回主程序执行。当通过一个按钮向$\overline{\text{INT0}}$端送一个高电平脉冲时，中断服务程序的第一条指令结束循环，执行第二条指令，在高电平期间，第二条指令又进入死循环，高电平结束，$\overline{\text{INT0}}$回到低电平，第二条指令结束循环，执行第三条指令，中断返回，返回到主程序，由于这时$\overline{\text{INT0}}$又为低电平，请求中断，而中断系统规定，从中断服务程序中返回之后，至少要再执行一条指令才能重新进入中断。因此，当执行主程序的一条指令后，响应中断，进入中断服务程序，又在中断服务程序中暂停下来。

这样，按一次按钮，$\overline{\text{INT0}}$端产生一次高电平脉冲，主程序执行一条指令，实现单步执行。

2.5.3　掉电及节电方式

单片机经常在野外、空中等供电困难的场合使用，所以要求单片机系统的功耗要小，采取节电方式可以降低系统的功耗。51系列单片机采用两种半导体工艺生产，一种是HMOS工艺，另一种是CHMOS工艺，它们的节电方式不同。

1. HMOS单片机的掉电方式

HMOS芯片本身运行功耗较大，这类芯片没有设置低功耗运行方式。为了减小系统的功耗，设置了掉电方式，RST/Vpd端接有备用电源，即当单片机正常运行时，单片机内部的RAM由主电源VCC供电，当VCC掉电、VCC电压低于RST/Vpd端备用电源电压时，由备用电源向内部RAM维持供电，保证RAM中数据不丢失。这时系统的其他部件都停止工作，包括片内振荡器。

在应用系统中经常这样处理：当用户检测到掉电发生时，就通过$\overline{\text{INT0}}$或$\overline{\text{INT1}}$向CPU发出中断请求，并在主电源掉至下限工作电压之前，通过中断服务程序把一些重要信息转存到片内RAM中，然后由备用电源只为RAM供电。在主电源恢复之前，片内振荡器被封锁，一切部件都停止工作。当主电源恢复时，备用电源保持一定的时间，以保证振荡器启动，使系统完成复位。

2. CHMOS 单片机的节电运行方式

采用 CHMOS 工艺的单片机不仅运行时耗电少，而且还提供了两种节电工作方式，即空闲（待机）工作方式和掉电（停机）工作方式，以进一步降低功耗。CHMOS 型单片机的工作电源和备用电源加在同一个引脚 VCC 上，正常工作时电流为 11 ~ 20mA，待机状态时为 1.7 ~ 5mA，掉电方式时为 5 ~ 505μA。

实现这两种工作方式的内部控制电路如图 2-17 所示。若 $\overline{\text{IDL}}$ = 0，则进入空闲工作方式。在这种方式下，振荡器仍继续工作，但 $\overline{\text{IDL}}$ = 0 封锁了 CPU 的时钟信号，而中断、串口和定时/计数器却在时钟的控制下正常工作。若 $\overline{\text{PD}}$ = 0，则进入掉电方式，振荡器被冻结。$\overline{\text{IDL}}$ 和 $\overline{\text{PD}}$ 信号由电源控制寄存器 PCON 中的 IDL 和 PD 触发器的 $\overline{\text{Q}}$ 输出端提供。

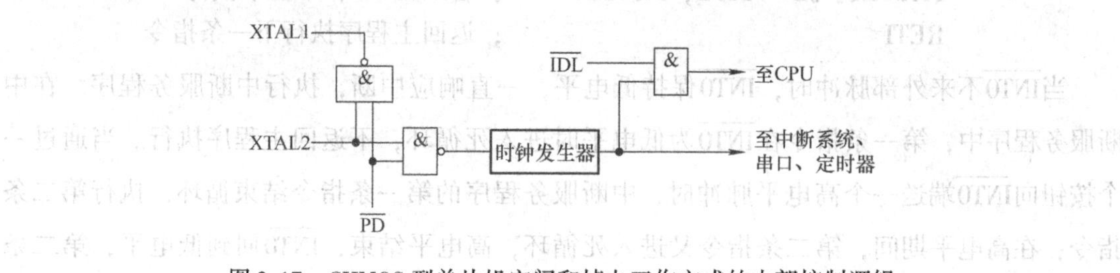

图 2-17　CHMOS 型单片机空闲和掉电工作方式的内部控制逻辑

电源控制寄存器 PCON 的格式如下：

	D7	D6	D5	D4	D3	D2	D1	D0	
PCON	SMOD	—	—	—	GF1	GF0	PD	IDL	87H

SMOD：波特率倍频位，用于串口。

GF1、GF0：通用标志位，两个标志位用户使用。通常使用这两个标志来指明中断是在正常操作还是在待机期间发生的。

PD：掉电方式控制位。PD = 1，进入掉电工作方式；PD = 0，结束掉电方式。

IDL：空闲方式控制位。IDL = 1，进入空闲工作方式；IDL = 0，结束空闲方式。

如果 PD 和 IDL 两位都被置为“1”，则 PD 优先有效。

（1）空闲（等待、待机）工作方式

通过置位 PCON 寄存器的 IDL 位进入空闲工作方式。在空闲方式下，内部时钟不给 CPU，只给中断、串口、定时/计数器部分。CPU 停止工作进行内部状态维持，即包括堆栈指针（SP）、程序计数器（PC）、程序状态字（PSW）、累加器（ACC）的所有内容保持不变，片内 RAM 和端口状态也保持不变，所有中断和外围功能仍然有效。

空闲方式的退出有两种方法：第一种方法是激活任何一个被允许的中断，当中断发生时都可由硬件将 PCON.0（IDL）清“0”来终止空闲工作方式，当执行完中断服务程序返回主程序时，接着执行原先使 IDL 置位的指令后面的指令；另一种方法是采用硬件复位，RST 端的复位信号直接将 PCON.0（IDL）清“0”，从而退出空闲状态，退出空闲状态后，CPU 接着从设置空闲方式指令的下一条指令重新执行程序。

(2) 掉电(停机)工作方式

通过置位 PCON.1 (PD) 进入掉电工作方式。在掉电方式下，内部振荡器停止工作。由于没有振荡时钟，所有的功能部件都停止工作。备用电源为片内 RAM 和特殊功能寄存器供电，使它们的内容被保存下来。

退出掉电方式的唯一方法是硬件复位，复位后将所有特殊功能寄存器的内容初始化，但不改变片内 RAM 区的数据。

在掉电工作方式下，VCC 可以降到 2V，但在进入掉电方式之前，VCC 不能降低。在准备退出掉电方式之前，必须恢复正常的工作电压值，并维持一段时间(约 10ms)，使振荡器重新启动并稳定后方可退出掉电方式。

习 题

2-1 MCS-51 单片机内部包含哪些主要逻辑功能部件？

2-2 如何才能使 8051 单片机复位？有哪几种复位方式？

2-3 MCS-51 单片机的 $\overline{EA}$、ALE、$\overline{PSEN}$ 信号各自的功能是什么？

2-4 PC 的值是( )。

A. 当前正在执行指令的前一条指令的地址

B. 当前正在执行指令的地址

C. 当前正在执行指令的下一条指令的地址

D. 控制器中指令寄存器的地址

2-5 简述 8051 单片机中堆栈的特点和作用。

2-6 片内 RAM 划分为哪几个区域？应用中应怎样合理有效地使用？

2-7 MCS-51 单片机的特殊功能寄存器的功能是什么？

2-8 在 8051 的存储器结构中，内部数据存储器可分为几个区域？各有什么特点？

2-9 开机复位后，CPU 使用的是哪组工作寄存器？它们的地址是什么？

2-10 什么是机器周期？什么是指令周期？51 系列单片机的一个机器周期包括多少个时钟周期？

2-11 MCS-51 单片机的堆栈与通用微机中的堆栈有何异同？在程序设计时，为什么要对堆栈指针 SP 重新赋值？

2-12 MCS-51 单片机的 P0 口有什么用途？应用时应注意什么问题？

2-13 MCS-51 单片机有几种低功耗工作方式？如何实现？又如何退出？

2-14 若晶振的振荡频率为 12MHz，则机器周期和 ALE 信号的频率为多少？

第3章　MCS-51单片机指令系统

使计算机完成某种操作的命令称为指令，一台计算机的CPU能够执行的全部指令的集合称为这个CPU的指令系统，不同类型的CPU有不同的指令系统。本章将介绍MCS-51单片机的指令系统，该系统共有111条指令、42种指令助记符，并具有以下特点：

1）执行时间短、运算速度快。单机器周期指令有64条，双机器周期指令有45条，而四机器周期指令（乘、除法指令）仅有2条。

2）指令编码字节少，占用存储空间小。单字节指令49条，双字节指令45条，三字节指令只有17条。

3）位操作指令丰富。这使单片机的控制功能更加方便。

指令的描述形式一般有两种：机器语言形式和汇编语言形式。采用机器语言编写的程序称为目标程序。采用汇编语言编写的程序称为源程序。机器语言编写的程序不便被人们识别、记忆、理解和使用，而汇编语言编写的程序占用存储空间少、运算速度快、效率高、实时性强，汇编语言面向机器，对单片机的硬件资源操作直接、概念清晰，有益于掌握单片机的硬件结构。本章将介绍如何使用汇编语言进行程序设计。

3.1　MCS-51单片机的指令格式及描述符号

MCS-51单片机指令系统功能强、指令短、执行快。从功能上可分成5大类：数据传送指令、算术运算指令、逻辑操作指令、控制转移指令和位操作指令。

3.1.1　指令格式

不同的指令完成不同的操作，实现不同的功能，具体格式也不完全相同，MCS-51的通用指令格式如下：

[标号：] 操作码助记符[目的操作数][，源操作数]　[；注释]

例如：LOOP：MOV A，R0；(R0)→A

1. 标号

标号是该指令的符号地址，以英文字母开始的1~8个字母或数字串组成，后面须带冒号。主要用来为转移指令提供转移的目的地址。

2. 操作码助记符

表明指令的功能，不同的指令有不同的指令助记符，它一般用说明其功能的英文单词的缩写形式表示。

3. 操作数

指令中可能要求或不要求操作数，所以这一字段可能有也可能没有。在8051指令系统中，最多有3个操作数，若有2个或3个操作数在指令中，它们之间用“，”分开。

操作数字段的内容是复杂多样的，它可能包括以下几项：

1）工作寄存器名（R0～R7）。

2）特殊功能寄存器名。

3）标号名。

4）常数。

5）$。“$”表示程序计数器（PC）的当前值，这个符号最常出现在控制转移指令中。

6）表达式。

在多数情况下，操作数或操作数地址总是采用十六进制形式来表示的，只有在某些特殊场合才采用二进制或十进制的表示形式。若操作数采用十六进制表示形式，则需加后缀“H”；若操作数采用二进制表示形式，则需加后缀“B”；若操作数采用十进制表示形式，则需加后缀“D”或者省略“D”；若十六进制的操作数以字符A～F中的某个字母开头，则还需在它的前面加一个“0”，以便在汇编时把它和字符A～F区分开来。

4. 注释

注释不是汇编语言的功能部分，是对该指令的解释，前面须带分号。

3.1.2　指令中用到的描述符号

为便于后面的学习，在这里先对指令中用到的一些符号的约定意义加以说明：

1）Ri和Rn：当前工作寄存器区中的工作寄存器，i取0或1，表示R0或R1。n取0～7，表示R0～R7。

2）#data：表示包含在指令中的8位立即数。

3）#data16：表示包含在指令中的16位立即数。

4）rel：以补码形式表示的8位相对偏移量，范围为-128～+127，主要用在相对寻址的指令中。

5）addr16和addr11：分别表示16位直接地址和11位直接地址。

6）direct：表示直接寻址的地址。包括内部数据存储器与SFR。

7）bit：表示可位寻址的直接位地址。

8）(X)：表示X单元中的内容。

9）((X))：表示以X单元的内容为地址的存储器单元内容，即（X）作地址，该地址单元的内容用((X))表示。

10）/和→符号：“/”表示对该位操作数取反，但不影响该位的原值；“→”表示操作流程，将箭尾一方的内容送入箭头所指一方的单元中去。

3.2　MCS-51单片机指令的寻址方式

寻址就是寻找指令中操作数或操作数所在地址。指令通常由操作码和操作数两部分构成，操作数部分实际上是指出操作数的寻址方式。对于两操作数指令，源操作数和目的操作数都存在寻址方式的问题。若不特别说明，后面提到的寻址方式均指源操作数的寻址方式。

MCS-51单片机的寻址方式按操作数的类型，可分为数的寻址和指令寻址，数的寻址有常数寻址（立即寻址）、寄存器数寻址（寄存器寻址）、存储器数寻址（直接寻址方式、寄存器间接寻址方式、变址寻址方式）和位寻址，指令的寻址有绝对寻址和相对寻址，不同的寻址方式格式不同，处理的数据也不一样。

3.2.1 立即寻址

操作数是一个字节或两个字节的常数，常数又称为立即数，使用时直接出现在指令中，紧跟在操作码的后面，作为指令的一部分。在汇编指令中，立即数前面以“#”符号作前缀。在程序中通常用于给寄存器或存储器单元赋初值。例如：

```
MOV  A,  #40H        ;40H→A
```

其功能是把立即数40H送给累加器（A），其中源操作数40H就是立即数。指令执行后累加器（A）中的内容为40H。

3.2.2 直接寻址

在指令中直接给出操作数所在存储单元的地址，称为直接寻址方式，在汇编指令中，操作数部分是操作数所在的地址。在MCS－51系统中，这种寻址方式针对的是片内数据存储器和特殊功能寄存器。例如：

```
MOV  A,  40H        ;(40H)→A
```

其功能是把片内数据存储器20H单元的内容送给累加器（A）。如指令执行前片内数据存储器40H单元的内容为30H，则指令执行后累加器（A）的内容为30H。指令中40H是地址数，它是片内数据存储单元的地址。在MCS－51中，数据前面不加“#”是存储单元地址而不是常数，常数前面要加符号“#”。

对于特殊功能寄存器，在指令中既可以使用它们的地址，也可以使用它们的名称，而特殊功能寄存器名称实际上是特殊功能寄存器单元的符号地址，因此它们是直接寻址。例如：

```
MOV  A,  P0         ;(P0口)→A
```

其功能是把P0口的内容送给累加器（A）。P0是特殊功能寄存器P0口的符号地址，该指令在翻译成机器码时，P0就转换成直接地址80H。

直接寻址的地址占一字节，所以，一条直接寻址方式的指令至少占两个字节存储单元。

3.2.3 寄存器寻址

操作数在寄存器中，使用时在指令中直接提供寄存器的名称，这种寻址方式称为寄存器寻址。在MCS－51系统中，这种寻址方式针对的寄存器只能是R0～R7这8个通用寄存器和部分特殊功能寄存器（如累加器A、寄存器B、数据指针DPTR等）中的数据；对于其他的特殊功能寄存器中的内容进行寻址时，这种方式不适用。在汇编指令中，寄存器寻址在指令中直接提供寄存器的名称，如R0、R1、A、DPTR等。例如：

```
MOV  A,  R0         ;(R0)→A
```

其功能是把 R0 寄存器中的数送给累加器 A，在指令中，源操作数 R0 为寄存器寻址，传送的对象为 R0 中的数据。如指令执行前 R0 中的内容为 40H，则指令执行后累加器 A 中的内容为 40H。

3.2.4　寄存器间接寻址

操作数的地址事先存放在某个寄存器中，寄存器间接寻址是把指定寄存器的内容作为地址，由该地址所指定的单元内容作为操作数，形式为：@ 寄存器名。

在 MCS-51 单片机中，寄存器间接寻址用到的寄存器只能是通用寄存器 R0、R1 和数据指针寄存器 DPTR，不能寻址特殊功能寄存器（SFR）。R0 或 R1 作为间接寻址寄存器，它可以寻址内部 RAM 的低 128 字节单元内容或外部 RAM 的低 256 字节单元内容，还可以采用数据指针（DPTR）作为间接寻址寄存器寻址外部存储器的 64KB 空间。

例如，将片内 RAM 65H 单元的内容 40H 送入累加器 A，可执行如下指令：

```
MOV 65H,  40H
MOV R0,   65H
MOV A,    @R0
```

指令的执行过程为：程序执行到第三条指令时，以指令中所指定的工作寄存器 R0 内容（65H）为指针，将片内 RAM 65H 单元的内容 40H 送入累加器 A，如图 3-1 所示。

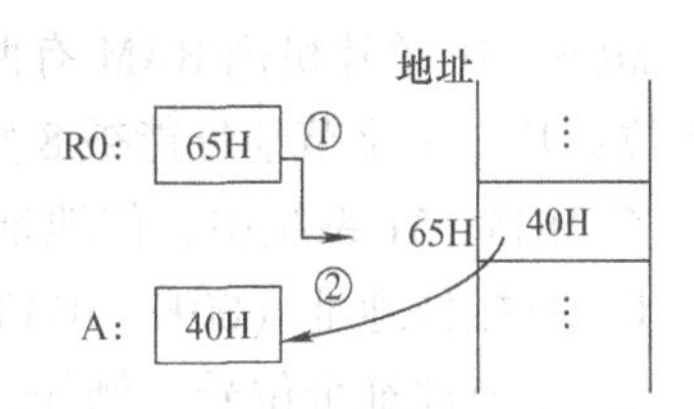

图 3-1　寄存器间接寻址示意图

片内数据存储器只能用 R0 或 R1 作指针间接访问；片外数据存储器低端的 256 字节单元，既可以用 2 位十六进制地址以 R0 或 R1 作指针间接访问，也可以用 4 位十六进制地址以 DPTR 作指针间接访问，而高端的字节单元则只能以 DPTR 作指针间接访问。对于片内 RAM 和片外 RAM 的低端 256 字节单元都可以用 R0 或 R1 作指针访问，它们之间用指令来区别。片内 RAM 访问用 MOV 指令，片外 RAM 访问用 MOVX 指令。

3.2.5　变址寻址（基址 + 变址寻址）

变址寻址是指操作数的地址由基址寄存器的地址加上变址寄存器的地址得到。在 MCS-51 系统中，它是以数据指针寄存器 DPTR 或程序计数器 PC 为基址，累加器 A 为变址，两者相加得存储单元的地址，所访问的存储器为程序存储器。

这种寻址方式多用于查表操作。表首单元的地址为基址，放于基址寄存器，访问的单元相对于表首的位移量为变址，放于变址寄存器，通过变址寻址可得到程序存储器相应单元的数据。例如：

```
MOVC  A,  @A+DPTR
```

其功能是将数据指针寄存器 DPTR 的内容和累加器 A 中的内容相加作为程序存储器的地址，从对应的单元中取出内容送累加器 A 中。指令中，源操作数的寻址方式为变址寻址，设指令执行前数据指针寄存器 DPTR 的值为 2000H，累加器 A 的值为 05H，程序存储器 2005H 单元的内容为 30H，则指令执行后，累加器 A 中的内容为 30H，如图 3-2 所示。

变址寻址可以用数据指针寄存器 DPTR 作基址寄存器，也可用程序计数器 PC 作基址寄存器，当使用程序计数器 PC 时，由于 PC 在程序执行过程中不能任意改变，它始终是指向下一条指令的地址，因而就不能直接把基址放在 PC 中。基址可以由当前的 PC 值加上一个相对于表首位置的差值得到。这个差值不能加到 PC 中，可以通过加到累加器 A 中来实现。

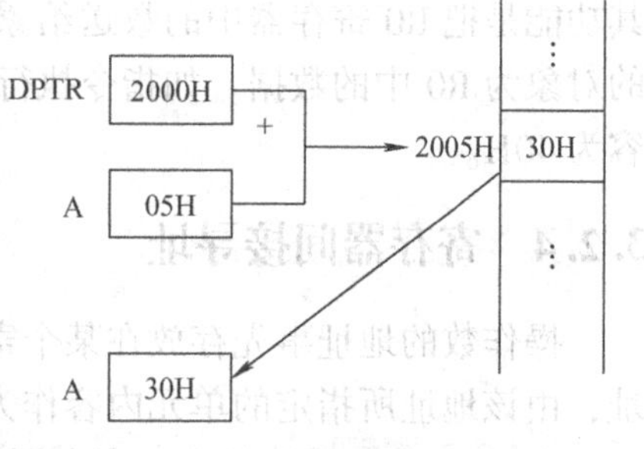

图 3-2 变址寻址示意图

3.2.6 位寻址

在 MCS－51 单片机中有一个独立的位处理器，有多条位处理指令，能够进行各种位运算。位处理的操作对象是各种可位寻址位。对于它们的访问是通过提供相应的位地址来进行的。

采用位寻址方式的指令，其操作数是 8 位二进制数中的某一位。在指令中给出的是位地址，即给出片内 RAM 某一单元中的一位。位地址在指令中用 bit 表示，例如：

```
SETB    bit
```

MCS－51 单片机内 RAM 有两个区域可进行位寻址，其一是 20H～2FH 的 16 个单元中的 128 位；其二是字节地址能被 8 整除的特殊功能寄存器。

在 MCS－51 系统中，位地址的表示可以用以下几种方式：

1）直接位地址（00H～0FFH）。例如：20H。

2）字节地址带位号。例如：20H.3 表示 20H 单元的 3 位。

3）特殊功能寄存器名带位号。例如：P0.1 表示 P0 口的 1 位。

4）位符号地址。例如：TR0 是定时/计数器 T0 的启动位。

3.2.7 绝对寻址

绝对寻址是在指令的操作数中直接提供目的位置的地址或地址的一部分。在 MCS－51 系统中，长转移和长调用提供目的位置的 16 位地址，绝对转移和绝对调用提供目的位置的 16 位地址的低 11 位，它们都为绝对寻址。

3.2.8 相对寻址

相对寻址只出现在相对转移指令中，在 MCS－51 系统中，相对转移指令的操作数属于相对寻址。相对转移指令执行时，是以当前程序计数器（PC）值加上指令中给出的偏移量 rel 得到目的位置的地址。

在使用相对寻址时要注意以下两点：

1）当前 PC 值是指执行完相对转移指令后的 PC 值，它等于转移指令的地址加上转移指令的字节数。实际上是转移指令的下一条指令的地址。例如：若转移指令的地址为 2010H，转移指令的长度为 2 字节，则转移指令执行时的 PC 值为 2012H。

2）偏移量 rel 是 8 位有符号数，以补码表示，它的取值范围为－128～＋127。当为负值时向前转移，当为正数时向后转移。

相对寻址的目的地址为

目的地址 = 当前 PC + rel = 转移指令的地址 + 转移指令的字节数 + rel

3.3　MCS-51 的指令系统

MCS-51 单片机的指令系统由 111 条指令组成。其中，单字节指令 49 种，双字节指令 45 种，三字节指令仅 17 种。从指令执行时间来看，单周期指令 64 种，双周期指令 45 种，只有乘、除两条指令执行时间为 4 个周期。该指令系统有 255 种指令代码，使用汇编语言只要熟记 42 种助记符即可。

MCS-51 单片机的指令系统可分为 5 大类：

1）数据传送指令：28 条。

2）算术运算指令：24 条。

3）逻辑运算移位指令：25 条。

4）控制转移指令：17 条。

5）位操作指令：17 条。

3.3.1　数据传送类指令

CPU 在进行算术和逻辑操作时，总需要有操作数，所以，数的传送是一种最基本、最主要的操作。数据传送指令有 28 条，是指令系统中数量最多、使用也最频繁的一类指令。这类指令可分为 3 组：普通传送指令、数据交换指令、堆栈操作指令。

1. 普通传送指令

普通传送指令以助记符 MOV 为基础。这类指令的功能是：将源操作数的内容传送到目的操作数，源操作数的内容不变。普通传送指令分为片内数据存储器传送指令、片外数据存储器传送指令和程序存储器传送指令。

（1）片内数据存储器传送指令 MOV

指令格式：MOV　目的操作数，源操作数

其中，源操作数可以为 A、Rn、@Ri、direct、#data，目的操作数可以为 A、Rn、@Ri、direct，组合起来总共 16 条，按目的操作数的寻址方式划分为 5 组：

1）以累加器 A 为目的操作数：

```
MOV  A,  Rn      ; A ←(Rn)
MOV  A,  direct  ; A ←(direct)
MOV  A,  @Ri     ; A ←((Ri))
MOV  A,  #data   ; A ←# data
```

这组指令的功能是：把源操作数的内容送入累加器 A。源操作数有寄存器寻址、直接寻址、间接寻址和立即寻址。

2）以 Rn 为目的操作数：

```
MOV  Rn,  A       ; Rn ← (A)
MOV  Rn,  direct  ; Rn ←(direct)
MOV  Rn,  #data   ; Rn ←# data
```

这组指令的功能是：把源操作数的内容送入当前工作寄存器区的 R0 ~ R7 中的某一个寄存器。

3）以直接地址 direct 为目的操作数：

```
MOV  direct, A        ;(direct)←(A)
MOV  direct, Rn       ;(direct)←(Rn)
MOV  direct, direct   ;(direct)←(direct)
MOV  direct, @Ri      ;(direct)←((Ri))
MOV  direct, #data    ;(direct)←#data
```

这组指令的功能是：把源操作数送入直接地址指出的存储单元。这里再次强调 direct 指的是内部 RAM 或 SFR 的地址。

4）以寄存器间接地址@ Ri 为目的操作数：

```
MOV  @Ri, A        ;(Ri)←(A)
MOV  @Ri, direct   ;(Ri)←(direct)
MOV  @Ri, #data    ;(Ri)←#data
```

这组指令的功能是：把源操作数内容送入 R0 或 R1 所指的存储单元中。

5）以 DPTR 为目的操作数：

```
MOV  DPTR, #data16  ;DPTR←#data16
```

这条指令的功能是：将 16 位常数送入 DPTR。这是整个指令系统中唯一一条 16 位数据的传送指令，用来设置地址指针。地址指针 DPTR 由 DPH 和 DPL 组成。这条指令执行的结果是把高 8 位立即数送入 DPH，低 8 位立即数送入 DPL。

在使用传送指令 MOV 时要注意，源操作数和目的操作数中的 Rn 和@ Ri 不能相互配对。如不允许有“MOV Rn，Rn”，“MOV @Ri，Rn”这样的指令，在 MOV 指令中，不允许在一条指令中同时出现工作寄存器，无论它是寄存器寻址还是寄存器间接寻址。

（2）片外数据存储器传送指令 MOVX

在 MCS－51 系统中只能通过累加器 A 与片外数据存储器进行数据传送，访问时，只能通过@ Ri 和@ DPTR 以间接寻址方式进行。MOVX 指令共有 4 条：

```
MOVX  A, @DPTR    ; A ←((DPTR))
MOVX  @DPTR, A    ;(DPTR) ←(A)
MOVX  A, @Ri      ;A ←((Ri))
MOVX  @Ri, A      ;(Ri)← (A)
```

这组指令的功能是：累加器 A 和外部 RAM 或 I/O 之间的数据相互传送。

其中前两条指令通过 DPTR 间接寻址，可以对整个 64KB 片外数据存储器访问。后两条指令通过@ Ri 间接寻址，只能对片外数据存储器的低端的 256B 访问，访问时将低 8 位地址放于 Ri 中。

（3）程序存储器传送指令 MOVC（查表指令）

程序存储器传送指令只有两条，一条用 DPTR 基址变址寻址，另一条用 PC 基址变址寻址。这两条指令通常用于访问表格数据，因此也称为查表指令。

1）MOVC　A，　@A+PC　　　；A←((A)+(PC))

这条指令以PC作基址寄存器，A的内容（这里为无符号整数）和PC的内容（PC内容是下一条指令地址，即查表指令地址加1）相加后得到一个16位的地址，将该地址所指的程序存储器单元的内容送到累加器A中。

【例3-1】假设（A）=30H，执行指令：

```
1000H：MOVC A，@A+PC
```

本条指令占用一个字节单元，下一条指令的地址为1001H，（PC）=1001H再加上A中的30H，得到1031H，结果是将程序存储器中1031H单元的内容送入A。

这条指令的优点是不改变特殊功能寄存器及PC的状态，根据A的内容就可以取出表格中的常数。缺点是表格只能存放在该条查表指令后面的256个单元之内，表格的大小受到限制，而且表格只能被一段程序所利用。

2）MOVC　A，　@A+DPTR　；A←((A)+(DPTR))

这条指令以DPTR作为基址寄存器，A的内容（这里为无符号整数）和DPTR的内容相加后得到一个16位的地址，将该地址所指的程序存储器单元的内容送到累加器A中。

【例3-2】假设（DPTR）=8100H，（A）=40H，执行指令：

```
MOVC A，@A+DPTR
```

结果：将程序存储器中8140H单元中的内容送到累加器A。

这条查表指令的执行结果只和指针DPTR及累加器A的内容有关，与该指令存入的地址及常数表格存放的地址无关，因此表格的大小和位置可以在64KB程序存储器中任意安排，一个表格可以为各个子程序公用。

【例3-3】写出完成下列功能的程序段。

（1）将R0的内容送R6中

程序如下：

```
MOV　A，　R0
MOV　R6，　A
```

（2）将片内RAM 30H单元的内容送片外60H单元中

程序如下：

```
MOV　A，　30H
MOV　R0，　#60H
MOVX　@R0，　A
```

（3）将片外RAM 1000H单元的内容送片内20H单元中

程序如下：

```
MOV　DPTR，　#1000H
MOVX　A，　@DPTR
MOV　20H，　A
```

（4）将ROM 2000H单元的内容送片内RAM的30H单元中

程序如下：

```
MOV   A,  #0
MOV   DPTR,  #2000H
MOVC  A, @A+DPTR
MOV   30H,  A
```

2. 数据交换指令

普通传送指令实现将源操作数的数据传送到目的操作数，指令执行后源操作数不变，数据传送是单向的。数据交换指令将数据进行双向传送，传送后，前一个操作数原来的内容传送到后一个操作数中，后一个操作数原来的内容传送到前一个操作数中。

数据交换指令要求第一个操作数须为累加器 A，共有 5 条。

```
XCH A, Rn          ;(A)↔(Rn)
XCH A,  direct     ;(A)↔(direct)
XCH A,  @Ri        ;(A)↔((Ri))
XCHD  A,  @Ri      ;(A0~3)↔((Ri)0~3)
SWAP A             ;(A0~3)↔(A4~7)
```

【例 3-4】 假设(A) = 80H,(R7) = 08H,(40H) = 0F0H,(R0) = 30H,(30H) = 0FH,执行指令：

```
XCH A,  R7
XCH A,  40H
XCH A,  @R0
```

结果：(A) = 0FH,(R7) = 80H,(40H) = 08H,(30H) = 0F0H。

【例 3-5】 假设 (A) = 59H,(R0) = 60H,(60H) = 3EH，执行指令：

```
XCHD A,  @R0
```

结果：(A) = 5EH,(60H) = 39H。

若执行 SWAP　A 指令，则累加器 A 的内容为 95H。

3. 堆栈操作指令

堆栈是在片内 RAM 中按“先进后出，后进先出”原则设置的专用存储区。数据的进栈和出栈由指针 SP 统一管理，它指出栈顶的位置。在 MCS-51 系统中，堆栈操作指令有两条：

(1) 入栈指令

```
PUSH    direct         ; SP←(SP+1),(SP)←(direct)
```

这条指令的功能是：首先将栈指针 SP 加 1，然后把直接地址所指出的内容传送到指针 SP 所指的内部 RAM 单元中。

【例 3-6】 当 (SP) = 60H,(A) = 30H,(B) = 70H 时，执行下列指令：

```
PUSH A
PUSH B
```

结果：(61H) = 30H,(62H) = 70H,(SP) = 62H。

（2）出栈指令

```
POP    direct   ;(direct)←(SP),(SP) ← (SP-1)
```

这条指令的功能是：首先把栈指针 SP 所指的内部 RAM 单元中的内容送入直接地址所指的字节单元中，再将栈指针 SP 减 1。

【例 3-7】当（SP）=62H，（62H）=70H，（61H）=30H 时，执行下列指令：

```
POP DPH
POP DPL
```

结果：（DPTR）=7030H，（SP）=60H。

用堆栈保存数据时，先入栈的内容后出栈；后入栈的内容先出栈。

即，若入栈保存时入栈的顺序为

```
PUSH    A
PUSH    B
```

则出栈的顺序为

```
POP    B
POP    A
```

3.3.2 算术运算类指令

算术运算指令共有 24 条，包括加法指令、减法指令、乘法指令、除法指令和 BCD 调整指令等，主要完成加、减、乘、除四则运算，以及增量、减量和 BCD 运算调整操作。

算术运算指令执行将影响标志寄存器中的相关标志。加减运算指令将影响 C、AC、OV；乘除运算指令只影响 C、OV。只有加 1 和减 1 指令不影响这三个标志位。奇偶标志 P 由累加器 A 的值来确定。

1. 加法指令

加法指令包括：一般加法指令、带进位加法指令和加 1 指令。

（1）一般的加法指令 ADD

```
ADD   A,   Rn        ; A ← (A) + (Rn)
ADD   A,   direct    ; A ← (A) + (direct)
ADD   A,   @Ri       ; A ← (A) + ((Ri))
ADD   A,   #data     ; A ← (A) + #data
```

这组加法指令的功能是：把源操作数所指出的字节变量与累加器 A 的内容相加，其结果放在累加器 A 中。

如果位 7 有进位输出，则置“1”进位 Cy，否则清“0” Cy；如果位 3 有进位输出，则置“1”辅助进位 AC，否则清“0” AC；如果位 6 有进位输出而位 7 没有进位，或者位 7 有进位输出而位 6 没有，则置“1”溢出标志位 OV，否则清“0” OV。源操作数有寄存器寻址、直接寻址、寄存器间接寻址和立即寻址等方式。

【例 3-8】假设（A）=53H，（R0）=20H，（20H）=0FCH，执行指令：

```
ADD  A, @R0
```

结果为：（A）=4FH，Cy=1，AC=0，OV=0，P=1。

（2）带进位加法指令 ADDC

```
ADDC  A,  Rn        ; A ←（A）+（Rn）+ Cy
ADDC  A,  direct    ; A ←（A）+（direct）+ Cy
ADDC  A,  @Ri       ; A ←（A）+（（Ri））+ Cy
ADDC  A,  #data     ; A ←（A）+ #data + Cy
```

这组带进位加法指令的功能是：同时把源操作数所指的字节变量、进位标志与累加器 A 内容相加，结果保留在累加器 A 中。对标志寄存器中的相关标志位的影响以及寻址方式和 ADD 指令相同。

【例 3-9】假设（A）=85H，（20H）=0FFH，Cy=1，执行指令：

```
ADDC A, 20H
```

结果为：（A）=85H，Cy=1，AC=1，OV=0，P=1。

（3）加 1 指令

```
INC  A        ; A ←（A）+ 1
INC  Rn       ; Rn ←（Rn）+ 1
INC  direct   ;（direct）←（direct）+ 1
INC  @Ri      ;（Ri）←（（Ri））+ 1
INC  DPTR     ; DPTR ←（DPTR）+ 1
```

这组指令的功能是：把源操作数所指的变量值加 1，若原来为 0FFH，将溢出为 00H（前 4 条指令），不影响任何标志位。第 5 条指令是 16 位数加 1 指令。指令首先对低 8 位指针 DPL 的内容执行加 1 操作，当产生溢出时，就对 DPH 的内容进行加 1 操作，并不影响标志位。

2. 减法指令

减法指令有带借位减法指令和减 1 指令。

（1）带借位的减法指令

```
SUBB  A,  Rn        ; A ←（A）-（Rn）- Cy
SUBB  A,  direct    ; A ←（A）-（direct）- Cy
SUBB  A,  @Ri       ; A ←（A）-（Ri）- Cy
SUBB  A,  #data     ; A ←（A）- #data - Cy
```

这组带借位的减法指令从累加器 A 中减去指定的变量和进位标志，结果还存放在累加器 A 中。如果位 7 需借位则置位 Cy，否则清“0”Cy；如果位 3 需借位则置位 AC，否则清“0”AC；如果位 6 需借位而位 7 不需借位或者位 7 需借位而位 6 不需借位，则置位溢出标志位 OV，否则清“0”OV。源操作数允许有寄存器寻址、直接寻址、寄存器间接寻址和立即寻址方式。

在 MCS-51 单片机中，只提供了一种带借位的减法指令，没有提供一般的减法指令，一般的减法操作可以通过先对 Cy 标志清“0”，然后再执行带借位的减法来实现。

【例3-10】 假设（A）=0C9H，（R2）=54H，Cy=0，执行指令：

```
SUBB A, R2
```

结果为：（A）=75H，Cy=0，AC=0，OV=1。

（2）减1指令

```
DEC  A          ; A←(A) -1
DEC  Rn         ; Rn←(Rn) -1
DEC  direct     ; (direct)←(direct) -1
DEC  @Ri        ; (Ri)←((Ri)) -1
```

这组指令的功能是：将指定的变量值减1。若原来为00H，减1后下溢为0FFH，除（A）-1影响P标志位外，其他不影响标志位。

【例3-11】 假设（A）=0FH，（R7）=19H，（30H）=00H，（R1）=40H，（40H）=0FFH，执行指令：

```
DEC  A
DEC  R7
DEC  30H
DEC  @R1
```

结果：（A）=0EH，（R7）=18H，（30H）=FFH，（40H）=0FEH，P=1，不影响其他标志位。

3. 乘法指令

在MCS-51单片机中，乘法指令只有一条：

```
MUL AB
```

这条指令的功能是：将存放于累加器A中的无符号8位被乘数和放于寄存器B中的无符号8位乘数相乘，其16位积的高8位存于寄存器B中，低8位存于累加器A中。指令执行后，如果积大于255（0FFH），则置位溢出标志位OV，否则清“0”OV，进位标志Cy总是清“0”。

4. 除法指令

在MCS-51单片机中，除法指令也只有一条：

```
DIV AB
```

这条指令的功能是：将存放于累加器A中的8位无符号被除数与存放在寄存器B中的8位无符号除数相除，除得的结果，商存于累加器A中，余数存于寄存器B中。指令执行后将影响Cy和OV标志，一般情况Cy和OV都清“0”，只有当寄存器B中的除数为0时，结果A、B中的内容不定，Cy和OV才被置“1”。

【例3-12】（A）=0FBH，（B）=12H，执行指令：

```
DIV AB
```

结果为：（A）=0DH，（B）=11H，Cy=0，OV=0。

5. 十进制调整指令

在 MCS－51 单片机中，十进制调整指令只有一条：

```
DA  A        ;调整累加器内容为BCD码
```

这条指令只能用在 ADD 或 ADDC 指令后面，将相加后放在累加器 A 中的结果进行十进制调整，使 A 中的结果为二位 BCD 码，通过该指令可实现两位十进制 BCD 码数的加法运算。

本指令是对累加器 A 中的 BCD 码加法结果进行调整。两个压缩型 BCD 码按二进制数相加之后，必须经本指令调整才能得到压缩型 BCD 码的和数。

本指令的调整过程如下：

1）若累加器 A 的低 4 位为十六进制的 A～F 或辅助进位标志 AC 为 1，则累加器 A 中的内容进行加 06H 的调整。

2）若累加器 A 的高 4 位为十六进制的 A～F 或进位标志 Cy 为 1，则累加器 A 中的内容进行加 60H 的调整。

由此可见，执行“DA　A”指令后，CPU 根据累加器 A 的原始数值和 PSW 的状态，由硬件自动对累加器 A 进行加 06H、60H 或 66H 的调整。

【例 3-13】 假设累加器 A 内容为 0101 0110B，即为 56 的 BCD 码，寄存器 R3 内容为 0110 0111B，为 67 的 BCD 码，Cy 内容为 1。执行下列指令：

```
ADDC  A, R3
DA    A
```

第一条指令是执行带进位的二进制数加法，相加后累加器 A 的内容为 10111110B（0BEH），且（Cy）=0，（AC）=0。然后执行调整指令“DA　A”。因为高 4 位为十六进制的 A～F，以及低 4 位为十六进制的 A～F，所以内部需进行加 66H 操作，结果得 124 的 BCD 码。

3.3.3　逻辑运算类指令

1. 逻辑与指令 ANL

```
ANL  A,  Rn            ; A ← (A)^(Rn)
ANL  A,  direct        ; A ←(A)^(direct)
ANL  A,  @Ri           ; A ←(A)^((Ri))
ANL  A,  #data         ; A ←(A)^#data
ANL  direct,  A        ;(direct)← (direct) ^(A)
ANL  direct,  #data    ;(direct)← (direct) ^#data
```

这组指令的功能是：在操作数所指出的变量之间以位为基础进行逻辑与操作，结果存放到目的变量所在的寄存器或存储器中去。操作数有寄存器寻址、直接寻址、寄存器间接寻址和立即寻址方式。

【例 3-14】 假设（A）=07H，（R0）=0FDH，执行指令：

```
ANL  A, R0
```

结果为：（A）=05H。

2. 逻辑或指令 ORL

```
ORL  A,  Rn        ; A ←(A)∨(Rn)
ORL  A,  direct    ; A ←(A)∨(direct)
ORL  A,  @Ri       ; A ←(A)∨((Ri))
ORL  A,  #data     ; A ←(A)∨#data
ORL  direct, A     ;(direct)←(direct)∨(A)
ORL  direct, #data ;(direct)←(direct)∨#data
```

这组指令的功能是：在操作数所指出的变量之间以位为基础进行逻辑或操作，结果存放到目的变量所在的寄存器或存储器中去。操作数有寄存器寻址、直接寻址、寄存器间接寻址和立即寻址方式。

【例3-15】 假设（P1）=05H，（A）=33H，执行指令：

```
ORL  P1,  A
```

结果为：（P1）=37H。

3. 逻辑异或指令 XRL

```
XRL  A,  Rn        ; A ←(A) ∀ (Rn)
XRL  A,  direct    ; A ←(A) ∀ (direct)
XRL  A,  @Ri       ; A ←(A) ∀ ((Ri))
XRL  A,  #data     ; A ←(A) ∀ #data
XRL  direct, A     ;(direct)←(direct) ∀ (A)
XRL  direct, #data ;(direct)←(direct) ∀ #data
```

这组指令的功能是：在操作数所指出的变量之间以位为基础进行逻辑异或操作，结果存放到目的变量所在的寄存器或存储器中去。操作数有寄存器寻址、直接寻址、寄存器间接寻址和立即寻址方式。

【例3-16】 假设（A）=90H，（R3）=73H，执行指令：

```
XRL  A,  R3
```

结果为：（A）=0E3H。

在使用中，逻辑与用于实现对指定位清“0”，其余位不变；逻辑或用于实现对指定位置“1”，其余位不变；逻辑异或用于实现指定位取反，其余位不变。

【例3-17】 写出完成下列功能的指令段。

（1）对累加器A中的1、3、5位清“0”，其余位不变

```
ANL  A,  #11010101B
```

（2）对累加器A中的2、4、6位置“1”，其余位不变

```
ORL  A,  #01010100B
```

（3）对累加器A中的0、1位取反，其余位不变

```
XRL  A,  #00000011B
```

4. 清零和求反指令

(1) 清零指令：CLR　A　　　; A ← 0

这条指令的功能是：将累加器 A 的内容清“0”，不影响 Cy、AC、OV 等标志位。

(2) 求反指令：CPL　A　　　; A ← $\overline{(A)}$

这条指令的功能是：将累加器 A 的内容按逻辑取反，不影响 Cy、AC、OV 等标志位。

在 MCS－51 系统中，只能对累加器 A 中的内容进行清“0”和求反，如要对其他的寄存器或存储单元进行清“0”和求反，则需放在累加器 A 进行，运算后再放回原位置。

【例 3-18】 写出对 R0 寄存器内容求反的程序段。

程序如下：

```
MOV  A， R0
CPL  A
MOV  R0， A
```

5. 循环移位指令

MCS－51 系统有 4 条对累加器 A 的循环移位指令，前两条只在累加器 A 中进行循环移位，后两条还要带进位标志 Cy 进行循环移位。每一次移一位。分别如下：

(1) 循环左移指令

RL　A

这条指令的功能是：将累加器 A 的 8 位向左循环移 1 位，位 7 循环移入位 0，不影响 Cy、AC、OV 等标志位。

(2) 循环右移指令

RR　A

这条指令的功能是：将累加器 A 的 8 位向右循环移 1 位，位 0 循环移入位 7，不影响 Cy、AC、OV 等标志位。

(3) 带进位的循环左移指令

RLC　A

这条指令的功能是：将累加器 A 的内容和进位标志位一起向左环移 1 位，位 7 移入进位位 Cy，Cy 移入位 0，不影响其他标志位。

(4) 带进位的循环右移指令

RRC　A

这条指令的功能是：将累加器 A 的内容和进位标志位一起向右环移 1 位，位 0 移入进位位 Cy，Cy 移入位 7，不影响其他标志位。

【例 3-19】 假设 (A) = 10001011B，Cy = 0，

执行指令：

RLC A

结果：(A) = 00010110B，Cy = 1。

3.3.4　控制转移类指令

单片机运行过程中，有时因为操作的需要，程序不能按顺序逐条执行下去，需要改变程序的运行方向，即将程序跳转到某个指定的地址再顺序执行下去。某些指令具有修改程序计数器（PC）内容的功能，所以执行这类指令就可以使程序转移到新的地址上。MCS－51单片机共有17条控制转移类指令，包括无条件转移指令、条件转移指令、子程序调用及返回指令等。

1. 无条件转移指令

无条件转移指令是指当执行该指令后，程序将无条件地转移到指令指定的地址去执行。无条件转移指令包括长转移指令、绝对转移指令、相对转移指令和间接转移指令。

（1）长转移指令

指令格式：LJMP　addr16　　；PC ← addr16

这条指令提供16位目标地址，执行时直接将该16位地址送给程序指针PC，程序无条件地转到16位目标地址指明的位置去。指令中提供的是16位目标地址，所以可以转移到64KB程序存储器的任意位置，故得名为“长转移”。该指令不影响标志位，使用方便。缺点是：执行时间长，字节数多。

（2）绝对转移指令

指令格式：AJMP　addr11　　；$PC_{10\sim0}$ ← addr11

这条指令提供低11位直接地址，执行时，先将程序指针PC的值加2（该指令长度为2B），然后把指令中的11位地址addr11送给程序指针PC的低11位，而程序指针的高5位不变，执行后转移到PC指针指向的新位置。

由于11位地址addr11的范围是00000000000～11111111111，即2KB范围，而目的地址的高5位不变，所以程序转移的位置只能是和当前PC位置（AJMP指令地址加2）在同一2KB范围内。转移可以向前也可以向后，指令执行后不影响状态标志位。

【例3-20】若AJMP指令地址为3000H，AJMP后面带的11位地址addr11为123H，则执行指令AJMP　addr11后转移的目的位置是多少？

AJMP指令的PC值加2＝3000H＋2＝3002H＝0011 0000 0000 0010B

指令中的addr11＝123H＝001 00100011B

转移的目的地址为0011 0001 0010 0011B＝3123H

（3）相对转移指令

指令格式：SJMP　rel　　；PC ←(PC) + 2 + rel

SJMP指令后面的操作数rel是8位带符号补码数，其范围为－128～＋127（00H～7FH对应表示0～127，80H～FFH对应表示－128～－1），该指令为双字节，执行时，先将程序指针PC的值加2，然后再将程序指针PC的值与指令中的位移量rel相加得转移的目的地址。即

转移的目的地址＝SJMP指令所在地址＋2＋rel

所以该指令的转移范围是：相对PC当前值向前128B，向后127B。

【例3-21】在2100H单元有SJMP指令，若rel = 5AH（正数），则转移目的地址为215CH（向后转）；若rel = F0H（负数），则转移目的地址为20F2H（向前转）。

用汇编语言编程时，指令中的相对地址rel往往用目的位置的标号（符号地址）表示。机器汇编时，能自动算出相对地址值；但手工汇编时，需自己计算相对地址值rel。rel的计算方法如下：

rel = 目的地址 -（SJMP指令地址 +2）

如目的地址等于2013H，SJMP指令的地址为2000H，则相对地址rel为11H。

注意：在单片机程序设计中，通常用到一条SJMP指令：

```
SJMP    $
```

该指令的功能是在自己本身上循环，进入等待状态，其中符号 $ 表示转移到本身。在程序设计中，程序的最后一条指令通常用它，使程序不再向后执行。

(4) 间接转移指令

指令格式：JMP @A + DPTR ；PC ←(A) + (DPTR)

它是MCS-51系统中唯一一条间接转移指令，转移的目的地址是由数据指针DPTR的16位数和累加器A中的8位数作无符号数相加得到，直接送入PC，指令执行后不会改变DPTR及累加器A中原来的内容，也不会改变标志位。数据指针DPTR的内容一般为基址，累加器A的内容为相对偏移量，在64KB范围内无条件转移。

该指令的特点是转移地址可以在程序运行中加以改变。DPTR一般为确定值，根据累加器A的值来实现转移到不同的分支。在使用时往往与一个转移指令表一起来实现多分支转移。

【例3-22】下面的程序能根据累加器A的值0、2、4、6转移到相应的TAB0 ~ TA6分支去执行。

```
        MOV   DPTR, #TABLE         ;表首地址送DPTR
        JMP   @A + DPTR            ;根据A值转移
TABLE:  AJMP  TAB0                 ;当(A) =0时转TAB0执行
        AJMP  TAB2                 ;当(A) =2时转TAB2执行
        AJMP  TAB4                 ;当(A) =4时转TAB4执行
        AJMP  TAB6                 ;当(A) =6时转TAB6执行
```

2. 条件转移指令

在MCS-51系统中有丰富的条件转移指令，条件转移指令是指当条件满足时，程序转移到指定的目的地址，条件不满足时，程序将继续顺次执行。条件转移指令有3种：判零转移指令、比较转移指令、减1不为零转移指令。

(1) 判零转移指令

判0指令：JZ rel ；若A = 全“0”，则PC ←(PC) +2 + rel；否则，PC ←(PC) +2，程序顺序执行。

判非0指令：JNZ rel ；若A ≠全“0”，则PC ←(PC) +2 + rel；否则，PC ←(PC) +2，程序顺序执行。

JZ 和 JNZ 指令分别对累加器 A 的内容为全零和不为全零进行检测并转移，当条件满足时，程序转向指定的目的地址；当不满足时，程序继续向下执行。本指令不改变累加器 A 的内容，不影响任何标志位。

（2）比较转移指令

比较转移指令用于对两个数做比较，若它们的值不相等，则转移；若相等，则顺序执行。比较转移指令有 4 条：

```
1）CJNE  A,  #data, rel      ；若（A）=data，则 PC ←(PC）+3，不转移，继续执行
                             ；若（A）>data，则 Cy=0，PC ←（PC）+3+rel，转移
                             ；若（A）<data，则 Cy=1，PC ←（PC）+3+rel，转移
2）CJNE  Rn,  #data, rel     ；若（Rn）=data，则 PC←(PC）+3，不转移，继续执行
                             ；若（Rn）>data，则 Cy=0，PC ←(PC）+3+rel，转移
                             ；若（Rn）<data，则 Cy=1，PC ←(PC）+3+rel，转移
3）CJNE  @Ri,  #data, rel    ；若((Ri))=data，则 PC ←(PC）+3，不转移，继续执行
                             ；若((Ri))>data，则 Cy=0，PC ←(PC）+3+rel，转移
                             ；若((Ri))<data，则 Cy=1，PC ←(PC）+3+rel，转移
4）CJNE  A,  direct, rel     ；若(A)=(direct)，则 PC ←(PC）+3，不转移，继续执行
                             ；若(A)>(direct)，则 Cy=0，PC ←(PC）+3+rel，转移
                             ；若(A)<(direct)，则 Cy=1，PC ←(PC）+3+rel，转移
```

该指令为三字节指令，取出第三字节（rel），（PC）+3 指出下条指令的第一字节地址，然后对源操作数内容和目的操作数内容比较，判断比较结果。由于此时 PC 的当前值已是（PC）+3，因此，程序的转移范围应是以（PC）+3 为起始地址的 +127 ~ −128 字节单元地址。

（3）减 1 不为零转移指令

这种指令是先减 1 后判断，若不为零则转移。指令有两条：

```
1）DJNZ  Rn,  rel            ；若（Rn）−1≠0，则 PC ←(PC）+2+rel，转移
                             ；若（Rn）−1=0，则 PC ←(PC）+ 2，顺序执行
2）DJNZ  direct,  rel        ；若（direct） −1≠0，则 PC ←(PC）+3+rel，转移
                             ；若（direct）−1=0，则 PC ←(PC）+ 3，顺序执行
```

在 MCS−51 系统中，程序每执行一次本指令，将目的操作数的内容减 1，并判断是否为“0”，若不为“0”，则转移到目标地址，继续执行循环程序段；若为“0”，则结束循环程序向下执行。通常用 DJNZ 指令来构造循环结构，实现重复处理。

【例 3-23】 统计片内 RAM 中 30H 单元开始的 20 个数据中 0 的个数，放于 R7 中。

用 R2 作循环变量，最开始置初值为 20；用 R7 作计数器，最开始置初值为 0；用 R0 作指针访问片内 RAM 单元，最开始置初值为 30H；用 DJNZ 指令对 R2 减 1 转移进行循环控制，在循环体中用指针 R0 依次取出片内 RAM 中的数据，判断，如为 0，则 R7 中的内容加 1。

程序：

```
        MOV   R0,  #30H
        MOV   R2,  #20
```

```
        MOV   R7,  #0
LOOP:   MOV   A,  @R0
        CJNE  A,  #0,  NEXT
        INC   R7
NEXT:   INC   R0
        DJNZ  R2,  LOOP
```

3. 空操作指令

NOP　; PC ←(PC) +1

该指令为单字节指令，执行后，除 PC 加 1 外，不影响其他寄存器和标志位。“NOP”主要用于延迟一个机器周期。

4. 子程序调用及返回指令

指令系统中一般都有主程序调用子程序和从子程序返回主程序的指令。子程序是具有一定功能的公用程序段，其最后一条指令为返回主程序指令（RET）。这类指令有 4 条，即两条子程序调用指令和两条返回指令。

(1) 长调用指令

本指令为三字节指令，提供 16 位目标地址，可调用 64KB 程序空间的任一目标地址的子程序。

指令格式：LCALL　addr16

执行过程：PC ←(PC) +3　　; 断点值

SP ←(SP) +1

$(SP) \leftarrow (PC)_{7\sim0}$

SP ←(SP) +1

$(SP) \leftarrow (PC)_{15\sim8}$

PC←addr16

该指令执行时，先将当前的 PC（指令的 PC 加指令的字节数 3）值压入堆栈保存，入栈时顺序为先低 8 位字节，后高 8 位字节，然后转移到指令中 addr16 所指定的地方执行。

(2) 短调用指令

本指令为双字节双周期指令，提供 11 位目标地址，限定在 2KB 地址空间内调用。

指令格式：ACALL　addr11

执行过程：PC ←(PC) +2

SP ←(SP) +1

$(SP) \leftarrow (PC)_{7\sim0}$

SP ←(SP) +1

$(SP) \leftarrow (PC)_{15\sim8}$

$PC_{10\sim0} \leftarrow$ addr11

对于 LCALL 和 ACALL 两条子程序调用指令，在汇编程序中，指令后面通常带转移位置的标号，用 LCALL 指令调用，转移位置可以是程序存储空间的任一位置，用 ACALL 指令调用，转移位置与 ACALL 指令的下一条指令必须在同一个 2KB 内，即它们的高 5 位地址相同。

（3）返回指令

1）子程序返回指令。

指令格式：RET

执行过程：$(PC)_{15\sim8} \leftarrow ((SP))$

$(SP) \leftarrow (SP) - 1$

$(PC)_{7\sim0} \leftarrow ((SP))$

$(SP) \leftarrow (SP) - 1$

执行时将子程序调用指令压入堆栈的地址出栈，第一次出栈的内容送 PC 的高 8 位，第二次出栈的内容送 PC 的低 8 位。执行完后，程序转移到新的 PC 位置执行指令。由于子程序调用指令执行时压入的内容是调用指令的下一条指令的地址，因而 RET 指令执行后，程序将返回到调用指令的下一条指令执行。

该指令通常放于子程序的最后一条指令位置，用于实现返回到主程序。另外，在 MCS-51 程序设计中，也常用 RET 指令来实现程序转移，处理时先将转移位置的地址用两条 PUSH 指令入栈，低字节在前，高字节在后，然后执行 RET 指令，执行后程序转移到相应的位置去执行。

2）中断程序返回指令。

指令格式：RETI

执行过程：$(PC)_{15\sim8} \leftarrow ((SP))$

$(SP) \leftarrow (SP) - 1$

$(PC)_{7\sim0} \leftarrow ((SP))$

$(SP) \leftarrow (SP) - 1$

该指令的执行过程与 RET 基本相同，只是 RETI 在执行后，在转移之前将先清除中断的优先级触发器。该指令用于中断服务子程序后面，作为中断服务子程序的最后一条指令，它的功能是返回主程序中断的断点位置，继续执行断点位置后面的指令。

在 MCS-51 系统中，中断都是硬件中断，没有软件中断调用指令，硬件中断时，由一条长转移指令使程序转移到中断服务程序的入口位置，在转移之前，由硬件将当前的断点地址压入堆栈保存，以便于以后通过中断返回指令返回到断点位置后继续执行。

3.3.5 位操作类指令

在 MCS-51 单片机的硬件结构中，有个位处理器（布尔处理器），它具有一套处理位变量的指令集，包括位变量传送、逻辑运算、控制程序转移等指令。

在进行位操作时，位累加器 C 即为进位标志 Cy，位地址是片内 RAM 字节地址 20H ~ 2FH 单元中连续的 128 个位（位地址为 00H ~ 7FH）和部分特殊功能寄存器 SFR。

在汇编语言中位地址的表达方式有以下几种：

1）直接（位）地址方式：如 D4H。

2）点操作符号方式：PSW.4。

3）位名称方式：RS1。

4）用户定义名方式：如用伪指令 bit 定义如下变量：

```
SUB. REG    bit    RS1
```

定义用 SUB. REG 代替 RS1。

以上 4 种方式都用来表示特殊功能寄存器 PSW 中的位 4，其位地址是 D4H，名称是 RS1，用户自定义为 SUB. REG。

在 MCS－51 系统中，有 17 条位处理指令，可以实现位传送、位逻辑运算、位控制转移等操作。

1. 位传送指令

位传送指令有两条，用于实现位运算器 C 与一般位之间的相互传送。指令在使用时必须有位运算器 C 参与，不能直接实现两位之间的传送。如果进行两位之间的传送，可以通过位运算器 C 来传送。

```
MOV   C,  bit       ; C←(bit)
MOV   bit, C        ;(bit)←C
```

指令中位地址 bit 若为 00H～7FH，则位地址在片内 RAM（20H～2FH 单元）中共 128 位；bit 若为 80H～FFH，则位地址在 11 个特殊功能寄存器中。此指令不影响其他寄存器或标志位。

【例 3-24】把片内 RAM 中位寻址区的 20H 位的内容传送到 30H 位。

程序：

```
MOV   C,  20H
MOV   30H,  C
```

2. 位逻辑操作指令

位逻辑操作指令包括位清“0”、位置“1”、位取反、位与和位或，总共 10 条指令。

（1）位清“0”

```
CLR  C          ; C←0
CLR  bit        ;(bit)←0
```

（2）位置“1”

```
SETB  C         ; C←1
SETB  bit       ;(bit)←1
```

（3）位取反

```
CPL  C          ; C←/C
CPL  bit        ;(bit)←(/bit)
```

（4）位与

```
ANL   C,  bit   ; C←(C)^(bit)
ANL   C,  /bit  ; C←(C)^(/bit)
```

（5）位或

```
ORL   C,  bit   ; C←(C)∨(bit)
ORL   C,  /bit  ; C←(C)∨(/bit)
```

这类指令执行结果不影响其他标志位。“/”表示对该位取反后再参与运算，不改变原来的数值。

利用位逻辑运算指令可以实现各种各样的逻辑功能。

【例3-25】利用位逻辑运算指令编程实现图3-3所示硬件逻辑电路的功能。

程序如下：

```
MOV   C,   P1.0
ANL C,   P1.1
CPL C
ORL C,   /P1.2
MOV   F0,   C
MOV   C,   P1.3
ORL   C,   P1.4
ANL   C,   F0
CPL     C
MOV   P1.5,   C
```

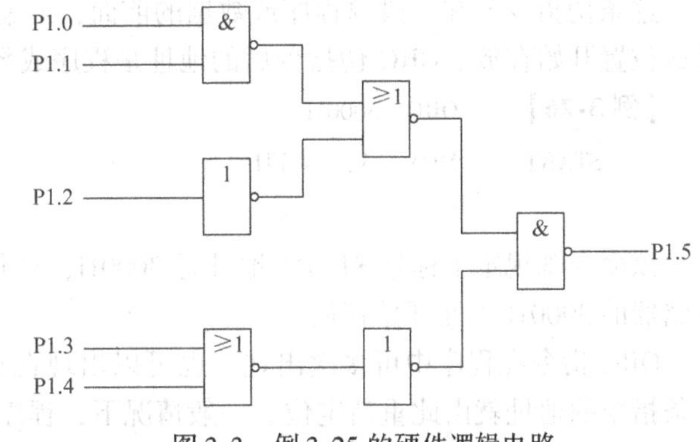

图3-3 例3-25的硬件逻辑电路

3. 位转移指令

位转移指令有以C为判断条件的位转移指令和以bit为判断条件的位转移指令，共5条。

（1）判断累加C转移指令

```
1）JC  rel          ；先PC←(PC)+2
                    ；若C=1，则转移，PC←(PC)+rel
                    ；若C=0，程序顺序执行
2）JNC  rel         ；先PC←(PC)+2
                    ；若C=0，则转移，PC←(PC)+rel
                    ；若C=1，程序顺序执行
```

（2）判断位变量bit转移指令

```
1）JB  bit，  rel   ；先PC←(PC)+3
                    ；若（bit）=1，则转移，PC←(PC)+rel
                    ；若（bit）=0，则程序顺序执行
2）JNB  bit，  rel  ；先PC←(PC)+3
                    ；若（bit）=0，则转移，PC←(PC)+rel
                    ；若（bit）=1，则程序顺序执行
3）JBC  bit，  rel  ；先PC←(PC)+3
                    ；若（bit）=1，则转移，PC←(PC)+rel，且（bit）←0
                    ；若（bit）=0，则程序顺序执行
```

3.4 MCS-51单片机汇编程序常用伪指令

不同的微机系统有不同的汇编程序，也就定义了不同的汇编命令。这些由英文字母表示的汇编命令为伪指令。伪指令是放在汇编语言源程序中用于指示汇编程序如何对源程序进行汇编的指令。

伪指令不是真正的指令，无对应的机器码，在汇编程序汇编时不产生目标程序（机器码），它只是用来对汇编过程进行某种控制和说明。

1. ORG 汇编起始命令

格式：ORG 16 位地址（十六进制表示）

这条伪指令放在一段源程序或数据的前面，汇编时用于指明程序或数据从程序存储空间什么位置开始存放。ORG 伪指令后的地址是程序或数据的起始地址。

【例 3-26】

```
        ORG   3000H
START:  MOV   A, #7FH
        ……
```

该命令既规定了标号 START 地址是 3000H，还规定了该段程序汇编后的机器码从程序存储器的 3000H 单元开始存放。

ORG 指令在程序中可多次出现，也可以出现在程序的任何地方。当该指令出现时，下一条指令的地址就由此重新定位。一般情况下，程序中由该指令定义的地址应该从小到大。

2. END 汇编结束命令

格式：END

该指令是源程序的结束标志，放于程序最后位置，用于指明汇编语言源程序的结束位置，当汇编程序汇编到 END 伪指令时，汇编结束。END 后面的指令，汇编程序都不予处理。一个源程序只能有一个 END 命令，且位于程序的最后。如果 END 指令出现在程序中间，则其后的源程序将不能被汇编。

3. EQU 赋值命令

格式：符号 EQU 项（数或汇编符号）

该伪指令的功能是将指令中的项的值赋予 EQU 前面的符号。项可以是数或汇编符号或表达式。以后可以通过使用该符号使用相应的项。用 EQU 赋值过的符号名可以用作数据地址、代码地址、位地址或是一个立即数，因此它可以是 8 位的也可以是 16 位的。

【例 3-27】

```
TAB1   EQU   2000H
TAB2   EQU   4000H
```

汇编后 TAB1、TAB2 分别等于 2000H、4000H。程序后面使用 2000H、4000H 的地方就可以用符号 TAB1、TAB2 替换。

用 EQU 伪指令对某标号赋值后，该符号的值在整个程序中不能再改变。

4. DATA 片内数据地址赋值命令

格式：符号 DATA 直接字节地址

该伪指令用于给片内 RAM 字节单元地址赋予 DATA 前面的符号，赋值后可用该符号代替 DATA 后面的片内 RAM 字节单元地址。

【例 3-28】

```
RESULT  DATA  60H
MOV  RESULT, A
```

汇编后，RESULT 就表示片内 RAM 的 60H 单元，程序后面用片内 RAM 的 60H 单元的地方就可以用 RESULT。

5. XDATA 片外数据地址赋值命令

格式：符号 XDATA 直接字节地址

该伪指令与 DATA 伪指令基本相同，只是它针对的是片外 RAM 字节单元。

【例 3-29】
```
        PORT1  XDATA  2000H
        MOV   DPTR,  PORT1
        MOVX  @DPTR,  A
```

汇编后，符号 PORT1 就表示片外 RAM 的 2000H 单元地址，程序后面可通过符号 PORT1 表示片外 RAM 的 2000H 单元地址。

6. DB 定义字节命令

格式：DB 项或项表

DB 伪指令用于定义字节数据，项或项表是定义的对象，可以定义一个字节，也可以定义多个字节，定义多个字节时，两两之间用逗号间隔，定义的多个字节在存储器中是连续存放的。定义的字节可以是一般常数，也可以为字符，还可以是字符串，字符和字符串用引号括起来，字符数据在存储器中以 ASCII 码形式存放。

在定义时前面可以带标号，定义的标号在程序中是起始单元的地址。

【例 3-30】
```
        ORG   3000H
TAB1:   DB    12H,  34H
        DB    '5',  'A',  'abc'
```

汇编后，各个数据在存储单元中的存放情况如下：

地址	内容
3000H	12H
3001H	34H
3002H	35H
3003H	41H
3004H	61H
3005H	62H
3006H	63H

7. DW 定义字命令

格式：DW 项或项表（16 位）

该命令把 DW 后的 16 位数据项或项表从当前地址连续存放。项或项表指所定义的一个字在存储器中占两个字节。汇编时，高 8 位先存放，低 8 位后存放。

【例 3-31】
```
        ORG   4000H
TAB2:   DW    1234H,  5678H
```

汇编后，各个数据在存储单元中的存放情况如下：

地址	内容
4000H	12H
4001H	34H
4002H	56H
4003H	78H

8. DS 定义存储空间命令

格式：DS　数值表达式

该伪指令用在存储器中保留一定数量的字节单元。汇编时，从指定地址开始保留 DS 之后表达式的值所规定数目的存储单元以备后用。

【例 3-32】

```
        ORG  3000H
TAB1:   DB   12H, 34H
        DS   04H
        DB   'A'
```

汇编后，存储单元中的分配情况如下：

地址	内容
3000H	12H
3001H	34H
3002H	—
3003H	—
3004H	—
3005H	—
3006H	41H

以上的 DB、DW、DS 伪指令都只对程序存储器起作用，它们不能对数据存储器进行初始化。

9. BIT 位地址符号命令

格式：符号　BIT　位地址

BIT 伪指令用于给位地址赋予符号，经赋值后可用该符号代替 BIT 后面的位地址。

【例 3-33】

```
A1   BIT  P1.0
B1   BIT  03H
```

汇编后，P1 口第 0 位的位地址 90H 就赋给了“A1”，而“B1”的值为 03H。

习　　题

3－1　简述 MCS－51 单片机汇编指令格式。

3－2　在 MCS－51 单片机中，要访问片外 RAM，可采用哪些寻址方式？要访问特殊功能寄存器，可采用哪些寻址方式？

3－3　单片机中 PUSH 和 POP 指令常用来（　　）。

A. 保护断点　　　　B. 保护现场

C. 保护现场，恢复现场　　　　D. 保护断点，恢复断点

3－4　下列指令执行时，修改 PC 中内容的指令是（　　）。

A. SJMP　　　　B. LJMP

C. MOVC A，　@ A＋PC　　　　D. LCALL

3－5　下列指令能使累加器 A 的最高位置“1”的是（　　）。

A. ANL A，#7FH　　　　B. ANL A，#80H

C. ORL A，#7FH　　　　D. ORL A，#80H

3-6　MCS-51指令系统中，执行下列程序后，堆栈指针SP的内容为（　　）。

```
MOV   SP,  #30H
MOV   A,  20H
LCALL  1000
MOV   20H,  A
SJMP  $
```

A. 00H　　　　B. 30H　　　　C. 32H　　　　D. 07H

3-7　分析下面指令是否正确，并说明理由。

```
MOV     R3,  R7
MOV     B,  @R2
DEC     DPTR
PUSH    DPTR
CPL     36H
MOV     PC,  #0800H
```

3-8　分析下面各组指令，区分它们的不同之处。

```
MOV  A,  10H
MOV  C,  10H
MOV  A,  #10H
```

3-9　已知（A）=23H，（R1）=65H，（DPTR）=1FECH，片内RAM（65H）=70H，ROM（205CH）=64H。试分析下列各条指令执行后目标操作数的内容。

```
MOV        A,  @R1
MOVX       @DPTR,  A
MOVC       A,  @A+DPTR
XCHD       A,  @R1
```

3-10　执行下列程序段后，（A）=________。

```
MOV  A,  #C6H
RR A
```

3-11　执行下列程序后，内部RAM　30H单元的内容是________。

```
    MOV     30H,  #00H
    MOV     R0,  #30H
    MOV     A, 30H
    ADD     A,  #05H
    MOVC    A, @A+PC
    MOV     @R0,  A
    SJMP    $
TDB:DB  00H, 01H, 02H, 03H, 05H
```

3－12 阅读并说明下列程序段的功能。

```
MOV     R0,  #30H
MOV     R7,  #80
CLR     A
LOOP:
MOV     @R0,  A
INC     A
INC     R0
DJNZ    R7,  LOOP
SJMP    $
```

3－13 MCS－51 指令系统中，执行下列程序后，程序计数器（PC）的内容为（　　）。

```
ORG     000H
MOV     DPTR,  #1000
MOV     A,  #00H
MOV     20H,  A
LJMP    1500
END
```

A. 100　　　　B. 1000　　　　C. 1500　　　　D. 0

3－14 已知（R0）=20H，（20H）=10H，（P0）=30H，（R2）=20H，执行如下程序段后（40H）=（　　）。

```
MOV     @R0, #11H
MOV     A, R2
ADD     A, 20H
MOV     PSW, #80H
SUBB    A, P0
XRL     A, #45H
MOV     40H, A
```

3－15 阅读下面程序段，说明该段程序的功能。

```
MOV     R0,  #40H
MOV     A,  R0
INC     R0
ADD     A,  @R0
MOV     43H,  A
CLRA
ADDC    A,  #0
MOV     42H,  A
SJMP    $
```

第4章 MCS-51单片机汇编程序设计

汇编语言是面向机器硬件的语言。使用汇编语言作为程序设计语言，易于与单片机的内部硬件结构密切配合，具有编写直观、便于理解记忆、占用存储空间小、运行速度快、效率高等特点。因此，使用汇编语言能编写出最优化的程序。

在单片机的应用程序设计中，一般采用顺序结构、分支结构和循环结构。除此之外，应用程序的编写目前均遵循模块化的编程思想。编程时通常会将那些需要多次应用的、功能单一的程序段从整个程序中独立出来，单独编成一个程序段，需要时通过指令进行调用。

4.1 程序编制的方法和步骤

用汇编语言进行程序设计的过程大致可以分为以下几个步骤：

1）明确要求、目的。明确对程序的功能、运算精度、执行速度等方面的要求及硬件条件。

2）把复杂问题分解为若干个模块，确定各模块的处理方法，画出程序流程图（简单问题可以不画）。

3）分配内存地址，如各程序段的存放地址、数据区地址、工作单元分配等。

4）编写程序，根据流程图选择合适的指令和寻址方式来编写程序。

5）对程序进行汇编、调试和修改。对编写好的源程序进行汇编，检查并修改程序中的错误，执行目标程序，分析运行结果，直至正确为止。

另外，编程者要特别明确程序、数据在存储器中的存放位置，合理安排工作寄存器、片内数据存储单元以及堆栈空间等。

4.2 数据传送程序设计

【例4-1】 将一个双字节数存入片内RAM。

设待存双字节数的低字节在累加器A中，高字节在工作寄存器R2中，要求低字节存入片内存储器RAM的35H单元，高字节存入片内存储器RAM的36H单元。

程序如下：

```
MOV   R0,  #35H        ; R0作为地址指针指向35H单元
MOV   @R0,  A          ;低字节存入35H单元
INC   R0               ; R0指向36H单元
XCH   A,  R2           ; R2与A的内容交换,把待存的高字节交换到A中
MOV   @R0,  A          ;高字节存入36H单元
XCH   A,  R2           ; R2与A的内容再次交换,恢复原状态
```

【例 4-2】 将一个多字节数存入片外 RAM。

把片内 RAM 的 30H～3FH 的 16 个字节的内容传送到片外 RAM 的 3000H 单元位置处。

片内 RAM 与片外 RAM 数据传送通过累加器 A 过渡，片内 RAM 与片外 RAM 分别用指针指向，每传送一次，指针向后移一个单元，重复 16 次即可实现。

程序如下：

```
        ORG    0000H
        LJMP   MAIN
        ORG    0200H
MAIN:   MOV    R0, #30H
        MOV    DPTR, #3000H
        MOV    R2, #16
LOOP:   MOV    A, @R0
        MOVX   @DPTR, A
        INC    R0
        INC    DPTR
        DJNZ   R2, LOOP
        SJMP   $
        END
```

4.3 查表程序设计

在单片机应用系统中，查表程序是一种常用的程序，使用它不仅能够完成数据补偿、计算、转换等各种功能，而且还具有程序简单、执行速度快等优点。

【例 4-3】 将一位十六进制数转换为 8 段式数码管显示码。

一位十六进制数 0～9、A、B、C、D、E、F 的 8 段式数码管的共阴极显示码为 3FH、06H、5BH、4FH、66H、6DH、7DH、07H、7FH、67H、77H、7CH、39H、5EH、79H、71H。由于数与显示码没有规律，不能通过运算得到，只能通过查表方式得到。

设数放在 R2 中，查得的显示码也放于 R2 中，用 MOVC A，@A+DPTR 查表。

程序如下：

```
          ORG    0200H
CONVERT:  MOV    DPTR, #TAB          ; DPTR 指向表首址
          MOV    A, R2               ;转换的数放于 A
          MOVC   A, @A+DPTR          ;查表指令转换
          MOV    R2, A
          RET
TAB:      DB  3FH, 06H, 5BH, 4FH, 66H, 6DH, 7DH, 07H
          DB  7FH, 67H, 77H, 7CH, 39H, 5EH, 79H, 71H
```

显示码表在这个例子中，编码是一个字节，只通过一次查表指令就可实现转换。如果编码是两个字节，则需要用两次查表指令才能查得编码，第一次取得低位，第二次取得高位。

【例 4-4】在一个温度控制系统中，在 0～100℃中每一个温度值都已经通过温度传感器测得一个两字节的标准电压值。现在 R2 中给出一个 0～100℃的温度值，取得它的标准电压值放于 R3、R4 中，低字节放在 R3 中，高字节放在 R4 中。

通过用 MOVC　A，@A+DPTR 查表，两个字节分两次取得，由 DPTR 指向表首，由放于 R2 中的温度值得到所查的电压值相对于表首位置的位移量放于累加器 A 中，由于每一个电压值为两个字节，位移量需用 R2 中的温度值乘以 2 得到。第一次取得低字节，第二次位移量加 1 后查表取得高字节，分别放于 R3、R4 中。

程序如下：

```
         ORG     0300H
CHECK:   MOV     DPTR,  #TAB        ;指向表首
         MOV     A,  R2             ;温度值送 A
         CLR     C
         RLC     A                  ;乘 2 得位移量
         MOV     R1,  A             ;位移量暂存于 R1 中
         MOVC    A,  @A+DPTR
         MOV     R3,  A             ;第一次查得内容送 R3
         MOV     A,  R1             ;取出暂存的位移量送 A
         INC     A                  ;指向低字节
         MOVC    A,  @A+DPTR
         MOV     R4,  A             ;第二次查得内容送 R4
         RET
  TAB:   DW  0056H, 0059H, 0067H, 0076H ……   ;电压值表
```

4.4　运算程序设计

4.4.1　算术运算程序设计

【例 4-5】多字节无符号数相加。

设被加数与加数分别在以 ADR1 与 ADR2 为首地址的片内 RAM 中，自低字节到高字节依次存放；它们的字节数为 N，把它们相加，结果放回被加数的单元。

程序流程图如图 4-1 所示。

程序如下：

```
        MOV    R0,  #ADR1       ; R0 作为指针指向被加数
        MOV    R1,  #ADR2       ; R1 作为指针指向加数
        MOV    R2,  #N          ;字节数
        CLR    C                ;进位标志清“0”
LOOP:   MOV    A,  @R0          ;取得被加数的一个字节放于 A 中
        ADDC   A,  @R1          ;求一个字节和
        MOV    @R0,  A          ;和放回原被加数单元
        INC    R0               ;指向下一个字节
        INC    R1
        DJNZ   R2,  LOOP        ;循环实现多字节数相加
```

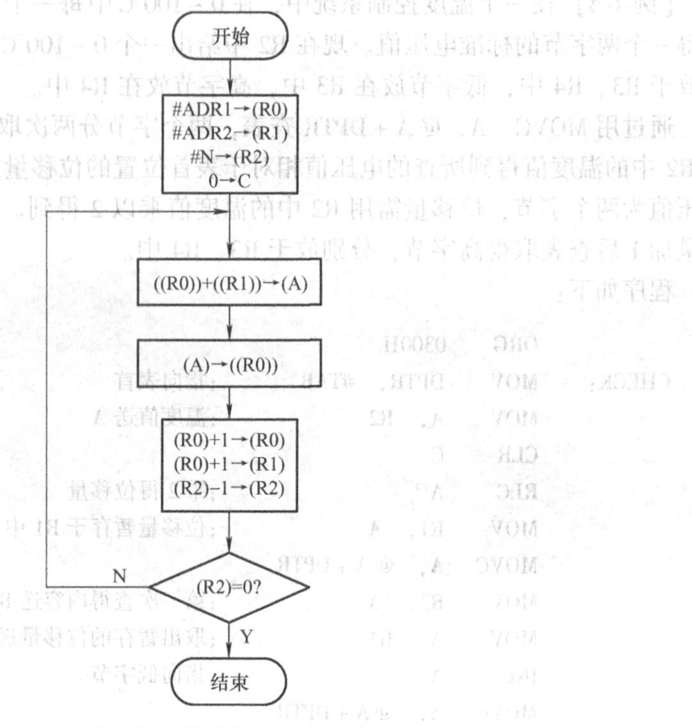

图 4-1 多字节无符号数相加流程图

【例 4-6】两字节无符号数乘法。

设被乘数的高字节放在 R7 中，低字节放于 R6 中；乘数的高字节放于 R5 中，低字节放于 R4 中。乘得的积有 4 个字节，按由低字节到高字节的次序存于片内 RAM 中以 ADDR 为首址的区域中。

由于 MCS－51 单片机只有一条单字节无符号数乘法指令 MUL，而且要求参加运算的两个字节须放于累加器 A 和寄存器 B 中，而乘得的结果高字节放于寄存器 B 中，低字节放于累加器 A 中。因而两字节乘法须用四次乘法指令来实现，即 R6×R4、R7×R4、R6×R5 和 R7×R5，设 R6×R4 的结果为 B1A1，R7×R4 的结果为 B2A2，R6×R5 的结果为 B3A3，R7×R5 的结果为 B4A4，乘得的结果需按下面的关系加起来。

			R7	R6
		×	R5	R4
			B1	A1
		B2	A2	
		B3	A3	
+	B4	A4		
	C4	C3	C2	C1

即乘积的最低字节 C1 只由 A1 这部分得到，乘积的第二字节 C2 由 B1、A2 和 A3 相加得到，乘积的第三字节 C3 由 B2、B3、A4 以及 C2 部分的进位相加得到，乘积的第四字节 C4 由 B4 和低字节的进位相加得到。由于在计算机内部不能同时实现多个数相加，因而我们用累加的

方法来计算 C2、C3 和 C4 部分，用 R3 寄存器来累加 C2 部分，用 R2 寄存器来累加 C3 部分，用 R1 寄存器来累加 C4 部分，另外用 R0 作指针来依次存放 C1、C2、C3、C4 入存储器。程序如下：

```
        ORG   0100H
        MOV   R0,  #ADDR
MUL1:   MOV   A,   R6
        MOV   B,   R4
        MUL   AB                ; R6×R4,结果的低字节直接存入积的第一字节单元
        MOV   @R0,  A           ;结果的高字节存入 R3 中暂存起来
        MOV   R3,  B
MUL2:   MOV   A,   R7
        MOV   B,   R4
        MUL   AB                ; R7×R4,结果的低字节与 R3 相加后,再存入 R3 中
        ADD   A,   R3
        MOV   R3,  A
        MOV   A,   B            ;结果的高字节加上进位位后存入 R2 中暂存起来
        ADDC  A,   #00H
        MOV   R2,  A
MUL3:   MOV   A,   R6
        MOV   B,   R5
        MUL   AB                ; R6×R5,结果的低字节与 R3 相加存入积的第二字节单元
        ADD   A,   R3
        INC   R0
        MOV   @R0,  A
        MOV   A,   R2
        ADDC  A,   B            ;结果的高字节加 R2 再加进位位后,再存入 R2 中
        MOV   R2,  A
        MOV   A,   #00H
        ADDC  A,   #00H         ;相加的进位位存入 R1 中
        MOV   R1,  A
MUL4:   MOV   A,   R7
        MOV   B,   R5
        MUL   AB                ; R7×R5,结果的低字节与 R2 相加存入积的第三字节单元
        ADD   A,   R2
        INC   R0
        MOV   @R0,  A
        MOV   A,   B
        ADDC  A,   R1           ;结果的高字节加 R1 再加进位位后存入积的第四字节单元
        INC   R0
        MOV   @R0,  A
        END
```

4.4.2 逻辑运算程序设计

【例 4-7】多字节数求补运算。

设在片内 RAM 30H 单元开始有一个 N 字节数据，对该数据求补，结果放回原位置。

程序如下：

```
        ORG  0100H
        MOV  R2,  #N        ; R2 作为循环计数器,放置待处理字节数
        MOV  R0,  #30H      ;作为地址指针,指向待处理数的首地址
        MOV  A,   @R0       ;取最低字节数
        CPL  A              ;最低字节取反
        ADD  A,   #01       ;最低字节取反后再加 1
        MOV  @R0,  A        ;存入最低字节补码
        DEC  R2             ;字节数减 1
LOOP:   INC  R0             ;指向下一个指针
        MOV  A,   @R0       ;取下一个字节数
        CPL  A              ;非最低字节求补,只取反
        ADDC A,   #00       ;考虑低字节加 1 后可能产生的进位
        MOV  @R0,  A        ;存入
        DJNZ R2,  LOOP      ;循环处理多字节求补
        END                 ;结束
```

【例 4-8】设在 30H 和 31H 单元中各有一个 8 位数据：(30H) = X7X6X5X4X3X2X1X0，(3lH) = Y7Y6Y5Y4Y3Y2Y1Y0。现在要从 30H 单元中取出低 5 位，并从 31H 单元中取出低 3 位完成拼装，拼装结果送 40H 单元保存，并且规定：(40H) = Y2Y1Y0X4X3X2X1X0。

程序如下：

```
ORG    0100H
MOV    A,  30H          ;取 30H 单元中的内容放入累加器 A 中
ANL    A,  #00011111B   ;将 30H 单元的内容高 3 位屏蔽;得到调整后的数据
MOV    30H,  A          ;将调整后的数据放于 30H 单元中
MOV    A,  31H          ;取 31H 单元中的内容放入累加器 A 中
ANL    A,  #00000111B   ; 31H 单元内容的低 5 位屏蔽,得到调整后的数
SWAP   A                ;高低 4 位交换
RL     A                ;左移一位
ORL    A,  30H          ;与 30H 单元的内容相或
MOV    40H,  A          ;拼装后放到 40H 单元
END                     ;结束
```

4.5 代码转换程序设计

【例 4-9】将 8 位二进制数转换为 BCD 码。

设 8 位二进制数已在 A 中，转换后存于片内 RAM 的 20H、21H 单元。

方法是：分别分离出百位、十位和个位。

程序如下：

```
MOV     B,  #100
DIV     AB              ;该8位二进制数除100,在A中得BCD码的百位数
MOV     R0,  #21H       ; R0指向21H单元
MOV     @R0,  A         ;百位数存入片内RAM的21H单元
DEC     R0              ; R0指向20H单元
MOV     A,  #10
XCH     A,  B           ;把除100后的余数交换到A内,10交换到B内
DIV     AB              ;余数除以10,在A中得BCD数的十位数,B中得个位数
SWAP    A               ; BCD码的十位数调整到A的高半字节
ADD     A,  B           ; A中高半字节的十位数与B中低半字节的个位数合并
MOV     @R0,  A         ;十位数与个位数放入20H单元内
```

【例4-10】将一位十六进制数转换成ASCII码。

一位十六进制数有十六个符号0~9、A、B、C、D、E、F。其中，0~9的ASCII码为30H~39H，A~F的ASCII码为41H~46H，转换时，只要判断十六进制数是在0~9之间还是在A~F之间，如在0~9之间，加30H，如在A~F之间，加37H，就可得到ASCII码。

设十六进制数放于R2中，转换的结果放于R2中。

程序如下：

```
        ORG  0200H
        MOV  A,  R2         ;将十六进制数存入A中
        CLR  C              ;清除借位标志C
        SUBB  A,  #0AH      ;减去0AH,判断是在0~9之间还是在A~F之间
        MOV  A,  R2         ;将十六进制数重新存入A中
        JC  ADD30           ;如在0~9之间,直接加30H
        ADD  A,  #07H       ;如在A~F之间,先加07H,再加30H
ADD30:  ADD  A,  #30H
        MOV  R2,  A         ;转换结果存入R2
        END
```

4.6　分支程序设计

指令系统中的转移指令只能实现两分支转移，而用比较转移指令CJNE借进位配合可实现3分支转移。在很多应用中要求多分支转移，称为散转。用多分支转移指令JMP　@A+DPTR实现多分支转移程序。

4.6.1　简单分支程序设计

【例4-11】片内RAM中31H和32H两个单元中存有两个无符号数，将两个数中的小者存入30H单元。

程序如下：

```
        ORG   0200H
        MOV   A, 31H              ; 31H 单元中的数送入 A
        CJNE  A, 32H, NXTE        ;比较
        SJMP  LOOP                ;相等,则认为 31H 中的数据小
NXTE:   JC    LOOP                ;有借位,则 31H 中的数据小
        MOV   A, 32H              ;无借位,则 32H 中的数据小
LOOP :  MOV   30H, A              ;小者送入 30H
        END
```

4.6.2 散转程序设计

对于 MCS－51 单片机，它具有间接转移指令“JMP @A+DPTR”，所以很容易实现散转功能。该指令把累加器的 8 位无符号内容与 16 位数据指针的内容相加，得到的结果送入程序计数器（PC），用作取后继指令的地址。值得注意的是，它执行的是 16 位加法，在执行本指令时，既不改变累加器也不改变数据指针的内容。

（1）使用转移指令表的散转程序

在许多场合中，根据某一单元的内容是 0，1，…，n，分别转向处理程序 0，处理程序 1，以此类推直到处理程序 n。针对这种情况，可用直接转移指令（AJMP 或 LJMP）组成一个转移表，然后把标志单元的转移信息读入累加器 A，转移表首地址放入 DPTR 中，再利用指令“JMP @A+DPTR”实现散转。

【例 4-12】现有 128 路分支，分支号分别为 0～127，要求根据 R2 中的分支信息转向各个分支的程序。即当

（R2）=0，转向 OPR0

（R2）=1，转向 OPR1

……

（R2）=127，转向 OPR127

先用无条件转移指令（“AJMP”或“LJMP”）按顺序构造一个转移指令表，执行转移指令表中的第 n 条指令，就可以转移到第 n 个分支，将转移指令表的首地址装入 DPTR 中，将 R2 中的分支信息装入累加器 A 形成变址值，然后执行多分支转移指令 JMP @A+DPTR 实现转移。

程序清单如下：

```
        MOV   A, R2
        RL    A                   ;分支信息乘以 2
        MOV   DPTR, #TAB          ; DPTR 指向转移指令表首址
        JMP   @A+DPTR             ;转向形成的散转地址
TAB:    AJMP  OPR0                ;转移指令表
        AJMP  OPR1
        ……
        AJMP  OPR127
```

转移指令表中的转移指令是由 AJMP 指令构成的，如果分支数大于 128 个，如分支数有 256 个，则程序如下：

```
        ORG     0200H
        MOV     DPTR, #TAB      ; DPTR指向转移指令表首址
        MOV     A, R2           ;分支信息放累加器A中
        RL      A               ;分支信息乘以2
        JNC     NEXT
        INC     DPH             ;高字节调整到DPH中
NEXT:   JMP     @A+DPTR         ;转向形成的散转地址
TAB:    AJMP    OPR0            ;转移指令表
        AJMP    OPR1
        AJMP    OPR2
        ……
        AJMP    OPR255
```

AJMP指令的转移范围不超出所在的2KB区间，如各段小程序较长，在2KB范围内无法全部容纳，则应改用LJMP指令。每条LJMP指令占用3个字节，如改用LJMP指令，程序需做如下改动：

```
        ORG     0200H
        MOV     DPTR, #TAB      ; DPTR指向转移指令表首址
        MOV     A, R2           ;分支信息放累加器A中
        MOV     B, #3
        MUL     AB              ;分支信息乘以3
        XCH     A, B
        ADD     A, DPH          ;高字节调整到DPH中
        MOV     DPH, A
        XCH     A, B
        JMP     @A+DPTR         ;转向形成的散转地址
TAB:    LJMP    OPR0            ;转移指令表
        LJMP    OPR1
        LJMP    OPR2
        ……
        LJMP    OPR127
```

因为LJMP是三字节指令，所以分支号要乘以3。利用乘法指令将乘积的高、低字节分别加到DPH和DPL中。这个程序可不受散转128分支的限制，但要保证相乘、相加都不溢出。

（2）使用地址偏移量表的散转程序

前面介绍的转移表，每项至少为两个字节（AJMP表），有的为三个字节（LJMP表）。如果转向的程序均在256B范围内，可以使用地址偏移量来实现散转。

【例4-13】 按R2的内容转向6个处理程序。

程序如下：

```
        ORG     1000H
        MOV     A, R2
```

```
        MOV     DPTR, #TAB
        MOVC    A, @A+DPTR
        JMP     @A+DPTR
        RET
TAB:    DB      OPR0-TAB
        DB      OPR1-TAB
        ……
        DB      OPR5-TAB
OPR0:   处理程序 0
OPR1:   处理程序 1
OPR2:   处理程序 2
OPR3:   处理程序 3
OPR4:   处理程序 4
OPR5:   处理程序 5
```

该方法利用“JMP @A+DPTR”与伪指令 DB 汇编时的计算功能实现散转。使用这种方法要求转移表的大小加上各个程序长度必须小于 256B。转移表和各处理程序可以位于程序存储器空间的任何地方，并且不依赖于 256B 程序存储范围。这种方法的优点是程序简单，而且转移表短。

（3）使用地址表的散转程序

使用地址偏移量转向受到转向范围的限制，在转向范围较大时，可以直接使用转向地址表，把转移目标地址组织成一个地址表，各项表目为各个转向程序的入口。散转时使用查表指令，按某个单元的内容查表找到对应的转向地址，把它装入 DPTR 中，然后对累加器 A 清“0”，再用“JMP @A+DPTR”直接转向各处理程序。

【例 4-14】 根据寄存器 R2 的内容，转向各个处理程序。

设转向入口为 OPR0～OPRn，散转程序和转移表如下：

```
        ORG     1000H
        MOV     DPTR, #TAB
        MOV     A, R2
        RL      A                   ;分支信息乘以 2
        JNC     LOOP                ;分支号在 0~127 之间,不需要改变 DPH
        INC     DPH                 ;分支号在 128~255 之间,则 DPTR 加 256
LOOP:   MOV     R3, A               ;偏移量暂存于 R3
        MOVC    A, @A+DPTR
        XCH     A, R3               ;转移地址高 8 位
        INC     A
        MOVC    A, @A+DPTR
        MOV     DPL, A              ;转移地址低 8 位
        MOV     DPH, R3
        CLR     A
        JMP     @A+DPTR
        RET
```

```
TAB:    DW      TAB0
        DW      TAB1
        ……
        DW      TABn
```

用这种方法可以实现64KB范围内的转移，但散转数n应小于255。

4.7 循环程序设计

循环程序是最常见的程序组织方式。在程序运行时，有时需要连续多次重复执行某段程序，这时可以设计循环程序。这种设计方法大大简化了程序。

循环程序的设计有两种组织方式，如图4-2所示。

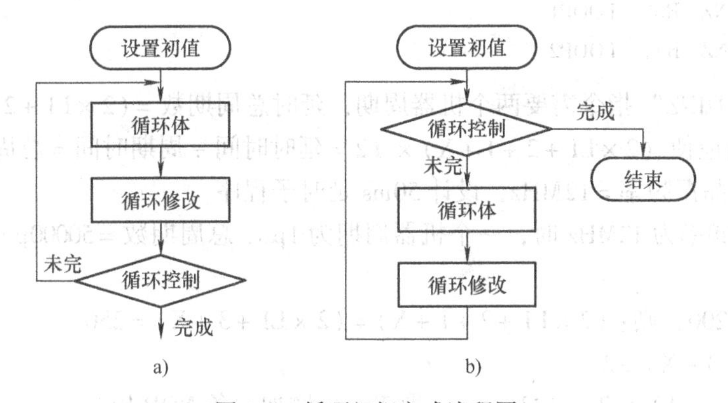

图4-2 循环组织方式流程图

【例4-15】8051单片机的P1口连接了8个发光二极管，分别为LED0～LED7，当端口输出低电平时，对应的发光二极管被点亮；否则，发光二极管熄灭。编程实现8个发光二极管从左至右依次循环点亮。

程序如下：

```
        ORG     0000H
        AJMP    START
        ORG     1000H
START:  MOV     A,  #0EFH           ;写入控制字0111 1111B
LOOP:   MOV     P1,  A              ;点亮LED灯
        RR      A                   ;右移一位
        SJMP    LOOP                ;反复点亮
```

由于每条指令执行的时间很短，人的肉眼会感觉8个LED灯是被同时点亮的，而看不到从左至右依次循环点亮的效果。为了使人看到从左至右依次循环点亮的效果，一般要在点亮后加一条延时程序，程序如下：

```
        ORG     0000H
        AJMP    START
        ORG     1000H
```

```
START:  MOV    A,  #0EFH        ;写入控制字0111 1111B
LOOP :  MOV    P1,  A           ;点亮LED灯
        RR     A                ;右移一位
        ACALL  DELAY            ;延时一定的时间
        SJMP   LOOP             ;反复点亮
```

通过子程序调用指令“ACALL”调用延时子程序“DELAY”，只要“DELAY”延时的时间恰当就能看到漂亮的从左到右的流水灯效果。

如果延时时间较短，延时子程序一般可用双重循环方法写出，程序如下：

```
DELAY:  MOV   R7,  #L2
LOOP2:  MOV   R6,  #L1
        ……   ;X
LOOP1:  DJNZ  R6,  LOOP1
        DJNZ  R7,  LOOP2
```

执行一条“DJNZ”指令需要两个机器周期，延时总周期数 = (2 × L1 + 2 + 1 + X) × L2

L1、L2 取值应使（2 × L1 + 2 + 1 + X）× L2 = 延时时间 ÷ 周期时间 = 总周期数

例如：时钟晶振频率 = 12MHz，设计 50ms 延时子程序。

当时钟晶振频率为 12MHz 时，一个机器周期为 1μs，总周期数 = 50000μs ÷ 1μs = 50000 = 250 × 200。

如果，L2 = 200，则：(2 × L1 + 2 + 1 + X) = (2 × L1 + 3 + X) = 250

L1 = (250 − 3 − X) ÷ 2

= (250 − 3 − 1) ÷ 2 = 123 …… 取 X = 1，增加一条 NOP 指令。

50ms 延时子程序如下：

```
        ORG   0200H
DELAY:  MOV   R7,  #L2
LOOP2:  MOV   R6,  #L1
        NOP
LOOP1:  DJNZ  R6,  LOOP1
        DJNZ  R7,  LOOP2
        RET
```

若需要延时更长时间，可采用多重的循环，如 1s 延时可用 3 重循环，而用 7 重循环可延时几年。

4.8 子程序设计

在一个程序中，往往有许多地方需要执行同样的一种操作（执行同一段程序），这时可以把这个操作单独编制成一个子程序，在主程序需要执行这个操作的地方执行一条调用指令转到相应的子程序，完成相应的操作后再返回到主程序继续执行，并且可以反复调用。

子程序设计的好处是：简化了程序的逻辑结构，缩短了程序长度，便于模块化及调试。另外，子程序除了可被主程序调用外，还可被其他子程序调用。

在汇编语言源程序中，主程序在调用子程序时要注意两个问题，即子程序的现场保护、主程序和子程序间的参数传递。

4.8.1　子程序的现场保护

在调用子程序时，有可能会改变相关寄存器的值，从而影响主程序的运行，因此，有必要进行现场保护。子程序的现场保护和恢复有以下两种实现方式。

（1）在主程序中实现

```
……
PUSH    PSW
PUSH    ACC
PUSH    B
LCALL   addr16
POP     B
POP     ACC
POP     PSW
……
```

从上述程序可以看出，相关寄存器的保护在调用子程序之前完成，而程序执行完成后，通过出栈指令立即将这些寄存器的内容恢复过来，这样，即使在调用的子程序中修改了这些寄存器的值，也不会影响主程序的运行。

（2）在子程序中实现

```
SUN:
PUSH    PSW              ;保护现场
PUSH    ACC
PUSH    B
……
POP     B                ;恢复现场
POP     ACC
POP     PSW
RET
```

将对相关寄存器的保护和恢复放在被调用子程序的开始和结束位置，同样会起到现场保护的作用，不会影响主程序的运行。

4.8.2　主程序和子程序间的参数传递

子程序调用中还有一个特别重要的问题，就是信息交换，也就是参数传递问题。在调用子程序时，主程序应先把有关参数（入口参数）放到某些约定的位置，子程序在运行时，可以从约定的位置得到有关的参数。同样，子程序在运行结束前，也应该把运算结果（出口参数）送到约定位置，在返回主程序后，主程序可以从这些地方得到需要的结果，这就是参数传递。子程序必须以 RET 结尾。

实际实现参数传递时，可采用多种约定方法，8051 单片机常用工作寄存器（R0、R1）、累加器（ACC）、地址指针寄存器（DPTR）或堆栈来传递参数。

（1）用工作寄存器或者累加器来传递参数

该方法把入口参数或出口参数放在工作寄存器或累加器中，主程序必须把数据送到工作寄存器；子程序运行后的结果即出口参数放在 Rn 或者 A 中。

【例 4-16】 用程序实现 $c=a^2+b^2$。设 a、b、c 分别存于内部 RAM 的 3 个单元中。

假设 a、b 均小于 10，实现 $c=a^2+b^2$，其中 a、b、c 分别存于内部 RAM 的 30H、31H、32H 这 3 个单元中。

该程序通过调用子程序查平方表，结果在主程序中相加得到。

主程序如下：

```
        ORG    0000H
        LJMP   START
        ORG    1000H
START:  MOV    A,  30H                 ;取第一操作数 a
        ACALL  SQR                     ;调取查表子程序
        MOV    R1,  A                  ;a² 暂存于 R1
        MOV    A,  31H                 ;取第二操作数 b
        ACALL  SQR
        ADD    A,  R1                  ;a² + b²→A
        MOV    A,  32H                 ;结果存于 c 中
SQR:    INC    A                       ;偏移量调整
        MOVC   A,  @A+PC               ;查平方表
        RET
TAB:    DB   0, 1, 4, 9, 16, 25, 36, 49, 64, 81
        END
```

查表程序还可采用“MOVC　A，　@A+DPTR”指令实现，具体如下：

```
SQR:  MOV   DPTR,  #TAB
      MOVC  A,  @A+DPTR
      RET
```

该程序的入口条件是：(A)＝待查表的数。

出口条件是：(A)＝平方值。

（2）用指针寄存器来传递参数

由于数据一般存放在存储器中，故可用指针来指示数据的位置，这样可以大大节省传递数据的工作量。一般如果参数在片内 RAM 中，可用 R0 或 R1 作指针；如果参数在外部 RAM 或程序存储器中，可用 DPTR 作指针。

【例 4-17】 将 R0 和 R1 指向的内部 RAM 中两个三字节无符号整数相加，结果送 R0 指向的内部 RAM 中。数据存放时，低字节在高地址，高字节在低地址。入口时，R0、R1 分别指向加数和被加数的低位字节，出口时 R0 指向结果的高位字节。利用 8051 的带进位加法指令，可以直接编写出下面的子程序：

```
        ORG   0100H
```

```
NADD：  MOV   R7，  #3            ;三字节加法
        CLR   C
NADD1： MOV   A，  @R0            ;取加数
        ADDC  A，  @R1            ;取被加数并加到 A
        MOV   @R0，  A
        DEC   R0
        DEC   R1
        DJNZ  R7，  NADD1
        INC   R0
        RET
```

习　题

4-1　编程实现将片内 RAM 的 30H、31H、32H、33H 单元的内容依次存入片外 RAM 的 30H、31H、32H、33H 中。

4-2　用查表的方法实现将一位十六进制数转换成 ASCII 码。

4-3　设晶振的振荡频率为 12MHz，试编写一个能延时 20ms 的子程序。

4-4　编写程序将外部 RAM 的 1010H 单元内容和 1020H 单元内容相交换。

4-5　在内部 RAM 的 31H 单元开始存有一组单字节无符号数，数据的长度为 20H。试编写一段程序，要求找到其中最大的数放入 40H 单元。

4-6　试编写一段程序统计从片外 RAM 3000H 开始的 100 个单元中“0”的个数，将结果存放于 R2 中。

4-7　试编写一段程序完成该功能：将片外数据存储器地址为 2000H ~ 2030H 的数据块全部搬迁到片内 RAM 的 30H ~ 60H 单元中，并将原数据块区清“0”。

4-8　设有 100 个有符号数，连续存放在以 1000H 为首地址的存储空间内，试编写程序统计 100 个有符号数中正数、负数、零的个数。

第5章　MCS-51单片机的C语言程序设计

在单片机应用系统开发中，应用程序设计时间的长短直接决定了系统开发的周期。应用程序设计既可以采用汇编语言实现，也可以采用C语言完成。采用汇编语言编写程序对单片机内部资源的操作直接、简洁，代码紧凑。但是采用汇编语言编写比较复杂的数值计算程序非常困难，而且汇编语言源程序的可读性远不如高级语言源程序，如果要对程序功能进行修改需要花费大量的时间重读程序。

随着计算机应用技术的发展，软件开发工具越来越丰富，因此出现了众多支持高级语言编程的单片机开发工具。目前，利用C语言设计单片机应用程序已经成为单片机应用系统开发设计的一种趋势。在大型、复杂的单片机应用系统开发中，一般都采用C语言来设计程序，这是由于C语言具有良好的可读性、可移植性和基本的硬件操作能力，大大提高了单片机应用程序的开发速度。现在单片机仿真器普遍支持C语言程序调试，为采用C语言进行单片机程序开发提供了便利的条件。

对MCS-51单片机硬件进行操作的C语言统称为C51。本章介绍C51的程序结构、数据与运算、流程控制语句、构造数据、函数与中断子程序的内容。

5.1 C51概述

5.1.1　C51基本知识

C51是在标准C语言的基础上发展来的，总体上与标准C语言相同，其中，其语法规则、程序结构及程序设计方法等与标准C语言完全相同。但标准C语言针对的是通用微型计算机，C51面向的是51单片机，它们的硬件资源与存储器结构都不一样，而且51单片机相对于微型计算机系统资源要贫乏得多。此外，C51在数据类型、变量类型、输入/输出处理、函数等方面与标准的C语言不同。

C51与标准C语言的区别主要体现在以下几个方面：

1）C51中的数据类型与标准C语言中的数据类型有一定的区别。C51一方面对标准C语言数据类型的进行了扩展，在标准C语言数据类型的基础上增加了对51单片机位数据访问的位类型（bit和sbit）和内部特殊功能寄存器访问的特殊功能寄存器类型（sfr和sfr16）。另一方面，对部分数据类型的存储格式进行了改造，以适应51单片机。

2）C51在变量定义与使用上与标准C语言不一样。

3）为了方便对51单片机硬件资源的访问，C51在绝对地址访问上对标准C语言进行了扩展。

4）C51中函数的定义及使用与标准C语言也不完全相同。

现在支持MCS-51单片机的C语言编译器有很多种，如American　Automation、Avocet、BSO/TASKING、DUNFIELD SHAREWARE、KEIL/Franklin等。各种编译器的基本情况相同，

但具体处理时有一定的区别，其中 KEIL/Franklin 以它的代码紧凑和使用方便等特点优于其他编译器，使用特别广泛。本书以 KEIL/Franklin 编译器为例介绍 MCS-51 单片机 C 语言程序设计。

5.1.2 C51 程序结构

C51 的语法规定、程序结构及程序设计方法都与标准的 C 语言程序设计相同，但 C51 程序与标准的 C 程序在以下几个方面不一样：

1）C51 中定义的库函数和标准 C 语言定义的库函数不同。标准 C 语言定义的库函数是按通用微型计算机来定义的，而 C51 中的库函数是按 MCS-51 单片机相应的情况来定义的。

2）C51 中的数据类型与标准 C 的数据类型也有一定的区别，在 C51 中还增加了几种针对 MCS-51 单片机特有的数据类型。

3）C51 变量的存储模式与标准 C 中变量的存储模式不一样，C51 中变量的存储模式是与 MCS-51 单片机的存储器紧密相关的。

4）C51 与标准 C 的输入/输出处理不一样，C51 中的输入/输出是通过 MCS-51 串行口来完成的，输入/输出指令执行前必须要对串行口进行初始化。

5）C51 与标准 C 在函数使用方面也有一定的区别，C51 中有专门的中断函数。

下面先看一个简单的 C51 程序，以便对 C51 程序结构有一个直观上的认识。

【例 5-1】编写 Hello World 程序。

```
/* 文件名:HELLO.C */
#include <reg51.h> /* 头文件,用于定义单片机的片内资源 */
#include <stdio.h> /* 头文件,用于定义输入/输出函数 */
Void main (void) /* 主函数,程序从此处开始执行 */
{
While(1)
      {
            P1^0=1;/* 每次打印时 P1.0 置"1" */
Printf("Hello World\n"); /* 输出"Hello World" */
      }
}
```

从上面的程序可以看出，C51 程序一般由函数和头文件组成。

5.2 C51 的数据类型

具有一定格式的数字或数值称为数据，数据的不同格式通常称为数据类型。数据按一定的数据类型进行的排列、组合、架构称为数据结构。C51 的数据类型与标准 C 语言的数据类型基本相同，但又有一定的区别。

C51 的基本数据类型有字符型 char、短整型 short、整型 int、长整型 long、浮点型 float 和双精度型 double，都分为无符号和有符号两种情况。但其中 char 型与 short 型相同，float 型与 double 型相同，而整型 int 和长整型 long 在存储器中的存储格式与标准 C 语言不一样。

另外，C51中还有专门针对于MCS－51单片机的特殊功能寄存器型和位类型。

在C51语言程序中，有可能会出现在运算中数据类型不一致的情况。C51允许任何标准数据类型的隐式转换，隐式转换的优先级顺序如下：

bit→char→int→long→float

signed→unsigned

也就是说，当char型与int型进行运算时，先自动将char型扩展为int型，然后与int型进行运算，运算结果为int型。C51除了支持隐式类型转换外，还可以通过强制类型转换符“()”对数据类型进行人为的强制转换。

有关C51的数据类型见表5-1。

表5-1 C51支持的数据类型

基本数据类型	长　度	取值范围
unsigned char	1B	0～255
signed char	1B	－128～＋127
unsigned int	2B	0～65535
signed int	2B	－32768～＋32767
unsigned long	4B	0～4294967295
signed long	4B	－2147483648～＋2147483647
float	4B	±1.175494E－38～±3.402823E＋38
bit	1位	0或1
sbit	1位	0或1
sfr	1B	0～255
sfr16	2B	0～65535

5.2.1 C51的基本数据类型

1. 字符型char

字符型数据有signed char和unsigned char之分，默认为signed char。它们的长度均为一个字节，用于存放一个单字节的数据。对于signed char，它用于定义带符号字节数据，其字节的最高位为符号位，“0”表示正数，“1”表示负数，负数用补码表示，所能表示的数值范围是－128～＋127；对于unsigned char，它用于定义无符号字节数据或字符，可以存放一个字节的无符号数，其取值范围为0～255。unsigned char可以用来存放无符号数，也可以用来存放西文字符，一个西文字符占一个字节，在计算机内部用ASCII码存放。

2. 整型int

整型数据分为signed int和unsigned int两种，默认为signed int。它们的长度均为两个字节，用于存放一个双字节数据。对于signed int，用于存放两字节带符号数，负数用补码表示，数的范围为－32768～＋32767；对于unsigned int，用于存放两字节无符号数，数的范围为0～65535。

3. 长整型 long

长整型数据分为 signed long 和 unsigned long 两种，默认为 signed long。它们的长度均为四个字节，用于存放一个四字节数据。对于 signed long，用于存放四字节带符号数，负数用补码表示，数的范围为 -2147483648 ~ +2147483647；对于 unsigned long，用于存放四字节无符号数，数的范围为 0 ~4294967295。

4. 浮点型 float

float 型数据的长度为四个字节，格式符合 IEEE-754 标准的单精度浮点型数据，包含指数和尾数两部分，最高位为符号位，“1”表示负数，“0”表示正数，其次的 8 位为阶码，最后的 23 位为尾数的有效数位，由于尾数的整数部分隐含为“1”，所以尾数的精度为 24 位。

5. 指针型 *

指针型本身就是一个变量，在这个变量中存放指向另一个数据的地址。这个指针变量要占用一定的内存单元，对不同的处理器其长度不一样，在 C51 中它的长度一般为 1 ~ 3 个字节。

5.2.2 C51 特有的数据类型

1. 特殊功能寄存器型

这是 C51 扩充的数据类型，用于访问 MCS-51 单片机中的特殊功能寄存器数据，它分为 sfr 和 sfr16 两种类型，其中 sfr 为字节型特殊功能寄存器类型，占一个内存单元，利用它可以访问 MCS-51 内部的所有特殊功能寄存器；sfr16 为双字节型特殊功能寄存器类型，占用两个字节单元，利用它可以访问 MCS-51 内部的所有两个字节的特殊功能寄存器。在 C51 中对特殊功能寄存器的访问必须先用 sfr 或 sfr16 进行声明。

2. 位类型

这也是 C51 中扩充的数据类型，用于访问 MCS-51 单片机中的可寻址的位单元。在 C51 中，支持两种位类型：bit 型和 sbit 型。它们在内存中都只占一个二进制位，其值可以是“1”或“0”。其中用 bit 定义的位变量在 C51 编译器编译时，在不同的时候位地址是可以变化的，而用 sbit 定义的位变量必须与 MCS-51 单片机的一个可位寻址的位单元或可位寻址的字节单元中的某一位联系在一起，在 C51 编译器编译时，其对应的位地址是不可变化的。

5.3 C51 的变量与存储类型

C 语言中的数据有常量和变量之分。

常量是程序运行过程中其值不能被改变的量。在 C51 中支持整型常量、浮点型常量、字符型常量和字符串型常量。

变量是程序运行过程中其值可以被改变的量。

5.3.1 C51 的普通变量及定义

在 C51 中，在使用变量前必须对它进行定义，定义的总体格式和标准 C 语言相同，但是 51 单片机的存储器组织和通用微型计算机不一样，51 单片机的存储器分为片内数据存储器、片外数据存储器和程序存储器，另外还有位寻址区，不同的存储器访问的方法不同，同一段存储区又可以用多种访问方式，所以 C51 中定义变量时必须指出变量的数据类型和存储模式，以便编译系统为它分配相应的存储单元。定义的格式如下：

[存储种类] 数据类型说明符 [存储器类型] 变量名1[=初值],变量名2[初值]……;

1. 数据类型说明符

在定义变量时，必须通过数据类型说明符指明变量的数据类型，指明变量在存储器中占用的字节数。数据类型说明符可以是系统已经有的基本数据类型说明符或组合数据类型说明符，还可以是用 typedef 或#define 定义的类型别名。

在 C51 中，为了增加程序的可读性，允许用户为系统固有的数据类型说明符用 typedef 或#define 起别名，格式如下：

```
typedef  C51 固有的数据类型说明符别名;
```

或

```
#define  别名  C51 固有的数据类型说明符;
```

定义别名后，就可以用别名代替数据类型说明符对变量进行定义。别名可以用大写，也可以用小写，为了区别一般用大写字母表示。

【例 5-2】typedef 或#define 的使用。

```
typedef  unsigned int  WORD;
#define BYTE  unsigned char;
BYTE  a1 =0x12;
WORD  a2 =0x1234;
```

2. 变量名

变量名是 C51 为了区分不同变量而给不同变量取的名称。在 C51 中规定变量名可以由字母、数字和下画线 3 种字符组成，且第一个字母必须为字母或下画线。变量名有两种：普通变量名和指针变量名，它们的区别是指针变量名前面要带“*”号。

3. 存储种类

存储种类是指变量在程序执行过程中的作用范围。C51 变量的存储种类有 4 种，分别是自动（auto）、外部（extern）、静态（static）和寄存器（register）。

（1） auto

使用 auto 定义的变量称为自动变量，其作用范围在定义它的函数体或复合语句内部，当定义它的函数体或复合语句执行时，C51 才为该变量分配内存空间，结束时占用的内存空间释放。自动变量一般分配在内存的堆栈空间中。定义变量时，如果省略存储种类，则该变量默认为自动（auto）变量。

（2）extern

使用extern定义的变量称为外部变量。在一个函数体内，要使用一个已在该函数体外或别的程序中定义过的外部变量时，该变量在该函数体内要用extern说明。外部变量被定义后分配固定的内存空间，在程序整个执行时间内都有效，直到程序结束才释放。

（3）static

使用static定义的变量称为静态变量。它又分为内部静态变量和外部静态变量。在函数体内部定义的静态变量为内部静态变量，它在对应的函数体内有效，一直存在，但在函数体外不可见，这样不仅使变量在定义它的函数体外被保护，还可以实现当离开函数时值不被改变。外部静态变量是在函数外部定义的静态变量。它在程序中一直存在，但在定义的范围之外是不可见的。如在多文件或多模块处理中，外部静态变量只在文件内部或模块内部有效。

（4）register

使用register定义的变量称为寄存器变量。它定义的变量存放在CPU内部的寄存器中，处理速度快，但数目少。C51编译器编译时能自动识别程序中使用频率最高的变量，并自动将其作为寄存器变量，用户无须专门声明。

4. 存储器类型

存储器类型是用于指明变量所处的单片机的存储器区域情况。存储器类型与存储种类完全不同，C51编译器能识别的存储器类型有以下几种，见表5-2。

表5-2　C51存储器的类型描述

存储器类型	描　述
data	直接寻址的片内RAM低128B，访问速度快
bdata	片内RAM的可位寻址区（20H～2FH），允许字节和位混合访问
idata	间接寻址的片内RAM，允许访问全部片内RAM
pdata	用Ri间接访问的片外RAM的低256B
xdata	用DPTR间接访问的片外RAM，允许访问全部64KB片外RAM
code	程序存储器ROM 64KB空间

定义变量时也可以省略“存储器类型”，省略时C51编译器将按编译模式默认存储器类型。

【例5-3】 C51变量的定义。

```
char  data  var1;                    /* 在片内 RAM 低 128B 定义用直接寻址方式访问的字符型变量 var1 */
int  idata  var2;                    /* 在片内 RAM 256B 定义用间接寻址方式访问的整型变量 var2 */
auto  unsigned  long  data  var3;    /* 在片内 RAM 128B 定义用直接寻址方式访问的自动无符号长整型
                                        变量 var3 */
extern  float  xdata  var4;          /* 在片外 RAM 64KB 空间定义用间接寻址方式访问的外部实型变量
                                        var4 */
int  code  var5;                     /* 在 ROM 空间定义整型变量 var5 */
unsigned  char  bdata  var6;         /* 在片内 RAM 位寻址区 20H～2FH 单元定义可字节处理和位处理
                                        的无符号字符型变量 var6 */
#pragma  small                       /* 变量的存储模式为 SMALL */
```

```
char   kl;                     /* 变量 k1 的存储器类型默认为 data */
int  xdata   ml;               /* 变量 m1 的存储器类型为 xdata */
#pragma   compact              /* 变量的存储模式为 COMPACT */
char   k2;                     /* 变量 k2 的存储器类型默认为 pdata */
int   xdata   m2;              /* 变量 m2 的存储器类型为 xdata */
```

5.3.2 C51 的特殊功能寄存器变量

MCS－51 单片机片内有许多特殊功能寄存器，通过这些特殊功能寄存器可以控制 MCS－51 单片机的定时器、计数器、串口、I/O 及其他功能部件，每一个特殊功能寄存器在片内 RAM 中都对应于一个字节单元或两个字节单元。

在 C51 中，允许用户对这些特殊功能寄存器进行访问，访问时须通过 sfr 或 sfr16 类型说明符进行定义，定义时须指明它们所对应的片内 RAM 单元的地址。格式如下：

sfr 或 sfr16　特殊功能寄存器名 = 地址；

sfr 用于对 MCS－51 单片机中单字节的特殊功能寄存器进行定义，sfr16 用于对双字节特殊功能寄存器进行定义。特殊功能寄存器名一般用大写字母表示。地址一般用直接地址形式，具体特殊功能寄存器地址见前面内容。

【例 5-4】 特殊功能寄存器的定义。

```
sfr   PSW = 0xd0;
sfr   SCON = 0x98;
sfr   TMOD = 0x89;
sfr   P1 = 0x90;
sfr16   DPTR = 0x82;
sfr16   T1 = 0X8A;
```

5.3.3 C51 的位变量

在 C51 中，允许用户通过位类型符定义位变量。位类型符有两个：bit 和 sbit，可以定义两种位变量。

bit 位类型符用于定义一般的可位处理位变量。它的格式如下：

bit 位变量名；

在格式中可以加上各种修饰，但注意存储器类型只能是 bdata、data、idata，定义的位变量只能位于片内 RAM 的可位寻址区，严格来说只能是 bdata。

【例 5-5】 bit 型变量的定义。

```
bit   data   a1; /* 正确 */
bit   bdata  a2; /* 正确 */
bit   pdata  a3; /* 错误 */
bit   xdata  a4; /* 错误 */
```

sbit 位类型符用于定义在可位寻址字节或特殊功能寄存器中的位，定义时须指明其位地址，可以是位直接地址，可以是可位寻址变量带位号，也可以是特殊功能寄存器名带位号。格式如下：

sbit 位变量名 = 位地址;

如位地址为位直接地址，其取值范围为0x00 ~ 0xff；如位地址是可位寻址变量带位号或特殊功能寄存器名带位号，则在它前面须对可位寻址变量或特殊功能寄存器进行定义。字节地址与位号之间、特殊功能寄存器与位号之间一般用“^”作间隔。

【例 5-6】sbit 型变量的定义。

```
sbit  OV = 0xd2;
sbit  CY = oxd7;
unsigned  char  bdata  flag;
sbit  flag0 = flag ^ 0;
sfr  P1 = 0x90;
sbit  P1_0 = P1 ^ 0;
sbit  P1_1 = P1 ^ 1;
sbit  P1_2 = P1 ^ 2;
sbit  P1_3 = P1 ^ 3;
sbit  P1_4 = P1 ^ 4;
sbit  P1_5 = P1 ^ 5;
sbit  P1_6 = P1 ^ 6;
sbit  P1_7 = P1 ^ 7;
```

在 C51 中，为了用户处理方便，C51 编译器把 MCS - 51 单片机的常用的特殊功能寄存器和特殊位进行了定义，放在一个名为“reg51. h”或“reg52. h”的头文件中。当用户要使用时，只需要在使用之前用一条预处理命令#include <reg52. h>把这个头文件包含到程序中，然后就可以使用相应的特殊功能寄存器名和特殊位名称了。

5.3.4 C51 的指针变量

指针是 C 语言中的一个重要概念，它也是 C51 语言的特色之一。使用指针可以方便有效地表达复杂的数据结构；可以动态地分配存储器，直接处理内存地址。

指针就是地址，数据或变量的指针就是存放该数据或变量的地址。C51 中指针、指针变量的定义和用法与标准 C 语言基本相同，只是增加了存储器类型属性。也就是说，除了要表明指针本身所处的存储空间外，还需要表明该指针所指向的对象的存储空间。

C51 的指针可分为存储器型指针和一般指针两种。存储器型指针的定义含有指针本身及所指数据的存储器类型，编译时存储器类型已确定，使用这种指针可以高效地访问对象，并且只需要 1 ~2 个字节；若定义一个指针变量未指定它所指向的数据的存储类型，则该指针变量被认为是一般指针，对于一般指针，编译器预留 3 个字节，1 个字节作为存储器类型，2 个字节作为偏移量。

1. 存储器型指针

存储器型指针在定义时指明了所指向的数据的存储器类型，如下：

```
char  xdata  *p2;
```

该代码定义了一个指向存储在 xdata 存储器区域的字符型变量的指针变量。指针自身在默认的存储器中（由编译模式决定），长度为2个字节。如果存储器类型为code * 和xdata *，则长度为2个字节；如果存储器类型为idata *、data *、pdata *，则长度为1个字节。

定义时也可指明指针变量自身的存储器空间，如下面的例子所示：

```
char   xdata   * data   p2;
```

除了指明指针变量自身位于data区以外，其他与上个例子相同，与编译模式无关。

2. 一般指针

若指针定义时没有指明所指向的数据的存储器类型，该指针就为一般指针，一般指针在存储器中占3个字节，其中第1个字节为指针所指向数据的存储器类型代码，后面2个字节存放地址。

一般指针中的存储器类型代码和指针变量存放情况见表5-3和表5-4。

表5-3　一般指针的存储器类型代码表

存储器类型	idata	xdata	pdata	data	code
代码	1	2	3	4	5

表5-4　一般指针变量的存放格式

字节地址	+0	+1	+2
内容	存储器类型代码	地址高字节	地址低字节

如果存储器类型为code * 和xdata *，所指向的数据有16位地址，则第2个字节和第3个字节分别存放数据的高8位地址和低8位地址；如果存储类型为idata *、data * 和pdata *，所指向的数据只有8位地址，则第2个字节存放0，第3个字节存放数据的8位地址。

例如，存储器类型为xdata *，地址为0x34EF的指针变量在内存中的存放形式见表5-5：

表5-5　存储器类型为xdata * 的指针变量的存放形式

字节地址	+0	+1	+2
内容	0x02	0x34	0xEF

5.4　C51的运算符和表达式

运算符就是完成某种特定运算的符号，表达式则是由运算符及运算对象所组成的具有特定含义的一个式子。按其在表达式中所起的作用，运算符可分为赋值运算符、算术运算符、关系运算符、逻辑运算符、位运算符、增量与减量运算符、复合赋值运算符等。

赋值运算符的作用是将一个数据值赋给一个变量。算术运算符用来完成一般的四则算术运算。关系运算符实际上是一种比较运算，即将两个值进行比较，判断其比较的结果是否符合给定的条件。逻辑运算符用来求某个条件式的逻辑值。位运算符的作用是按位对变量进行运算，并不改变参与运算的变量的值，位运算符使得C51语言具有汇编语言的一些功能，能直接对单片机的硬件进行操作。复合赋值运算符是先对变量进行某种运算，然后将运算的结果再赋给该变量，复合运算符可以简化代码，提高编译效率。

C 语言是一种表达式语言，在任意一个表达式的后面加一个分号，就构成了一个表达式语句。由运算符和表达式可以组成 C 语言程序的各种语句。

总体来说，C51 的运算符、表达式与标准 C 语言差别不大，表 5-6 给出了运算符及其在表达式中的优先级关系。

表 5-6　C51 支持的运算符及其优先级

优先级	符号	名称以及说明	类　别	结合性
1	()	强制类型转换，将表达式或变量的类型转换为指定的类型	强制转换运算符	由左向右
	[ ]	数组下标，访问数组中的相应元素	数组下标运算符	
	->	存取结构或联合成员，用指针引用结构或联合中的元素	结构或联合运算符	
	.	存取结构或联合成员，直接引用结构或联合中的元素	结构或联合运算符	
2	!	逻辑非，对条件式的逻辑值直接取反	逻辑运算符	由右向左
	~	按位取反，将操作数的各位直接取反	位运算符	
	++	自动加 1，运算对象作加 1 运算	增量运算符	
	--	自动减 1，运算对象作减 1 运算	减量运算符	
	&	取地址，将指针变量所指向的目标变量的地址给左边的变量	指针运算符	
	*	取内容，将指针变量所指向的目标变量的内容给左边的变量	指针运算符	
	-	负值运算符，将表达式结果取反	算术运算符	
	Size of	长度计算	长度运算符	
3	*	乘，符合一般的乘法运算规则	算术运算符	由左向右
	/	除，符合一般的除法运算规则	算术运算符	
	%	取模，要求对象均为整型数据	算术运算符	
4	+	加，符合一般的加法运算规则	算术运算符	由左向右
	-	减，符合一般的减法运算规则	算术运算符	
5	<<	左移，将运算对象各位顺序左移若干位	位运算符	由左向右
	>>	右移，将运算对象各位顺序右移若干位	位运算符	
6	<	小于，符合条件则表达式结果为真	关系运算符	由左向右
	<=	小于等于，符合条件则表达式结果为真	关系运算符	
	>	大于，符合条件则表达式结果为真	关系运算符	
	>=	大于等于，符合条件则表达式结果为真	关系运算符	
7	==	等于，判断两个数是否相等	关系运算符	由左向右
	! =	不等于，判断两个数是否不相等	关系运算符	
8	&	按位与，若两个运算位都为 1，则结果为 1；否则，结果为 0	位运算符	由左向右
9	^	按位异或，若两个运算位取值相同，则结果为 0；否则，结果为 1	位运算符	由左向右

（续）

优先级	符号	名称以及说明	类　别	结合性
10	|	按位或，若两个运算位中只要有一个为1，则结果为1；否则，结果为0	位运算符	由左向右
11	&&	逻辑与，运算对象都为真时表达式结果为真	逻辑运算符	由左向右
12	‖	逻辑或，运算对象只要有一个为真时表达式结果为真	逻辑运算符	由左向右
13	?:	条件运算，其作用是根据逻辑表达式的值选择使用表达式的值	条件运算符	由右向左
14	=	赋值运算，将表达式赋值给变量	赋值运算符	由右向左
	+=	加法赋值，先对变量进行加法运算，再将结果赋给变量	复合赋值运算符	
	-=	减法赋值，先对变量进行减法运算，再将结果赋给变量	复合赋值运算符	
	*=	乘法赋值，先对变量进行乘法运算，再将结果赋给变量	复合赋值运算符	
	/=	除法赋值，先对变量进行除法运算，再将结果赋给变量	复合赋值运算符	
	&=	逻辑与赋值，先对变量进行逻辑与运算，再将结果赋给变量	复合赋值运算符	
	^=	逻辑异或赋值，先对变量进行逻辑异或运算，再将结果赋给变量	复合赋值运算符	
	\=	逻辑或赋值，先对变量进行逻辑或运算，再将结果赋给变量	复合赋值运算符	
	<<=	左移位赋值，先对变量左移位，再将结果赋给变量	复合赋值运算符	
	>>=	右移位赋值，先对变量右移位，再将结果赋给变量	复合赋值运算符	
15	,	逗号运算，把多个变量定义为同一类型的变量	逗号运算符	由左向右

5.5 绝对地址的访问

在C51中，可以通过变量的形式访问51单片机的存储器，但是一般变量编译时分配的存储单元是不确定的，而在51单片机系统中，往往需要对确定的存储单元进行访问，这可以通过C51的绝对地址访问方式来实现。C51的绝对地址访问形式有3种：宏定义、指针和关键字“_at_”。

5.5.1 使用C51运行库中的预定义宏

C51编译器提供了一组宏定义来对51系列单片机的code、data、pdata和xdata空间进行绝对寻址。规定只能以无符号数方式访问，定义了8个宏定义，其函数原型如下：

```
#define   CBYTE((unsigned char volatile *)0x50000L)
#define   DBYTE((unsigned char volatile *)0x40000L)
#define   PBYTE((unsigned char volatile *)0x30000L)
```

```
#define  XBYTE((unsigned char volatile * )0x20000L)
#define  CWORD((unsigned int volatile * )0x50000L)
#define  DWORD((unsigned int volatile * )0x40000L)
#define  PWORD((unsigned int volatile * )0x30000L)
#define  XWORD((unsigned int volatile * )0x20000L)
```

这些函数原型放在 absacc. h 文件中。使用时须用预处理命令把该头文件包含到文件中，形式为：#include <absacc. h>。

其中，CBYTE 以字节形式对 code 区寻址，DBYTE 以字节形式对 data 区寻址，PBYTE 以字节形式对 pdata 区寻址，XBYTE 以字节形式对 xdata 区寻址，CWORD 以字形式对 code 区寻址，DWORD 以字形式对 data 区寻址，PWORD 以字形式对 pdata 区寻址，XWORD 以字形式对 xdata 区寻址。访问形式如下：

宏名 [地址]

宏名为 CBYTE、DBYTE、PBYTE、XBYTE、CWORD、DWORD、PWORD 或 XWORD。地址为存储单元的绝对地址，一般用十六进制形式表示。

【例 5-7】绝对地址对存储单元的访问

```
#include  <absacc.h>        /* 将绝对地址头文件包含在文件中 */
#include  <reg52.h>         /* 将寄存器头文件包含在文件中 */
#define  uchar  unsigned  char    /* 定义符号 uchar 为数据类型符 unsigned char */
#define  uint  unsigned  int      /* 定义符号 uint 为数据类型符 unsigned int */
void  main(void)
{
uchar  var1;
uint  var2;
var1 = XBYTE[0x0005];       /* XBYTE[0x0005]访问片外 RAM 的 0005 字节单元 */
var2 = XWORD[0x0002];       /* XWORD[0x0002]访问片外 RAM 的 0002 字单元 */
……
while(1);
}
```

在上面程序中，XBYTE[0x0005] 就是以绝对地址方式访问的片外 RAM 0005 字节单元；XWORD[0x0002] 就是以绝对地址方式访问的片外 RAM 0002 字单元。

5.5.2　通过指针访问

采用指针的方法，可以实现在 C51 程序中对任意指定的存储器单元进行访问。

【例 5-8】　通过指针实现绝对地址的访问。

```
#define  uchar  unsigned char     /* 定义符号 uchar 为数据类型符 unsigned char */
#define  uint  unsigned int       /* 定义符号 uint 为数据类型符 unsigned int */
void  func(void)
{
uchar  data  var1;
uchar  pdata  * dp1;              /* 定义一个指向 pdata 区的指针 dp1 */
```

```
uint    xdata    * dp2;                /* 定义一个指向 xdata 区的指针 dp2 */
uchar   data     * dp3;                /* 定义一个指向 data 区的指针 dp3 */
dp1 = 0x30;                            /* 给 dp1 指针赋值,指向 pdata 区的 30H 单元 */
dp2 = 0x1000;                          /* 给 dp2 指针赋值,指向 xdata 区的 1000H 单元 */
* dp1 = 0xff;                          /* 将数据 0xff 送到片外 RAM 30H 单元 */
* dp2 = 0x1234;                        /* 将数据 0x1234 送到片外 RAM 1000H 单元 */
dp3 = &var1;                           /* dp3 指针指向 data 区的 var1 变量 */
* dp3 = 0x20;                          /* 给变量 var1 赋值 0x20 */
}
```

5.5.3 使用 C51 扩展关键字_at_

使用_at_对指定的存储器空间的绝对地址进行访问，一般格式如下：

[存储器类型]　数据类型说明符　变量名　_at_　地址常数；

其中，存储器类型为 data、bdata、idata、pdata 等 C51 能识别的数据类型，如省略则按存储模式规定的默认存储器类型确定变量的存储器区域；数据类型为 C51 支持的数据类型。地址常数用于指定变量的绝对地址，必须位于有效的存储器空间之内；使用_at_定义的变量必须为全局变量。

【例 5-9】通过_at_实现绝对地址的访问。

```
#define   uchar   unsigned char      /* 定义符号 uchar 为数据类型符 unsigned char */
#define   uint    unsigned int       /* 定义符号 uint 为数据类型符 unsigned int */
data    uchar   x1 _at_ 0x40;        /* 在 data 区中定义字节变量 x1,它的地址为 40H */
xdata   uint    x2 _at_ 0x2000;      /* 在 xdata 区中定义字变量 x2,它的地址为 2000H */
void    main(void)
{
x1 = 0xff;
x2 = 0x1234;
……
while(1);
}
```

5.6 C51 的并行接口

51 系列单片机并行 I/O 口除了芯片上的 4 个并行 I/O 口（P0 ~ P3）外，还可以在片外扩展并行 I/O 口。扩展的 I/O 口与数据存储器统一编址，即把一个 I/O 口当作数据存储器中的一个单元来看待。

对于片内的 I/O 口（P0 ~ P3），可按特殊功能寄存器的方法定义。

对于片外扩展 I/O 口，与数据存储器统一编址，将其看作片外数据存储器的一个单元。在程序中，可使用“#include <absacc.h>”中定义的宏来访问绝对地址端口。例如：

```
# include   <absacc.h>
#define   PORT   XBYTE[0xFFC0]
```

absacc. h 是 C51 中绝对地址访问的头文件，XBYTE 是绝对地址访问片外数据存储器字节单元的宏。经过上述定义后，就可以用 PORT 来表示地址为 FFC0H 的端口了。

另一种定义外部 I/O 口的方法是使用 C51 的扩展关键字“_at_”。用“_at_”给 I/O 器件指定变量名非常简单。例如，在 xdata 区的地址 0xFFC0 处有一个 8 位的扩展输入口，可以按如下形式为它指定变量名：

```
unsigned  char  xdata  inPRT  _at_  0xFFC0;
```

在头文件或程序中定义了 I/O 口后，在程序中就可以利用被定义的端口变量名与其实际地址之间的联系，用软件模拟 51 单片机的硬件操作。

5.7　流程控制语句

C 语言是一种结构化的程序设计语言，这种语言有一套不允许存在交叉程序流程的严格结构。结构化语言的基本元素是模块，它是程序的一部分，只有一个出口和一个入口，不允许有偶然的中途插入或以模块的其他路径退出。每个模块中包含着若干个基本结构，这些基本结构主要有顺序结构、选择结构和循环结构 3 种类型，每个基本结构由若干条语句构成。

C 语言的控制语句主要有表达式语句、复合语句、条件语句、循环语句、跳转语句等。C51 语言与 C 语言的程序控制语句完全一样，掌握这些语句的使用方法是 C51 语言学习的重点。

5.7.1　表达式语句

在表达式的后边加一个分号“;”就构成了表达式语句。表达式语句是一种最基本的语句。下面的语句都是合法的表达式语句：

```
a = ++ b * 9;
x = 8;y = 7;
 ++ k;
```

可以一行放一个表达式形成表达式语句，也可以一行放多个表达式形成表达式语句，这时每个表达式后面都必须带“;”号。另外，还可以仅由一个分号“;”占一行形成一个表达式语句，这种语句称为空语句。有时候为了使语法正确，但并不要求有具体的动作，这时就可以采用空语句。例如：

```
for(i = 0; ;i ++ )
{
……
}
```

5.7.2　复合语句

复合语句是由若干条语句组合而成的一种语句，在 C51 中，用一个大括号“{}”将若干条语句括在一起就形成了一个复合语句，复合语句最后不需要以分号“;”结束，但它内部的各条语句仍需以分号“;”结束。复合语句的一般形式如下：

```
{
局部变量定义;
语句 1;
语句 2;
……
语句 n;
}
```

复合语句在执行时，其中的各条单语句按顺序依次执行，整个复合语句在语法上等价于一条单语句，因此在 C51 中可以将复合语句视为一条单语句。通常复合语句出现在函数中，实际上，函数的执行部分（即函数体）就是一个复合语句；复合语句中的单语句一般是可执行语句，此外还可以是变量的定义语句（说明变量的数据类型）。在复合语句内部语句所定义的变量，称为该复合语句中的局部变量，它仅在当前这个复合语句中有效。利用复合语句将多条单语句组合在一起，以及在复合语句中进行局部变量定义是 C51 语言的一个重要特征。

5.7.3 条件语句

条件语句又称为分支语句，它由关键字“if”构成。根据给定的条件进行判断，以决定执行某个分支程序段。C51 语言提供了 3 种形式的条件语句。

1. 基本形式

```
if（表达式）{语句;}
```

如果表达式为真，则执行后面的语句，否则不执行。

2. if - else 形式

```
if（表达式）{语句 1;}    else    {语句 2;}
```

如果表达式为真，则执行语句 1，否则执行语句 2。

3. if - else - if 形式

```
if（表达式 1）{语句 1;}
else  if（表达式 2）（语句 2;）
else  if（表达式 3）（语句 3;）
……
else  if（表达式 n-1）（语句 n-1;）
else    {语句 n}
```

依次判断表达式的值，当出现某个值为真时，则执行相对应的语句，然后跳到整个 if 语句之外继续执行程序。

【例 5-10】if 语句的用法。

```
(1) if  (x! =y)  printf("x = %d,y = %d\n",x,y);
```

执行上面语句时，如果 x 不等于 y，则输出 x 的值和 y 的值。

```
(2) if  (x>y)  max=x;
    else  max=y;
```

执行上面语句时，如果 x 大于 y 成立，则把 x 送给最大值变量 max；如果 x 大于 y 不成立，则把 y 送给最大值变量 max。使 max 变量得到 x、y 中的大数。

```
(3) if (score >= 90) printf("Your result is A\n");
else if (score >= 80) printf("Your result is B\n");
else if (score >= 70) printf("Your result is C\n");
else if (score >= 60) printf("Your result is D\n");
else printf("Your result is E\n");
```

执行上面语句后，能够根据分数 score 分别打出 A、B、C、D、E 五个等级。

5.7.4　开关语句

if 语句通过嵌套可以实现多分支结构，但结构复杂，程序冗长，可读性变差。switch 是 C51 中提供的专门处理多分支结构的多分支选择语句，称为开关语句。使用开关语句处理多分支选择，程序结构清晰。它的格式如下：

```
switch(表达式)
{
 case 常量表达式 1:{语句 1;}break;
 case 常量表达式 2:{语句 2;}break;
 ……
 case 常量表达式 n:{语句 n;}break;
 default:{语句 n+1;}
}
```

说明如下：

1）switch 后面括号内的表达式，可以是整型或字符型表达式。

2）当该表达式的值与某一“case”后面的常量表达式的值相等时，就执行该“case”后面的语句，然后遇到 break 语句退出 switch 语句。若表达式的值与所有 case 后的常量表达式的值都不相同，则执行 default 后面的语句，然后退出 switch 结构。

3）每一个 case 常量表达式的值必须不同，否则会出现自相矛盾的现象。

4）case 语句和 default 语句的出现次序对执行过程没有影响。

5）每个 case 语句后面可以有“break”，也可以没有。如果有，则执行到 break 则退出 switch 结构；若没有，则会顺次执行后面的语句，直到遇到 break 或结束。

6）每一个 case 语句后面可以带一个语句，也可以带多个语句，还可以不带。语句可以用花括号括起，也可以不括。

7）多个 case 可以共用一组执行语句。

【例 5-11】 switch/case 语句的用法。

对学生成绩划分为 A ~ D，对应不同的百分制分数，要求根据不同的等级打印出它的对应百分数。可以通过下面的 switch/case 语句实现。

```
……
switch(grade)
{
```

```
case  'A': printf("90 ~ 100\n"); break;
case  'B': printf("80 ~ 90\n"); break;
case  'C': printf("70 ~ 80\n"); break;
case  'D': printf("60 ~ 70\n"); break;
case  'E': printf(" <60\n"); break;
Default: printf("error" \n);
}
```

5.7.5 循环语句

循环结构是程序中一种很重要的结构，其特点是，在给定条件成立时，反复执行某程序段，直到条件不成立为止。给定的条件称为循环条件，反复执行的程序段称为循环体。C51语言提供了4种循环语句。

1. while 语句

while 语句在 C51 中用于实现当型循环结构，它的格式如下：

```
while (表达式)
{语句;}    /* 循环体 */
```

while 语句后面的表达式是能否循环的条件，后面的语句是循环体。当表达式为非0（真）时，就重复执行循环体内的语句；当表达式为0（假）时，则中止 while 循环，程序将执行循环结构之外的下一条语句。它的特点是：先判断条件，后执行循环体。在循环体中对条件进行改变，然后再判断条件；如条件成立，则再执行循环体；如条件不成立，则退出循环。如条件第一次就不成立，则循环体一次也不执行。在应用该语句时注意循环条件的选择，以避免死循环。

【例 5-12】 下面程序是通过 while 语句实现计算并输出 1 ~ 100 的累加和。

```
#include   <reg52.h>              /* 包含特殊功能寄存器库 */
#include   <stdio.h>              /* 包含 I/O 函数库 */
void main(void)                   /* 主函数 */
{
int  i,s = 0;                     /* 定义整型变量 i 和 s */
i = 1;
SCON = 0x52;                      /* 串口初始化 */
TMOD = 0x20;
TH1 = 0XF3;
TR1 = 1;
while  (i <= 100)                 /* 累加 1 ~ 100 之和在 s 中 */
{
s = s + i;
i ++;
}
printf("1 +2 +3…… +100 = %d\n",s);
while(1);
}
```

程序执行的结果：

1 +2 +3…… +100 =5050。

2. do while 语句

do while 语句在 C51 中用于实现直到型循环结构，它的格式如下：

```
do
    {语句;}     /* 循环体 */
while（表达式）;
```

它的特点是：先执行循环体中的语句，后判断表达式。如表达式成立（真），则再执行循环体，然后又判断，直到有表达式不成立（假）时，退出循环，执行 do while 结构的下一条语句。do while 语句在执行时，循环体内的语句至少会被执行一次。

【例 5-13】 通过 do while 语句实现计算并输出 1 ~ 100 的累加和。

```
#include  <reg52.h>                /* 包含特殊功能寄存器库 */
#include  <stdio.h>                /* 包含 I/O 函数库 */
void main(void)                    /* 主函数 */
{
int  i,s=0;                        /* 定义整型变量 i 和 s */
i=1;
SCON=0x52;                         /* 串口初始化 */
TMOD=0x20;
TH1=0XF3;
TR1=1;
do                                 /* 累加 1 ~ 100 之和在 s 中 */
{
s=s+i;
i++;
}
while  (i<=100);
printf("1+2+3……+100=%d\n",s);
while(1);
}
```

程序执行的结果：

1 +2 +3…… +100 =5050。

3. for 语句

在 C51 语言中，for 语句是使用最灵活、用得最多的循环控制语句，同时也最为复杂。它可以用于循环次数已经确定的情况，也可以用于循环次数不确定的情况。它完全可以代替 while 语句，功能最强大。它的格式如下：

```
for（表达式1；表达式2；表达式3）
{语句;}     /* 循环体 */
```

for 语句后面带 3 个表达式，它的执行过程如下：

1）先求解表达式 1 的值。

2）求解表达式 2 的值，如表达式 2 的值为真，则执行循环体中的语句，然后执行下一步 3）的操作，如表达式 2 的值为假，则结束 for 循环，转到最后一步。

3）若表达式 2 的值为真，则执行完循环体中的语句后，求解表达式 3，然后转到第 4）步。

4）转到 2）继续执行。

5）退出 for 循环，执行下面的一条语句。

在 for 循环中，一般表达式 1 为初值表达式，用于给循环变量赋初值；表达式 2 为条件表达式，对循环变量进行判断；表达式 3 为循环变量更新表达式，用于对循环变量的值进行更新，使循环变量能不满足条件而退出循环。

【例 5-14】用 for 语句实现计算并输出 1～100 的累加和。

```
#include   <reg52.h>                      /* 包含特殊功能寄存器库 */
#include   <stdio.h>                      /* 包含 I/O 函数库 */
void main(void)                           /* 主函数 */
{
int  i,s=0;                               /* 定义整型变量 i 和 s */
SCON=0x52;                                /* 串口初始化 */
TMOD=0x20;
TH1=0XF3;
TR1=1;
for (i=1;i<=100;i++) s=s+i;               /* 累加 1～100 之和在 s 中 */
printf("1+2+3……+100=%d\n",s);
while(1);
}
```

程序执行的结果：

```
1+2+3……+100=5050。
```

5.7.6 跳转语句

程序中的语句通常总是按顺序方向或按语句功能所定义的方向执行的。如果需要改变程序的正常流向，则需要用到跳转语句。C51 语言提供了 4 种转移语句。

1. goto 语句

goto 语句也称为无条件转移语句，其语法结构如下：

```
goto 语句标号;
……
语句标号:……
```

其中，语句标号是按标识符规定书写的符号，放在某一语句的前面，标号后加冒号“:”。语句标号起标识语句的作用，与 goto 语句配合使用。C51 语言不限制程序中使用标号的次数，但各标号不得重名。goto 语句的语义是：改变程序流向，转去执行语句标号所标识的语句。goto 语句通常与条件语句配合使用，可用来实现条件转移、构成循环、跳出循环等功能。但是，在结构化程序设计中一般不主张使用 goto 语句，以免造成程序流程的混乱，使理解和调试程序都产生困难。

2. break 语句

break 语句只能用在 switch 语句或循环语句中，其语法结构如下：

break;

break 语句的语义是：跳出 switch 语句或跳出本层循环，转去执行后面的程序。由于 break 语句的转移方向是明确的，所以，不需要语句标号与之配合。使用 break 语句可以使循环语句有多个出口，在一些场合下使编程更加灵活、方便。

3. continue 语句

continue 语句用在循环结构中，用于结束本次循环，跳过循环体中 continue 下面尚未执行的语句，直接进行下一次是否执行循环的判定。

continue 语句和 break 语句的区别在于：continue 语句只是结束本次循环而不是终止整个循环；break 语句则是结束整个循环，不再进行条件判断。

【例 5-15】　输出 100 ~ 200 之间不能被 3 整除的数。

```
for (i = 100; i <= 200; i ++)
{
if  (i%3 ==0)   continue;
printf("%d"; i);
}
```

在程序中，当 i 能被 3 整除时，执行 continue 语句，结束本次循环，跳过 printf( ) 函数，只有能被 3 整除时才执行 printf( ) 函数。

4. return 语句

return 语句一般放在函数的最后位置，用于终止函数的执行，并控制程序返回调用该函数时所处的位置。返回时还可以通过 return 语句带回返回值。return 语句格式有两种：

1） return;

2） return (表达式);

如果 return 语句后面带有表达式，则要计算表达式的值，并将表达式的值作为函数的返回值；若不带表达式，则函数返回时将返回一个不确定的值。通常用 return 语句把调用函数取得的值返回给主调用函数。

5.8　构造数据

C 语言除了提供字符型、整型和浮点型等基本数据类型外，还提供了一些扩展的数据类型，称为构造数据类型。这些按照一定规则构成的数据类型有数组、指针、结构、共用体、枚举等。

5.8.1 数组

数组是一组有序数据的集合，数组中的每一个数据都属于同一种数据类型。数组中的各个元素可以用数组名和下标来唯一确定。按照维数，数组可以分为一维数组和多维数组。在C51 中数组必须先定义才能使用。

一维数组的定义形式如下：

数据类型　数组名［常量表达式］；

其中，“数据类型”是指数组中的各数据单元的类型。“数组名”是整个数组的标识，命名方法和变量命名方法是一样的。在编译时系统会根据数组大小和存储类型为变量分配空间，数组名就是所分配空间的首地址标识。“常量表达式”表示数组的长度，它必须用“［］”括起来，括号里的数不能是变量，而只能是常量。

定义多维数组时，只要在数组名后面增加相应于维数的常量表达式即可，其一般形式如下：

数据类型　数组名［常量表达式 1］……［常量表达式 n］；

下面是几个数组定义的例子：

```
unsigned  int  xcount[10];        /* 定义一维无符号整型数组,有 10 个数据单元 */
char  inputstring[5];             /* 定义一维字符型数组,有 5 个数据单元 */
float  outnum[10][10];            /* 定义二维浮点型数组,有 100 个数据单元 */
```

在使用数组时要定义，C51 语言中数组的下标是从 0 开始而不是从 1 开始，例如，一个具有 10 个数据单元的数组 xcount，它的下标是从 xcount[0] 到 xcount[9]。引用单个元素就是数组名加下标，如 xcount[1] 就是引用 xcount 数组中的第 2 个元素，如果用了 xcount[10] 就会有错误出现。还有一点值得注意的是，在程序中只能逐个引用数组中的元素，不能一次引用整个数组。

【例 5-16】利用字符数组输出一个图形。

```
main( )
{
char a[5][5],I,j;
for(i=0;i<5;i++)
{
    for(j=0;j<5;j++)
    {
if(j==0 || i==j)
                a[i][j]='*';
        else
a[i][j]='';
    }
}
for(i=0;i<5;i++)
{
```

```
for(j=0;j<5;j++)
        printf("%c", a[i][j]);
    printf("\n");
}
}
```

5.8.2　指针

指针是C语言中的一个重要概念。指针类型数据在C语言程序中使用十分普遍，正确地使用指针类型数据，可以有效地表示复杂的数据结构，还可以动态地分配存储器，直接处理内存地址。

1. 指针的概念

了解指针的基本概念，先要了解数据在内存中的存储和读取方法。

在汇编语言中，对内存单元数据的访问是通过指明内存单元的地址实现的。访问时有两种方式：直接寻址方式和间接寻址方式。直接寻址是通过在指令中直接给出数据所在单元的地址而访问该单元的数据。例如：MOV A，20H。在指令中直接给出所访问的内存单元地址20H，访问的是地址为20H的单元的数据，该指令把地址为20H的片内RAM单元的内容送累加器A；间接寻址是指所操作的数据所在的内存单元地址不是通过指令直接提供的，该地址存放在寄存器中或其他的内存单元中，指令中指明存放地址的寄存器或内存单元来访问相应的数据。

在C语言中，可以通过地址方式来访问内存单元的数据，但C语言作为一种高级程序设计语言，数据通常是以变量的形式进行存放和访问的。对于变量，在一个程序中定义了一个变量，编译器在编译时就在内存中给这个变量分配一定的字节单元进行存储，如对整型变量（int）分配2个字节单元，对浮点型变量（float）分配4个字节单元，对字符型变量分配1个字节单元等。变量在使用时分清两个概念：变量名和变量的值。前一个是数据的标识，后一个是数据的内容。变量名相当于内存单元的地址，变量的值相当于内存单元的内容。对于内存单元的数据访问方式有两种，对于变量也有两种访问方式：直接访问方式和间接访问方式。

（1）直接访问方式

对于变量的访问，大多数时候是直接给出变量名。例如：printf（"%d"，a），直接给出变量a的变量名来输出变量a的内容。在执行时，根据变量名得到内存单元的地址，然后从内存单元中取出数据按指定的格式输出。这就是直接访问方式。

（2）间接访问方式

例如要存取变量a中的值时，可以先将变量a的地址放在另一个变量b中，访问时先找到变量b，从变量b中取出变量a的地址，然后根据这个地址从内存单元中取出变量a的值。这就是间接访问。在这里，从变量b中取出的不是所访问的数据，而是访问的数据（变量a的值）的地址，这就是指针，变量b称为指针变量。

关于指针，要注意两个基本概念：变量的指针和指向变量的指针变量。变量的指针就是变量的地址。对于变量a，如果它所对应的内存单元地址为2000H，它的指针就是2000H。

指针变量是指一个专门用来存放另一个变量地址的变量，它的值是指针。上面变量 b 中存放的是变量 a 的地址，变量 b 中的值是变量 a 的指针，变量 b 就是一个指向变量 a 的指针变量。

如上所述，指针实质上就是各种数据在内存单元的地址，在 C51 语言中，不仅有指向一般类型变量的指针，还有指向各种组合类型变量的指针。在本书中我们只讨论指向一般变量的指针的定义与引用，对于指向组合类型的指针，大家可以参考其他书籍学习它的使用。

2. 指针变量的定义

指针变量的定义与一般变量的定义类似，定义的一般形式如下：

数据类型说明符　[存储器类型]　* 指针变量名；

其中，“数据类型说明符”说明了该指针变量所指向的变量的类型。“存储器类型”是可选项，它是 C51 编译器的一种扩展。如果带有此选项，指针被定义为基于存储器的指针。无此选项时，被定义为一般指针。这两种指针的区别在于它们占的存储字节不同。

下面是几个指针变量定义的例子：

```
int   * p1;            /* 定义一个指向整型变量的指针变量 p1 */
char  * p2;            /* 定义一个指向字符变量的指针变量 p2 */
char  data  * p3;      /* 定义一个指向字符变量的指针变量 p3,该指针访问的数据在片内数据存储
                          器中,该指针在内存中占一个字节 */
float  xdata  * p4;    /* 定义一个指向字符变量的指针变量 p4,该指针访问的数据在片外数据存储
                          器中,该指针在内存中占两个字节 */
```

3. 指针变量的操作

指针变量是存放另一变量地址的特殊变量，指针变量只能存放地址。使用指针变量时要注意两个运算符：“&”和“*”。这两个运算符在前面已经介绍过，其中：“&”是取地址运算符，“*”是指针运算符。通过“&”取地址运算符可以把一个变量的地址送给指针变量，使指针变量指向该变量；通过“*”指针运算符可以实现通过指针变量访问它所指向的变量的值。

指针变量经过定义之后可以像其他基本类型变量一样引用。例如：

```
int  x, * px, * py;   /* 变量及指针变量定义 */
px = &x;              /* 将变量 x 的地址赋给指针变量 px,使 px 指向变量 x */
* px = 5;             /* 等价于 x = 5 */
py = px;              /* 将指针变量 px 中的地址赋给指针变量 py,使指针变量 py 也指向 x */
```

【**例 5-17**】输入两个整数 x 与 y，经比较后按大小顺序输出。

程序如下：

```
#include  <reg52.h>   /* 包含特殊功能寄存器库 */
#include  <stdio.h>   /* 包含 I/O 函数库 */
extern  serial_initial();
main()
{
int  x,y;
```

```
int  * p, * p1, * p2;
serial_initial( );
printf("input  x  and  y:\n");
scanf("%d%d",&x,&y);
p1 = &x;p2 = &y;
if (x<y) {p = p1;p1 = p2;p2 = p;}
printf("max = %d,min = %d\n", * p1, * p2);
while(1);
}
```

程序执行结果：

```
input  x  and  y:
4  8
max = 8,min = 4。
```

5.8.3 结构

结构是一种组合数据类型，它是将若干个不同类型的变量结合在一起而形成的一种数据的集合体。组成该集合体的各个变量称为结构元素或成员。整个集合体使用一个单独的结构变量名。

1. 结构与结构变量的定义

结构与结构变量是两个不同的概念，结构是一种组合数据类型，结构变量是取值为结构这种组合数据类型的变量，相当于整型数据类型与整型变量的关系。对于结构与结构变量的定义有两种方法。

（1）先定义结构类型再定义结构变量

结构的定义形式如下：

struct 结构名

{结构元素表}；

结构变量的定义如下：

struct　结构名　结构变量名1，结构变量名2，……；

其中，“结构元素表”为结构中的各个成员，它可以由不同的数据类型组成。在定义时须指明各个成员的数据类型。

例如，定义一个日期结构类型 date，它由3个结构元素 year、month、day 组成，定义结构变量 d1 和 d2，定义如下：

```
struct  date
{
int  year;
char  month, day;
}
struct  date  d1, d2;
```

(2) 定义结构类型的同时定义结构变量名

这种方法是将两个步骤合在一起，格式如下：

struct　结构名

{结构元素表} 结构变量名1，结构变量名2，……；

例如，对于上面的日期结构变量 d1 和 d2，可以按以下格式定义：

```
struct   date
{
int   year;
char month, day;
}d1, d2;
```

对于结构的定义说明如下：

1）结构中的成员可以是基本数据类型，也可以是指针或数组，还可以是另一结构类型变量，形成结构的结构，即结构的嵌套。结构的嵌套可以是多层次的，但这种嵌套不能包含其自己。

2）定义的一个结构是一个相对独立的集合体，结构中的元素只在该结构中起作用，因而一个结构中的结构元素的名字可以与程序中的其他变量的名称相同，它们两者代表不同的对象，在使用时互相不影响。

3）结构变量在定义时也可以像其他变量一样加各种修饰符对它进行说明。

4）在 C51 中允许将具有相同结构类型的一组结构变量定义成结构数组，定义时与一般数组的定义相同，结构数组与一般变量数组的不同就在于结构数组的每一个元素都是具有同一结构的结构变量。

2. 结构变量的引用

结构元素的引用一般格式如下：

结构变量名 . 结构元素名

或

结构变量名 -> 结构元素名

其中“.”是结构的成员运算符，例如：d1. year 表示结构变量 d1 中的元素 year，d2. day 表示结构变量 d2 中的元素 day 等。如果一个结构变量中结构元素又是另一个结构变量，即结构的嵌套，则需要用到若干个成员运算符，一级一级找到最低一级的结构元素，而且只能对这个最低级的结构元素进行引用，形如 d1. time. hour 的形式。

【例 5-18】 输入 3 个学生的语文、数学、英语的成绩，分别统计他们的总成绩并输出。

程序如下：

```
#include   <reg52. h>          */包含特殊功能寄存器库*/
#include   <stdio. h>          */包含 I/O 函数库*/
extern   serial_initial();
struct   student
{
unsigned   char   name[10];
```

```
unsigned int chinese;
unsigned int math;
unsigned int english;
unsigned int total;
}p1[3];
main()
{
unsigned char i;
serial_initial();
printf("input 3 student name and result:\n");
for (i=0;i<3;i++)
{
printf("input name:\n");
scanf("%s",p1[i].name);
printf("input result:\n");
scanf("%d,%d,%d",&p1[i].chinese,&p1[i].math,&p1[i].english);
}
for (i=0;i<3;i++)
{
p1[i].total=p1[i].chinese+p1[i].math+p1[i].english;
}
for (i=0;i<3;i++)
{
printf("%s total is %d",p1[i].name,p1[i].total);
printf("\n");
}
while(1);
}
```

程序执行结果：

```
input 3 student name and result:
input name:
wang
input result:
76,87,69
input name:
yang
input result:
75,77,89
input name:
zhang
input result:
```

```
72,81,79
wang total is 232
yang total is 241
zhang total is 232
```

5.8.4 联合

前面介绍的结构能够把不同类型的数据组合在一起使用，另外，在C51语言中，还提供一种组合类型——联合，也能够把不同类型的数据组合在一起使用，但它与结构又不一样，结构中定义的各个变量在内存中占用不同的内存单元，在位置上是分开的，而联合中定义的各个变量在内存中都是从同一个地址开始存放，即采用了所谓的“覆盖技术”。这种技术可使不同的变量分时使用同一内存空间，提高内存的利用效率。

1. 联合的定义

(1) 先定义联合类型再定义联合变量

1) 定义联合类型，格式如下：

union 联合类型名

{成员列表}；

2) 定义联合变量，格式如下：

union 联合类型名　变量列表；

例如：

```
union   data
{
float   i;
int   j;
char   k;
}
union   data   a,b,c;
```

(2) 定义联合类型的同时定义联合变量

格式如下：

union 联合类型名

{成员列表} 变量列表；

例如：

```
union   data
{
float   i;
int   j;
char   k;
}data   a,b,c;
```

可以看出，定义时，结构与联合的区别只是将关键字由struct换成union，但在内存的分配上两者完全不同。结构变量占用的内存长度是其中各个元素所占用的内存长度的总和；

而联合变量所占用的内存长度是其中各元素的长度的最大值。结构变量中的各个元素可以同时进行访问，联合变量中的各个元素在一个时刻只能对一个进行访问。

2. 联合变量的引用

联合变量中元素的引用与结构变量中元素的引用格式相同，形式如下：

联合变量名．联合元素

或

联合变量名 -> 联合元素

例如：对于前面定义的联合变量 a、b、c 中的元素可以通过下面的形式引用。

```
a.i;
b.j;
c.k;
```

分别引用联合变量 a 中的 float 型元素 i、联合变量 b 中的 int 型元素 j、联合变量 c 中的 char 型元素 k。

5.8.5　枚举

枚举数据类型是一个有名字的某些整型常量的集合。这些整型常量是该类型变量可取的所有的合法值。枚举定义时应当列出该类型变量的所有可取值。

枚举定义的格式与结构和联合基本相同，也有两种方法。

先定义枚举类型，再定义枚举变量，格式如下：

enum　枚举名　{枚举值列表}；

enum　枚举名　枚举变量列表；

或在定义枚举类型的同时定义枚举变量，格式如下：

enum　枚举名　{枚举值列表} 枚举变量列表；

例如：定义一个取值为星期几的枚举变量 d1。

```
enum  week  {Sun,Mon,Tue,Wed,Thu,Fri,Sat};
enum  week  d1;
```

或

```
enum  week  {Sun,Mon,Tue,Wed,Thu,Fri,Sat} d1;
```

以后就可以把枚举值列表中各个值赋值给枚举变量 d1 进行使用了。

5.9　C51 中的函数

函数定义的一般格式如下：

```
函数类型　函数名（形式参数表）　[reentrant] [interrupt  m] [using  n]
形式参数说明：
{
    局部变量定义
    函数体
}
```

前面部件称为函数的首部，后面称为函数的尾部，格式说明：

1. 函数类型

函数类型说明了函数返回值的类型。

2. 函数名

函数名是用户为自定义函数取的名字，以便调用函数时使用。

3. 形式参数表

形式参数表用于列录在主调函数与被调用函数之间进行数据传递的形式参数。

【例 5-19】定义一个返回两个整数的最大值的函数 max（ ）。

```
int  max(int  x,int  y)
{
int  z;
z = x > y? x:y;
return(z);
}
```

也可以这样定义：

```
int  max(x,y)
int  x,y;
{
int  z;
z = x > y? x:y;
return(z);
}
```

5.9.1 C51 函数的参数传递

C51 中，函数具有特定的参数传递规则。C51 中参数传递的方式有两种：一种是通过寄存器 R0 ~ R7 传递参数，不同类型的实参会存入相应的寄存器；第二种是通过固定存储区传递。C51 规定调用函数时最多可通过工作寄存器传递 3 个参数，余下的通过固定存储区传递。

不同的参数用到的寄存器不一样，不同的数据类型用到的寄存器也不同。通过寄存器传递的参数见表 5-7。

表 5-7 用来传递参数的寄存器

参数类型	char	int	long/float	通用指针
第 1 个	R7	R6、R7	R4 ~ R7	R1、R2、R3
第 2 个	R5	R4、R5	R4 ~ R7	R1、R2、R3
第 3 个	R3	R2、R3	无	R1、R2、R3

其中，int 型和 float 型数据传递时高位数据在低位寄存器中，低位数据在高位寄存器中；float 型数据满足 32 位的 IEEE 格式，指数和符号位在 R7 中；通用指针存储类型在 R3 中，高位在 R2 中。如表 5-8 所列为一般函数的参数传递举例。

表 5-8　一般函数参数传递举例

声　明	说　明
func1（int a）	唯一一个参数 a 在寄存器 R6 和 R7 中传递
func2（int b，int c，int ＊d）	第一个参数 b 在寄存器 R6 和 R7 中传递，第二个参数 c 在寄存器 R4 和 R5 中传递，第三个参数 c 在寄存器 R1、R2 和 R3 中传递
func3（long e，long f）	第一个参数 e 在寄存器 R4、R5、R6 和 R7 中传递，第二个参数 f 不能用寄存器，因为 long 型可用的寄存器已被第一个参数所用，这个参数用固定存储区传递
func4（float g，char h）	第一个参数 g 在寄存器 R4、R5、R6 和 R7 中传递，第二个参数 h 不能用寄存器，用固定存储区传递

C51 中，函数也通过固定存储区传递参数，用作参数传递的固定存储区可能在内部数据区或外部数据区，由存储模式决定，SMALL 模式的参数段用内部数据区，COMPACT 和 LARGE 模式用外部数据区。

5.9.2　C51 函数的调用与声明

1. 函数的调用

函数调用的一般形式如下：

函数名（实参列表）；

对于有参数的函数调用，若实参列表包含多个实参，则各个实参之间用逗号隔开。

按照函数调用在主调函数中出现的位置，函数调用方式有以下 3 种：

1）函数语句。把被调用函数作为主调用函数的一个语句。

2）函数表达式。函数被放在一个表达式中，以一个运算对象的方式出现。这时的被调用函数要求带有返回语句，以返回一个明确的数值参加表达式的运算。

3）函数参数。被调用函数作为另一个函数的参数。

2. 自定义函数的声明

在 C51 中，函数声明的一般形式如下：

[extern] 函数类型　函数名（形式参数表）；

函数的声明是把函数的名字、函数类型以及形参的类型、个数和顺序通知编译系统，以便调用函数时系统进行对照检查。函数的声明后面要加分号。

如果声明的函数在文件内部，则声明时不用 extern；如果声明的函数不在文件内部，而在另一个文件中，则声明时须带 extern，指明使用的函数在另一个文件中。

5.9.3 C51 函数的返回值

函数返回值通常用寄存器传递，函数的返回值和所用的寄存器见表5-9。

表5-9 函数返回值用到的寄存器

返回值类型	寄 存 器	说 明
bit	C	由位运算器C返回
(unsigned) char	R7	在R7返回单个字节
(unsigned) int	R6、R7	高位在R6、低位在R7
(unsigned) long	R4~R7	高位在R4、低位在R7
float	R4~R7	32位IEEE格式
通用指针	R1、R2、R3	存储器类型在R3，高位在R2，低位在R1

5.9.4 C51 函数的存储模式

C51函数的存储模式与变量相同，也有3种：SMALL模式、COMPACT模式和LARGE模式，通过函数定义时后面加相应的参数（small、compact或large）来指明。不同的存储模式，函数的形式参数和变量默认的存储器类型与前面变量定义情况相同，这里不再重复。

【例5-20】C51 函数的存储模式。

```
int  func1(int  x1,  int  y1)  large               /* 函数的存储模式为LARGE */
{
   int  z1 ;
   z1 = x1 + y1;
   return(z1);                                      /* x1、x2、z1 变量的存储器类型默认为 xdata */
}
int  func2(int  x2,  int  y2)                       /* 函数的存储模式为SMALL */
{
   int  z2;
   z2 = x2 + y2;
   return(z2);                                      /* x1、x2、z1 变量的存储器类型默认为 data  */
}
```

5.9.5 C51 的中断函数

中断函数是C51的一个重要特点，C51允许用户创建中断函数。在C51程序设计中经常用中断函数来实现系统实时性，提高程序处理效率。

在C51程序设计中，当函数定义时用了interrupt m修饰符，系统编译时把对应函数转化为中断函数，自动加上程序头段和尾段，并按MCS-51系统中断的处理方式自动把它安排在程序存储器中的相应位置。

在该修饰符中，m的取值为0~31，对应的中断情况如下：

0——外部中断 0；

1——定时/计数器 T0；

2——外部中断 1；

3——定时/计数器 T1；

4——串行口中断；

5——定时/计数器 T2；

其他值预留。

编写 MCS-51 中断函数要注意以下几点：

1）中断函数不能进行参数传递，如果中断函数中包含任何参数声明都将导致编译出错。

2）中断函数没有返回值，如果企图定义一个返回值将得不到正确的结果，建议在定义中断函数时将其定义为 void 类型，以明确说明没有返回值。

3）在任何情况下都不能直接调用中断函数，否则会产生编译错误。因为中断函数的返回是由 8051 单片机的 RETI 指令完成的，RETI 指令影响 8051 单片机的硬件中断系统。如果在没有实际中断的情况下直接调用中断函数，RETI 指令的操作结果会产生一个致命的错误。

4）如果在中断函数中调用了其他函数，则被调用函数所使用的寄存器必须与中断函数相同，否则会产生不正确的结果。

5）C51 编译器对中断函数编译时会自动在程序开始和结束处加上相应的内容，具体如下：在程序开始处对 ACC、B、DPH、DPL 和 PSW 入栈，结束时出栈。中断函数未加 using n 修饰符的，开始时还要将 R0～R1 入栈，结束时出栈。如中断函数加 using n 修饰符，则在开始将 PSW 入栈后还要修改 PSW 中的工作寄存器组选择位。

6）C51 编译器从绝对地址 8m+3 处产生一个中断向量，其中 m 为中断号，也即 interrupt 后面的数字。该向量包含一个到中断函数入口地址的绝对跳转。

7）中断函数最好写在文件的尾部，并且禁止使用 extern 存储类型说明，防止其他程序调用。

【例 5-21】 编写一个用于统计外部中断 0 的中断次数的中断服务程序。

```
extern  int  x;
void  int0()  interrupt 0  using 1
{
   x++;
}
```

5.9.6　C51 函数的寄存器组选择

在前面单片机基本原理的介绍中，介绍了 MCS-51 单片机工作寄存器有 4 组：0 组、1 组、2 组、3 组。每组有 8 个寄存器，分别用 R0～R7 表示。那么当前程序用的是哪一组呢？修饰符 using　n 用于指定本函数内部使用的工作寄存器组，其中 n 的取值为 0～3，表示寄存器组号。

对于 using　n 修饰符的使用，要注意以下几点：

1）加入 using n 修饰符后，C51 在编译时会自动地在函数的开始处和结束处加入以下指令。

```
{
PUSH   PSW          ;标志寄存器入栈
MOV   PSW,#         ;与寄存器组号 n 相关的常量;常量值为(psw&OXET)&n * 8
POP   PSW           ;标志寄存器出栈
}
```

2）using n 修饰符不能用于有返回值的函数，因为 C51 函数的返回值是放在寄存器中的，如果寄存器组改变了，返回值就会出错。

5.9.7 C51 的重入函数

在标准 C 语言中，调用函数时会将函数的参数和函数中使用的局部变量压入堆栈保存，由于 51 单片机内部堆栈空间有限，因而 C51 没有像标准 C 语言那样使用堆栈，而是使用压缩栈的方法，为每一个函数设定一个空间，用于存放参数和局部变量。

一般函数中的每个变量都存放在这个空间的固定位置，当函数递归调用时会导致变量覆盖，所以就会出错。但在某些实时应用中，因为函数调用时可能会被中断函数中断，而在中断函数中可能再调用这个函数，这就出现对函数的递归调用。为解决这个问题，C51 允许将一个函数声明成重入函数，声明成重入函数后就可递归调用。重入函数又称为再入函数，是一种允许被递归调用的函数。函数的递归调用是指当一个函数正被调用尚未返回时，又直接或间接调用函数本身。一般的函数不能做到这样，只有重入函数才允许递归调用。重入函数的参数和局部变量是通过 C51 生成的模拟栈来传递和保存的，递归调用或多重调用时参数和变量不会被覆盖，因为每次函数调用时的参数和局部变量都会单独保存。模拟栈所在的存储器空间根据重入函数存储模式的不同，可以是 DATA、PDATA 或 XDATA 存储器空间。

C51 函数定义时 reentrant 修饰符用于把函数定义为可重入函数，如下面例子所示：

```
char  func4 (char  a, char  b) reentrant
{
char  c;
c = a + b ;
return  (c)
}
```

关于重入函数，要注意以下几点：

1）用 reentrant 修饰的重入函数被调用时，实参表内不允许使用 bit 类型的参数。函数体内也不允许存在任何关于位变量的操作，更不能返回 bit 类型的值。

2）编译时，系统为重入函数在内部或外部存储器中建立一个模拟堆栈区，称为重入栈。重入函数的局部变量及参数被放在重入栈中，使重入函数可以实现递归调用。

3）在参数的传递上，实际参数可以传递给间接调用的重入函数。无重入属性的间接调用函数不能包含调用参数，但是可以使用定义的全局变量来进行参数传递。

习　　题

5－1　简述 C51 编程与标准 C 语言编程的主要区别。

5－2　C51 特有的数据类型有哪些？

5－3　MCS－51 单片机能直接处理的 C51 的数据类型有哪几种？

5－4　在 C51 中，通过绝对地址来访问的存储器有几种？

5－5　在 C51 中，使用 MCS－51 单片机的位单元的变量如何定义？

5－6　在 C51 中，bit 位和 sbit 位有什么区别？

5－7　在 C51 中，MCS－51 单片机的特殊功能寄存器如何定义？

5－8　存储模式和存储类型有什么关系？

5－9　在 C51 中，中断函数与一般函数有什么不同？

5－10　在 C51 中，修饰符 using n 有什么作用？

5－11　输入 3 个学生的语文、数学、英语成绩，编写一段程序，分别统计他们的语文、数学、英语的平均成绩并输出。

第6章　MCS-51单片机的内部资源

MCS-51单片机的内部资源主要有并行I/O接口、中断系统、定时/计数器以及串行接口，单片机的大部分功能就是通过对这些资源的利用来实现的，下面分别对其介绍。

6.1　MCS-51的并行I/O口

MCS-51单片机有4个8位的并行输入/输出接口：P0、P1、P2和P3口。它们的结构已经在第2章介绍了，这4个口既可以并行输入或输出8位数据，又可以按位方式使用，即每一位均能独立作为输入或输出接口用。

【例6-1】利用单片机的P1口接8个发光二极管，P0口接8个开关，编程实现当开关动作时，对应的发光二极管亮或灭。

这里只需把P0口的内容读出后，通过P1口输出即可。

汇编程序：

```
        ORG   0000H
        AJMP  MAIN
        ORG   0100H
MAIN:   MOV   P0,  #0FFH
LOOP:   MOV   A,   P0
        MOV   P1,  A
        SJMP  LOOP
        END
```

C51语言程序：

```
# include <reg51.h>
void   main (void)
{
      unsigned   char   i;
      P0 = 0xff;
      for( ; ; )   {i = P0 ; P1 = i ;}
}
```

6.2　MCS-51单片机的中断系统

中断系统在计算机系统中起着非常重要的作用，一个功能强大的中断系统，可以大大提高计算机处理外界事件的能力。

在MCS-51单片机中，中断系统并不是独立存在的，而是与其他功能部件相关联的，如I/O口、定时/计数器、串行通信接口等。它的中断系统被分为3大类：外部中断、定时/计数器溢出中断和串行口通信中断。

本节将阐述8051单片机中断系统的结构、工作原理和编程。

6.2.1　中断的概念

所谓中断是指中央处理器（CPU）正在处理某件事情的时候，外部发生了某一事件（如一个电平的变化、一个脉冲沿的发生或定时/计数器计数溢出等），请求CPU迅速去处理，于是，CPU暂时中断当前的工作，转入处理所发生的事件；中断服务处理完以后，再回到原来被中断的地方，继续原来的工作，这样的过程称为中断，如图6-1所示。实现这种中断功能的硬件系统和软件系统统称为中断系统。

中断系统是计算机的重要组成部分。实时控制、故障自动处理时往往用到中断系统，计算机与外部设备间传送数据及实现人机联系也常常采用中断方式。

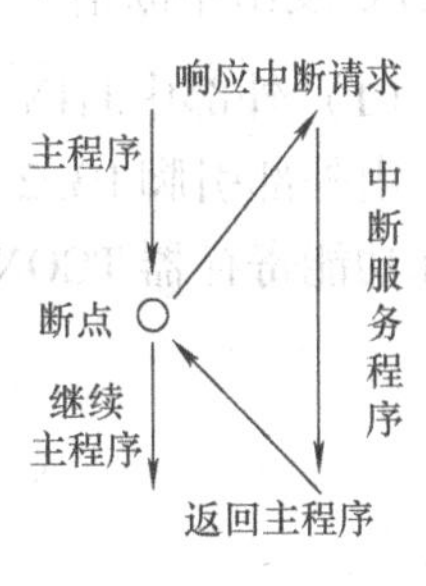

图6-1　中断流程

中断处理涉及以下几个方面的问题：

1. 中断源及中断请求

产生中断请求信号的事件、原因称为中断源。根据中断源产生的原因，中断可分为软件中断和硬件中断。当中断源请求CPU中断时，就通过软件或硬件的形式向CPU提出中断请求。对于一个中断源，中断请求信号产生一次，CPU中断一次，不能出现中断请求产生一次，CPU响应多次的情况，这就要求中断请求信号及时撤除。

2. 中断优先权控制

能产生中断的原因很多，当系统有多个中断源时，有时会出现几个中断源同时请求中断的情况，但CPU在某个时刻只能对一个中断源进行响应，那应该响应哪一个呢？这就涉及中断优先权控制问题。在实际系统中，往往根据中断源的重要程度给不同的中断源设定优先等级。当多个中断源提出中断请求时，优先级高的先响应，优先级低的后响应。

3. 中断允许与中断屏蔽

当中断源提出中断请求，CPU检测到后是否立即进行中断处理呢？结果不一定。CPU要响应中断，还受到中断系统多个方面的控制，其中最主要的是中断允许和中断屏蔽的控制。如果某个中断源被系统设置为屏蔽状态，则无论中断请求是否提出，都不会响应；当中断源设置为允许状态，又提出了中断请求时，则CPU才会响应。另外，当高优先级中断正在响应时，也会屏蔽同级中断和低优先级中断。

4. 中断响应与中断返回

当CPU检测到中断源提出的中断请求，且中断又处于允许状态，CPU就会响应中断，进入中断响应过程。首先对当前的断点地址进行入栈保护，然后把中断服务程序的入口地址送给程序指针PC，转移到中断服务程序，在中断服务程序中进行相应的中断处理。最后，用中断返回指令RETI返回断点位置，结束中断。在中断服务程序中往往还涉及现场保护以及其他处理。

6.2.2 MCS－51 单片机的中断源

8051 单片机的中断系统共有 5 个中断源，分为 2 个外部中断和 3 个内部中断。它们分别是：

1）外部中断 0 和外部中断 1。分别由$\overline{INT0}$、$\overline{INT1}$输入，占用 I/O 端口中的 P3.2、P3.3 口，当$\overline{INT0}$（$\overline{INT1}$）有下降沿脉冲或低电平信号输入时，向 CPU 发出中断请求。

2）定时/计数器 T0、T1 溢出中断。当定时/计数器 T0、T1 计数溢出时，向 CPU 发出中断请求。

3）串行口通信中断。当串行口一个字节的数据发送完成或接收完一个字节的数据时，向 CPU 发出中断请求。

（1）外部中断$\overline{INT0}$和$\overline{INT1}$

由外部引脚 P3.2 和 P3.3 输入，有两种触发方式：电平触发及跳变（边沿）触发，由特殊功能寄存器 TCON 来管理。它的格式如图 6-2 所示。

TCON	D7	D6	D5	D4	D3	D2	D1	D0
(88H)	TF1	TR1	TF0	TR0	IE1	IT1	IE0	IT0

图 6-2 特殊功能寄存器 TCON 的格式

IT0(IT1)：外部中断 0（或 1）触发方式控制位。IT0（或 IT1）被设置为 0，则选择外部中断为电平触发方式；IT0（或 IT1）被设置为 1，则选择外部中断为边沿触发方式。

IE0(IE1)：外部中断 0（或 1）的中断请求标志位。

在电平触发方式时，CPU 在每个机器周期的 S5P2 采样 P3.2（或 P3.3），若 P3.2（或 P3.3）引脚为高电平，则 IE0（IE1）清“0”；若 P3.2（或 P3.3）引脚为低电平，则 IE0（IE1）置“1”，向 CPU 请求中断。在边沿触发方式时，若第一个机器周期采样到 P3.2（或 P3.3）引脚为高电平，第二个机器周期采样到 P3.2（或 P3.3）引脚为低电平时，由 IE0（或 IE1）置“1”，向 CPU 请求中断，CPU 响应后能够由硬件自动将 IE0（或 IE1）清“0”。

对于电平触发方式，只要 P3.2（或 P3.3）引脚为低电平，IE0（或 IE1）就置“1”，请求中断，CPU 响应后不能够由硬件自动将 IE0（或 IE1）清“0”。如果在中断服务程序返回时，P3.2（或 P3.3）引脚还为低电平，则又会中断，这样就会出现一次请求、中断多次的情况。为避免这种情况，只有在中断服务程序返回前撤消 P3.2（或 P3.3）的中断请求信号才行，即使 P3.2（或 P3.3）为高电平，通常通过图 6-3 所示外电路来实现。

外部中断请求信号通过 D 触发器加到单片机 P3.2（或 P3.3）引脚上。当外部中断请求信号使 D 触发器的 CLK 端发生正跳变时，由于 D 端接地，Q 端输出 0，向单片机发出中断请求。CPU 响应中断后，利用一根口线 P1.0 作应答线，并在中断服务程序中加以下两条指令来撤除中断请求。

```
ANL   P1,#0FEH
ORL   P1,#01H
```

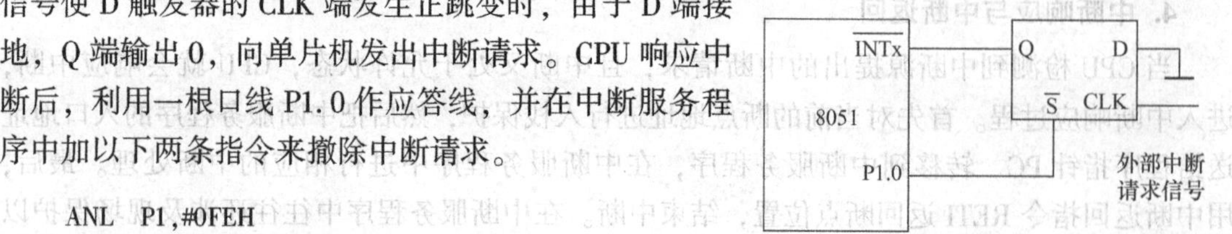

图 6-3 撤销中断请求信号电路

(2) 定时/计数器 T0 和 T1 中断

当定时/计数器 T0（或 T1）溢出时，由硬件置 TF0（或 TF1）为“1”，向 CPU 发送中断请求，当 CPU 响应中断后，将由硬件自动对 TF0（或 TF1）清“0”。

(3) 串行口中断

MCS-51 单片机的串行口中断源对应两个中断标志位：串行口发送中断标志位 TI 和串行口接收中断标志位 RI。无论哪个标志位置“1”，都请求串行口中断，到底是发送中断 TI 还是接收中断 RI，只有在中断服务程序中通过指令查询来判断。串行口中断响应后，不能由硬件自动清“0”，必须由软件对 TI 或 RI 清“0”。

6.2.3 中断的控制

MCS-51 单片机中断系统中有两个特殊功能寄存器：中断屏蔽寄存器 IE 和中断优先级寄存器 IP。用户通过对这两个特殊功能寄存器的编程设置，可以灵活地控制每个中断源的中断允许或禁止以及中断优先级。

1. 中允控制

所谓中允控制是中断源的中断请求能否被 CPU 检测到，即确定中断请求是否允许送达 CPU。MCS-51 单片机中没有专门的开中断和关中断指令，对各个中断源的允许和屏蔽是由内部的中断允许寄存器 IE 的各位来控制的。中断允许寄存器 IE 的字节地址为 A8H，可以进行位寻址。IE 的位定义格式如图 6-4 所示。

IE	D7	D6	D5	D4	D3	D2	D1	D0
(A8H)	EA		ET2	ES	ET1	EX1	ET0	EX0

图 6-4　特殊功能寄存器 IE 的位定义格式

EA：中断允许总控位。EA = 0，屏蔽所有的中断请求；EA = 1，开放中断。

ET2：定时/计数器 T2 的溢出中断允许位。

ES：串行口中断允许位。

ET1：定时/计数器 T1 的溢出中断允许位。

EX1：外部中断 $\overline{\text{INT0}}$的中断允许位。

ET0：定时/计数器 T0 的溢出中断允许位。

EX0：外部中断 $\overline{\text{INT1}}$的中断允许位。

2. 中断优先级控制

每个中断源有两级控制：高优先级和低优先级。通过由内部的中断优先级寄存器 IP 来设置。中断优先级寄存器 IP 的字节地址为 B8H，可以进行位寻址。它的位定义格式如图 6-5 所示。

IP	D7	D6	D5	D4	D3	D2	D1	D0
(B8H)			PT2	PS	PT1	PX1	PT0	PX0

图 6-5　中断优先级寄存器 IP 的位定义格式

PT2：定时/计数器 T2 的中断优先级控制位，只用于 52 子系列。

PS：串行口的中断优先级控制位。

PT1：定时/计数器 T1 的中断优先级控制位。

PX1：外部中断$\overline{\text{INT1}}$的中断优先级控制位。

PT0：定时/计数器 T0 的中断优先级控制位。

PX0：外部中断$\overline{\text{INT0}}$的中断优先级控制位。

如果某位被置“1”，则对应的中断源被设为高优先级；如果某位被清“0”，则对应的中断源被设为低优先级。对于同级中断源，系统有默认的优先级顺序，见表 6-1。

表 6-1 系统默认的同级中断源的优先级顺序

中 断 源	优先级顺序
外部中断 0	最高
定时/计数器 T0 中断	↓
外部中断 1	↓
定时/计数器 T1 中断	↓
串行口中断	↓
定时/计数器 T2 中断	最低

通过中断优先级寄存器 IP 改变中断源的优先级顺序可以实现两个方面的功能：改变系统中断源的优先权顺序和实现二级中断嵌套。二级中断嵌套的过程如图 6-6 所示

对于中断优先权和中断嵌套，MCS－51 单片机有以下 3 条规定：

1）正在进行的中断过程不能被新的同级或低优先级的中断请求所中断，一直到该中断服务程序结束，返回了主程序且执行了主程序中的一条指令后，CPU 才响应新的中断请求。

2）正在进行的低优先级中断服务程序能被高优先级中断请求所中断，实现两级中断嵌套。

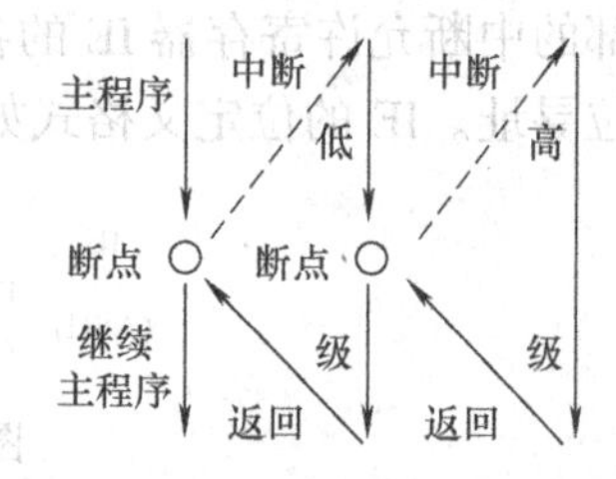

图 6-6 二级中断嵌套的过程

3）CPU 同时接收到几个中断请求时，首先响应优先级最高的中断请求。

MCS－51 单片机的中断源和相关的特殊功能寄存器以及内部硬件电路构成的中断系统的逻辑结构如图 6-7 所示。

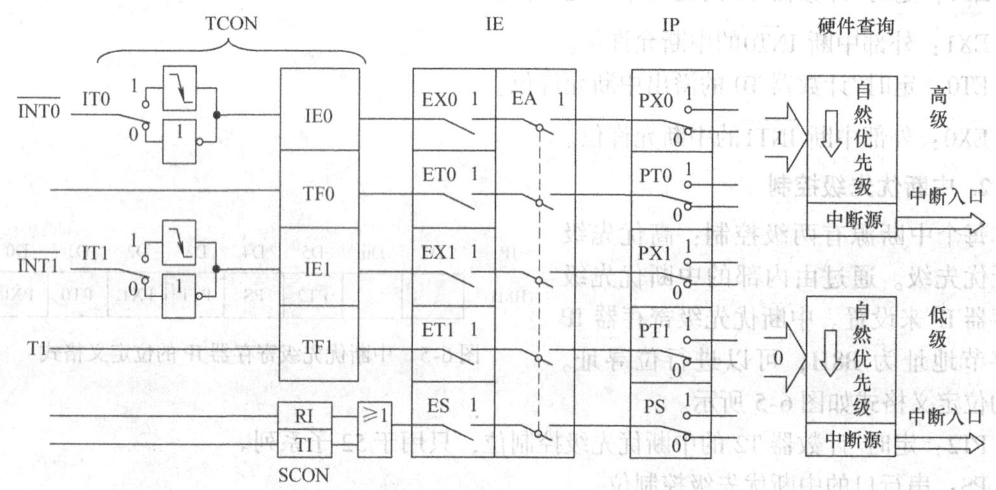

图 6-7 MCS－51 中断系统的逻辑结构

3. 中断请求的撤消

CPU 响应中断请求后，在中断返回（RETI）前，该中断请求标识一般必须撤消，否则会引起另外一次中断。清“0”方式有 3 种：

（1）硬件自动清“0”

定时器溢出中断标志 TF0、TF1；边沿触发的外部中断标志 IE0、IE1。

（2）软件清“0”

串行口中断 TI、RI。

（3）软硬件结合清“0”

低电平触发的外部中断标志位 IE0、IE1。

6.2.4 中断响应

1. 中断响应的条件

中断响应是有条件的，并不是查询到的所有中断请求都能被立即响应。MCS－51 单片机的 CPU 在每个机器周期会顺序检查每一个中断源，在机器周期的 S6 阶段采样并按优先级顺序处理所有被激活了的中断请求，如果没有被下述条件所阻止，将在下一个机器周期的状态 P1（S1）响应激活了的最高级中断请求。

1）无同级或高级中断正在处理。

2）现行指令执行到最后一个机器周期且已结束。

3）若现行指令为 RETI 或访问 IE、IP 的指令时，执行完该指令且紧随其后的另一条指令也已执行完毕。

如果存在上述条件之一，CPU 将丢弃中断查询结果，不能对中断请求进行响应。

2. 中断响应过程

CPU 响应中断后，由硬件自动执行如下的功能操作：

1）根据中断请求源的优先级高低，对相应的优先级状态触发器置“1”。

2）保护断点，即把程序计数器 PC 的内容压入堆栈保存。

3）清内部硬件可清除的中断请求标志位（IE0、IE1、TF0、TF1）。

4）把被响应的中断服务程序入口地址送入 PC，从而转入相应的中断服务程序执行。

各中断服务程序的入口地址见表 6-2。

表 6-2 各中断服务程序的入口地址

中 断 源	入 口 地 址
外部中断 0	0003H
定时/计数器 0	000BH
外部中断 1	0013H
定时/计数器 1	001BH
串行口	0023H
定时/计数器 2（仅 52 子系列有）	002BH

3. 中断响应时间

所谓中断响应时间是指CPU检测到中断请求信号到转入中断服务程序入口所需要的机器周期。

MCS-51单片机响应中断的最短时间为3个机器周期。若CPU检测到中断请求信号正好是一条指令的最后一个机器周期，则不需要等待就可以响应。而响应中断是由内部硬件执行一条长调用指令，需要2个机器周期，加上检测的一个机器周期，一共需要3个机器周期才开始执行中断服务程序。

中断响应的最长时间由下列情况所决定：若中断检测时正在执行RETI或访问IE或IP指令的第一个机器周期，这样包括检测在内需要2个机器周期（以上3条指令均需要2个机器周期）。若紧接着要执行的指令恰好是执行时间最长的乘除法指令，则这两条指令执行的时间均为4个机器周期，再用两个机器周期由硬件执行一条长调用指令转入中断服务程序。这样，总共需要8个机器周期。

所以，中断响应时间一般在3~8个机器周期之间。

4. 中断返回

中断服务程序的最后一条指令必须是中断返回指令RETI。CPU执行该指令时，先将相应的优先级状态触发器清“0”，然后从堆栈中弹出断点地址到PC，从而返回到断点处。

如用RET指令代替RETI指令，能弹出断点返回，但不能清“0”优先级状态触发器，会继续认为CPU还在响应中断，而屏蔽新的中断请求。

6.2.5 中断的编程及应用

【**例6-2**】某工业监控系统，具有温度、压力、pH值等多路监控功能，中断源的连接如图6-8所示。对于pH值，在小于7时向CPU申请中断，CPU响应中断后使P3.0引脚输出高电平，经驱动，使加碱管道电磁阀接通1s，以调整pH值。

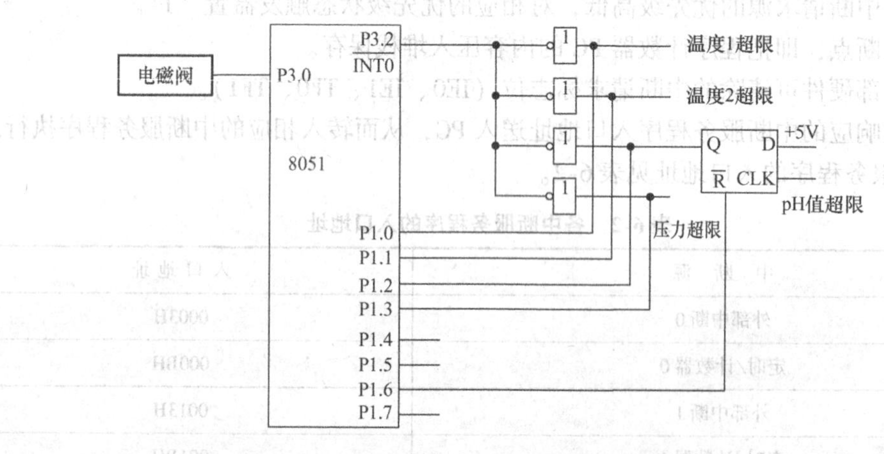

图6-8　中断原理图

系统监控通过外中断INT0来实现，这里就涉及多个中断源的处理，处理时往往通过中断加查询的方法来实现。多个中断源通过“线或”接于INT0上。那么无论哪个中断源提出请求，系统都会响应中断，响应后，进入中断服务程序，在中断服务程序中通过对 P1 口线的逐一检测来确定哪一个中断源提出了中断请求，进一步转到对应的中断服务程序入口位置执行对应的处理程序。这里只针对 pH <7 时的中断构造了相应的中断服务程序 INT02，接通电磁阀延时 1s 的延时子程序 DELAY 已经构造好了，只需调用即可。

汇编程序如下：（只涉及中断程序，注意外中断 INT0 中断允许，且为电平触发）

```
        ORG     0003H         ;外部中断 0 中断服务程序入口
        JB      P1.0, INT00   ;查询中断源,转对应的中断服务子程序
        JB      P1.1, INT01
        JB      P1.2, INT02
        JB      P1.3, INT03
        ORG     0080H         ;pH 值超限中断服务程序
INT02:  PUSH    PSW           ;保护现场
        PUSH    ACC
        SETB    PSW.3         ;工作寄存器设置为 1 组,以保护原 0 组的内容
        SETB    P3.0          ;接通加碱管道电磁阀
        ACALL   DELAY         ;调延时 1s 子程序
        CLR     P3.0          ;1s 时间到时关闭加碱管道电磁阀
        ANL     P1, #0BFH
        ORL     P1, #40H      ;这两条用来产生一个 P1.6 的负脉冲,用来撤消 pH <7 的中断请求
        POP     ACC
        POP     PSW
        RETI
```

6.3 MCS-51 单片机的定时/计数器

定时/计数器是 MCS-51 单片机的重要功能模块之一，在检测、控制及智能仪器等设备应用中，经常用它来定时，实现定时检测和定时控制。还可用定时器产生毫秒宽的脉冲，来驱动步进电动机等设备。

6.3.1 定时/计数器的主要特性

1）MCS-51 系列中 51 子系列有两个 16 位的可编程定时/计数器：定时/计数器 T0 和定时/计数器 T1；52 子系列有 3 个，除了以上两个以外还有一个定时/计数器 T2。

2）每个定时/计数器既可以对系统时钟计数实现定时功能，也可以对外部信号计数实现计数功能，通过编程设定来实现。

3）定时/计数器的计数值是可变的，通过设定初值来实现，计数的最大值是有限的，这取决于计数器的位数。

4）每个定时/计数器都有多种工作方式，其中 T0 有 4 种工作方式，T1 有 3 种工作方式，T2 有 3 种工作方式。通过编程可设定工作于某种方式。

5）每一个定时/计数器定时计数时间到时产生溢出，使相应的溢出位置位，溢出可通过查询或中断方式处理。

6.3.2 定时/计数器的结构和工作原理

1. 定时/计数器的结构

定时/计数器 T0 和 T1 的结构框图如图 6-9 所示，它由加法计数器、TMOD 寄存器、TCON 寄存器等组成。

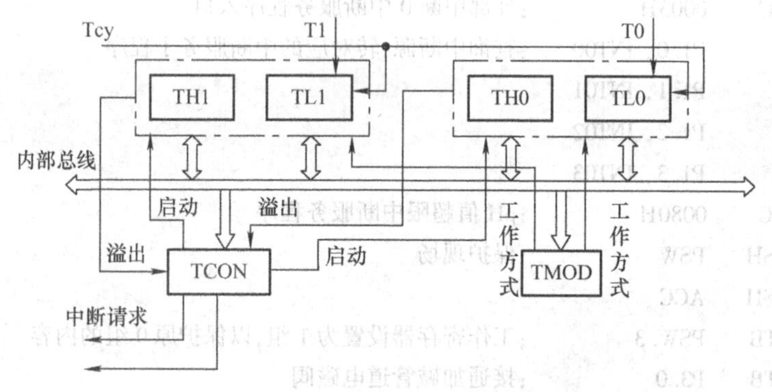

图 6-9 定时/计数器 T0、T1 的结构框图

2. 定时/计数器的工作原理

（1）T0 和 T1 都是 16 位加 1 计数器

T0 和 T1 的计数寄存器分别由 TH0、TL0 和 TH1、TL1 构成，其中 TH0 和 TH1 为高 8 位计数单元、TL0 和 TL1 为低 8 位计数单元。当计数寄存器的计数值为 0xFFFF 时，如果再计 1 次，就会发生计数溢出。此时，会将相应的中断申请标志位置“1”，向 CPU 提出中断申请，即定时/计数器溢出中断。

由于是加法计数器，每来一个计数脉冲，加法器中的内容加 1 个单位，当由全 1 加到全 0 时，计满溢出。因而，如果要计 N 个单位，则首先应向计数器置初值 X，且有：

$$\text{初值 } X = \text{最大计数值(满值)} M - \text{计数值} N$$

在不同的计数方式下，最大计数值（满值）不一样，一般来说，当定时/计数器工作于 R 位计数方式时，它的最大计数值（满值）为 2 的 R 次幂。

（2）T0 和 T1 均可设置为定时方式或计数方式

1）定时方式：用于对内部机器周期进行计数。设置为定时工作方式时，计数脉冲来自于单片机内部，即每个机器周期产生一个计数脉冲，也就是每经过一个机器周期的时间，定时/计数器的计数值加 1，直至计满溢出。当单片机采用 12MHz 晶体振荡器时，计数频率为 1MHz，即每过 1μs 的时间，计数值加 1。这样就可以根据计数值计算出定时时间，也可以根据定时时间的要求计算出计数寄存器的初值。

2）计数方式：用于对外部脉冲进行计数。当定时/计数器工作于计数方式时，对芯片引脚 T0（P3.4）或 T1（P3.5）上的输入脉冲计数，计数过程如下：在每一个机器周期的 S5P2 时刻对 T0（P3.4）或 T1（P3.5）上信号采样一次，如果上一个机器周期采样到高电平，下一个机器周期采样到低电平，则计数器在下一个机器周期的 S5P2 时刻加 1 计数一次，计数器加 1。因而需要两个机器周期才能识别一个计数脉冲，所以外部计数脉冲的频率应小于振荡频率的 1/24。虽然对输入脉冲信号的占空比无特殊要求，但为了确保某个电平在变化之前至少采样一次，要求电平保持时间至少是一个完整的机器周期。

不管是定时方式还是计数方式，定时/计数器 T0 或 T1 在对内部时钟或外部事件计数时，不占用 CPU 时间，除非定时/计数器溢出，才可能中断 CPU 当前的操作。由此可见，定时/计数器是单片机中效率高且工作灵活的部件。

（3）定时/计数器的控制通过 TMOD 和 TCON 两个寄存器完成

定时/计数器具有 4 种不同的工作方式，通过 TMOD 寄存器可以进行设置。同时，结合 TCON 控制寄存器，可完成对 T0、T1 的启动/停止控制及中断申请查询等。

6.3.3　定时/计数器的控制

MCS-51 单片机定时/计数器的工作由两个特殊功能寄存器来控制：TMOD 用于设置其工作方式；TCON 用于控制其启动和中断申请。

1. 工作方式寄存器 TMOD

寄存器 TMOD 用于设定定时/计数器 T0 和 T1 的工作方式。它的字节地址为 89H，不可位寻址，其中，低 4 位用于 T0，高 4 位用于 T1，格式如图 6-10 所示。

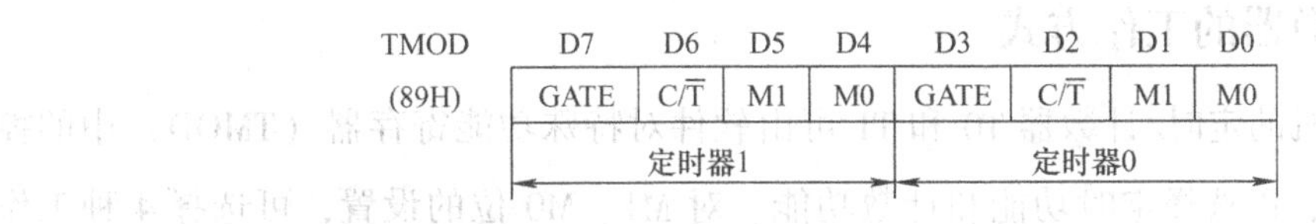

图 6-10　定时/计数器工作方式寄存器 TMOD

（1）门控位 GATE

用于控制定时/计数器的启动是否受外部中断请求信号的影响，即 GATE=0 时，只要将寄存器 TCON 中的 TR0（或 TR1）置 1 就启动了定时/计数器 T0（或 T1），而不管 $\overline{\text{INT0}}$（或 $\overline{\text{INT1}}$）的电平是高还是低。

（2）定时或计数方式选择位 $C/\overline{T}$

$C/\overline{T}=0$，设置为定时方式，对机器周期（时钟周期的 12 倍）进行计数。

$C/\overline{T}=1$，设置为计数方式，对外部输入引脚 T0（P3.4）或 T1（P3.5）的下降沿脉冲进行计数。

（3）工作方式选择位 M1、M0

用于对 T0 的 4 种工作方式、T1 的 3 种工作方式进行选择，选择情况见表 6-3。

表 6-3　定时/计数器的工作方式

M1　M0	工 作 方 式	功　能
0　0	方式 0	13 位定时/计数器 （使用 THx 的 8 位和 TLx 中的低 5 位，共 13 位，x 取值 0，1）
0　1	方式 1	16 位定时/计数器
1　0	方式 2	带自动重装时间常数的 8 位定时/计数器
1　1	方式 3	仅适用于 T0，T0 分成两个 8 位计数器，T1 停止计数

2. 控制寄存器 TCON

定时/计数器的控制寄存器（TCON），既可字节寻址还可位寻址，格式如图 6-11 所示。

TCON	D7	D6	D5	D4	D3	D2	D1	D0
(88H)	TF1	TR1	TF0	TR0	IE1	IT1	IE0	IT0

图 6-11　定时/计数器控制寄存器 TCON

（1）中断申请标志位 TF1 和 TF0

中断申请标志位 TF1 和 TF0 又称定时/计数器溢出标志位。当定时/计数器 T1 计满时，由硬件使 TF1（或 TF0）置位，并向 CPU 申请中断，当采用查询方式处理时，此位作为状态位供 CPU 查询，查询有效后，应用软件方法及时将该位清“0”；当采用中断方式时，如中断允许则触发 T1（或 T0）中断。进入中断处理后由内部硬件电路自动对该位清除。

（2）启动运行控制位 TR1 和 TR0

可由软件置位或清“0”，当 TR1（或 TR0）置“1”时启动，T1 或 T0 开始计数；当 TR1（或 TR0）清“0”时停止，T1 或 T0 停止计数。

6.3.4　定时/计数器的工作方式

MCS-51 单片机的定时/计数器 T0 和 T1 可由软件对特殊功能寄存器（TMOD）中的控制位 $C/\overline{T}$ 进行设置，以选择定时功能和计数功能。对 M1、M0 位的设置，可选择 4 种工作方式，即工作方式 0、工作方式 1、工作方式 2、工作方式 3。在工作模式 0、1、2 下，T0 与 T1 的工作原理相同；在工作方式 3 下，两个定时器的工作原理不相同。

1. 方式 0

T0（或 T1）在方式 0 下是 13 位的定时/计数器。因而最大计数值（满值）为 2 的 13 次幂，等于 8192。如计数值为 N，则置入的初值 X 为：$X = 8192 - N$。

如图 6-12 所示是 Tx（x 取值 0，1）在方式 0 时的逻辑电路结构，16 位寄存器（THx 和 TLx）只用 13 位，其中，TLx 的高 3 位未用，其余位占整个 13 位的低 5 位，THx 占高 8 位。当 TLx 的低 5 位溢出时，向 THx 进位，而 THx 溢出时，由硬件将 TFx 置“1”向 CPU 申请中断。CPU 可采用查询或中断方式对该中断申请进行处理。

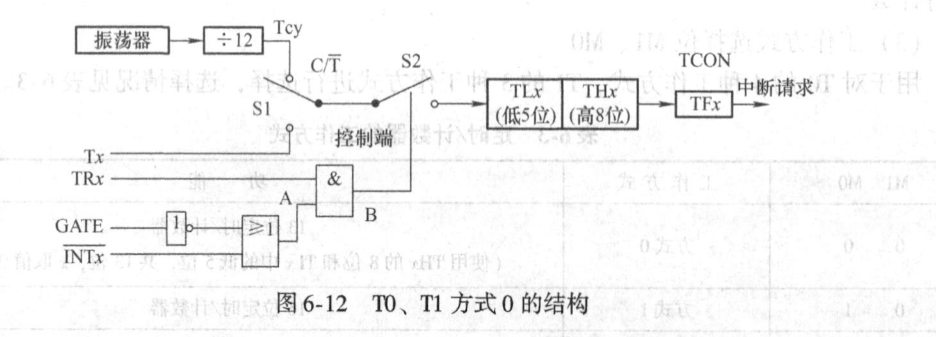

图 6-12　T0、T1 方式 0 的结构

当 $C/\overline{T}=0$ 时，控制开关接通振荡器 12 分频输出端，Tx 对机器周期计数，这就是定时工作方式。其定时时间为

$$t=(2^{13}-\text{Tx 初值})\times\text{振荡周期}\times 12 \qquad (6\text{-}1)$$

当 $C/\overline{T}=1$ 时，控制开关使引脚 T0（P3.4）或 T1（P3.5）与13位计数器相连，外部计数脉冲由引脚 T0（P3.4）或 T1（P3.5）输入，当外部信号电平发生“1”到“0”跳变时，计数器加1，这时，T0、T1成为外部事件计数器。这就是计数工作方式。

当 GATE=0 时，使或门输出电位为“1”，引脚 $\overline{INT0}$（或 $\overline{INT1}$）输入信号无效，这时与门输出电位取决于 TRx 的状态，于是，由 TRx 就可控制计数开关 S2，从而启动或停止 Tx 计数。若 TRx=1，便接通计数开关 S2，启动 Tx 在原值上加1计数，直至溢出。溢出时，13位寄存器清“0”，TFx 置位并申请中断。若 TRx=0，则关断计数开关 S2，停止计数。

当 GATE=1 时，或门输出电位与引脚 $\overline{INTx}$ 的输入电平有关，仅当 $\overline{INTx}$ 输入高电平且 TRx=1 时与门才输出高电平，计数开关 S2 闭合，Tx 开始计数。当 $\overline{INTx}$ 由“1”变“0”时，T0 停止计数。这一特性可以用来测量在 $\overline{INTx}$ 引脚上的正脉冲宽度。

【例6-3】 假设8051单片机外接晶振的振荡频率为12MHz，要求采用定时器T0的工作方式0进行定时，定时时间为1ms，试求定时器T0的初值。

解： 根据式(6-1）可知，$(2^{13}-\text{T0 初值})\times 1\mu s=1ms$。由此可以计算出，T0初值=7192=1C18H。由于在工作方式0下，计数寄存器用的是TL0的低5位和TH0的全部8位，TL0的高3位没有用到，这里补“0”。因此，定时器T0的初值应为TL0=18H，TH0=E0H。

2. 方式1

T0（或T1）在方式1下是16位的定时/计数器。方式1的结构与方式0结构相同，只是把13位变成16位，16位的加法计数器被全部用上。如图6-13所示，由于是16位的定时/计数方式，因而最大计数值（满值）为2的16次幂，等于65536。如计数值为 N，则置入的初值 X 为：$X=65536-N$。

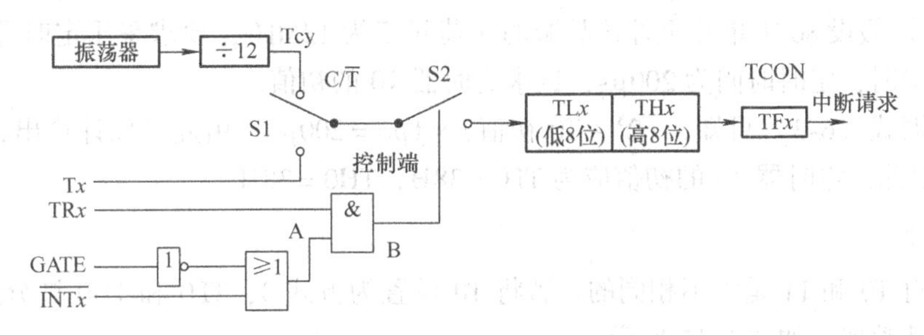

图6-13　T0、T1方式1的结构

即用于定时工作方式时，其定时时间为

$$t=(2^{16}-\text{Tx 初值})\times\text{振荡周期}\times 12 \qquad (6\text{-}2)$$

用于计数工作方式时，最大计数长度（Tx 初值=0）为 $2^{16}=65536$。

【例6-4】 假设8051单片机外接晶振的振荡频率为12MHz，要求采用定时器T0的工作方式1进行定时，定时时间为1ms，试求定时器T0的初值。

解： 根据式（6-2）可知，$(2^{16}-\text{T0 初值})\times 1\mu s=1ms$。由此可以计算出，T0初值=64536=FC18H。由于在工作方式1下，计数寄存器用的是TL0的全部8位和TH0的全部8位。因此，定时器T0的初值应为TL0=18H，TH0=0FCH。

3. 方式2

方式2把TL0（或TL1）配置成一个可以自动重装载的8位定时/计数器，因而最大计数值（满值）为2的8次幂，等于256。如计数值为N，则置入的初值X为：$X=256-N$。

T0在方式2时的结构如图6-14所示。在该方式下，定时/计数器的启动/停止、定时/计数器方式的选择均与方式0、1相同，不同之处在于：TLx计数溢出时，不仅使溢出中断标志位TFx置“1”，而且还会自动把THx中的内容重新装载到TLx中。这里的16位计数器被拆成了两个，其中，TLx用作8位计数器，THx用于保存初值。

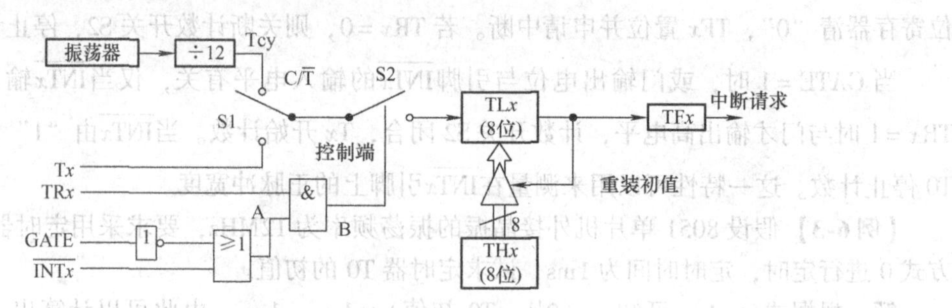

图6-14　T0、T1方式2的结构

在程序初始化时，TLx和THx由软件赋予相同的初值。一旦TLx计数溢出，则置位TFx，并将THx的初值再自动装入TLx，继续计数，循环重复。用于定时器工作方式时，其定时时间为

$$t=(2^8-\mathrm{T}x\text{初值})\times\text{振荡周期}\times 12 \qquad (6\text{-}3)$$

用于计数工作方式时，最大计数长度（Tx初值=0）为$2^8=256$。

这种工作方式无须用户软件重装计数初值，并可产生高精度的定时时间，特别适合作串口波特率发生器。

【例6-5】 假设8051单片机外接晶振的振荡频率为12MHz，要求采用定时器T0的工作方式2进行定时，定时时间为200μs，试求定时器T0的初值。

解：根据式（6-3）可知，$(2^8-\mathrm{T0}\text{初值})\times 1\mu s=200\mu s$。由此可以计算出，T0初值=56=38H。因此，定时器T0的初值应为TL0=38H，TH0=38H。

4. 方式3

方式3对T0和T1是大不相同的。若将T0设置为方式3，TL0和TH0被分成两个互相独立的8位计数器，如图6-15所示。

其中，TL0用原T0的各控制位、引脚和中断源，即C/$\overline{\mathrm{T}}$、GATE、TR0、TF0和P3.4引脚、$\overline{\mathrm{INT0}}$（P3.2）引脚。TL0除仅用8位寄存器外，其功能和操作与方式0、方式1完全相同。TL0也可工作为定时器方式或计数器方式。

TH0只可用作简单的内部定时功能，不能用来对外部脉冲进行计数。其占用了T1的控制位TR1和T1的中断标志位TF1，其启动和关闭仅受TR1的控制，而与门控位GATE无关。

T1没有工作方式3，若将T1设置为方式3，就会使T1立即停止计数，也就是保持住原有的计数值。

在定时器T0用作方式3时，T1仍可设置为模式0~2。由于TR1和TF1被定时器T0占

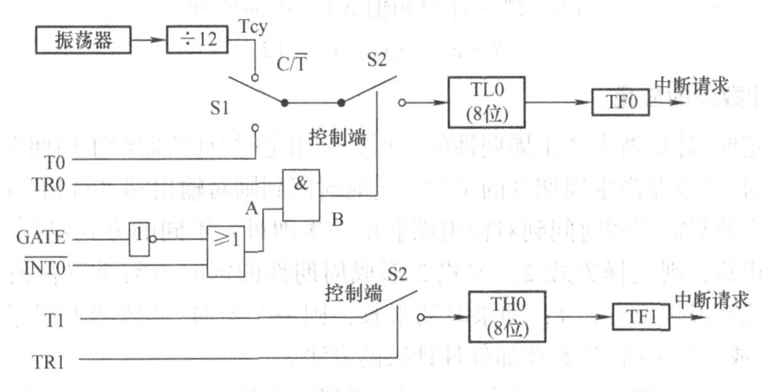

图 6-15　T0 方式 3 的结构

用，计数器开关 S2 已接通，此时其运行控制条件只有两个，即 C/$\overline{T}$ 和 M1、M0，而 TR1 和 TF1 对定时/计数器 T1 不起作用。计数寄存器（8 位、13 位或 16 位）溢出时，只能将输出送入串行口或用于不需要中断的场合。在一般情况下，当定时器 T1 用作串口波特率发生器时，定时器 T0 才设置为工作方式 3，此时，常把定时器 T1 设置为模式 2，用作波特率发生器。

6.3.5　定时/计数器的编程及应用

1. 定时/计数器的编程

MCS - 51 单片机的定时/计数器是可编程的，可以设定为对机器周期进行计数，实现定时功能，也可以设定为对外部脉冲进行计数，实现计数功能。它有 4 种工作方式，使用时可根据情况选择其中的一种。MCS - 51 单片机定时/计数器初始化过程如下：

1）根据要求确定是计数还是定时。

2）根据要求选择方式，确定方式控制字，写入方式控制寄存器 TMOD。

3）根据要求计算定时/计数器的计数值，再由计数值求得初值，写入初值寄存器。

4）根据需要（后面需要编写中断服务程序）开放定时/计数器中断。

5）设置定时/计数器控制寄存器 TCON 的值，启动定时/计数器开始工作。

6）等待定时/计数时间到，到则执行中断服务程序；如用查询方式处理则编写查询程序判断溢出标志，溢出标志等于“1”，则进行相应处理。

其中计数初值的计算如下：

① 计数器模式时的计数初值

$X=2^M-N$　（M 为计数器位数，N 为要求的计数值）

方式 0：$M=13$，计数器的最大计数值 $2^{13}=8192$；

方式 1：$M=16$，计数器的最大计数值 $2^{16}=65536$；

方式 2：$M=8$，计数器的最大计数值 $2^8=256$；

方式 3 同方式 2。

② 定时器模式时的计数初值

在定时器方式下，定时器对机器周期进行计数，定时时间为

$$t=(2^M-\text{计数初值}X)\times\text{机器周期}$$

则计数初值
$$X=2^M-(f_{OSC}\times t)/12 \tag{6-4}$$

2. 定时/计数器的应用

通常利用定时/计数器来产生周期性的波形。利用定时/计数器产生周期性波形的基本思想是：利用定时/计数器产生周期性的定时，定时时间到则对输出端进行相应的处理。例如，产生周期性的方波只需定时时间到对输出端取反一次即可。不同的方式定时的最大值不同，如定时的时间很短，则选择方式2。方式2形成周期性的定时不需重置初值；如定时比较长，则选择方式0或选择方式1；如果时间很长，则一个定时/计数器不够用，这时可用两个定时/计数器或一个定时/计数器加软件计数的方法。

在应用定时/计数器时，溢出标志 TFx 置位后既可由硬件向 CPU 申请中断，也可通过用户程序查询 TFx 的状态，因此对计数溢出信息的处理有以下两种方法。

1）中断法：在定时器初始化时要开放对应的源允许（ET0 或 ET1）和总允许，在启动后等待中断。当计数器溢出中断时，CPU 将程序转到中断服务程序入口，因此应在中断服务程序中安排相应的处理程序。

2）查询法：指在定时器初始化并启动后，在程序中安排指令查询 TFx 的状态。

【例 6-6】 设系统时钟频率为 6MHz，用定时/计数器 T0 编程实现从 P1.0 输出周期为 1ms 的方波。

分析：从 P1.0 输出周期为 1ms 的方波，只需 P1.0 每 500μs 取反一次则可。当系统时钟为 6MHz，定时/计数器 T0 工作于方式 2 时，最大的定时时间为 512μs，满足 500μs 的定时要求，方式控制字应设定为 00000010B（02H）。系统时钟为 6MHz，机器周期为 2μs，定时 500μs，计数值 N 为 250，初值 $X=256-250=6$，则 TH0 = TL0 = 06H。

（1）采用中断处理方式的程序

汇编程序：

```
        ORG   0000H
        LJMP  MAIN
        ORG   000BH              ;中断处理程序
        CPL   P1.0
        RETI
        ORG   0100H              ;主程序
MAIN:   MOV   TMOD,  #02H
        MOV   TH0,   #06H
        MOV   TL0,   #06H
        SETB  EA                 ;开放 CPU 总中断
        SETB  ET0                ;开放 T0 溢出中断
        SETB  TR0                ;启动 T0
        SJMP  $
        END
```

C 语言程序：

```
#include   <reg51.h>          /* 包含特殊功能寄存器库 */
```

```
sbit  P1_0 = P1 ^ 0;
void  main( )
{
TMOD = 0x02;
TH0 = 0x06;TL0 = 0x06;
EA = 1;ET0 = 1;
TR0 = 1;
while(1);
}
void  time0_int( void)  interrupt 1          /* 中断服务程序 */
{
  P1_0 = ! P1_0;
}
```

(2) 采用查询处理方式的程序

汇编程序：

```
        ORG     0000H
        LJMP    MAIN
        ORG     0100H                ;主程序
MAIN:   MOV     TMOD,  #02H
        MOV     TH0,  #06H
        MOV     TL0,  #06H
        SETB    TR0
LOOP:   JBC     TF0, NEXT            ;查询计数溢出
        SJMP    LOOP
NEXT:   CPL     P1.0
        SJMP    LOOP
        SJMP    $
        END
```

C 语言程序：

```
#include  <reg51.h>                       /* 包含特殊功能寄存器库 */
sbit  P1_0 = P1 ^ 0;
void  main( )
{
char  i;
TMOD = 0x02;
TH0 = 0x06;TL0 = 0x06;
TR0 = 1;
for( ; ; )
  {
  if (TF0)  { TF0 = 0;P1_0 = ! P1_0;}     /* 查询计数溢出 */
  }
}
```

如果定时时间大于65536μs，则用一个定时/计数器直接处理不能实现，这时可用两个定时/计数器共同处理或一个定时/计数器配合软件计数方式处理。

【例6-7】 设系统时钟频率为6MHz，编程实现从P1.1输出周期为2s的方波。

根据例6-6的处理过程，这时应产生1s的周期性的定时，定时到则对P1.1取反就可实现。由于定时时间较长，一个定时/计数器不能直接实现，可用定时/计数器T0产生周期性为20ms的定时，然后用一个寄存器R2对20ms计数50次或用定时/计数器T1对20ms计数50次实现。系统时钟为6MHz，定时/计数器T0定时20ms，计数值N为10000，只能选方式1，方式控制字为00000001B(01H)，则初值X为

$$X = 65536 - 10000 = 55536 = 1101100011110000B$$

则TH0 = 11011000B = D8H，TL0 = 11110000B = F0H。

(1) 用寄存器R2作计数器软件计数，采用中断处理方式

汇编程序：

```
        ORG     0000H
        LJMP    MAIN
        ORG     000BH
        LJMP    INTT0
        ORG     0100H
MAIN:   MOV     TMOD,  #01H
        MOV     TH0,  #0D8H
        MOV     TL0,  #0F0H
        MOV     R2,  #00H
        SETB    EA
        SETB    ET0
        SETB    TR0
        SJMP    $
INTT0:  MOV     TH0,  #0D8H
        MOV     TL0,  #0F0H
        INC     R2
        CJNE    R2,  #32H,  NEXT
        CPL     P1.1
        MOV     R2,  #00H
NEXT:   RETI
        END
```

C语言程序：

```
#include  <reg51.h>                    /* 包含特殊功能寄存器库 */
sbit  P1_1 = P1^1;
char  i;
void  main()
{
TMOD = 0x01;
```

```
TH0 = 0xD8; TL0 = 0xF0;
EA = 1; ET0 = 1;
i = 0;
TR0 = 1;
while(1);
}
void  time0_int(void)  interrupt 1          /* 中断服务程序 */
{
  TH0 = 0xD8; TL0 = 0xF0;
i ++;
if (i == 50)    { P1_1 = ! P1_1;i = 0;}
}
```

(2) 用定时/计数器 T1 计数实现

定时/计数器 T1 工作于计数方式时，计数脉冲通过 T1(P3.5) 输入，设定时/计数器 T0 定时时间到对 T1(P3.5) 取反一次，则 T1(P3.5) 每 40ms 产生一个计数脉冲，那么定时 1s 只需计数 25 次，设定时/计数器 T1 工作于方式 2，初值 $X = 256 - 25 = 231 =$ 11100111B = E7H，TH1 = TL1 = E7H。因为定时/计数器 T0 工作于方式 1、定时，则这时方式控制字为 01100001B (61H)。定时/计数器 T0 和 T1 都采用中断方式工作。

汇编程序如下：

```
        ORG   0000H
        LJMP  MAIN
        ORG   000BH
        MOV   TH0,  #0D8H
        MOV   TL0,  #0F0H
        CPL   P3.5
        RETI
        ORG   001BH
        CPL   P1.1
        RETI
        ORG   0100H
MAIN:   MOV   TMOD,  #61H
        MOV   TH0,  #0D8H
        MOV   TL0,  #0F0H
        MOV   TH1,  #0E7H
        MOV   TL1,  #0E7H
        SETB  EA
        SETB  ET0
        SETB  ET1
        SETB  TR0
        SETB  TR1
        SJMP  $
        END
```

C 语言程序如下：

```
#include    <reg51. h>                         /* 包含特殊功能寄存器库 */
sbit  P1_1 = P1 ^1;
sbit  P3_5 = P3 ^5;
void  main()
{
TMOD = 0x01;
TH0 = 0xD8; TL0 = 0xF0;
TH1 = 0xE7; TL1 = 0xE7;
EA = 1; ET0 = 1; ET1 = 1;
TR0 = 1; TR1 = 1;
while(1);
}
void  time0_int(void)  interrupt 1          /* 中断服务程序 */
{
 TH0 = 0xD8; TL0 = 0xF0;
P3_5 = ! P3_5;
}
void  time1_int(void)  interrupt 3          //中断服务程序
{
P1_1 = ! P1_1;
}
```

6.4 MCS-51 单片机的串行接口

MCS-51 单片机除了具有 4 个 8 位并行 I/O 接口外，还具有 1 个全双工的串行 I/O 接口，简称串口，能同时进行串行发送和接收。它可以作 UART（通用异步接收和发送器）用，也可以作为同步移位寄存器用。作 UART 用时可实现单片机系统之间点对点和单片机与 PC 之间的单机通信及多机通信。

6.4.1 串行通信的基本概念

1. 并行通信与串行通信

8051 单片机与外部设备之间常常要进行数据信息交换，这些信息交换过程称为通信。通信方式有两种：并行通信和串行通信。

单片机采用并行口与外设通信的方式称为并行通信。图 6-16a 为 8051 单片机与外设间 8 位数据并行通信的连接方法，每次通信时，8 位数据同时进行交换。并行通信速度快，但占用口线多，且通信距离较短。

图 6-16b 为串行通信的硬件连接方法。在串行通信方式中，数据是一位一位按顺序传送的，它的突出优点是只需要一对传送线，这样就大大降低了传送成本，特别适用于远距离通信，其缺点是传送速度较低。

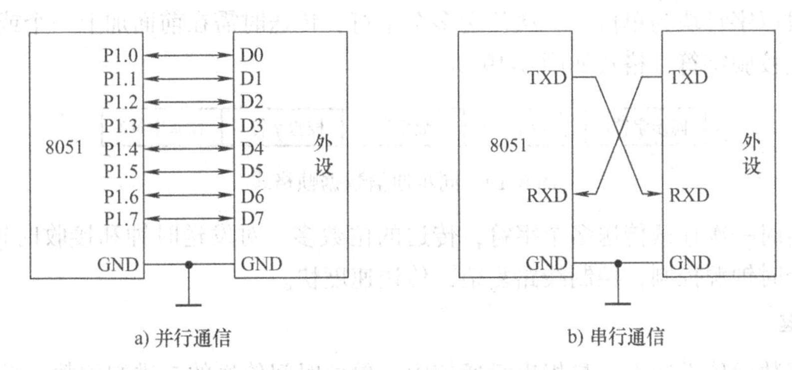

图6-16　单片机通信的基本方式

2. 串行通信的数据传送方向

如图6-17所示，根据数据传送的方向，串行通信可以分为单工、半双工和全双工3种。单工通信只允许数据向一个方向传送；半双工通信允许数据向两个方向中的任一方向传送，但每次只能有一个站发送；全双工通信两端的通信设备都有完整的独立的发送和接收能力。

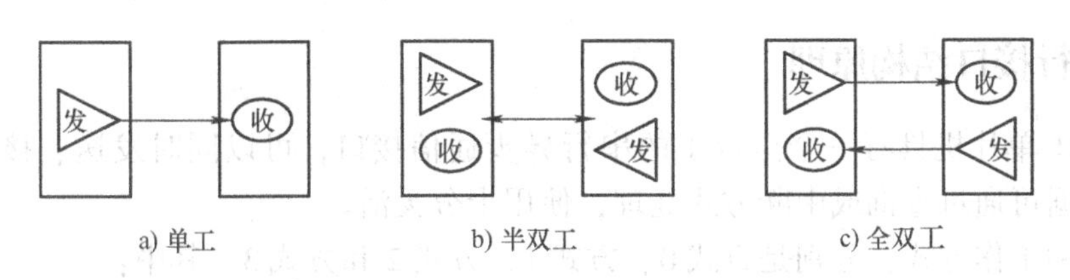

图6-17　单片机串行通信的数据传送方向

3. 串行通信的数据传输方式

串行通信按信息的格式又可分为异步通信和同步通信两种方式。

(1) 异步通信

串行异步通信方式的特点是数据在线路上传送时是以一个字符（字节）为单位，未传送时线路处于空闲状态，空闲线路约定为高电平“1”。传送一个字符又称为一帧信息，传送时每一个字符前加一个低电平的起始位，然后是数据位，数据位可以是5～8位，低位在前，高位在后，数据位后可以带一个奇偶校验位，最后是停止位，停止位用高电平表示，它可以是1位、1位半或2位，格式如图6-18所示。

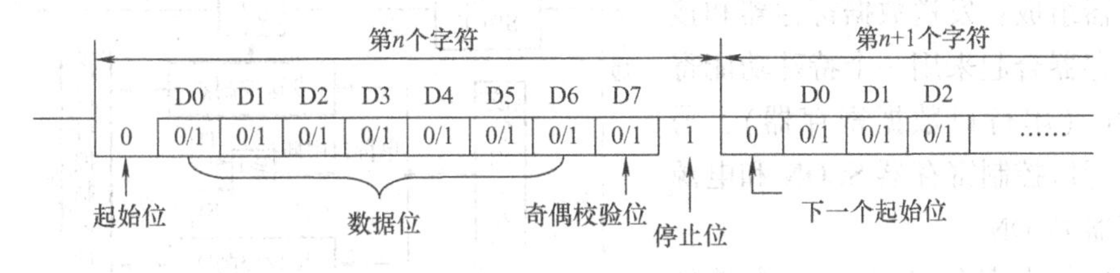

图6-18　异步通信数据帧格式

(2) 同步通信

在同步通信中，发送端和接收端由同一个时钟控制。串行同步通信方式的特点是数据在线路上传送时以字符块为单位，一次传送多个字符，传送时需在前面加上一个或两个同步字符，后面加上校验字符，格式如图 6-19 所示。

同步字符1	同步字符2	数据块	校验字符1	校验字符2

图 6-19 同步通信数据帧格式

同步通信时一次连续传送多个字符，传送的位数多，对发送时钟和接收时钟要求较高，往往用同一个时钟源控制，控制线路复杂，传送速度快。

4. 波特率

波特率即数据传送速率，是指串行通信中，单位时间传送的二进制位数，单位为 bit/s。

在异步通信中，传输速度往往又可用每秒传送多少个字节来表示（B/s）。它与波特率的关系为

波特率(bit/s) = 一个字符的二进制位数 × 字符/秒(B/s)

例如：每秒传送 200 个字符，每个字符 1 位起始位、8 个数据位、1 个校验位和 1 个停止位，则波特率为 2200bit/s。

串行通信的发送端和接收端在进行数据通信时，必须保证两者的波特率一致。

6.4.2 串行接口结构原理

MCS－51 单片机具有一个全双工的串行异步通信接口，可以同时发送、接收数据，发送、接收数据可通过查询或中断方式处理，使用十分灵活。

它有 4 种工作方式，分别是方式 0、方式 1、方式 2 和方式 3。其中：

方式 0：称为同步移位寄存器方式，一般用于外接移位寄存器芯片扩展 I/O 接口。

方式 1：8 位的异步通信方式，通常用于双机通信。

方式 2 和方式 3：9 位的异步通信方式，通常用于多机通信。

不同的工作方式，其波特率也不一样，方式 0 和方式 2 的波特率直接由系统时钟产生，方式 1 和方式 3 的波特率由定时/计数器 T1 的溢出率决定。

1. 内部结构

MCS－51 单片机串行口主要由发送数据寄存器、发送控制器、输出控制门、接收数据寄存器、接收控制器、输入移位寄存器等组成，它的结构如图 6-20 所示。

从用户使用的角度，它由 3 个特殊功能寄存器组成：发送数据寄存器和接收数据寄存器合起来用一个特殊功能寄存器 SBUF（串行口数据寄存器），另外还有串行口控制寄存器 SCON 和电源控制寄存器 PCON。

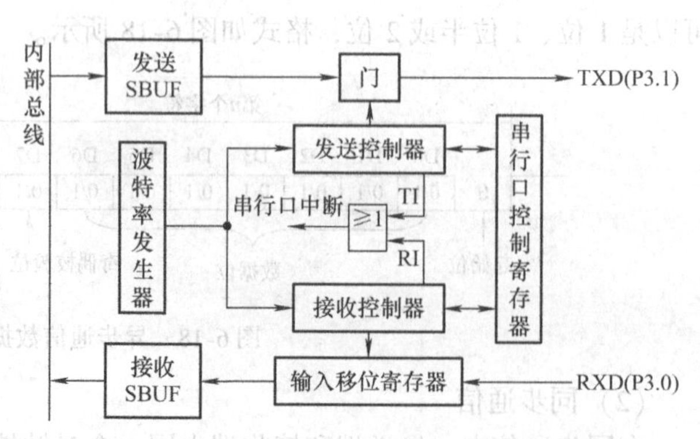

图 6-20 MCS－51 单片机串行口的结构框图

串行口数据寄存器 SBUF 字节地址为 99H，实际对应两个寄存器：发送数据寄存器和接收数据寄存器。当 CPU 向 SBUF 写数据时对应的是发送数据寄

存器，当CPU读SBUF时对应的是接收数据寄存器。

发送数据时，执行一条向SBUF写入数据的指令，把数据写入串行口发送数据寄存器，就启动发送过程。在发送时钟的控制下，先发送一个低电平的起始位，紧接着把发送数据寄存器中的内容按低位在前、高位在后的顺序一位一位地发送出去，最后发送一个高电平的停止位。一个字符发送完毕，串行口控制寄存器中的发送中断标志位TI位置位。对于方式2和方式3，当发送完数据位后，要把串行口控制寄存器SCON中的TB8位发送出去后才发送停止位。

接收数据时，串行数据的接收受到串行口控制寄存器SCON中的允许接收位REN的控制。当REN=1时，接收控制器就开始工作，对接收数据线进行采样，当采样到从“1”到“0”的负跳变时，接收控制器开始接收数据。

为了减少干扰的影响，接收控制器在接收数据时，将1位的传送时间分成16等份，用当中的7、8、9这3个状态对接收数据线进行采样，3次采样中，若两次采样为低电平，就认为接收是“0”；若两次采样都是高电平，就认为接收是“1”。接收的前8位数据一次移入输入移位寄存器，接收的第9位数据置入RB8中。如果接收有效，数据置入SBUF中，同时SCON中的RI置“1”，通知CPU来取数据。

2. 串行口控制寄存器SCON

串行口控制寄存器是一个特殊功能寄存器。它的字节地址为98H，可以进行位寻址，位地址为98H~9FH。SCON用于定义串行口的工作方式，进行接收、发送控制和监控串行口的工作过程。它的格式如图6-21所示。

SCON	D7	D6	D5	D4	D3	D2	D1	D0
98H	SM0	SM1	SM2	REN	TB8	RB8	TI	RI

图6-21 串行口控制寄存器SCON

（1）SM0和SM1

串行口工作方式选择位。用于选择4种工作方式，见表6-4，其中f_{OSC}是晶体振荡频率。

表6-4 串行口的工作方式

SM0 SM1	工作方式	功能	波特率
0 0	方式0	移位寄存器方式	$f_{OSC}/12$
0 1	方式1	8位异步通信方式	由定时器T1控制
1 0	方式2	9位异步通信方式	$f_{OSC}/32$ 或 $f_{OSC}/64$
1 1	方式3	9位异步通信方式	由定时器T1控制

（2）SM2

多机通信控制位。当该位被置“1”时，启动多机通信模式；否则禁止多机通信模式。多机通信模式仅仅在工作方式2、3下有效。在使用工作方式0时，应将该位清“0”。在使用方式1时，若SM2=1，则只有接收到有效的停止位时，才置位RI，以便接收下一帧数据。

多机通信协议规定，若主机发出的第9位数据（TB8）为“1”，说明本帧数据为地址帧；若第9位数据为“0”，则本帧为数据帧。

当从串行口以方式2和方式3接收数据时，若SM2=1，当接收到第9位数据（RB8）

为1时，才将接收到的前8位数据装入SBUF，并置位RI，产生串行口接收中断请求；否则将接收到的数据丢弃。若SM2=0，不论第9位数据（RB8）是否为1，都将接收到的前8位数据装入SBUF，并置位RI，产生串行口接收中断请求。

（3）REN

允许接收控制位。由软件置“1”或清“0”，若REN=1；则允许接收；若REN=0，则禁止接收。

（4）TB8

发送数据的第9位。在方式2或方式3中，是发送数据的第9位（D8），由软件置“1”或清“0”。在方式0和方式1中，该位未用。

在双机通信时，TB8一般作为奇偶校验位。在多机通信中，作为1地址帧/0数据帧的标志位。TB8=1表示为地址帧，TB8=0表示为数据帧。

（5）RB8

接收到数据的第9位。在方式2或方式3中，接收到数据的第9位放在RB8位，作为奇偶校验位或地址帧/数据帧的标志位；在方式1中，若SM2=0，则RB8是接收到的停止位；在方式0中，该位未用。

（6）TI

发送中断标志位。在方式0时，当串行发送第8位数据结束时，或在其他方式中串行发送停止位的开始时，由内部硬件使TI置“1”，TI置“1”意味着CPU提供“发送缓冲器SBUF已空”的信息，CPU可以准备发送下一帧数据。串行口发送中断请求被响应后，TI不会自动清“0”，必须由软件清“0”。

（7）RI

接收中断标志位。在方式0时，当串行接收第8位数据结束时，或在其他方式中串行接收停止位的中间时，由内部硬件使RI置“1”，RI置“1”意味着一帧数据接收完毕，向CPU发中断申请，要求CPU从接收SBUF中取走数据。该位的状态也可供软件查询，CPU响应中断后，RI也必须由软件清“0”。

发送中断标志TI和接收中断标志RI是同一个中断源，CPU事先不知道是发送中断TI还是接收中断RI产生的中断请求，所以，在全双工通信时，必须由软件来判断。

3. 电源控制寄存器PCON

电源控制寄存器PCON中只有一位SMOD与串行口工作有关，它的格式如图6-22所示。

PCON	D7	D6	D5	D4	D3	D2	D1	D0
87H	SMOD							

图6-22 电源控制寄存器PCON格式

SMOD是波特率倍增位，当SMOD位为1时，串行口方式1、方式2、方式3的波特率加倍。复位时，SMOD为0。

6.4.3 串行口的工作方式

通过设置MCS-51单片机的串行口控制寄存器的SM0和SM1位，可将串行口设置成4种不同的工作方式，分别为方式0、方式1、方式2、方式3。

1. 方式0

串行口的工作方式0为同步移位寄存器输入/输出方式，常用于外接移位寄存器，以扩展并行I/O口。这种方式不适用于两个8051之间的直接数据通信。

方式0以8位数据为一帧，不设起始位和停止位，先发送或接收最低位，波特率固定为$f_{OSC}/12$，其帧格式如图6-23所示。

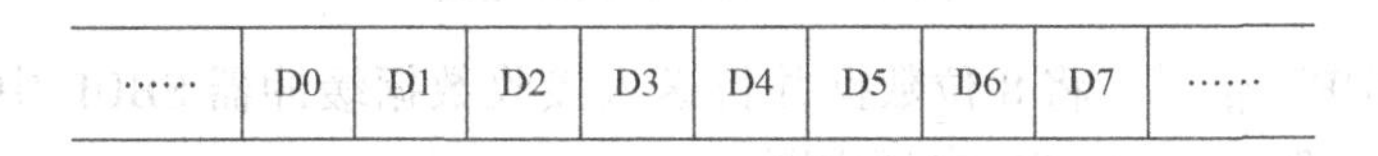

图6-23 方式0的帧格式

在方式0中，串行数据通过RXD(P3.0)输入或输出，而TXD(P3.1)用于输出移位时钟，作为外接部件的同步信号。

(1) 数据发送过程

如图6-24所示，采用8位“串入并出”移位寄存器74LS164扩展并行输出口，在TXD(P3.1)输出脉冲的每个上升沿，RXD(P3.0)输出数据被移位寄存器锁存，并最终将8位同时并行输出。

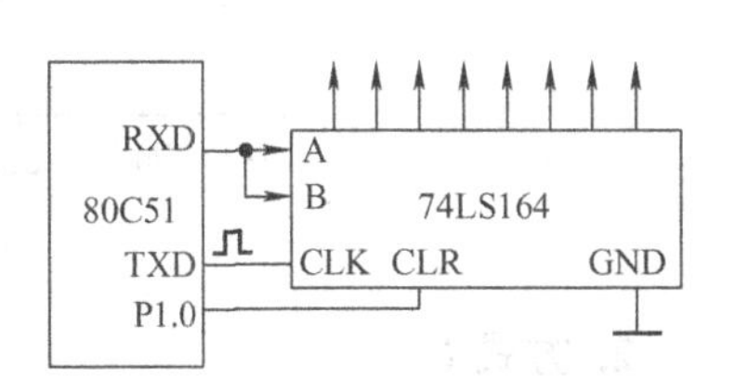

图6-24 方式0发送电路

方式0的发送时序如图6-25所示。在TI=0时，当CPU执行一条向SBUF写数据的指令时，如“MOV SBUF, A”指令，就启动发送过程。经过一个机器周期，写入发送数据寄存器中的数据按低位在前、高位在后的顺序从RXD依次发送出去，同步时钟从TXD送出。8位数据（一帧）发送完毕后，由硬件使发送中断标志TI置位，向CPU申请中断。

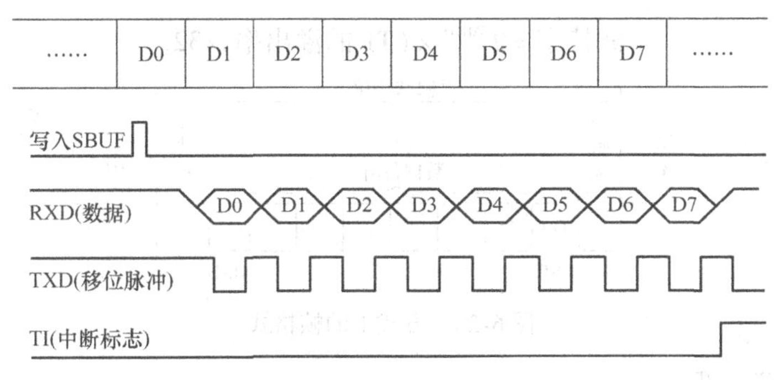

图6-25 方式0发送时序

(2) 数据接收过程

如图6-26所示，采用8位“并入串出”移位寄存器74LS165扩展并行输入口，在TXD(P3.1)输出脉冲的每个上升沿，RXD(P3.0)端输入数据被内部移位寄存器锁存，并最终使8位数据被送入接收缓存器SBUF中。

如图6-27所示，在RI=0的条件下，将REN（SCON.4）置“1”就启动一次接收过程。串行数据通过RXD接收，同步移位脉冲通过TXD输出。在移位脉冲的控制下，RXD上的串行数据依次移入移位寄存器。当8位数据（一帧）全部移入移位寄存器后，接收控制

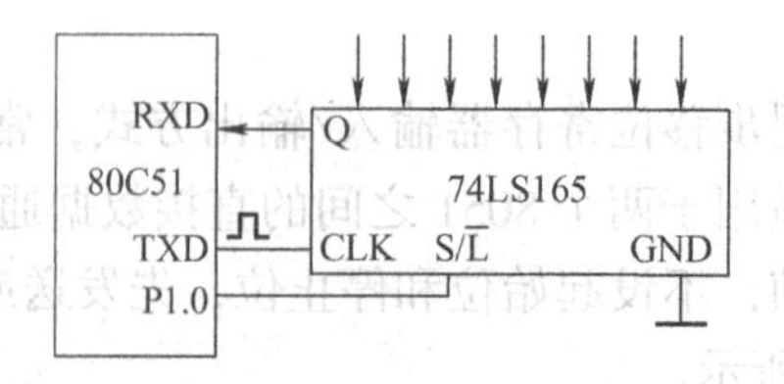

图 6-26　方式 0 接收电路

器发出“装载 SBUF”信号，将 8 位数据并行送入接收数据缓冲器 SBUF 中，同时，由硬件使接收中断标志 RI 置位，向 CPU 申请中断。

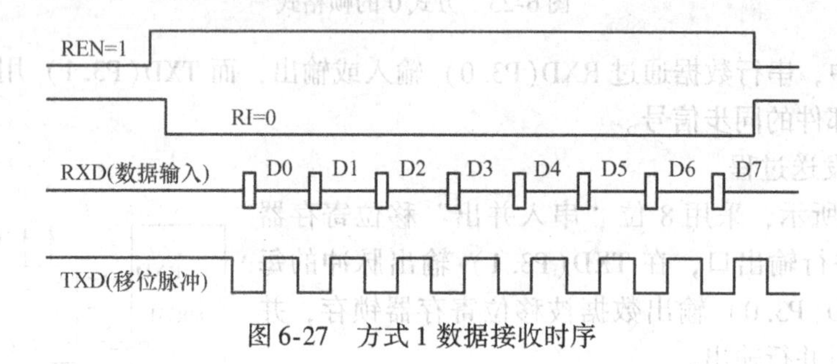

图 6-27　方式 1 数据接收时序

2. 方式 1

方式 1 真正用于数据的串行发送和接收，TXD(P3.1) 和 RXD(P3.0) 为发送数据端和接收数据端。方式 1 收发一帧数据的格式为：1 位起始位（0）、8 位数据位（低位在前）和 1 位停止位（1），共 10 位，如图 6-28 所示。在接收时，停止位进入 SCON 的 RB8。此方式的数据传送波特率可调，由定时/计数器 T1 的溢出率和电源控制寄存器 PCON 中的 SMOD 位决定，即

$$波特率 = 2^{SMOD} \times (T1\ 的溢出率)/32。$$

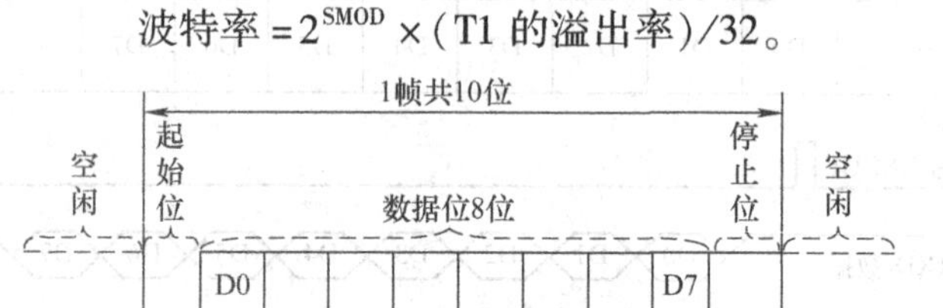

图 6-28　方式 1 的帧格式

（1）数据发送过程

数据发送时序图如图 6-29 所示，在 TI = 0 时，当 CPU 执行一条向 SBUF 写数据的指令时，如“MOV SBUF，A”指令，就启动了发送过程。数据由 TXD 引脚送出，发送时钟由定时/计数器 T1 送来的溢出信号经过 16 分频或 32 分频后得到，在发送时钟的作用下，先通过 TXD 端送出一个低电平的起始位，然后是 8 位数据（低位在前），其后是一个高电平的停止位，当一帧数据发送完毕后，由硬件使发送中断标志 TI 置位，向 CPU 申请中断，完成一次发送过程。

（2）数据接收过程

数据接收时序图如图 6-30 所示，当允许接收控制位 REN 被置“1”时，接收器就开始

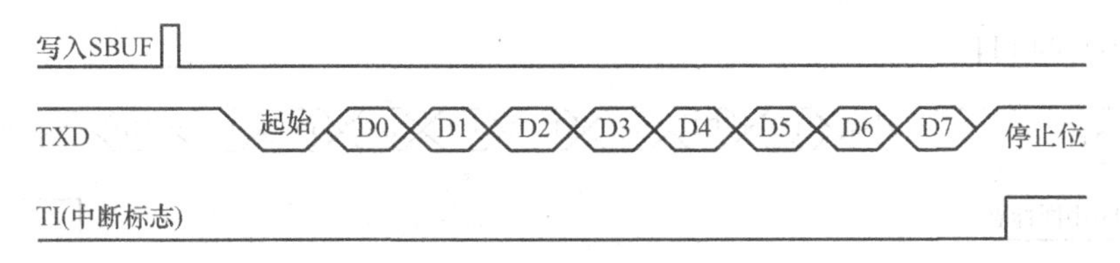

图 6-29　方式 1 数据发送时序

工作，由接收器以所选波特率的 16 倍速率对 RXD 引脚上的电平进行采样。当采样到从“1”到“0”的负跳变时，启动接收控制器开始接收数据。在接收移位脉冲的控制下依次把所接收的数据移入移位寄存器，当 8 位数据及停止位全部移入后，根据以下状态进行响应操作。

1）如果 RI = 0、SM2 = 0，接收控制器发出“装载 SBUF”信号，将输入移位寄存器中的 8 位数据装入接收数据寄存器 SBUF，停止位装入 RB8，并置 RI = 1，向 CPU 申请中断。

2）如果 RI = 0、SM2 = 1，那么只有停止位为“1”才发生上述操作。

3）RI = 0、SM2 = 1 且停止位为“0”，所接收的数据不装入 SBUF，数据将会丢失。

4）如果 RI = 1，则所接收的数据在任何情况下都不装入 SBUF，即数据丢失。

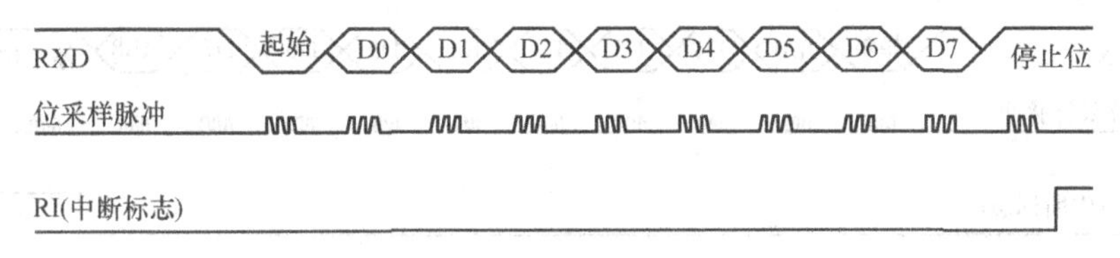

图 6-30　方式 1 数据接收时序

3. 方式 2 和方式 3

在方式 2 和方式 3 中，TXD(P3.1) 与 RXD(P3.0) 分别为数据的发送端和接收端。其收发一帧数据的格式为：1 位起始位“0”、8 位数据位（低位在前）、1 个附加位第 9 位、1 位停止位“1”，共 11 位，如图 6-31 所示。附加位第 9 位可由软件置“1”或清“0”，发送时在 TB8 中，接收时送 RB8 中。方式 2 和方式 3 的操作几乎完全一样，只是波特率不同。

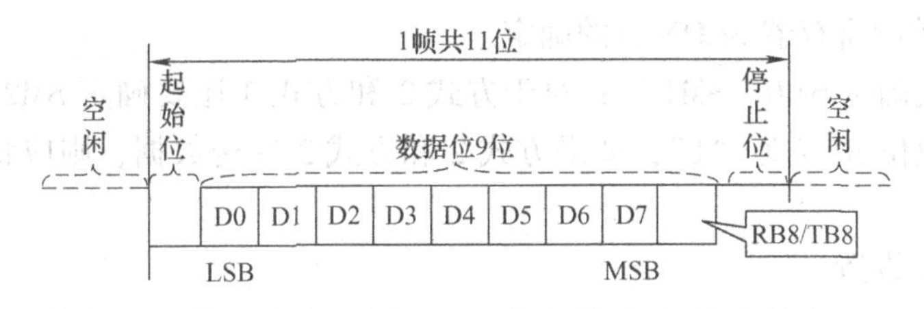

图 6-31　方式 2 和方式 3 的帧格式

（1）数据发送过程

如图 6-32 所示，方式 2 和方式 3 发送的数据为 9 位，其中发送的第 9 位在 TB8 中，在启动发送之前，必须把要发送的第 9 位数据装入 SCON 寄存器中的 TB8 中。准备好 TB8 后，就可以通过向 SBUF 中写入发送的字符数据来启动发送过程，发送时前 8 位数据从发送数据寄存器中取得，发送的第 9 位从 TB8 中取得。一帧信息发送完毕，置 TI 为“1”。

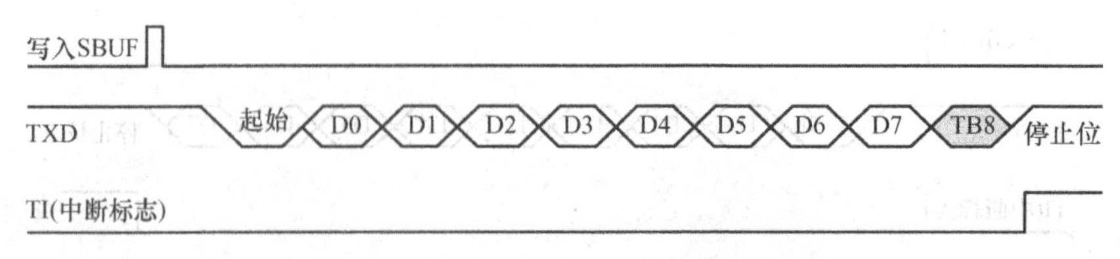

图 6-32　方式 2 和方式 3 数据发送时序

（2）数据接收过程

方式2 和方式3 的数据接收前提是REN =1，如图6-33 所示。当位检测逻辑采样到RXD（P3.0）引脚从“1”到“0”的负跳变，并判断起始位有效后，便开始接收一帧数据信息。在接收完第9 位数据（发送过来的 TB8 位）后，需要满足以下两个条件，才能将接收到的数据送入接收数据缓冲器 SBUF。

1）RI =0，意味着接收缓冲器为空。

2）SM2 =0 或接收到的第9 位数据位 RB8 =1。

当上述两个条件同时满足时，接收到的数据送入接收缓冲器 SBUF，第 9 位数据送入 RB8，并将接收中断申请标志 RI 置“1”。若不满足上述两个条件，该帧数据将会被丢弃。

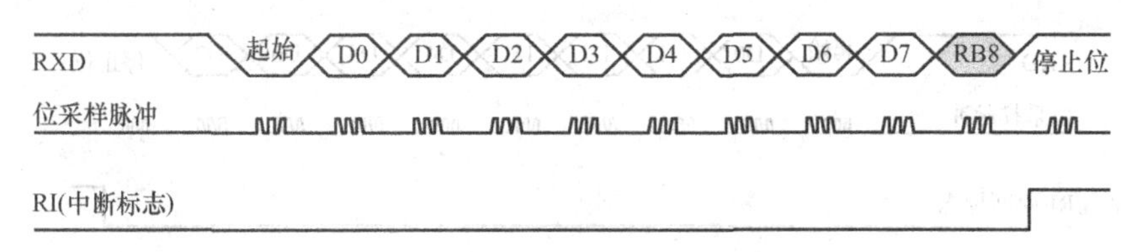

图 6-33　方式 2 和方式 3 数据接收时序

6.4.4　串行口的编程及应用

1. 串行口的初始化编程

在 MCS -51 串行口使用之前，必须先对它进行初始化。初始化是指设定串口的工作方式和波特率。初始化的过程如下：

（1）串行口控制寄存器 SCON 位的确定

根据工作方式确定 SM0、SM1 位；对于方式 2 和方式 3 还要确定 SM2 位；如果是接收端，则置允许接收位 REN 为“1”；如果方式 2 和方式 3 发送数据，则应将发送数据的第 9 位写入 TB8 中。

（2）波特率的设置

在串行通信中，收发双方发送或者接收的波特率必须一致。在串行口的 4 种工作方式中，方式 0 和方式 2 的波特率是固定的；方式 1 和方式 3 的波特率是可变的，由定时器 T1 的溢出率来决定。

串行口的 4 种工作方式对应着 3 种波特率。由于输入的移位时钟的来源不同，所以，不同方式的波特率计算公式也不相同。

对于方式 0，不需要对波特率进行设置。

对于方式 2，设置波特率仅需对 PCON 中的 SMOD 位进行设置。

对于方式 1 和方式 3，设置波特率不仅需对 PCON 中的 SMOD 位进行设置，还要对定时/计数器 T1 进行设置，这时定时/计数器 T1 一般工作于方式 2，即 8 位可重置方式。初值可由下面公式求得：

由于：波特率 $=2^{SMOD}\times$(T1 的溢出率)/32

则：T1 的溢出率 = 波特率 $\times 32/2^{SMOD}$

而 T1 工作于方式 2 的溢出率又可由下式表示：

$$T1\text{ 的溢出率}=f_{OSC}/[12\times(256-\text{初值})]$$

所以：

$$T1\text{ 的初值}=256-f_{OSC}\times 2^{SMOD}/(12\times\text{波特率}\times 32)$$

2. 串行口的应用

串行口通常用于 3 种情况：利用方式 0 扩展并行 I/O 口；利用方式 1 实现点对点的双机通信；利用方式 2 或方式 3 实现多机通信。

(1) 利用方式 0 扩展并行 I/O 口

MCS-51 单片机的串行口在方式 0 时，当外接一个串入并出的移位寄存器时，就可以扩展并行输出口；当外接一个并入串出的移位寄存器时，就可以扩展并行输入口。

【例 6-8】 用 8051 单片机的串行口外接串入并出的芯片 CD4094 扩展并行输出口控制一组发光二极管，使发光二极管从左至右延时轮流显示。

CD4094 是一块 8 位的串入并出的芯片，带有一个控制端 STB，当 STB = 0 时，打开串行输入控制门，在时钟信号 CLK 的控制下，数据从串行输入端 DATA 一个时钟周期一位依次输入；当 STB = 1，打开并行输出控制门，CD4094 中的 8 位数据并行输出。使用时，8051 串行口工作于方式 0，8051 的 TXD 接 CD4094 的 CLK，RXD 接 DATA，STB 用 P1.1 控制，8 位并行输出端接 8 个发光二极管，如图 6-34 所示。

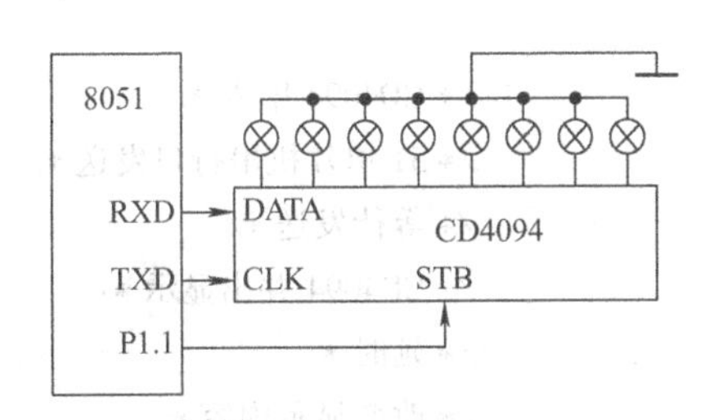

图 6-34　CD4094 扩展并行输出口

设串行口采用查询方式，显示的延时依靠调用延时子程序来实现。程序如下：

汇编程序：

```
        ORG     0000H
        LJMP    MAIN
        ORG     0100H
MAIN:   MOV     SCON, #00H
        MOV     A, #01H
        CLR     P1.1
START:  MOV     SBUF, A
```

```
LOOP: JNB    TI, LOOP
      SETB   P1.1
      ACALL  DELAY
      CLR    TI
      RL     A
      CLR    P1.1
      SJMP   START
DELAY: MOV   R7, #80H
LOOP2: MOV   R6, #0FFH
LOOP1: DJNZ  R6, LOOP1
      DJNZ   R7, LOOP2
      RET
      END
```

C 语言程序：

```
#include  <reg51.h>                    /* 包含特殊功能寄存器库 */
sbit  P1_1 = P1 ^ 1;
void  main( )
{
unsigned char i;
unsigned int j;
SCON = 0x00;                           /* 串行口初始化方式 0 */
i = 0x01;
for ( ; ; )
  {
    P1_1 = 0;                          /* CD4094 串入 */
    SBUF = i;                          /* 51 单片机串行口发送 */
while ( ! TI) { ; }                    /* 等待发送 */
    P1_1 = 1; TI = 0;                  /* CD4094 并出显示 */
    for (j = 0; j <= 254; j ++ ) { ; } /* 延时 */
    i  =  i * 2;                       /* 改变显示内容 */
if (i == 0x00)   i = 0x01;
  }
}
```

【例 6-9】用 8051 单片机的串行口外接并入串出的芯片 CD4014 扩展并行输入口，输入一组开关的信息，并通过发光二极管显示出来。

CD4014 是一块 8 位的并入串出的芯片，带有一个控制端 P/S，当 P/S = 1 时，8 位并行数据置入到内部的寄存器；当 P/S = 0 时，在时钟信号 CLK 的控制下，内部寄存器的内容按低位在前、高位在后的顺序从 QB 串行输出端依次输出。使用时，8051 串行口工作于方式 0，8051 的 TXD 接 CD4014 的 CLK，RXD 接 QB，P/S 用 P1.0 控制，另外，用 P1.1 控制 8 并行数据的置入，如图 6-35 所示。

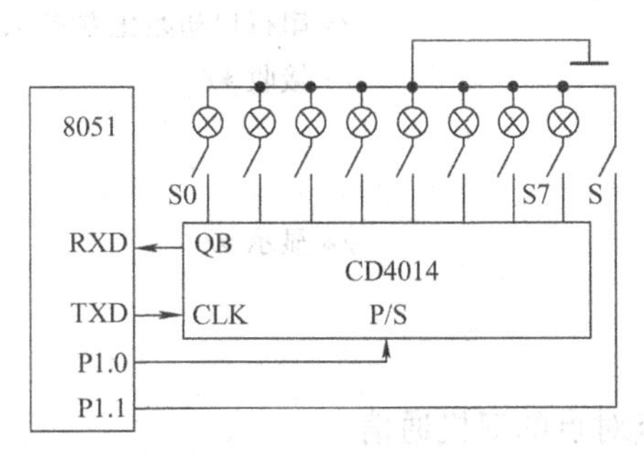

图 6-35　CD4014 扩展并行输入口

串行口方式 0 数据的接收用 SCON 寄存器中的 REN 位来控制，采用查询 RI 的方式来判断数据是否输入。程序如下：

汇编语言程序：

```
        ORG   0000H
        LJMP  MAIN
        ORG   0100H
MAIN:   SETB  P1.0                ;CD4014 并入
        NOP
        NOP
        NOP
        CLR   P1.0                ;CD4014 串出
        NOP
        NOP
        NOP
        MOV   SCON,  #10H         ;串行口初始化方式 0,允许接收
LOOP:   JNB   RI,  LOOP           ;接收
        CLR   RI
        MOV   A,  SBUF
        MOV   P0,  A              ;显示
        SJMP  MAIN
        END
```

C 语言程序：

```
#include  <reg51.h>                          /* 包含特殊功能寄存器库 */
#include  <intrins.h>                        /* 包含内部函数库 */
sbit  P1_0 = P1 ^ 0;
void  main()
{
unsigned char i;
while(1)
{
P1_0 = 1; _nop_( ); _nop_( ); _nop_( );      /* CD4014 并入 */
P1_0 = 0; _nop_( ); _nop_( ); _nop_( );      /* CD4014 串出 */
```

```
SCON = 0x10;                          /* 串行口初始化方式 0,允许接收 */
while (! RI) {;}                      /* 接收 */
RI = 0;
i = SBUF;
P0 = i;                               /* 显示 */
}
}
```

(2) 利用方式 1 实现点对点的双机通信

要实现甲与乙两台单片机点对点的双机通信，只需将甲机的 TXD 与乙机的 RXD 相连，将甲机的 RXD 与乙机的 TXD 相连，地线与地线相连，如图 6-36 所示。软件方面选择相同的工作方式，设置相同的波特率即可实现。

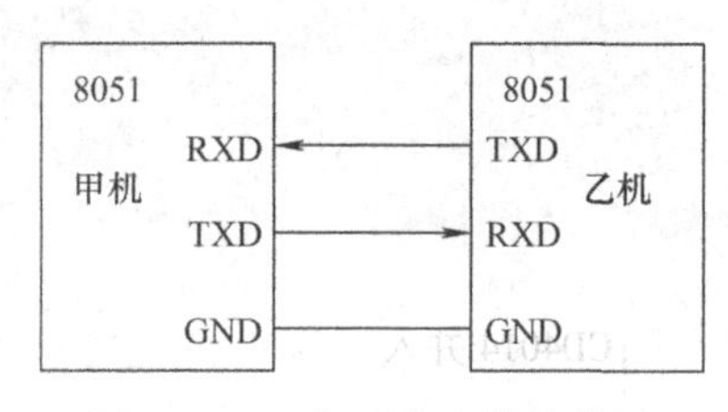

图 6-36　双机通信电路连接图

【例 6-10】甲乙两机进行双机通信。要求：甲机 P1 口开关的状态通过串行口发送到乙机，乙机接收到后，通过 P2 口的发光二极管显示；乙机 P1 口开关的状态通过串行口发送到甲机，甲机接收到后，通过 P2 口的发光二极管显示。

甲、乙两机都选择方式 1——8 位异步通信方式，波特率为 1200bit/s，甲、乙两机既发送又接收，因此甲、乙两机的串行口控制字为 50H。

由于选择的是方式 1，波特率由定时/计数器 T1 的溢出率和电源控制寄存器 PCON 中的 SMOD 位决定，则需对定时/计数器 T1 初始化。

设 SMOD = 0，甲、乙两机的振荡频率为 12MHz，由于波特率为 1200bit/s。定时/计数器 T1 选择为方式 2，则初值为

$$初值 = 256 - f_{OSC} \times 2^{SMOD} / (12 \times 波特率 \times 32)$$

$$= 256 - 12000000 / (12 \times 1200 \times 32) \approx 230 = E6H$$

根据要求，定时/计数器 T1 的方式控制字为 20H。

汇编语言程序：

```
        ORG   0000H
        LJMP  MAIN
        ORG   0023H
        LJMP  INS
        ORG   0100H
MAIN:   MOV   SP,   #60H
        MOV   TMOD,  #20H
        MOV   PCON,  #00H
        MOV   SCON,  #50H
```

```
        MOV  TL1,  #0E6H
        MOV  TH1,  #0E6H
        SETB TR1
        SETB EA
        SETB ES
LOOP0:  MOV  P1,  #0FFH
        MOV  A,  P1
        MOV  SBUF,  A              ;发送
LOOP1:  JNB  TI,  LOOP1
        CLR  TI
        LJMP LOOP0
INS:    CLR  EA                    ;接收
        CLR  RI
        MOV  A,  SBUF
        MOV  P2,  A
        SETB EA
        RETI
        END
```

C语言程序:

```
#include  <reg51.h>            /* 包含特殊功能寄存器库 */
void  main(void)
{
unsigned char i;
SP=0x60;
PCON=0x00;
SCON=0x50;
TMOD=0x20;
TL1=0xe6;
TH1=0xe6;
TR1=1;
EA=1;
ES=1;
while(1)                       /* 发送 */
{
    P1=0xff;
i=P1;
SBUF =i;
while (TI==0);
TI=0;
}
}
Void funins (void) interrupt 4          /* 接收 */
```

```
{
EA =0;
RI =0;
P2 = SBUF
EA =1;
}
```

（3）多机通信

通过 MCS－51 单片机串行口能够实现一台主机与多台从机进行通信，主机和从机之间能够相互发送和接收信息。但从机与从机之间不能相互通信。

MCS－51 单片机串行口的方式 2 和方式 3 是 9 位异步通信，发送信息时，发送数据的第 9 位由 TB8 取得，接收信息的第 9 位放于 RB8 中，而接收是否有效要受 SM2 位影响。当 SM2 =0 时，无论接收的 RB8 位是 0 还是 1，接收都有效，RI 都置“1”；当 SM2 =1 时，只有接收的 RB8 位等于 1 时，接收才有效，RI 才置“1”。利用这个特性便可以实现多机通信。

多机通信时，主机每一次都向从机传送两个字节信息，先传送从机的地址信息，再传送数据信息，处理时，地址信息的 TB8 位设为 1，数据信息的 TB8 位设为 0。

多机通信过程如下：

1）所有从机的 SM2 位开始都置为“1”，都能够接收主机送来的地址。

2）主机发送一帧地址信息，包含 8 位的从机地址，TB8 置“1”，表示发送的为地址帧。

3）由于所有从机的 SM2 位都为 1，从机都能接收主机发送来的地址，从机接收到主机送来的地址后与本机的地址相比较，如果接收的地址与本机的地址相同，则使 SM2 位为 0，准备接收主机送来的数据；如果不同，则不做处理。

4）主机发送数据，发送数据时 TB8 置为“0”，表示为数据帧。

5）对于从机，由于主机发送的第 9 位 TB8 为 0，那么只有 SM2 位为 0 的从机可以接收主机送来的数据。这样就实现主机从多台从机选择一台从机进行通信了。

【例 6-11】 要求设计一个一台主机、16 台从机的多机通信的系统。从机地址为 00H ~ 0FH。对于主机，能够根据 P1 口的四位拨码开关的编码状态从 16 个从机中选择一个，读取 P2 开关的状态并从串行口发送出去；对于从机，只有被选中的从机可以接收主机发送的开关状态，通过 P2 口的发光二极管显示。

主、从机选择方式 3：即 9 位异步通信方式，波特率为 1200bit/s，主机发送，从机接收，主机的多机通信位设定为 0，从机的多机通信位开始都设定为 1，主机的串行口控制字为 C0H，从机的串行口控制字为 F0H。

由于选择的是方式 3，波特率由定时/计数器 T1 的溢出率和电源控制寄存器 PCON 中的 SMOD 位决定，则需对定时/计数器 T1 初始化。

设 SMOD =0，振荡频率为 12MHz，由于波特率为 1200bit/s，定时/计数器 T1 选择为方式 2，则初值为

初值 $=256-f_{\mathrm{OSC}}\times 2^{\mathrm{SMOD}}/(12\times$波特率$\times 32)=256-12000000/(12\times 1200\times 32)\approx 230=\mathrm{E6H}$

根据要求，定时/计数器 T1 的方式控制字为 20H。

主机与从机通信发送两个字节，第一个字节为地址，从 P1 口的低 4 位取得，发送时 TB8 置“1”，表示发送的是地址，用于选择发送的从机；第二个字节为数据，从 P2 口取得，发送时 TB8 清“0”，表示发送的是数据。

所有从机都先接收主机发来的地址，接收到后与 P1 设定的本机地址进行比较，如果接收到的地址与本机地址不同，说明主机不是要与该从机通信，则 SM2 不清“0”，不允许接收数据；如果接收到的地址与本机地址相同，说明主机要与该从机通信，则 SM2 清“0”，允许接收数据，接收的数据通过 P2 口的发光二极管显示。

主、从机串行口的发送和接收过程都采用查询方式处理。

汇编语言程序：

主机：

```
        ORG   0000H
        LJMP  MAIN
        ORG   0200H
MAIN:   MOV   TMOD, #20H
        MOV   PCON, #00H
        MOV   SCON, #0C0H
        MOV   TL1, #0E6H
        MOV   TH1, #0E6H
        SETB  TR1
LOOP0:  MOV   P1, #0FH
        MOV   A, P1              ;读取地址
        ANL   A, #0FH
        SETB  TB8
        MOV   SBUF, A            ;发送地址
LOOP1:  JNB   TI, LOOP1
        CLR   TI
        MOV   P2, #FFH
        MOV   A, P2              ;读取数据
        CLR   TB8
        MOV   SBUF, A            ;发送数据
LOOP2:  JNB   TI, LOOP2
        CLR   TI
        LJMP  LOOP0
        END
```

从机：

```
        ORG   0000H
        LJMP  MAIN
        ORG   0200H
MAIN:   MOV   TMOD, #20H
        MOV   PCON, #00H
        MOV   SCON, #0F0H
```

```
        MOV   TL1,  #0E6H
        MOV   TH1,  #0E6H
        SETB  TR1
LOOP0:  MOV   P1,   #0FH
        MOV   A,  P1                ;读取地址
        ANL   A,  #0FH
        MOV   B,  A
LOOP1:  JNB   TI,  LOOP1
        CLR   TI
        MOV   A,  SBUF              ;发送地址
        CJNE  A,  B,  RDS           ;如果和本机地址相同,接收数据
        CLR   SM2
LOOP2:  JNB   TI,  LOOP2
        CLR   TI
        MOV   A,  SBUF
        MOV   P2,  A
RDS:    LJMP  LOOP0
        END
```

C 语言程序:

主机:

```
#include  <reg51.h>                    /* 包含特殊功能寄存器库 */
void  main(void)
{
unsigned char i;
PCON = 0x00;
SCON = 0xc0;
TMOD = 0x20;
TL1 = 0xe6;
TH1 = 0xe6;
TR1 = 1;
while(1)
{
    P1 = 0x0f;
i = P1;                                /* 读取地址 */
i = i&0x0f;
SBUF = i;                              /* 发送地址 */
while (TI == 0);
TI = 0;
P2 = 0xff;
i = P2;                                /* 读取数据 */
TB8 = 0;
SBUF = i;                              /* 发送数据 */
```

```
while (TI ==0);
TI =0;
}
}
```

从机:

```
#include   <reg51.h>                    /* 包含特殊功能寄存器库 */
void   main(void)
{
unsigned char i,j,k;
PCON =0x00;
SCON =0xf0;
TMOD =0x20;
TL1 =0xe6;
TH1 =0xe6;
TR1 =1;
while(1)
{
    P1 =0x0f;
i =P1;                                  /* 读取本机地址 */
i =i&0x0f;
while (RI ==0);
RI =0;
j =SBUF;
if (j ==i)                              /* 如果和本机地址相同,接收数据 */
{
    SM2 =0;
while (RI ==0);
RI =0;
k =SBUF;
    P2 =k;                              /* 送 P2 口显示 */
}
  }
}
```

习　　题

6-1　MCS-51 单片机有 4 个并行 I/O 口，在使用时如何分工？“准双向口”的含义是什么？

6-2　同步通信和异步通信的特点是什么？

6-3　定时/计数器有几种工作方式？每种工作方式的定时与计数范围各是多少？应该如何选择工作方式？

6-4　8051单片机的中断优先级有几级？在形成中断嵌套时各级有何规定？

6-5　定时/计数器定时与计数的内部工作有什么异同？

6-6　串口数据寄存器SBUF有什么特点？

6-7　MCS-51单片机的5个中断源中有哪几个CPU响应中断后可自动撤消中断请求？哪几个不能自动撤消中断请求？如果不能自动撤消用户应该采取什么措施？

6-8　设单片机晶振振荡频率为12MHz，那么定时/计数器定时10ms、50ms分别应选择哪种工作方式？初值应设置为多少？

6-9　设某异步通信接口，串行口每秒传送250个字符，每个字符由11位组成，则其波特率为多少？

6-10　已知8051单片机的f_{osc}=12MHz，利用T1定时，编程由P1.0和P1.1分别输出周期为2ms和500μs的方波。

6-11　假设波特率为9600bit/s，串行口工作在方式1，晶振频率为f_{osc}=11.0592MHz。利用串行口中断方式编写串行口发送程序，要求将外部RAM的1000H~1010H单元的数据依次发送出去。

6-12　已知8051单片机的f_{osc}=6MHz，用定时/计数器T0，实现从P1.0产生周期为2s的方波。要求分别用汇编语言和C语言进行编程。

第 7 章　MCS－51 单片机的常用外设扩展

MCS－51 系列单片机有很强的扩展功能，其外围扩展电路、扩展芯片和扩展方法都非常典型、规范。在由单片机构成的实际测控系统中，最小应用系统往往不能满足要求，因此在系统设计时首先要解决系统扩展问题。单片机的系统扩展主要有程序存储器（ROM）扩展、数据存储器（RAM）扩展以及并行 I/O 口的扩展。本章将具体介绍这几种扩展方法。

7.1　存储器扩展设计

在进行单片机应用系统设计时，首先考虑的就是存储器的扩展，包括程序存储器和数据存储器。单片机的程序存储器空间和数据存储器空间是相互独立的。程序存储器的寻址空间是 64KB（0000H～FFFFH）。

7.1.1　单片机程序存储器概述

单片机应用系统由硬件和软件组成，软件的载体就是硬件中的程序存储器。对于 MCS－51 系列 8 位单片机，片内程序存储器的类型及容量见表 7-1。

表 7-1　MCS－51 单片机片内程序存储器一览表

单片机型号	片内程序存储器	
	类型	容量/B
8031	无	—
8051	ROM	4K
8751	EPROM	4K
8951	Flash	4K

对于没有内部 ROM 的单片机或者程序较长、片内 ROM 容量不够时，用户必须在单片机外部扩展程序存储器。MCS－51 单片机片外有 16 条地址线，即 P0 口和 P2 口，因此最大寻址范围为 64KB（0000H～FFFFH）。

这里要注意的是，MCS－51 单片机有一个引脚$\overline{EA}$跟程序存储器的扩展有关。如果$\overline{EA}$接高电平，那么片内存储器地址范围是 0000H～0FFFH（4KB），片外程序存储器地址范围是 1000H～FFFFH（60KB）；如果$\overline{EA}$接低电平，则不使用片内程序存储器，片外程序存储器地址范围为 0000H～FFFFH（64KB）。

8031 单片机没有片内程序存储器，因此$\overline{EA}$引脚总是接低电平。

扩展程序存储器常用芯片有 EPROM 型（紫外线可擦除型），如 2716（2KB×8）、2732（4KB×8）、2764（8KB×8）、27128（16KB×8）、27256（32KB×8）、27512（64KB×8）等，另外还有 EEPROM（电可擦除型），如 2816（2KB×8）、2864（8KB×8）等。

如果程序总量不超过 4KB，一般选用具有内部 ROM 的单片机。8051 内部 ROM 只能由厂家将程序一次性固化，不适合小批量用户和程序调试时使用，因此选用8751、8951的用户较多。如果程序超过4KB，一般不会选用8751、8951，而是直接选用8031，利用外部扩展存储器来存放程序。

7.1.2 EPROM扩展

紫外线擦除电可编程只读存储器（EPROM）是国内用得较多的程序存储器。EPROM芯片上均有一个玻璃窗口，在紫外线照射下，存储器中的各位信息均变1，即处于擦除状态。擦除干净的EPROM可以通过编程器将应用程序固化到芯片中。

1. 选择芯片

8031系列单片机内部无ROM区，无论程序长短都必须扩展程序存储器。在选择程序存储器芯片时，首先必须满足程序容量，其次在价格合理的情况下尽量选用容量大的芯片。选择原则是芯片少、接线简单、芯片存储容量大，程序调整余量大。如估计程序总长为3KB左右，最好扩展一片4KB的EPROM 2732，而不选用2片2716（2KB）。这是因为在单片机应用系统硬件设计中，应尽量减少芯片使用个数，使得电路结构简单，提高可靠性。

2. 硬件电路图

8031单片机扩展一片2732程序存储器电路如图7-1所示。

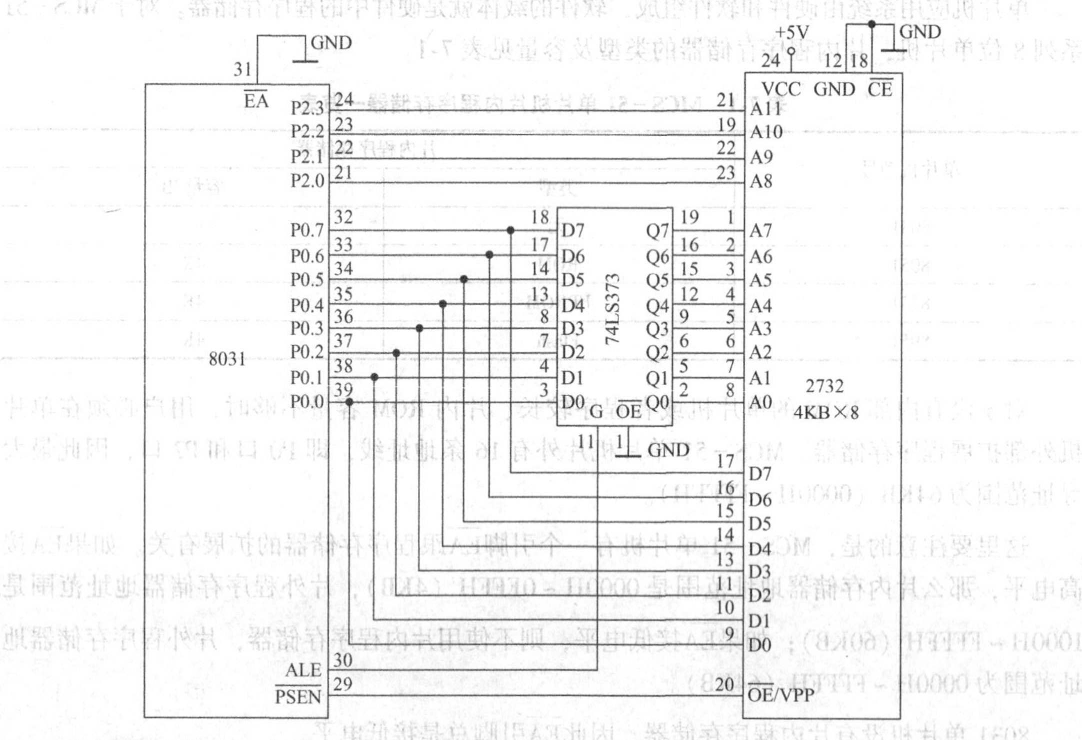

图7-1 单片机扩展EPROM 2732电路

3. 芯片说明

（1）74LS373

74LS373是带三态缓冲输出的8D锁存器，由于单片机的三总线结构中，数据线与地址线的低 8 位共用 P0 口，因此必须用地址锁存器将地址信号和数据信号区分开。74LS373 的锁存控制端 G 直接与单片机的锁存控制信号 ALE 相连，在 ALE 的下降沿锁存低 8 位地址。

（2）EPROM 2732

EPROM 2732 的容量为 4KB×8 位。4KB 表示有 4×1024 个存储单元，8 位表示每个单元存储数据的宽度是 8 位。前者确定了地址线的位数是 12 位（A0～A11），后者确定了数据线的位数是 8 位（D0～D7），目前除了串行存储器之外，一般情况下人们使用的都是 8 位数据存储器）。2732 芯片采用单一 +5V 供电，最大静态工作电流为 100mA，维持电流为 35mA，读出时间最大为 250ns。2732 的引脚如图 7-2 所示。

其中，A0～A11：地址线。

D0～D7：数据线。

$\overline{CE}$为片选线，低电平有效，也就是说，只有当$\overline{CE}$为低电平时，2732 才被选中，否则，2732 不工作。

$\overline{OE}$/VPP 为双功能引脚，当 2732 用作程序存储器时，其功能是允许读数据出来；当对 EPROM 编程（也称为固化程序）时，该引脚用于高电压输入，不同生产厂家的芯片编程电压也有不同。当把它作为程序存储器使用时，不必关心其编程电压。

引脚	2732	2732	引脚
1	A7	VCC	24
2	A6	A8	23
3	A5	A9	22
4	A4	A11	21
5	A3	$\overline{OE}$/VPP	20
6	A2	A10	19
7	A1	$\overline{CE}$	18
8	A0	D7	17
9	D0	D6	16
10	D1	D5	15
11	D2	D4	14
12	GND	D3	13

图 7-2 EPROM 2732 引脚及说明

4. 扩展总线的产生

MCS-51 单片机由于受引脚的限制，数据线与地址线是复用的，为了将它们分离开来，必须在单片机外部增加地址锁存器，构成与一般 CPU 相类似的三总线结构。

5. 连线说明

（1）地址线

单片机扩展片外存储器时，地址线是由 P0 和 P2 口提供的。图 7-1 中，2732 的 12 条地址线（A0～A11）中，低 8 位 A0～A7 通过锁存器 74LS373 与 P0 口连接，高 4 位 A8～A11 直接与 P2 口的 P2.0～P2.3 连接，P2 口本身有锁存功能。注意，锁存器的锁存使能端 G 必须和单片机的 ALE 引脚相连。

（2）数据线

2732 的 8 位数据线直接与单片机的 P0 口相连。P0 口作为地址/数据线分时复用。

（3）控制线

CPU 执行 2732 中存放的程序指令时，取指阶段就是对 2732 进行读操作。注意，CPU 对 EPROM 只能进行读操作，不能进行写操作。CPU 对 2732 的读操作控制都是通过控制线实现的，2732 控制线的连接有以下几条：

$\overline{CE}$：直接接地。由于系统中只扩展了一个程序存储器芯片，因此 2732 的片选端$\overline{CE}$直接接地，表示 2732 一直被选中。若同时扩展多片，需通过译码器来完成片选工作。

$\overline{OE}$：接 8031 的读选通信号$\overline{PSEN}$端。在访问片外程序存储器时，只要$\overline{PSEN}$端出现负脉冲，即可从 2732 中读出程序。

6. EPROM 的使用

存储器扩展电路是单片机应用系统的功能扩展部分，只有当应用系统的软件设计完成了，才能把程序通过特定的编程工具（一般称为编程器或 EPROM 固化器）固化到 2732 中，然后再将 2732 插到用户板的插座上（扩展程序存储器一定要焊插座）。

当上电复位时，PC = 0000H，自动从 2732 的 0000H 单元取指令，然后开始执行指令。

如果程序需要反复调试，可以用紫外线擦除器先将 2732 中的内容擦除，然后再固化修改后的程序进行调试。

如果要从 EPROM 中读出程序中定义的表格，使用查表指令：

```
MOVCA,@A+DPTR
MOVCA,@A+PC
```

7.2 数据存储器扩展

RAM 是用来存放各种数据的，MCS－51 系列 8 位单片机内部有 128B RAM 存储器，CPU 对内部 RAM 具有丰富的操作指令。但是，当单片机用于实时数据采集或处理大批量数据时，仅靠片内提供的 RAM 是远远不够的。此时，可以利用单片机的扩展功能，扩展外部数据存储器。

常用的外部数据存储器有静态 RAM（Static Random Access Memory，SRAM）和动态 RAM（Dynamic Random Access Memory，DRAM）两种。前者相对读写速度高，一般都是 8 位宽度，易于扩展，且大多数与相同容量的 EPROM 引脚兼容，有利于印制电路板的电路设计，使用方便；缺点是集成度低，成本高，功耗大。后者集成度高，成本低，功耗相对较低；缺点是需要增加一个刷新电路，附加了另外的成本。

MCS－51 单片机扩展片外数据存储器的地址线也是由 P0 口和 P2 口提供的，因此最大寻址范围为 64KB（0000H～FFFFH）。

一般情况下，SRAM 用于仅需要小于 64KB 数据存储器的小系统，DRAM 经常用于需要大于 64KB 数据存储器的大系统。在本节将主要介绍 SRAM 与单片机的接口设计。

7.2.1 SRAM 扩展实例

1. 芯片选择

单片机扩展数据存储器常用的静态 RAM 芯片有 6116（2KB × 8 位）、6264（8KB × 8 位）、62256（32KB × 8 位）等。

我们通常选用 SRAM 6116，采用单一 +5V 供电，其输入/输出电平均与 TTL 电平兼容，具有低功耗操作方式，引脚如图 7-3 所示。

6116 有 11 条地址线 A0～A10；8 条双向数据线 I/O0～I/O7；$\overline{CE}$为片选线，低电平有效；$\overline{WE}$为写允许线，低电平有效；$\overline{OE}$为读允许线，低电平有效。6116 的操作方式见表 7-2。

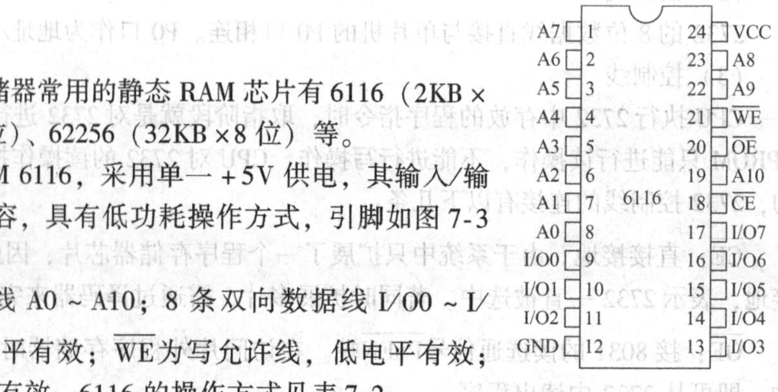

图 7-3　6116 引脚图

表 7-2 6116 的操作方式

$\overline{CE}$	$\overline{OE}$	$\overline{WE}$	方式	IO0 ~ IO7
H	×	×	未选中	高阻
L	L	H	读	O0 ~ O7
L	H	L	写	I0 ~ I7
L	L	L	写	I0 ~ I7

2. 硬件电路

单片机与 6116 的硬件连接如图 7-4 所示。

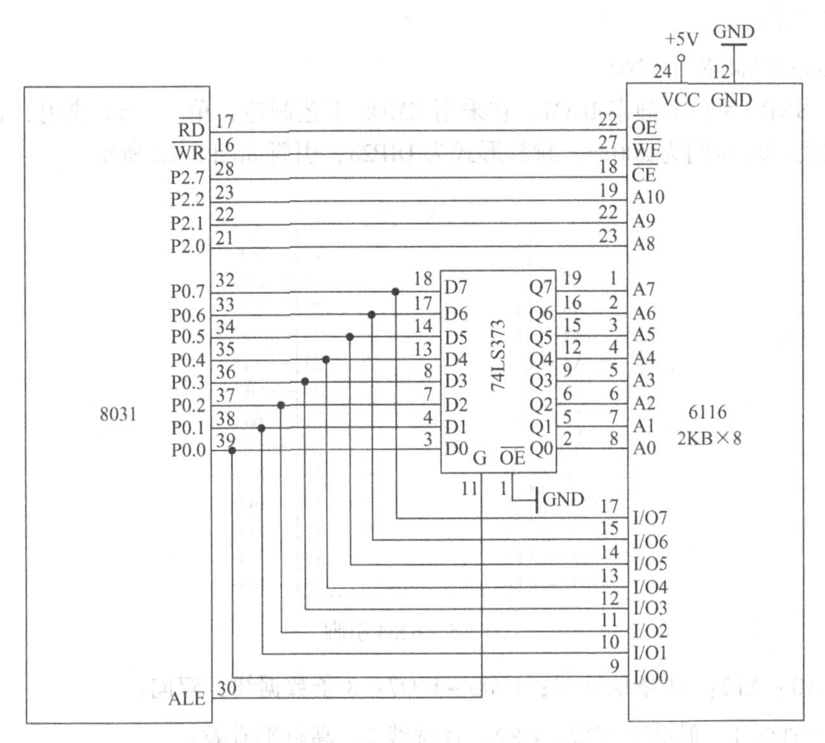

图 7-4 单片机扩展 2KB RAM 电路

3. 连线说明

地址线：A0 ~ A10 连接单片机地址总线 P0.0 ~ P0.7、P2.0、P2.1、P2.2 共 11 根；

数据线：I/O0 ~ I/O7 连接单片机的数据线，即 P0.0 ~ P0.7；

控制线：片选端$\overline{CE}$连接单片机的 P2.7，即单片机地址总线的最高位 A15；

读允许线：$\overline{OE}$连接单片机的读数据存储器控制线$\overline{RD}$；

写允许线：$\overline{WE}$连接单片机的写数据存储器控制线$\overline{WR}$。

单片机对 RAM 的读写可以使用下面两条命令：

```
MOVX  @DPTR, A        ; 64KB 内写入数据
MOVX  A, @DPTR        ; 64KB 内读取数据
```

还可以使用以下对低 256B 的读写指令：

```
MOVX   @Ri, A          ; 低 256B 内写入数据
MOVX   A, @Ri          ; 低 256B 内读取数据
```

7.2.2 外部 RAM 与 I/O 同时扩展

外部 RAM 与外部 I/O 口采用相同的读写指令，二者统一编址。因此，当同时扩展二者时，就必须考虑地址的合理分配，通常采用译码法来实现。

例如：要求扩展 8KB RAM，地址范围是 2000H ~ 3FFFH，并且具有唯一性；其余地址均作为外部 I/O 扩展地址。

1. 芯片选择

（1）静态 RAM 芯片 6264

6264 是 8KB×8 位的静态 RAM，它采用 CMOS 工艺制造，单一 +5V 供电，额定功耗为 200mW，典型读取时间为 200ns，封装形式为 DIP28，引脚如图 8-12 所示。

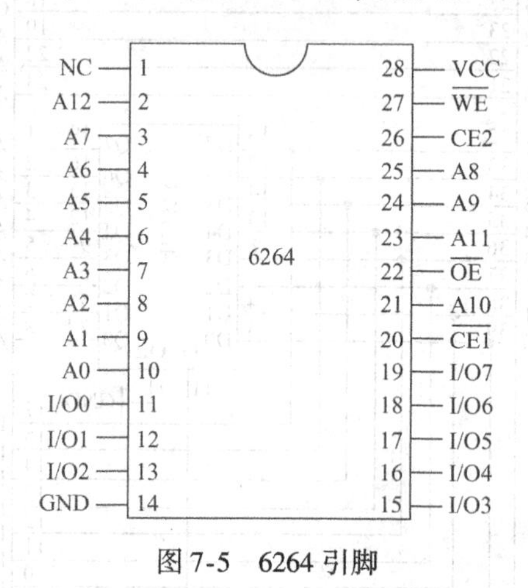

图 7-5 6264 引脚

其中，A0 ~ A12：13 条地址线；I/O0 ~ I/O7：8 条数据线，双向；

$\overline{CE1}$：片选线 1，低电平有效；CE2：片选线 2，高电平有效；

$\overline{OE}$：读允许信号线，低电平有效；$\overline{WE}$：写信号线，低电平有效。

（2）3 - 8 译码器 74LS138

题目要求扩展 RAM 的地址范围是唯一的 2000H ~ 3FFFH，其余地址用于外部 I/O 接口。由于外部 I/O 占用外部 RAM 的地址范围，操作指令都是 MOVX 指令，因此，I/O 和 RAM 同时扩展时必须进行存储器空间的合理分配。这里采用全译码方式，6264 的存储容量是 8KB×8 位，占用了单片机的 13 条地址线 A0 ~ A12，剩余的 3 条地址线 A13 ~ A15 通过 74LS138 来进行全译码。

2. 硬件连线

用单片机扩展 8KB SRAM 的硬件连线图如图 7-6 所示。

单片机的 I/O 口 P2.7、P2.6、P2.5 用来进行 3 - 8 译码，译码输出的 $\overline{Y1}$ 接 6264 的片选线 $\overline{CE1}$；剩余的译码输出用于选通其他的 I/O 扩展接口；

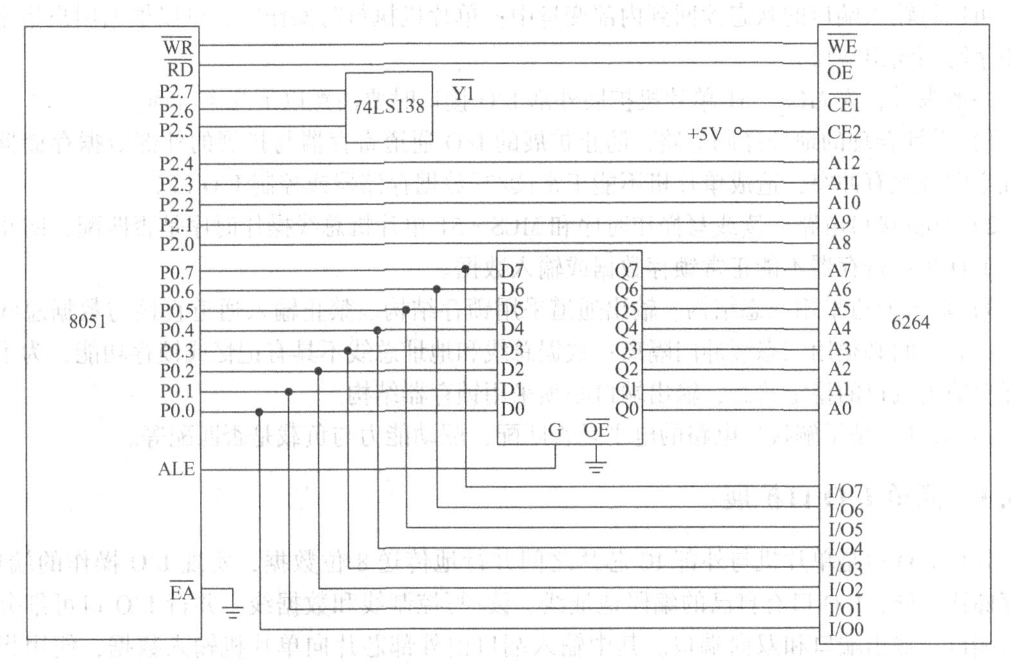

图7-6　单片机与SRAM 6264的连接

6264的片选线CE2直接接高电平，+5V；

6264的读允许信号$\overline{OE}$接单片机的$\overline{RD}$，写允许信号$\overline{WE}$接单片机的$\overline{WR}$。

7.3　并行I/O口扩展

MCS-51单片机有4个并行I/O口，每个8位，但这些I/O口并不能全部提供给用户使用，只有对于片内有程序存储器的8051/8751单片机，在不扩展外部资源，不使用串行口、外中断、定时/计数器时，才能对4个并行I/O口进行使用。如果片外要扩展资源，则P0口、P2口要用来作为数据总线和地址总线，P3口中的某些位也要被用来作为第二功能信号线，这时留给用户的I/O线就很少了。因此，在大部分的MCS-51单片机系统中都要进行I/O扩展。

I/O扩展接口的种类很多，按其功能可分为简单I/O接口和可编程I/O接口。简单I/O扩展是通过数据缓冲器、锁存器来实现的，结构简单、价格便宜，但功能简单。可编程I/O扩展通过可编程接口芯片来实现，电路复杂、价格相对较高，但功能强、使用灵活。

由于MCS-51单片机将片外并行I/O接口地址与片外数据存储器统一编址，片外I/O被看成是片外数据存储器的存储单元，通过片外数据存储器的访问方式访问。因此，片外的I/O的扩展方法和片外数据存储器的扩展方法完全相同，即两者的读/写时序一致，三总线连接方法相同。同时也要注意，如果扩展的外部I/O接口占用了其中的某些地址空间，那么扩展的数据存储器就不能使用这些地址空间。同样的道理，扩展外部I/O接口时，必须给每个扩展的I/O接口的功能寄存器分配一个专用的地址（或片选信号），MCS-51单片机访问扩展的I/O接口的操作同访问扩展的并行接口存储器的操作完全相同。单片机执行读操作时，可以将输入端口的状态读回到内部变量中；单片机执行写操作时，可以根据用户指定的控制字写到输出端口。

一般来讲，为 MCS－51 单片机扩展外部 I/O 接口时要注意以下几个方面：

1）设计合理的地址译码电路，防止扩展的 I/O 通道寄存器与扩展的外部数据存储器的地址空间分配有冲突，造成单片机不能正常读/写数据存储器或控制 I/O 口。

2）分析接口电路的读或写操作时序和 MCS－51 单片机总线操作时序是否匹配，防止扩展的 I/O 接口寄存器不能正常锁存数据或输入数据。

3）输入通道采用三态结构，输出通道采用锁存结构。禁止输入通道直接与数据总线连接，两者之间必须用三态缓冲门隔离；数据总线和地址总线不具有记忆或锁存功能，为了能够保存输出端口的稳定状态，输出端口必须采用锁存器结构。

4）必须清楚了解接口电路的电平是否匹配，驱动能力与负载是否匹配等。

7.3.1 简单 I/O 口扩展

并行 I/O 口是单片机与外部 IC 芯片之间并行地传送 8 位数据，实现 I/O 操作的端口。跟存储器一样，I/O 口有自己的编码地址线、读/写控制线和数据线。并行 I/O 口可细分为输入端口、输出端口和双向端口。其中输入端口由外部芯片向单片机输入数据，使用指令“MOVX　A，@Ri 或 MOVX　A，@DPTR”操作。输出端口由单片机向外部 IC 芯片输出数据，使用指令“MOVX　@Ri，A 或 MOVX　@DPTR，A”操作。输入时，接口电路应能三态缓冲，可采用 8 位三态缓冲器（如 74LS244）组成输入口；输出时，接口电路应具备锁存功能，可采用 8D 锁存器（如 74LS273、74LS373、74LS377 等）组成输出口；双向端口具有输入、输出功能，使用同一编码地址，可采用 8 位双向收发器（如 74LS245）组成双向端口。

1. 用三态缓冲器扩展 8 位并行输入口

图 7-7 利用 74LS244 扩展并行输入口。74LS244 由两组 4 位三态缓冲器组成，分别由选通控制端$\overline{1G}$和$\overline{2G}$控制。当它们为低电平时，输入端 D0 ~ D7 的数据输出到 Q0 ~ Q7。图 7-7 中单片机的读信号$\overline{RD}$和 P2.7 通过或门后与 74LS244 的控制端$\overline{1G}$和$\overline{2G}$连在一起。当单片机执行读指令时，如果 P2.7 = 0，则可选中 74LS244 芯片。

2. 用锁存器扩展简单的 8 位输出口

图 7-7 中利用 74LS373 扩展并行输出口。74LS373 是一个带输出三态门的 8 位锁存器，具有 8 个输入端口 D0 ~ D7，8 个输出端口 Q0 ~ Q7，G 为数据锁存控制端，G 为高电平，则把输入端的数据锁存于内部的锁存器中，图中单片机的写信号$\overline{WR}$和 P2.7 通过或非门后与 74LS373 的控制端 G 相连。$\overline{OE}$为输出允许端，低电平时把锁存器中的内容通过输出端输出，图中输出允许端$\overline{OE}$直接接地，当 74LS373 输入端有数据来时，直接通过输出端输出。

当执行向片外数据存储器写指令时，指令中片外数据存储器的地址使 P2.7 为低电平，则控制端 G 有效，数据总线上的数据就送到 74LS373 的输出端。

在图 7-7 中，扩展的输入口接了 S0 ~ S7 共 8 个开关，扩展的输出口接了 VL0 ~ VL7 共 8

个发光二极管，如果要通过 VL0～VL7 发光二极管显示 S0～S7 开关的状态，设 74LS373 的端口地址为 7FFFH，则相应的汇编程序如下：

```
LOOP:MOV    DPTR,  #7FFFH      ;数据指针指向 74LS244
     MOVX   A,  @DPTR          ;读入数据
     MOVX   @DPTR,  A          ;P0 口通过 74LS373 输出数据
     SJMP   LOOP
```

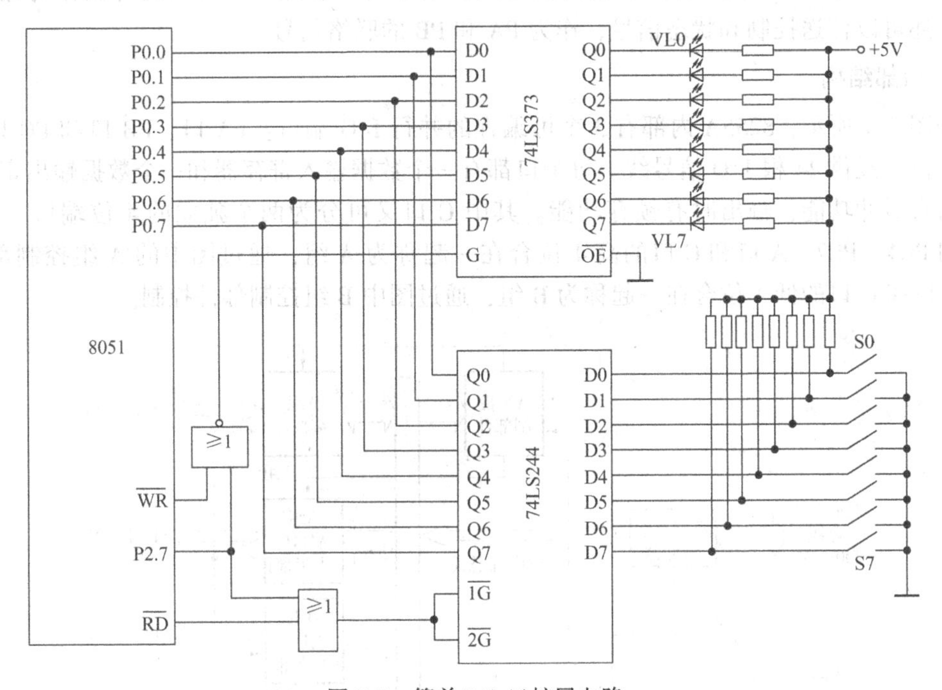

图 7-7　简单 I/O 口扩展电路

7.3.2　基于可编程芯片 8255A 的扩展

8255A 是单片机应用系统中广泛采用的可编程 I/O 接口扩展芯片，可与 MCS－51 单片机直接接口。其引脚采用 40 腿双列直插封装，如图 7-8 所示。

1. 外部引脚

8255A 采用单一的 +5V 电源，其电源引脚是第 26 脚，地线引脚是第 7 脚，不同于大多数 TTL 芯片电源和地线在右上角和左下角的位置。

(1) 与 CPU 连接的引脚

数据线 D0～D7：三态双向数据线，用来传送数据信息。

地址线 A0、A1：端口选择信号。8255A 内部有 3 个数据端口和 1 个控制端口，由 A1、A0 编程选择。对它们的访问只需要使用 A0 和 A1 即可实现编址。

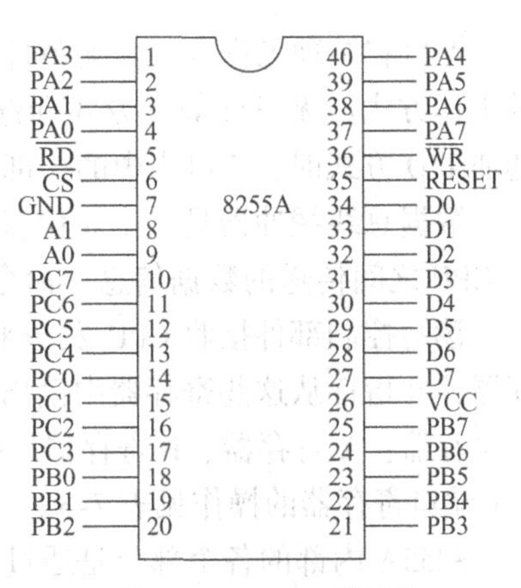

图 7-8　8255A 引脚图

$\overline{CS}$：片选信号，低电平有效。

$\overline{RD}$、$\overline{WR}$：读、写控制读信号线，低电平有效，用于控制从8255A端口寄存器读出/写入信息。

（2）和外设端相连的引脚

PA7～PA0：A口的8根输入/输出信号线，用于与外设连接。

PB7～PB0：B口的8根输入/输出信号线，用于与外设连接。

PC7～PC0：C口的8根输入/输出信号线，用于与外设连接。C口既可以作为输入/输出口，还可以传送控制和状态信号，作为PA和PB的联络信号。

2. 内部结构

如图7-9所示，8255A内部有3个可编程的并行I/O端口：PA口、PB口和PC口。每个口8位，提供24根I/O信号线。每个口都有一个数据输入寄存器和一个数据输出寄存器，输入时有缓冲功能，输出时有锁存功能。其中C口又可分为两个独立的4位端口：PC0～PC3和PC4～PC7。A口和C口的高4位合在一起称为A组，通过图中的A组控制部件控制；B口和C口的低4位合在一起称为B组，通过图中B组控制部件控制。

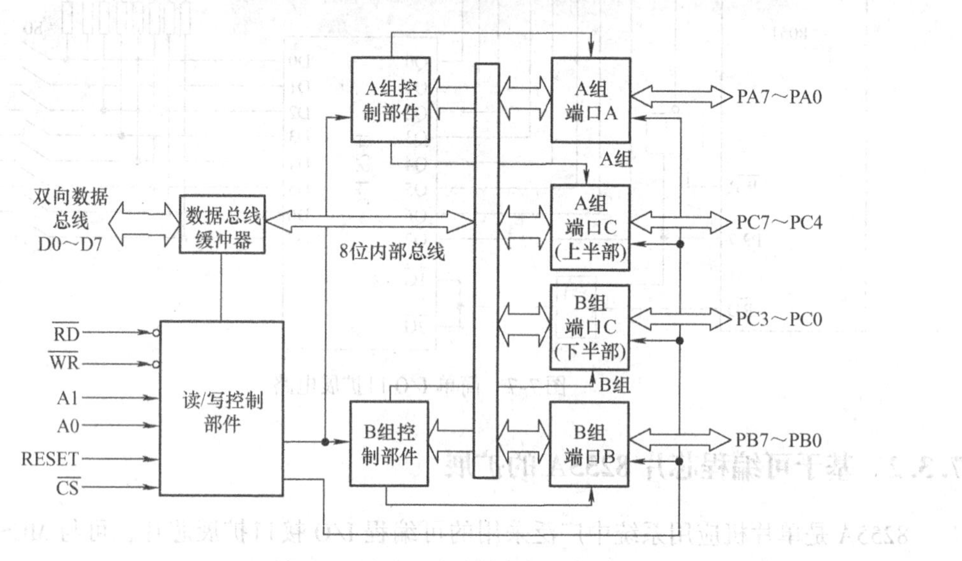

图7-9　8255A内部结构

A口有3种工作方式：无条件I/O方式、选通I/O方式和双向选通I/O方式。B口有两种工作方式：无条件I/O方式和选通I/O方式。当A口和B口工作于选通I/O方式或双向选通I/O方式时，C口当中的一部分线用作A口和B口I/O的应答信号线。

数据总线缓冲器是一个8位双向三态缓冲器，是8255A与系统总线之间的接口，8255A与CPU之间传送的数据信息、命令信息、状态信息都通过数据总线缓冲器来实现传送。

读写控制部件接收CPU发送来的控制信号、地址信号，然后经译码选中内部的端口寄存器，并指挥从这些寄存器中读出信息或向这些寄存器中写入相应的信息。8255A有4个端口寄存器：A寄存器、B寄存器、C寄存器和控制口寄存器，通过控制信号和地址信号对这4个端口寄存器的操作见表7-3。

8255A内部的各个部分是通过8位内部总线连接在一起的。

表 7-3 8255A 端口寄存器选择表

$\overline{CS}$	A1	A0	$\overline{RD}$	$\overline{WR}$	I/O 操作
0	0	0	0	1	读 A 口寄存器内容到数据总线
0	0	1	0	1	读 B 口寄存器内容到数据总线
0	1	0	0	1	读 C 口寄存器内容到数据总线
0	0	0	1	0	将数据总线上的内容写到 A 口寄存器
0	0	1	1	0	将数据总线上的内容写到 B 口寄存器
0	1	0	1	0	将数据总线上的内容写到 C 口寄存器
0	1	1	1	0	将数据总线上的内容写到控制口寄存器

3. 8255A 的控制字

8255A 有两个控制字：工作方式控制字和 C 口按位置位/复位控制字。这两个控制字都是通过向控制口寄存器写入来实现的，通过写入内容的特征位来区分是工作方式控制字还是 C 口按位置位/复位控制字。

（1）工作方式控制字

工作方式控制字用于设定 8255A 的 3 个端口的工作方式，其格式如图 7-10 所示。D7 位为特征位，D7 =1 表示此时的控制字为工作方式控制字。D6、D5 用于设定 A 组的工作方式，D4 用于设定 A 口是输入还是输出，D3 用于设定端口 C 的高 4 位是输入还是输出，D2 用于设定 B 组的工作方式，D1 用于设定端口 B 是输入还是输出，D0 用于设定端口 C 低 4 位是输入还是输出。详细情况见图 7-10 中文字说明。

（2）C 口按位置位/复位（置“1”/清“0”）控制字

C 口按位置位/复位控制字用于对 C 口各位置“1”或清“0”，它的格式如图 7-11 所示。

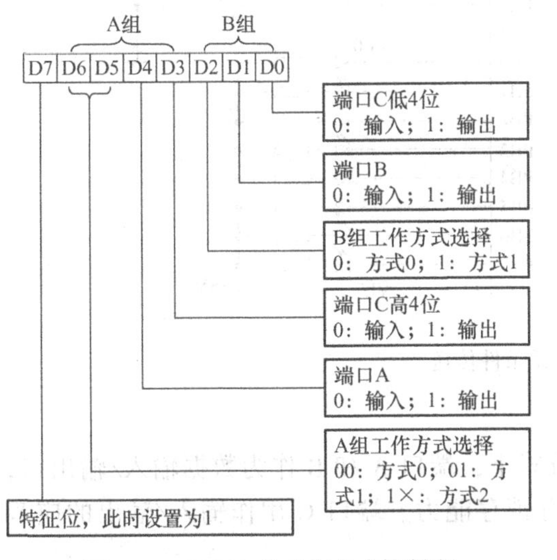

图 7-10 8255A 的工作方式控制字

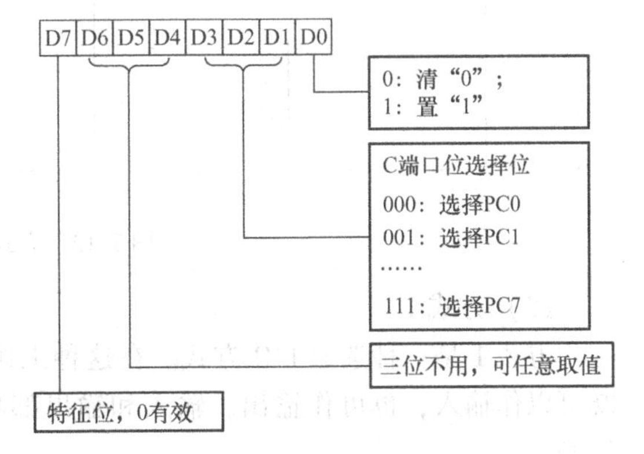

图 7-11 8255A C 口按位置位/复位控制字

D7 位为特征位，D7 =0 表示此时控制字为 C 口按位置位/复位控制字。D6、D5、D4 这 3 位不用。D3、D2、D1 这 3 位用于选择 C 口当中某一位。D0 用于复位/置位设置，D0 =0 则复位，D0 =1 则置位。

4. 8255A 的工作方式

8255A 有 3 种工作方式：方式 0、方式 1、方式 2。

(1) 方式 0

方式 0 是一种基本的输入/输出方式。在这种方式下，3 个端口都可以由程序设置为输入或输出，没有固定的应答信号。方式 0 特点如下：

1) 具有两个 8 位端口（A、B）和两个 4 位端口（C 口的高 4 位和 C 口的低 4 位）。

2) 任何一个端口都可以设定为输入或者输出。

3) 每一个端口输出时是锁存的，输入是不锁存的。

方式 0 输入/输出时没有专门的应答信号，适用于无条件传送和查询方式的接口电路。图 7-12 就是 8255A 工作于方式 0 的例子，其中 A 口输入，B 口输出。A 口接开关 S0 ~ S7，B 口接发光二极管 VL0 ~ VL7，开关 S0 ~ S7 是一组无条件输入设备，发光二极管 VL0 ~ VL7 是一组无条件输出设备，如需要接收开关的状态，直接读出 A 口即可，如需要把信息通过二极管显示，只需把信息直接送到 B 口即可。

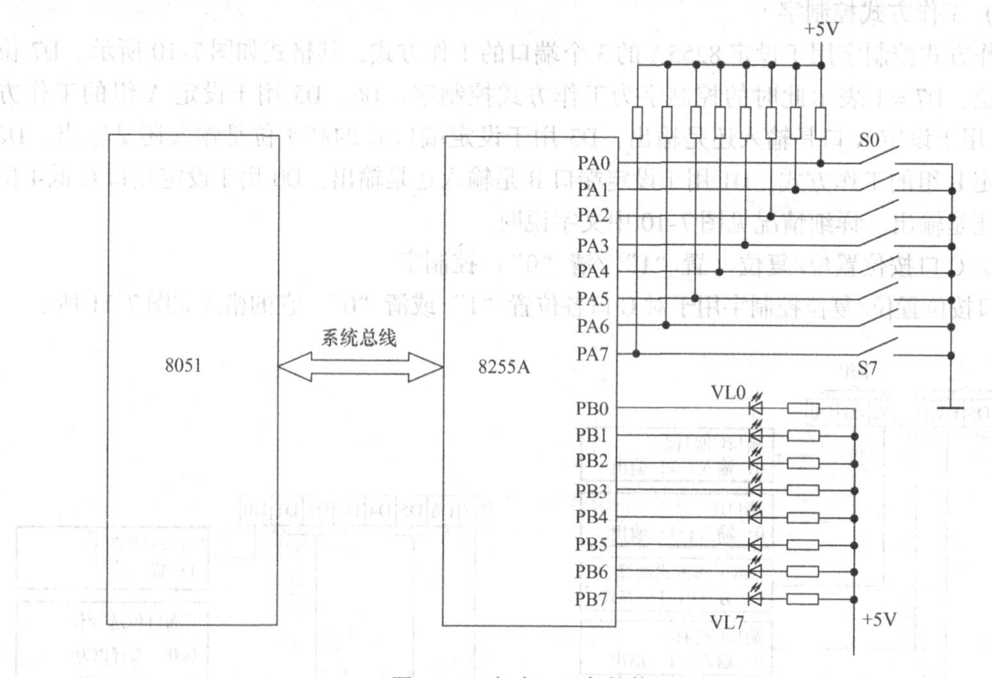

图 7-12 方式 0 无条件传送

(2) 方式 1

方式 1 是一种选通 I/O 方式。在这种工作方式下，端口 A 和 B 作为数据输入/输出口，既可以作输入，也可作输出，输入和输出都具有锁存能力。端口 C 用作输入/输出的应答信号。

1) 方式 1 输入。

无论是 A 口输入还是 B 口输入，都用 C 口的三位作应答信号，一位作中断允许控制位。具体情况如图 7-13 所示。

各应答信号含义如下：

$\overline{\text{STB}}$：外设送给8255A的"输入选通"信号，低电平有效。当外设准备好数据时，就向8255A发送$\overline{\text{STB}}$信号，把外设送来的数据锁存到数据寄存器中。

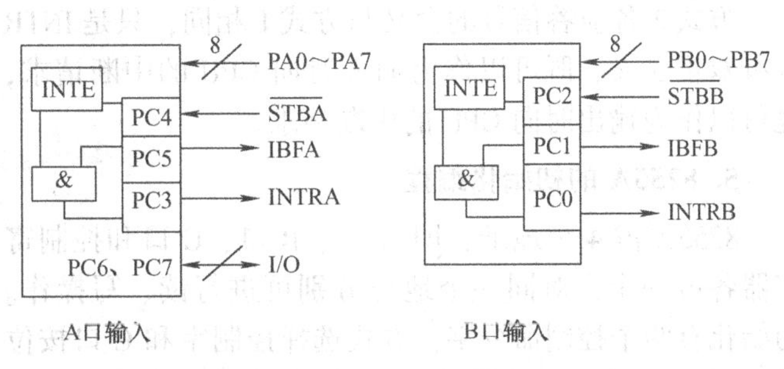

图7-13 方式1输入

IBF：8255A送给外设的"输入缓冲器满"信号，高电平有效。此信号是对STB信号的响应信号。当IBF=1时，8255A告诉外设来的数据已经锁存于8255A的输入锁存器中，但CPU还未取走，通知外设还不能发新的数据，只有当IBF=0，输入缓冲器变空时，外设才能给8255A发送新的数据。

INTR：8255A送给CPU的"中断请求"信号，高电平有效。当INTR=1时，向CPU发送中断请求，请求CPU从8255A中读取数据。

INTE：8255A内部为控制中断而设置的"中断允许"信号。当INTE=1时，允许8255A向CPU发送中断申请；当INTE=0时，禁止8255A向CPU发送中断请求。INTE由软件通过对PC4（A口）和PC2（B口）的置位/复位来允许或禁止。

2）方式1输出。

无论是A口输出还是B口输出，也都用C口的三位作应答信号，一位作中断允许控制位。具体结构如图7-14所示。

各应答信号含义如下：

$\overline{\text{OBF}}$：8255A送给外设的"输出缓冲器满"信号，低电平有效。当$\overline{\text{OBF}}$有效时，表示CPU已将一个数据写入8255A的输出端口，8255A通知外设可以将其取走。

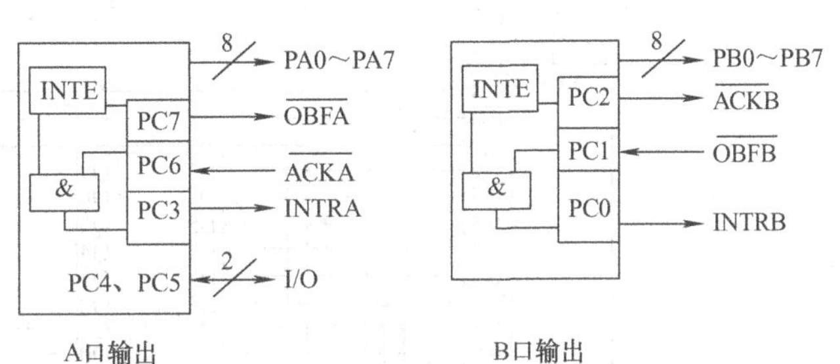

图7-14 方式1输出

$\overline{\text{ACK}}$：外设送给8255A的"应答"信号，低电平有效。当$\overline{\text{ACK}}$有效时，表示外设已接到从8255A端口送来的数据。

INTR：8255A送给CPU的"中断请求"信号，高电平有效。当INTR=1时，向CPU发送中断请求，请求CPU再向8255A写入数据。

INTE：8255A内部为控制中断而设置的"中断允许"信号，含义与输入相同，只是对应C口的位数与输入不同，它是通过对PC4（A口）和PC2（B口）的置位/复位来允许或禁止中断的。

（3）方式2

方式2是一种双向选通输入/输出方式，只适合于端口A。这种方式能实现外设与8255A的A口双向数据传送，并且输入和输出都是锁存的。它使用C口的5位作应答信号，两位作中断允许控制位。具体结构如图7-15所示。

方式2各应答信号的含义与方式1相同，只是INTR具有双重含义，既可以作为输入时向CPU的中断请求，也可以作为输出时向CPU的中断请求。

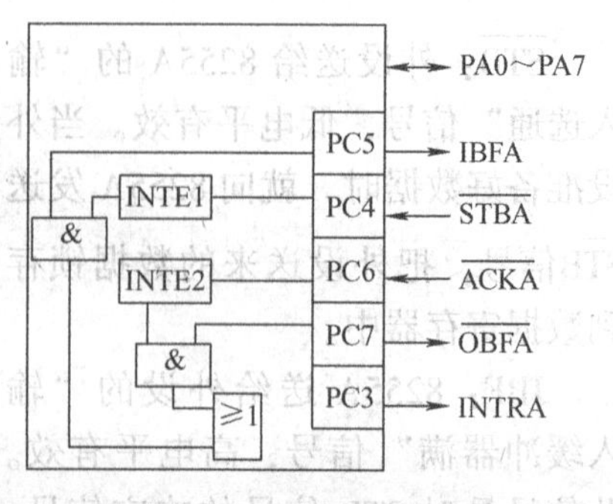

图7-15 方式2结构

5. 8255A的初始化编程

8255A占4个地址，即A口、B口、C口和控制寄存器各占一个，对同一个地址分别可进行读、写操作。初始化有两个控制命令字：方式选择控制字和C口按位置位/复位控制字，都写入8255A的最后一个地址，即A1A0=11时，相应的端口中。初始化编程时应注意以下几点：

1）工作方式控制字是对8255A的3个端口的工作方式及功能指定进行初始化，要在使用8255A之前。

2）按位置位/复位控制字只是对C口的输出进行控制，使用它时不能破坏已经建立的3种工作方式。

3）两个控制字的最高位（D7）都是特征位，之所以要设置特征位，是为了识别两个控制字。

6. 8255A与单片机连接

图7-16就是8255A与单片机的一种连接形式。8255A与MCS－51单片机的连接包含数据线、地址线、控制线的连接。

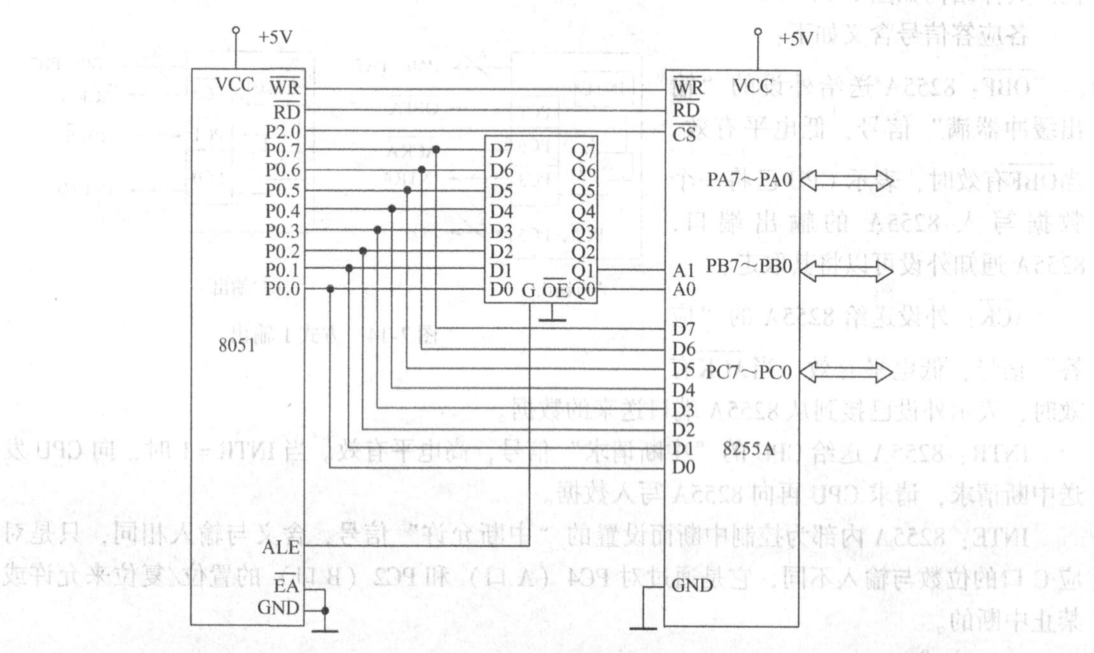

图7-16 8255A与单片机的连接

1）数据线：数据线直接与MCS－51单片机的数据线相连。

2）地址线：8255A的地址线A0和A1一般与MCS－51单片机地址总线的低位相连，用于对8255A的4个端口进行选择。

3）控制线：8255A 控制线中的读信号线、写信号线与 MCS-51 单片机的片外数据存储器的读/写信号线直接连接，片选信号线$\overline{CS}$的连接与存储器芯片的片选信号线的连接方法相同，用于决定 8255A 内部端口地址的地址范围。

图 7-16 中，8255A 的数据线与 8051 单片机的数据总线相连，读、写信号线对应相连，地址线 A0、A1 与单片机的地址总线的 A0 和 A1 相连，片选信号$\overline{CS}$与 8051 的 P2.0 相连。则 8255A 的 A 口、B 口、C 口和控制口的地址分别是：FEFCH、FEFDH、FEFEH、FEFFH。如果设定 8255A 的 A 口为方式 0 输入，B 口为方式 0 输出，则初始化程序如下：

```
MOV     A, #90H
MOV     DPTR, #0FEFFH
MOVX    @DPTR, A
```

习　题

7-1　在 MCS-51 单片机系统中，外接程序存储器和数据存储器共有 16 位地址线和 8 位数据线，为何不冲突？

7-2　用译码电路译出的地址信号能同时用于单片机扩展的程序存储器和数据存储器吗？为什么？

7-3　用缓冲器和锁存器扩展单片机的 I/O 端口时，其地址能与外部数据存储器某一存储单元的地址相同吗？为什么？

7-4　用 74LS138 设计一个译码电路，利用 89C51 单片机的 P0 口和 P2 口译出地址为 2000H-3FFFH 的片选信号$\overline{CS}$。

7-5　设计一个以 89C51 单片机为中心的系统，要求外部程序存储器有 16KB，外部数据存储器有 8KB，系统共有 20 条 I/O 口线，试画出硬件原理图。

7-6　现有 8031 单片机、74LS373 锁存器、1 片 EPROM 2764 和 2 片 RAM 6116，请使用它们组成一个单片机系统，要求：

（1）画出硬件电路连线图，并标注主要引脚；

（2）指出该应用系统程序存储器空间和数据存储器空间各自的地址范围。

7-7　使用 89C51 芯片外扩一片 E^2PROM 2864，要求 2864 兼作程序存储器和数据存储器，且首地址为 8000H。要求：

（1）确定 2864 芯片的末地址；

（2）画出 2864 片选端的地址译码电路；

（3）画出该应用系统的硬件连接图。

7-8　常用的 I/O 接口编址有哪两种方式？它们各有什么特点？MCS-51 的 I/O 端口编址采用的是哪种方式？

7-9　I/O 数据传送有哪几种传送方式？分别在哪些场合下使用？

7-10　编写程序，采用 8255A 的 C 口按位置位/复位控制字，将 PC7 置“0”、PC4 置“1”（已知 8255A 各端口的地址为 7FFCH～7FFFH）。

第8章　MCS－51单片机接口技术

8.1　MCS－51单片机与LED显示器的接口

显示器是人机对话的主要输出设备，它显示系统运行中用户所关心的实时数据。在单片机应用系统中，经常用到LED数码管作为显示设备。LED数码管具有显示清晰、亮度高、使用电压低、寿命长、与单片机接口方便等特点，基本上能满足单片机应用系统的需要，所以在单片机应用系统中经常用到。

8.1.1　LED显示器的结构与原理

1. 发光二极管的特性

发光二极管LED具有体积小、抗冲击和抗振性好、可靠性高、寿命长、工作电压低、功耗小、响应速度快等特点，在单片机应用系统中得到了广泛应用。一般说来，发光二极管的工作电流在5～20mA之间，最大不超过50mA。为了获得良好的发光效果，LED工作电流控制在10～15mA较为合理。

2. 单片机与发光二极管的连接

相对LED的工作电流，单片机I/O口的负载能力较小，在单片机与LED连接时一般可采用分立元件（如晶体管）或驱动芯片来增强驱动能力，如图8-1所示。

图8-1a中，当P1. X输出高电平时，晶体管饱和导通，根据晶体管特性可知流过LED灯的电流比流过单片机P1. X引脚的电流大。需要注意的是，在单片机复位期间，由于P1口输出高电平，LED将会发光。为了避免该现象发生，可采用图8-1b所示的方式。在图8-1b中，采用同相驱动的集成芯片7407。当P1. X输出低电平时，驱动器输出低电平，LED灯发光。该电路克服了单片机复位期间LED发光的缺陷。

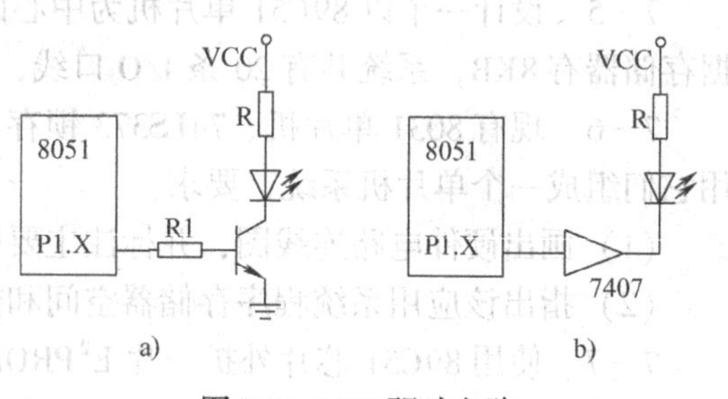

图8-1　LED驱动电路

3. LED数码管显示原理

LED数码管是常见的显示器件。LED数码管为“8”字形，共计8段（包括小数点段在内）或7段（不包括小数点段），每一段对应一个发光二极管，有共阳极和共阴极两种，如图8-2所示。共阳极数码管的阳极连接在一起，公共阳极接到+5V上；共阴极数码管的阴极连接在一起，通常此公共阴极接地。

对于共阴极数码管，当某个发光二极管的阳极为高电平时，发光二极管点亮，相应的段被显示。同样，共阳极数码管的阳极连接在一起接+5V，当某个发光二极管的阴极接低电平时，该发光二极管被点亮，相应的段被显示。

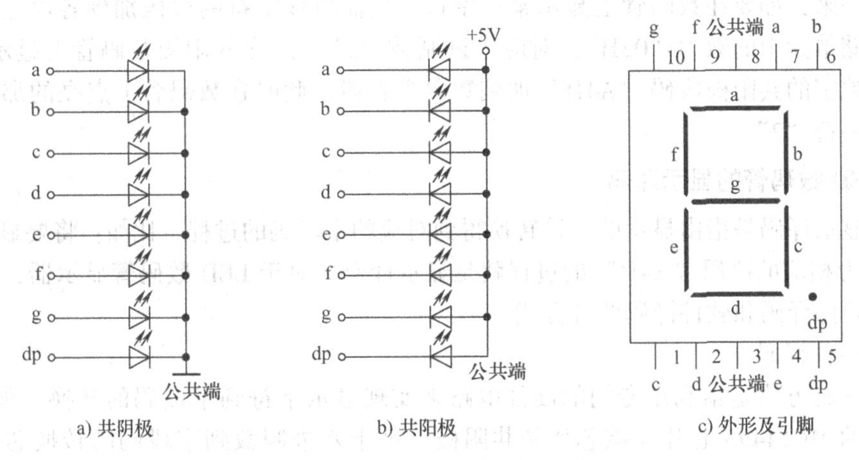

a) 共阴极 b) 共阳极 c) 外形及引脚

图8-2 八段LED数码管结构及外形

为了使LED数码管显示呈现出不同的字符，就应按需将八段数码管中的某些段点亮，这种控制发光二极管发光的7位（考虑小数点时，是8位）二进制编码称为字段码。不同数字或字符其字段码不一样，对于同一个数字或字符，共阴极连接和共阳极连接的字段码也不一样，共阴极和共阳极的字段码互为反码，常见的数字和字符的共阳极和共阴极的字段码见表8-1。

表8-1 LED数码管的段码

显示字符	共阴极字形码	共阳极字形码	显示字符	共阴极字形码	共阳极字形码
0	3FH	C0H	C	39H	C6H
1	06H	F9H	d	5EH	A1H
2	5BH	A4H	E	79H	86H
3	4FH	B0H	F	71H	8EH
4	66H	99H	P	73H	8CH
5	6DH	92H	U	3EH	C1H
6	7DH	82H	y	6EH	91H
7	07H	F8H	H	76H	89H
8	7FH	80H	L	38H	C7H
9	6FH	90H	—	40H	BFH
A	77H	88H	“灭”	00H	FFH
b	7CH	83H	…	…	…

需要注意的是，表8-1中的各种段码是以八段数码管中“a”段为段码字节的最低位，小数点位“dp”为字段码字节的最高位，段码位的对应关系见表8-2。

表8-2 段码位的对应关系

字段码	D7	D6	D5	D4	D3	D2	D1	D0
位段	dp	g	f	e	d	c	b	a

这样一来，如要在数码管上显示某一字符，只需将该字符的段码加到各段上即可。例如，某存储单元中的数为“02H”，对应十进制数“2”，想在共阳极数码管上显示该数字，需要把该数字的共阳极段码“A4H”加到数码管各段，此时在数码管上点亮的那些二极管就会拼出字符“2”。

4. LED 数码管的显示译码

所谓显示译码是指由显示的字符转换得到对应的字段码的过程。比如：将要显示的数字“2”转换为相应的段码“A4H”的过程就是显示译码。对于 LED 数码管显示器，通常的译码方式有硬件译码和软件译码两种方式。

（1）硬件译码

硬件译码方式是指利用专门的硬件电路来实现显示字符到字段码的转换，如 Motorola 公司生产的 MC14495 芯片，该芯片是共阴极一位十六进制数到字段码的转换芯片，能够输出用 4 位二进制表示形式的一位十六进制数的 7 位字段码，不带小数点。4 位二进制数输入端为 A、B、C、D，7 位字段码输出端为 a ~ g，与单片机的连接示意图可参考图 8-5 所示。

采用硬件译码时，要显示一个数字，只需送出这个数字的 4 位二进制编码即可，软件开销较小，但电路复杂，成本高。

（2）软件译码

软件译码就是编写软件译码程序，通过译码程序来得到要显示的字符的字段码。译码程序通常为查表程序，软件开销较大，但硬件电路简单，因而在实际系统中经常用到。

8.1.2 LED 数码管的显示方式

单片机控制 LED 数码管有两种显示方式：静态显示和动态扫描显示。

1. 静态显示方式

静态显示就是指无论多少位 LED 数码管，都同时处于显示状态。

LED 静态显示时，其公共端直接接地（共阴极）或接电源（共阳极），每位数码管的段码线（a ~ dp）分别与一个单片机控制的 8 位 I/O 口锁存器输出相连。如果送往各个 LED 数码管所显示字符的段码一经确定，则相应 I/O 口锁存器锁存的段码输出将维持不变，直到送入下一个显示字符的段码。因此，静态显示方式的显示无闪烁，亮度较高，软件控制比较容易。

图 8-3 所示为 4 位 LED 数码管静态显示电路，各个数码管可独立显示，只要向控制各位 I/O 口的锁存器写入相应的显示段码，该位就能保持相应的显示字符。这样一来，在同一时间，每一位均可显示，且显示的字符可以各不相同。

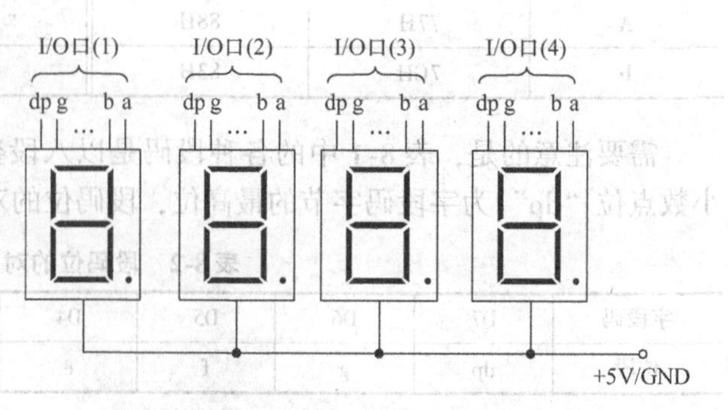

图 8-3　4 位 LED 数码管静态显示的示意图

但是，在静态显示方式中，每个显示位要占用一个 8 位的 I/O 口线。如果显示位增多，则还需要增加I/O口的数目。在实际的系统设计中，如果显示位数较多时，往往不采用静态显示方式，而改用动态显示方式。

2. 动态扫描显示方式

显示位数较多时，静态显示所占用的I/O口多，为节省I/O口与驱动电路的数目，常采用动态扫描显示方式。LED动态显示是将所有LED数码管显示器的段码线的相应段并联在一起，由一个8位I/O端口控制，而各显示位的公共端分别由另一单独的I/O端口线控制。

图8-4所示为一个4位8段LED数码管动态扫描显示电路的示意图。4位数码管的段码线并接在一起通过I/O（1）控制，它们的公共端不直接接地（共阴极）或电源（共阳极），每个数码管的公共端与一根I/O线相连，通过I/O（2）控制。设数码管为共阳极，它的工作过程可分为两步：

第一步，使右边第一位数码管的公共端D0为1，其余的数码管的公共端为0，同时在I/O（1）上发送右边第一位数码管的字段码，这时，只有右边第一个数码管显示，其余不显示。

第二步，使右边第二位数码管的公共端D1为1，其余的数码管的公共端为0，同时在I/O（1）上发送右边第二位数码管的字段码，这时，只有右边第二位数码管显示，其余不显示。依此类推，直到最后一位，这样4位数码管轮流显示相应的信息，一次循环完毕后，下一次循环又这样轮流显示。从计算机的角度看是一位一位轮流显示的，但由于人的视觉暂留效应和数码管的余辉，只要控制好每位数码管点亮显示的时间和间隔，则可造成“多位同时亮”的假象，达到4位同时显示的效果，这就是动态显示原理。

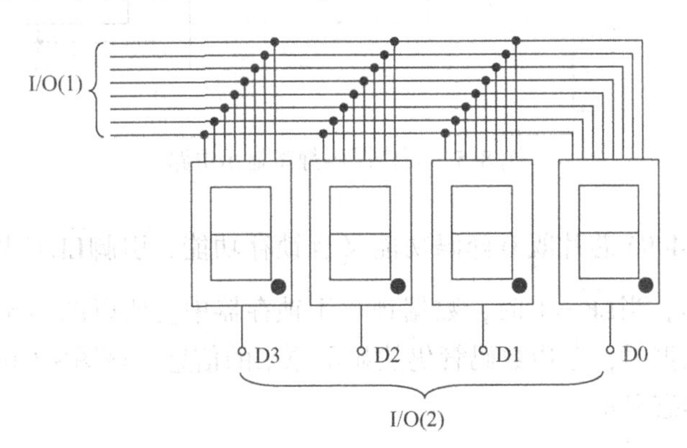

图8-4 4位LED数码管动态显示示意图

需要注意的是，各位数码管轮流点亮的时间间隔（扫描间隔）应根据实际情况而定。发光二极管从导通到发光有一定的延时，如果点亮时间太短，发光太弱，人眼无法看清；如果点亮时间太长，会产生闪烁现象，而且此时间越长，占用单片机时间也越多。

另外，显示位数增多，也将占用单片机的大量时间，因此动态显示的实质是以执行程序的时间来换取I/O端口数目的减少。

8.1.3 LED显示器与单片机的接口

LED显示器从译码方式上有硬件译码方式和软件译码方式，从显示方式上有静态显示方式和动态显示方式，在使用时可以把它们组合起来。在实际应用时，如果数码管个数较少，通常用硬件译码静态显示，在数码管个数较多时，则通常用软件译码动态显示。

1. 硬件译码静态显示

图 8-5 是一个两位共阴极数码管硬件译码静态显示的接口电路图。图中采用两片 MC14495 硬件译码芯片，它们的输入端并接在一起与 P1 中的低 4 位相连，控制端$\overline{LE}$分别接 P1.4 和 P1.5，MC14495 的输出端接数码管的段选线 a ~ g，数码管的公共端直接接地。操作时，如果使 P1.4 为低电平，则左边数码管接收数据，此时通过 P1 口的低 4 位输出的数字，将在左边第一个数码管显示。如果使 P1.5 为低电平，则右边数码管接收数据，此时通过 P1 口的低 4 位输出的数字，将在右边数码管显示。

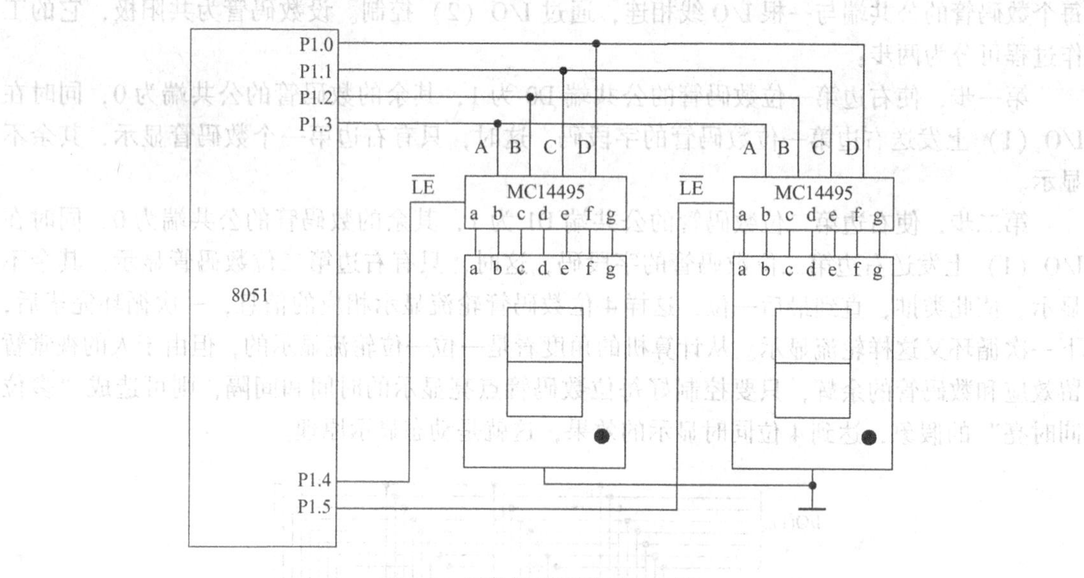

图 8-5 硬件译码静态显示电路

需要注意，MC14495 芯片既有译码功能又有锁存功能，引脚$\overline{LE}$是数据锁存控制端，当$\overline{LE}$=0 时，输入数据，当$\overline{LE}$=1 时，数据锁存于锁存器中。所以图 8-5 中，当 P1 口的低 4 位给右边数码管送数据时，左边数码管仍然显示原来的信息，该图中的两位数码管不是轮流地动态显示，而是静态显示。

2. 软件译码动态显示

图 8-6 是一个 8 位软件译码动态显示的接口电路图，图中用 8255A 扩展并行 I/O 接口接数码管，数码管为共阴极，采用动态显示方式，8 位数码管的段选线并联，与 8255A 的 A 口通过 74LS373 相连，8 位数码管的公共端通过 74LS373 分别与 8255A 的 B 口相连。8255A 的 B 口输出位选码，选择要显示的数码管，8255A 的 A 口输出字段码使数码管显示相应的字符。8255A 的 A 口和 B 口都工作于方式 0 输出。8255A 中 A 口、B 口、C 口和控制口的地址分别为 8F00H、8F01H、8F02H 和 8F03H。

软件译码动态显示汇编语言程序如下（设 8 个数码管的显示缓冲区为片内 RAM 的 58H ~ 50H 单元）：

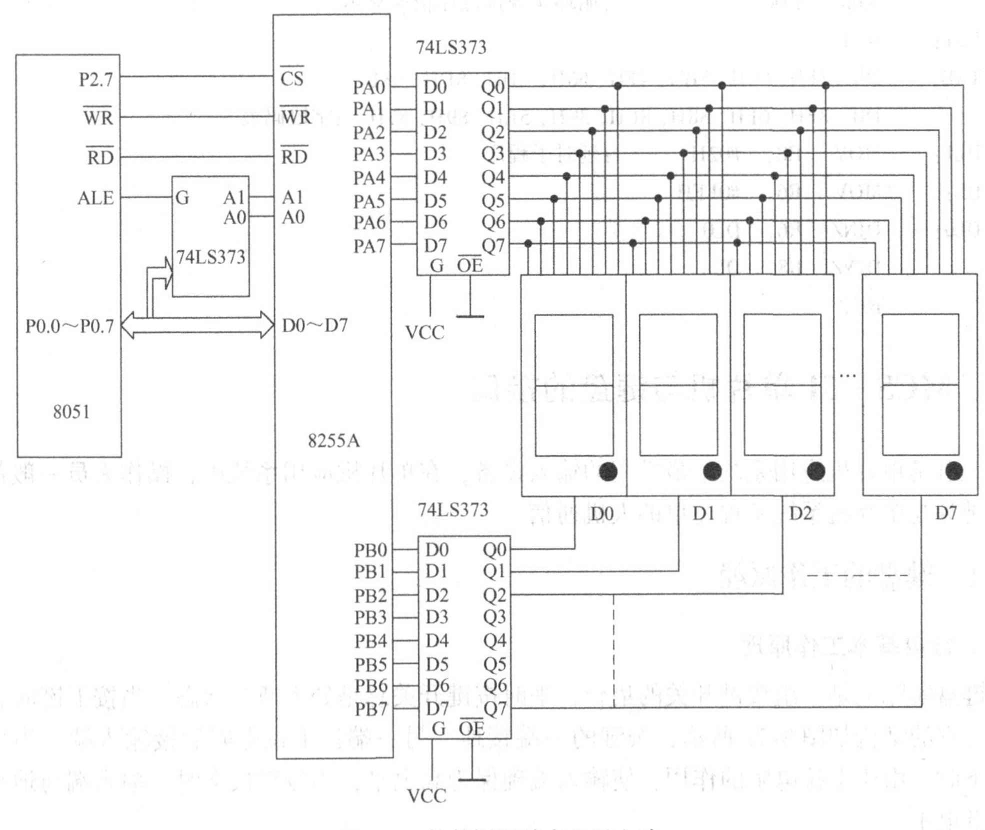

图 8-6　软件译码动态显示电路

```
DISPLAY:MOV   A,   #10000000B   ;8255A 初始化
        MOV   DPTR, #8F03H      ;使 DPTR 指向 8255A 的控制寄存器端口
        MOVX  @DPTR, A
        MOV   R0,  #58H         ;动态显示初始化,使 R0 指向缓冲区首址
        MOV   R3,  #8FH         ;首位位选字送 R3
        MOV   A,   R3
LD0:    MOV   DPTR, #8F01H      ;使 DPTR 指向 PB 口
        MOVX  @DPTR, A          ;从 PB 口送出位选字
        MOV   DPTR, #8F00H      ;使 DPTR 指向 PA 口
        MOV   A,   @R0          ;读要显示的数
        ADD   A,   #0DH         ;调整距段码表首的偏移量
        MOVC  A,   @A+PC        ;查表取得段码
        MOVX  @DPTR, A          ;段码从 PA 口输出
        ACALL DL1               ;调用 1ms 延时子程序
        DEC   R0                ;指向缓冲区下一单元
        MOV   A,   R3           ;位选码送累加器 A
        JNB   ACC.0, LD1        ;判断 8 位是否显示完毕,显示完返回
        RR    A                 ;未显示完,把位选字变为下一位选字
        MOV   R3,  A            ;修改后的位选字送 R3
```

```
        AJMP   LD0             ;循环实现按位序依次显示
LD1:    RET
TAB:    DB  3FH, 06H, 5BH, 4FH, 66H, 6DH, 8DH, 08H
        DB  8FH, 6FH, 88H, 8CH, 39H, 5EH, 89H, 81H  ;字段码表
DL1:    MOV    R8,   #02H      ;延时子程序
DL:     MOV    R6,   #0FFH
DL0:    DJNZ   R6,   DL0
        DJNZ   R8,   DL
        RET
```

8.2 MCS-51单片机与键盘的接口

键盘是单片机应用系统中最常用的输入设备，在单片机应用系统中，操作人员一般都是通过键盘与单片机系统实现简单的人机通信。

8.2.1 键盘的工作原理

1. 键盘基本工作原理

键盘实际上是一组按键开关的集合，平时按键开关总是处于断开状态，当按下键时它才闭合。它的结构如图8-7a所示，按键的一端接地，另一端接上拉电阻后接输入端，当按键未按下时，由于上拉电阻的作用，使输入端确保为高电平；当按键按下时，输入端与地短接而为低电平。

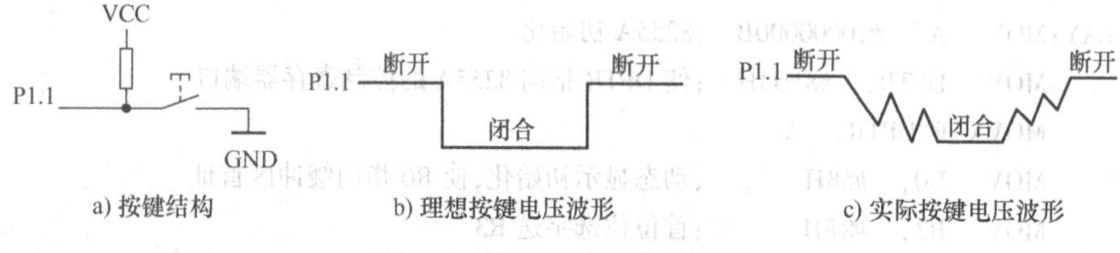

图8-7 键盘开关及信号波形

2. 按键抖动与去抖动

理想情况下，单片机引脚收到的电压信号如图8-7b所示。但通常情况下，按键为机械式开关，由于机械触点的弹性作用，一个按键开关在闭合时不会马上稳定地接通，断开时也不会马上完全断开，在闭合和断开瞬间都会伴随着一串抖动，导致单片机接收到的信号如图8-7c所示。按下键位时产生的抖动称为前沿抖动，松开键位时产生的抖动称为后沿抖动。抖动时间的长短由按键开关的机械特性决定，一般为5~10ms，这种抖动对于人来说是感觉不到的，但对单片机来说，则是完全可以感知得到的，单片机会认为是输入了一串数码。为了保证单片机对一次按键只做一次处理，必须消除这种抖动现象。

消除按键抖动通常有硬件消抖和软件消抖两种方法。硬件消抖是通过在按键输出电路上添加一定的硬件电路来消除抖动，一般采用R-S触发器或单稳态电路。软件消抖是利用延时来跳过抖动过程。以图8-7a为例，在检测到P1.1引脚为低电平时，先执行一段延时

10ms 的子程序，随后再确认引脚电平是否仍为低电平，如果仍为低电平，则按键按下。当按键松开时，P1.1 引脚的低电平变为高电平，执行一段延时 10ms 的子程序后，检测 P1.1 引脚是否仍然为高电平，如仍然为高电平，说明按键确实已经松开。采取本措施，可消除前沿抖动和后沿抖动的影响。为了节省硬件，单片机应用系统中通常采用软件方法消除抖动。

8.2.2　独立式键盘与单片机的接口

键盘的结构形式一般有独立式键盘和矩阵式键盘两种。独立式键盘就是各按键相互独立，每个按键各接一根 I/O 口线，每根 I/O 口线上的按键都不会影响其他的 I/O 口线，单片机可直接读取该 I/O 线的高/低电平状态。其优点是硬件、软件结构简单，判键速度快，使用方便，缺点是占 I/O 口线多，适用于键数较少的场合。

1. 查询方式工作的独立式键盘

图 8-8 为查询方式工作的独立式键盘的结构形式。如果图中没有任何键按下，则单片机 P1 口各位均为高电平。当其中有一个键按下时，则与该键连接的单片机引脚被接地，该引脚上呈现低电平。单片机可采用随机扫描或定时扫描的方式监视 P1 口各位是否输入低电平，以此判断键盘有无按键输入。随机扫描是指单片机在完成特定任务后，执行键盘扫描程序，反复不断地扫描键盘，以确定有无按键输入，然后根据按键功能转去执行相应的操作。定时扫描是指单片机每过一定时间对键盘扫描一次，确定有无按键被按下。

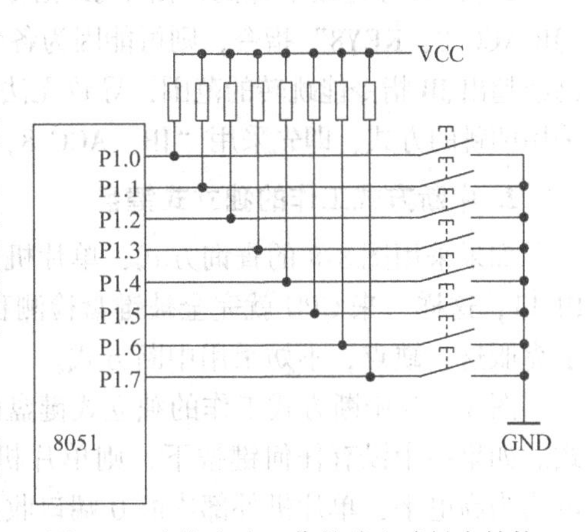

图 8-8　查询方式工作的独立式键盘结构

下面是针对图 8-8 查询方式的键盘程序。总共有 8 个键位，KEY0 ~ KEY8 为 8 个键的功能程序。

```
START:MOV  A,   #0FFH
      MOV  P1,  A              ;置 P1 口为输入状态
      MOV  A,   P1             ;键状态输入
      CPL  A
      JZ   START               ;没有键按下,则跳转开始
      JB   ACC.0,  K0          ;检测 0 号键是否按下,按下跳转
      JB   ACC.1,  K1          ;检测 1 号键是否按下,按下跳转
      JB   ACC.2,  K2          ;检测 2 号键是否按下,按下跳转
      JB   ACC.3,  K3          ;检测 3 号键是否按下,按下跳转
      JB   ACC.4,  K4          ;检测 4 号键是否按下,按下跳转
      JB   ACC.5,  K5          ;检测 5 号键是否按下,按下跳转
      JB   ACC.6,  K6          ;检测 6 号键是否按下,按下跳转
      JB   ACC.8,  K8          ;检测 8 号键是否按下,按下跳转
      JMP  START               ;无键按下返回,再顺次检测
K0:   AJMP KEY0
K1:   AJMP KEY1
```

```
……
K8:    AJMP  KEY8
KEY0:  ……                        ;0 号键功能程序
       JMP   START               ;0 号键功能程序执行完返回
KEY1:  ……                        ;0 号键功能程序
       JMP   START               ;1 号键功能程序执行完返回
……
KEY8:  ……                        ;8 号键功能程序
       JMP   START               ;8 号键功能程序执行完返回
```

注意：

1）在对累加器 A 某一位访问时，要用 ACC. X，而不能用 A. X；

2）以 8 号键按下为例，由于 JB 指令的跳转范围有限（-128 ~ +127），如果直接采用“JB ACC. 8，KEY8”指令，则可能因为各个按键的功能处理程序过长，标号 KEY8 代表的地址已经超出 JB 指令能跳转的范围，导致无法正确跳转到 8 号键的处理程序入口处，故上述程序采用两跳的方式，即先采用“JB ACC. 8，K8”指令，然后采用“K8：AJMP KEY8”指令。

2. 中断方式工作的独立式键盘

如果采用图 8-8 的查询方式，单片机为了能及时检测到按键信息，只能一直不停地检测 P1 口，这样一来 CPU 就完全被键盘检测程序占用，无法处理其他事务，工作效率低下。为了克服这一缺点，不妨采用中断方式。

图 8-9 为中断方式工作的独立式键盘的结构形式。如果图中没有任何键按下，则单片机 P1 口各位均为高电平，单片机外部中断 0 端口收到的也是高电平信号，中断请求信号无效，此时 CPU 可以处理其他事务。当其中有一个键按下时，一方面单片机收到外部中断 0 端口的中断请求信号；另一方面，与被按下键连接的引脚被接地，该引脚上呈现低电平。这样一来，单片机可以通过判断有无外部中断 0 请求信号来确定有无按键按下，并在随后的中断服务程序中，通过检测 P1 口被拉低的位，来最终确定是哪一个键被按下。

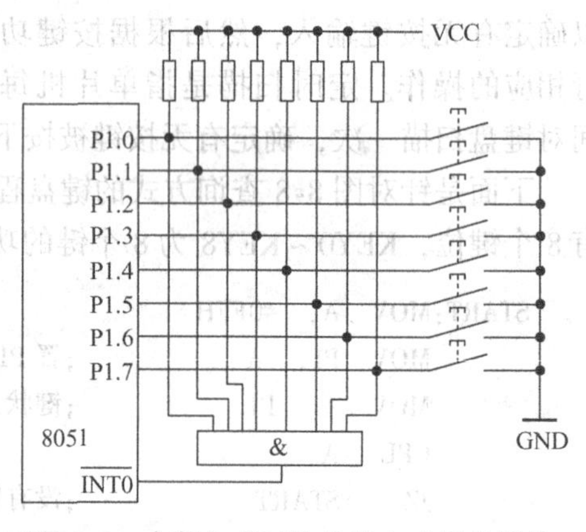

图 8-9 中断方式工作的独立式键盘结构

8.2.3 矩阵式键盘与单片机的接口

1. 矩阵式键盘结构

矩阵式（也称行列式）键盘用于按键数目较多的场合，由行线和列线组成，按键位于行、列的交叉点上。如图 8-10 所示，一个 4×4 的行、列结构可以构成一个 16 个按键键盘。在按键数目较多的场合，要节省较多的 I/O 口线。

2. 矩阵式键盘按键识别

图 8-10 的键盘矩阵中无键按下时，行线为高电平；有按键按下时，行线电平状态将由

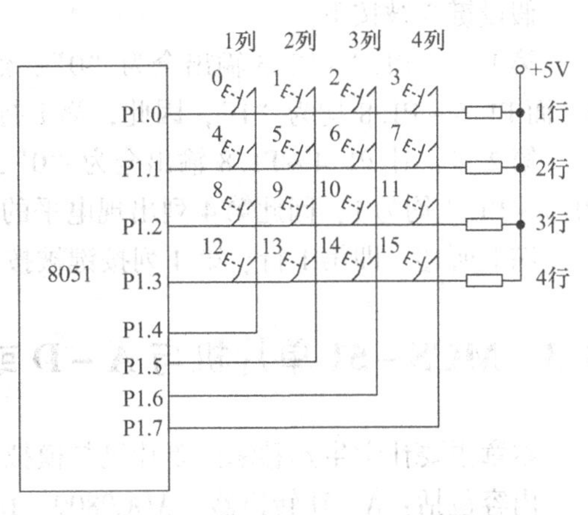

图 8-10　矩阵式键盘接口

与此行线相连的列线的电平决定。列线的电平如果为低，则行线电平为低；列线的电平如果为高，则行线的电平也为高，这是识别按键是否按下的关键所在。

由于矩阵式键盘中行、列线为多键共用，各按键彼此将相互发生影响，所以必须将行、列线信号配合，才能确定闭合键位置。下面讨论矩阵式键盘按键的识别方法。

（1）扫描法

第 1 步，识别键盘有无键按下；第 2 步，如有键被按下，识别出具体的键位。

下面以图 8-10 所示的键 3 被按下为例，说明识别过程。

第 1 步，识别键盘有无键按下。先把所有列线均置为“0”，然后检查各行线电平是否都为高，如果不全为高，说明有键按下，否则无键被按下。

例如，当键 3 按下时，第 1 行线为低。当然，现在还不能确定是键 3 被按下，因为如果同一行的键 2、键 1 或键 0 之一被按下，行线均为低电平。此时只能得出第 1 行有键被按下的结论。

第 2 步，识别出哪个按键被按下。采用逐列扫描法，在某一时刻只让 1 条列线处于低电平，其余所有列线处于高电平。

当第 1 列为低电平，其余各列为高电平时，因为是键 3 被按下，第 1 行的行线仍处于高电平；当第 2 列为低电平，其余各列为高电平时，第 1 行的行线仍处于高电平；直到让第 4 列为低电平，其余各列为高电平时，此时第 1 行的行线电平变为低电平，据此，可判断第 1 行第 4 列交叉点处的按键，即键 3 被按下。

综上所述，扫描法的思想是，先把某一列置为低电平，其余各列置为高电平，检查各行线电平的变化，如果某行线电平为低电平，则可确定此行此列交叉点处的按键被按下。

（2）线反转法

扫描法要逐列扫描查询，有时则要多次扫描。而线反转法则很简练，无论被按键是处于第一列或最后一列，均只需经过两步便能获得此按键所在的行列值，下面以图 8-11 所示的矩阵式键盘为例，介绍线反转法的具体步骤。

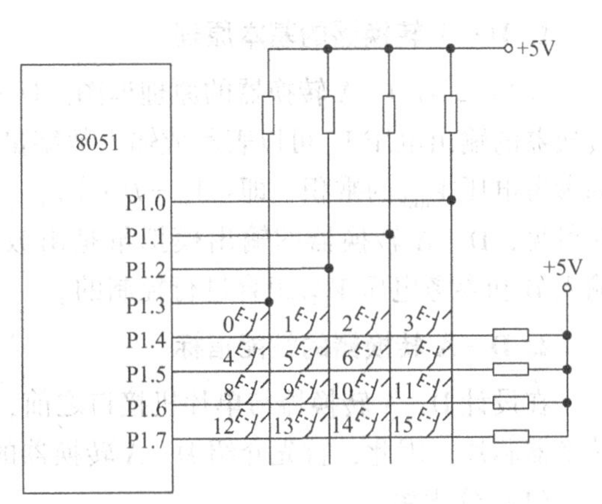

图 8-11　采用线反转法的矩阵式键盘

第 1 步，让行线编程为输入线，列线编程为输出线，并使输出线输出为全低电平，则行线中电平由高变低的所在行为按键所在行。

第 2 步，再把行线编程为输出线，列线编程为输入线，并使输出线输出为全低电平，则列线中电平由高变低所在列为按键所在列。

两步即可确定按键所在的行和列，从而识别出所按的键。

假设键3被按下。

第1步，P1.0～P1.3输出全为“0”，然后，读入P1.4～P1.8线的状态，结果P1.4=0，而P1.5～P1.8均为“1”，因此，第1行出现电平的变化，说明第1行有键按下；

第2步，让P1.4～P1.8输出全为“0”，然后，读入P1.0～P1.3位，结果P1.0=0，而P1.1～P1.3均为1，因此第4列出现电平的变化，说明第4列有键按下。

综上所述，即第1行、第4列按键被按下，此按键即键3。

8.3 MCS-51单片机与A-D或D-A转换器的接口

本章主要让学生熟悉掌握单片机与模拟电路的接口方法。

内容包括：A-D转换器、ADC0809、D-A转换器、DAC0832。

当单片机用于实时控制和智能仪表等应用系统中时，经常会遇到连续变化的模拟量，模拟量可以是电压、电流等电信号，也可以是温度、湿度、压力、速度、流量等随时间连续变化的非电物理量。非电物理量需经过相应的传感器转换成模拟的电信号，然后由A-D转换器转换成数字量，才能送给单片机处理。当单片机处理后，也常常需要把数字量转换为模拟量后再送出给外部设备。实现由模拟量到数字量转换的器件称为A-D转换器（模-数转换器，ADC），将数字量转换为模拟量的器件称为D-A（数-模转换器，DAC）。在A-D、D-A接口系统设计中，系统设计者的主要任务是根据用户对A-D、D-A转换通道的技术要求，合理地选择通道的结构以及按一定的技术、经济准则，恰当地选择所需的各种集成电路，在硬件设计的同时还要考虑通道驱动程序的设计，较好的驱动程序可以使同样规模的硬件设备发挥更高的效率。

8.3.1 MCS-51单片机与D-A转换器的接口

D-A转换器实现把数字量转换成模拟量，在单片机应用系统设计中经常用到它。单片机处理的是数字量，而单片机应用系统中很多控制对象都是通过模拟量进行控制，单片机输出的数字信号必须经D-A转换器转换成模拟信号后，才能送给控制对象进行控制。

1. D-A转换器的基本原理

图8-12为D-A转换器的原理框图。D-A转换器的输出电压V_o可以表示成输入数字量D和参考电压V_{REF}的乘积，即：$V_o = D \cdot V_{REF}$。由此可见，D-A转换器的输出模拟量是由数字输入D和参考电压V_{REF}组合进行控制的。

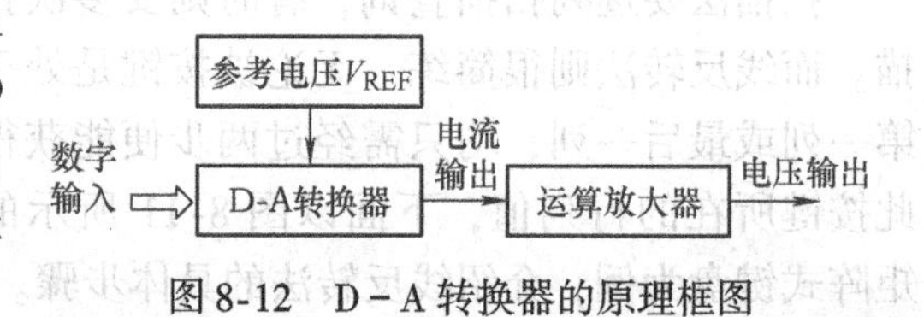

图8-12 D-A转换器的原理框图

2. D-A转换器的性能指标

在设计D-A转换器与单片机接口之前，一般要根据D-A转换器的技术指标选择D-A转换器芯片。因此，首先介绍D-A转换器的主要指标。

（1）分辨率

分辨率是指D-A转换器所能产生的最小模拟量的增量，是数字量最低有效位（LSB）所对应的模拟值。这个参数反映D-A转换器对模拟量的分辨能力。分辨率的表示方法有多种，一般用最小模拟值变化量与满量程信号值之比来表示。例如，8 位的 D－A 转换器的分辨率为满量程信号值的 1/256，12 位的 D－A 转换器的分辨率为满量程信号值的 1/4096。

（2）精度

精度用于衡量 D－A 转换器在将数字量转换成模拟量时，所得模拟量的精确程度。它表明了模拟输出实际值与理论值之间的偏差。精度可分为绝对精度和相对精度。绝对精度指在输入端加入给定数字量时，在输出端实测的模拟量与理论值之间的偏差。相对精度指当满量程信号值校准后，任何输入数字量的模拟输出值与理论值的误差，实际上是 D－A 转换器的线性度。

（3）线性度

线性度是指 D－A 转换器的实际转换特性与理想转换特性之间的误差。一般来说，D－A 转换器的线性误差小于 ±1/2LSB。

（4）温度灵敏度

这个参数表明 D－A 转换器具有受温度变化影响的特性。

（5）建立时间

建立时间是指从数字量输入端发生变换开始，到模拟输出稳定在额定值的 ±1/2LSB 时所需要的时间。它是描述 D－A 转换器转换速率快慢的一个参数。

3. D－A 转换的分类

D－A 转换器的品种繁多、性能各异。按输入数字量的位数分有 8 位、10 位、12 位和 16 位等；按输入的数码分有二进制方式和 BCD 码方式；按传送数字量的方式分有并行方式和串行方式；按输出形式分有电流输出型和电压输出型，电压输出型又有单极性和双极性；按与单片机的接口分有带输入锁存的和不带输入锁存的。

4. DAC0832 芯片介绍

（1）DAC0832 芯片内部结构

DAC0832 是一个 8 位的 D－A 转换器芯片，是 DAC0830 系列的一种。由于 DAC0832 与单片机接口方便，转换控制容易，价格便宜，所以在实际工作中广泛应用。DAC0832 是一种电流型 D－A 转换器，数字输入端具有双重缓冲功能，可以双缓冲、单缓冲或直通方式输入，它的内部结构如图 8-13 所示。

DAC0832 内部主要由 8 位输入寄存器、8 位 DAC 寄存器、8 位 D－A 转换器和控制逻辑电路组成。8 位输入寄存器接收从外部发送来的 8 位数字量，锁存于内部的锁存器中，8 位 DAC 寄存器从 8 位输入寄存器中接收数据，并能把接收的数据锁存于它内部的锁存器，8 位 D－A 转换器对 8 位 DAC 寄存器发送来的数据进行转换，转换的结果通过 Iout1 和 Iout2 输出。8 位输入寄存器和 8 位 DAC 寄存器都分别有自己的控制端 $\overline{LE1}$ 和 $\overline{LE2}$，$\overline{LE1}$ 和 $\overline{LE2}$ 通过相应的控制逻辑电路控制。通过它们，DAC0832 可以很方便地实现双缓冲、单缓冲或直通方式处理。

（2）DAC0832 芯片的引脚

DAC0832 有 20 引脚，采用双列直插式封装，如图 8-14 所示。

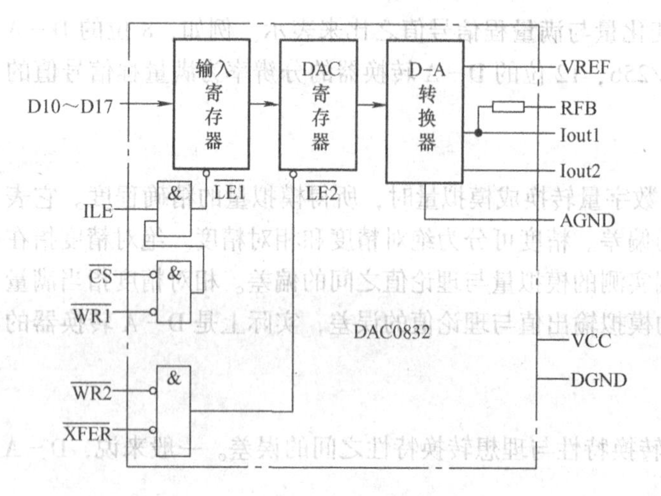

图 8-13　DAC0832 的内部结构

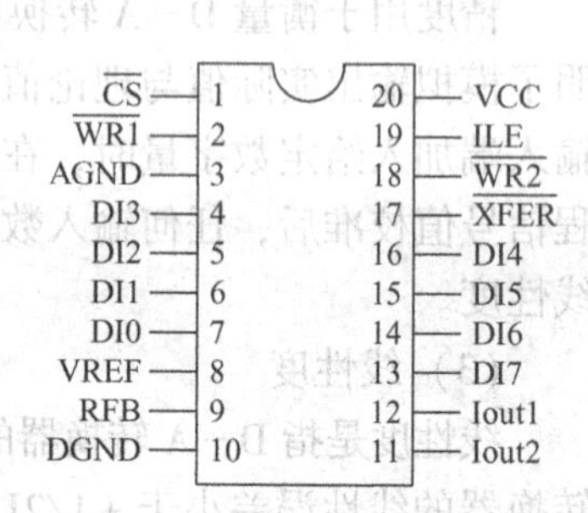

图 8-14　DAC0832 的引脚

其中：

DI0～DI8（DI0 为最低位）：8 位数字量输入端。

ILE：数据允许控制输入线，高电平有效。

$\overline{CS}$：片选信号；$\overline{WR1}$：写信号线 1；$\overline{WR2}$：写信号线 2；$\overline{XFER}$：数据传送控制信号输入线，低电平有效。

Iout1：模拟电流输出线 1。它是数字量输入为“1”的模拟电流输出端。

Iout2：模拟电流输出线 2，它是数字量输入为“0”的模拟电流输出端，采用单极性输出时，Iout2 常常接地。

RFB：片内反馈电阻引出线，反馈电阻制作在芯片内部，用作外接的运算放大器的反馈电阻。

VREF：基准电压输入线。电压范围为 -10～+10V。

VCC：工作电源输入端，可接 +5V～+15V 电源。

AGND：模拟地；

DGND：数字地。

（3）DAC0832 芯片的工作方式

通过改变控制引脚 ILE、$\overline{WR1}$、$\overline{WR2}$、$\overline{CS}$和$\overline{XFER}$的连接方法，DAC0832 有 3 种工作方式：直通方式、单缓冲方式和双缓冲方式。

1）直通方式：当引脚$\overline{WR1}$、$\overline{WR2}$、$\overline{CS}$和$\overline{XFER}$直接接地、ILE 接电源时，DAC0832 工作于直通方式，此时，8 位输入寄存器和 8 位 DAC 寄存器都直接处于导通状态，8 位数字量一到达 DI0～DI8，就立即进行 D－A 转换，从输出端得到转换的模拟量。这种方式处理简单，但 DI0～DI8 不能直接和 MCS－51 单片机的数据线相连，只能通过独立的 I/O 接口来连接。

2）单缓冲方式：通过连接 ILE、$\overline{WR1}$、$\overline{WR2}$、$\overline{CS}$和$\overline{XFER}$引脚，使得两个锁存器的一个处于直通状态，另一个处于受控锁存状态，或者两个输入寄存器同时选通及锁存，DAC0832 就工作于单缓冲方式，例如图 8-15 就是一种单缓冲方式的连接。对于图 8-15 的单缓冲连接，只要数据写入 8 位输入锁存器，就立即开始转换，转换结果通过输出端输出。

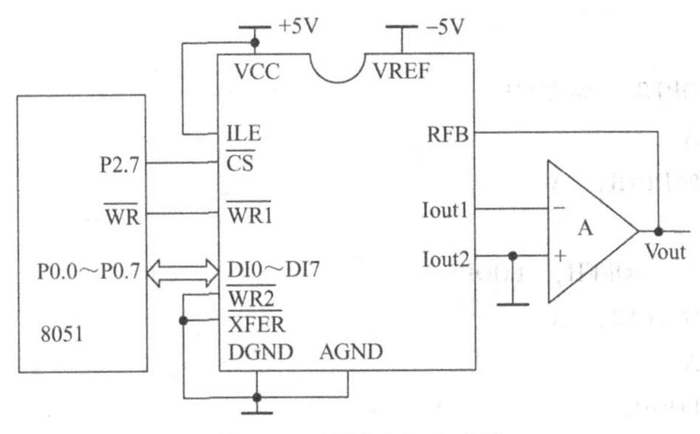

图 8-15 单缓冲方式连接

3）双缓冲方式：当8位输入锁存器和8位DAC寄存器分开控制导通时，DAC0832工作于双缓冲方式。双缓冲方式时单片机对DAC0832的操作分两步，第1步，使8位输入锁存器导通，将8位数字量写入8位输入锁存器中；第2步，使8位DAC寄存器导通，8位数字量从8位输入锁存器送入8位DAC寄存器。第2步只使DAC寄存器导通，在数据输入端写入的数据无意义。图8-16就是一种双缓冲方式的连接。

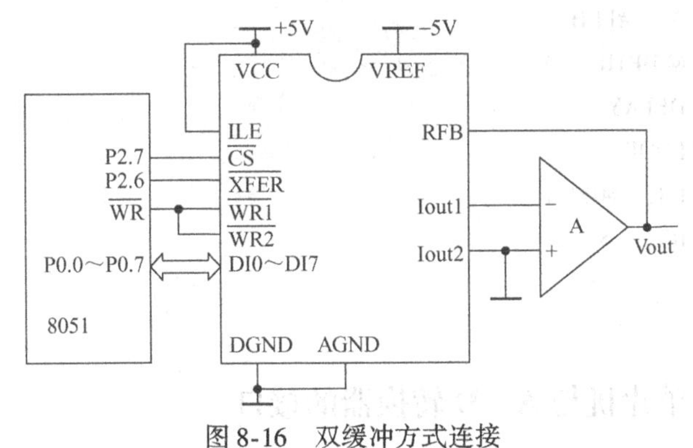

图 8-16 双缓冲方式连接

5. DAC0832 的应用

D-A转换器在实际中经常作为波形发生器使用，通过它可以产生各种各样的波形。它的基本原理如下：利用D-A转换器输出模拟量与输入数字量成正比这一特点，通过程序控制CPU向D-A转换器送出随时间呈一定规律变化的数字，则D-A转换器输出端就可以输出随时间按一定规律变化的波形。

【例 8-1】 根据图8-15编程从DAC0832输出端分别产生锯齿波、三角波和方波。据图8-15可知，DAC0832工作在单缓冲方式下，DAC0832的口地址为8FFFH。

汇编语言编程：

锯齿波：

```
      MOV   DPTR,  #8FFFH
      CLR   A
LOOP: MOVX @DPTR,  A
      INCA
      SJMP  LOOP
```

三角波：

```
        MOV    DPTR, #8FFFH
        CLR    A
LOOP1:  MOVX   @DPTR, A
        INCA
        CJNE   A, #0FFH, LOOP1
LOOP2:  MOVX   @DPTR, A
        DEC    A
        JNZ    LOOP2
        SJMP   LOOP1
```

方波：

```
        MOV    DPTR, #8FFFH
LOOP:   MOV    A, #00H
        MOVX   @DPTR, A
        ACALL  DELAY
        MOV    A, #FFH
        MOVX   @DPTR, A
        ACALL  DELAY
        SJMP   LOOP
DELAY:  MOV    R8, #0FFH
        DJNZ   R8, $
        RET
```

8.3.2 MCS-51 单片机与 A-D 转换器的接口

1. A-D 转换器的类型

随着超大规模集成电路技术的飞速发展，现在有很多类型的 A-D 转换器芯片。不同的芯片，它们的内部结构不一样，转换原理也不同，各种 A-D 转换芯片根据转换原理可分为计数型 A-D 转换器、逐次逼近型 A-D 转换器、双重积分型 A-D 转换器和并行式 A-D 转换器等；按转换方法可分为直接 A-D 转换器和间接 A-D 转换器；按其分辨率可分为 4～16 位的 A-D 转换器芯片。

（1）计数型 A-D 转换器

计数型 A-D 转换器由 D-A 转换器、计数器和比较器组成。工作时，计数器由零开始计数，每计一次数后，计数值送往 D-A 转换器进行转换，并将生成的模拟信号与输入的模拟信号在比较器内进行比较，若前者小于后者，则计数值加 1，重复 D-A 转换及比较过程，依此类推，直到当 D-A 转换后的模拟信号与输入的模拟信号相同，则停止计数，这时，计数器中的当前值就为输入模拟量对应的数字量。这种 A-D 转换器结构简单、原理清楚，但它的转换速度与精度之间存在矛盾，当提高精度时，转换的速度就慢，当提高速度时，转换的精度就低，所以在实际中很少使用。

（2）逐次逼近型 A-D 转换器

逐次逼近型 A-D 转换器由一个比较器、D-A 转换器、寄存器及控制电路组成。与计数型 A-D 转换器相同，它也要进行比较以得到转换的数字量，但逐次逼近型是用一个寄存器从高位到低位依次开始逐位试探比较。转换过程如下：开始时寄存器各位清“0”，转换时，先将最高位置“1”，送 D-A 转换器转换，转换结果与输入的模拟量比较，如果转换的模拟量比输入的模拟量小，则“1”保留，如果转换的模拟量比输入模拟量大，则“1”不保留，然后从第二位依次重复上述过程直至最低位，最后寄存器中的内容就是输入模拟量对应的数字量。一个 n 位的逐次逼近型 A-D 转换器转换只需要比较 n 次，其转换时间只取决于位数和时钟周期。逐次逼近型 A-D 转换器转换速度快，在实际中广泛使用。

（3）双重积分型 A-D 转换器

双重积分型 A-D 转换器将输入电压先变换成与其平均值成正比的时间间隔，然后再把此时间间隔转换成数字量，它属于间接型转换器。它的转换过程分为采样和比较两个过程。采样即用积分器对输入模拟电压进行固定时间的积分，输入模拟电压值越大，采样值越大，比较就是用基准电压对积分器进行反向积分，直至积分器的值为 0。由于基准电压值固定，所以采样值越大，反向积分时积分时间越长，积分时间与输入电压值成正比，最后把积分时间转换成数字量，则该数字量就为输入模拟量对应的数字量。由于在转换过程中进行了两次积分，因此称为双重积分型。双重积分型 A-D 转换器转换精度高，稳定性好，测量的是输入电压在一段时间的平均值，而不是输入电压的瞬间值，因此它的抗干扰能力强，但是转换速度慢，双重积分型 A-D 转换器在工业上应用也比较广泛。

2. A-D 转换器的主要指标

（1）分辨率

分辨率是指 A-D 转换器能分辨的最小输入模拟量。通常用转换的数字量的位数来表示，如 8 位、10 位、12 位、16 位等。位数越高，分辨率越高。

（2）量程

量程是指所能转换的输入电压范畴。

（3）转换时间

转换时间是指 A-D 转换器完成一次转换所需要的时间，指从启动 A-D 转换器开始到转换结束并得到稳定的数字输出量为止的时间。一般来说，转换时间越短，转换速度越快。

（4）转换精度

分为绝对精度和相对精度。绝对精度是指实际需要的模拟量与理论上要求的模拟量之差。相对精度是指当满刻度值校准后，任意数字量对应的实际模拟量（中间值）与理论值（中间值）之差。

3. ADC0809 与 MCS-51 单片机的接口

（1）ADC0809 的概述

ADC0809 是采用 CMOS 工艺制成的逐次逼近型、8 位 A-D 转换器，有转换起停控制，模拟输入电压范围为 0～+5V，转换时间为 100μs，它的内部结构如图 8-17 所示。

ADC0809 由 8 路模拟通道选择开关、地址锁存器和译码器、比较器、8 位开关树型 D-A 转换器、逐次逼近型寄存器、定时和控制电路及三态输出锁存器等组成。其中，8 路模拟通

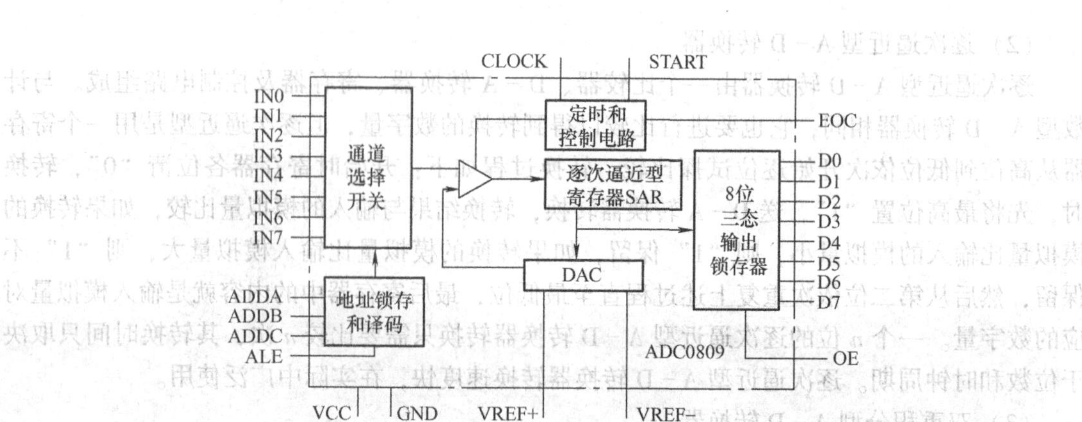

图 8-17 ADC0809 内部结构

道选择开关实现从 8 路输入模拟量中选择一路送给后面的比较器进行比较；地址锁存器与译码器用于当 ALE 信号有效时锁存从 ADDA、ADDB、ADDC 3 根地址线上送来的 3 位地址，译码后产生通道选择信号，从 8 路模拟通道中选择当前的模拟通道；比较器、8 位开关树型 D-A 转换器、逐次逼近型寄存器、定时和控制电路组成 8 位 A-D 转换器，当 START 信号有效时，就开始对输入的当前通道的模拟量进行转换，转换后，把转换得到的数字量送到 8 位三态输出锁存器，同时通过 EOC 引脚送出转换结束信号。三态输出锁存器保存当前模拟通道转换得到的数字量，当 OE 信号有效时，把转换的结果通过 D0～D7 送出。

(2) ADC0809 外部引脚功能

ADC0809 芯片采用 28 脚 DIP 封装，如图 8-18 所示。其中：

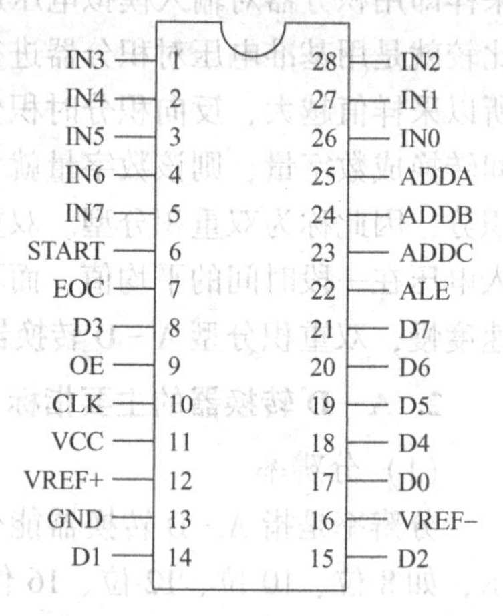

图 8-18 ADC0809 的引脚图

IN0～IN7：8 路模拟量输入端。

D0～D7：8 位数字量输出端。

ADDA、ADDB、ADDC：3 位地址输入线，用于选择 8 路模拟通道中的一路，选择情况见表 8-3。

表 8-3 ADC0809 通道地址选择表

ADDC	ADDB	ADDA	选择通道	ADDC	ADDB	ADDA	选择通道
0	0	0	IN0	1	0	0	IN4
0	0	1	IN1	1	0	1	IN5
0	1	0	IN2	1	1	0	IN6
0	1	1	IN3	1	1	1	IN7

ALE：地址锁存允许信号，输入，由低电平变高电平锁存。

START：A-D 转换启动信号，输入，由高电平变低电平启动。

EOC：A-D转换结束信号，输出。当启动转换时，该引脚为低电平，当A-D转换结束时，该引脚输出高电平。

OE：数据输出允许信号，输入，高电平有效。当转换结束后，如果从该引脚输入高电平，则打开输出三态门，输出锁存器的数据从D0~D7送出。

CLK：时钟脉冲输入端。要求时钟频率不高于640kHz。

VREF+、VREF-：基准电压输入端。

VCC：电源，接+5V电源。

GND：地。

(3) ADC0809的操作时序

ADC0809的操作时序如图8-19所示。

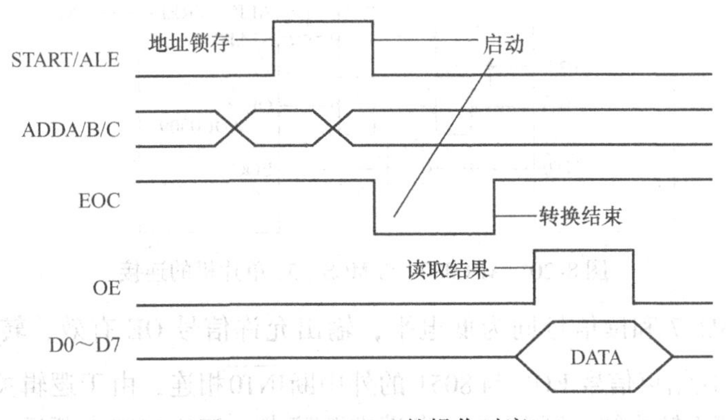

图8-19 ADC0809的操作时序

1）输入3位地址，并使ALE=1，将地址存入地址锁存器中，经地址译码器译码从8路模拟通道中选通一路模拟量送到比较器。

2）送START一高脉冲，START的上升沿使逐次逼近型寄存器复位，下降沿启动A-D转换，并使EOC信号为低电平。

3）当转换结束时，转换的结果送入三态输出锁存器，并使EOC信号回到高电平，通知CPU已转换结束。

4）当CPU执行一读数据指令时，使OE为高电平，则从输出端D0~D7读出数据。

(4) ADC0809与单片机的硬件连接

图8-20是ADC0809与8051单片机的一个连接电路图。

图8-20中，ADC0809的转换时钟由8051的ALE信号提供。因为ADC0809的最高时钟频率为640kHz，ALE信号的频率是晶振频率的1/6，如果晶振频率为12MHz，则ALE的频率为2MHz，所以ALE信号要分频后再送给ADC0809。8051通过地址线P2.7和读、写信号$\overline{WR}$、$\overline{RD}$来控制ADC0809的锁存信号ALE、启动信号START和输出允许信号OE，锁存信号ALE和启动信号START连接在一起，锁存的同时进行启动。当P2.7和写信号同为低电平时，锁存信号ALE和启动信号START有效，通道地址送地址锁存器锁存，同时启动ADC0809开始转换。通道地址由P0.0、P0.1和P0.2提供，由于ADC0809的地址锁存器具有锁存功能，所以P0.0、P0.1和P0.2可以不需要锁存器直接连接ADDA、ADDB、ADDC。根据图8-20中的连接方法，8个模拟输入通道的地址分别为0000H~0007H；当要读取转换

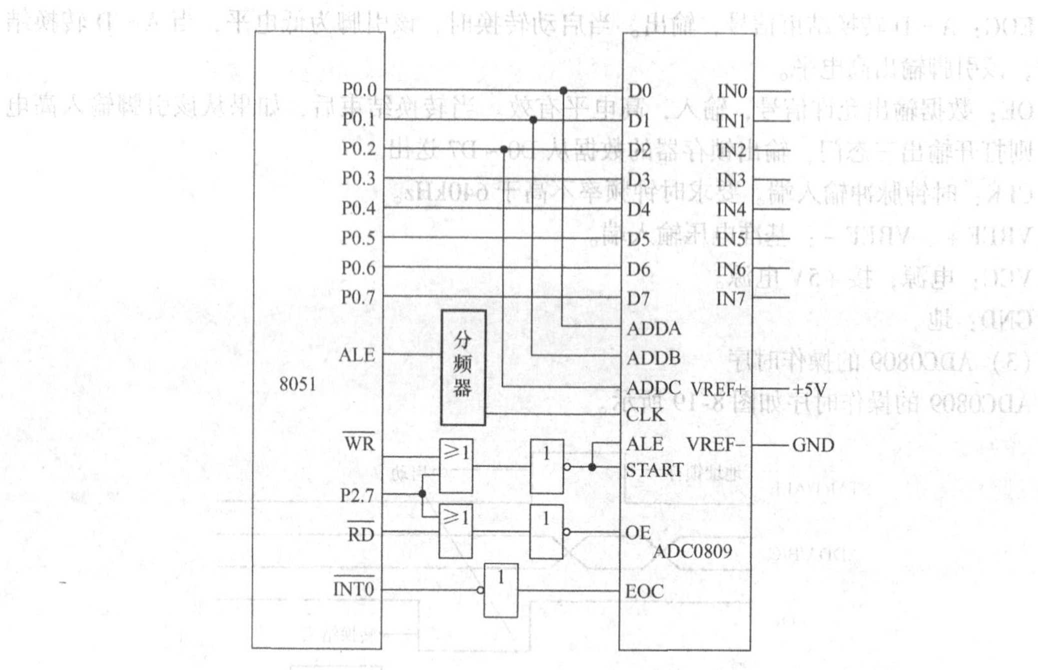

图 8-20　ADC0809 与 MCS－51 单片机的连接

结果时，只需要 P2.7 和读信号同为低电平，输出允许信号 OE 有效，转换的数字量通过 D0～D7 输出。转换结束信号 EOC 与 8051 的外中断$\overline{\text{INT0}}$相连，由于逻辑关系相反，因而通过反相器连接，那么转换结束则向 8051 发送中断请求，CPU 响应中断后，在中断服务程序中通过读操作来取得转换的结果。

（5）软件编程

设图 8-20 的接口电路用于一个 8 路模拟量输入的巡回检测系统，使用中断方式采样数据，把采样转换得到的数字量按顺序存于片内 RAM 的 30H～37H 单元中。采样完一遍后停止采集。其汇编程序如下：

```
        ORG     0003H
        LJMP    INT0
        ORG     0100H             ;主程序
        MOV     R0, #30H          ;设立数据存储区指针
        MOV     R2, #08H          ;设置 8 路采样计数值
        SETB    IT0               ;设置外部中断 0 为边沿触发方式
        SETB    EA                ;CPU 开放中断
        SETB    EX0               ;允许外部中断 0 中断
        MOV     DPTR, #0000H      ;送入口地址并指向 IN0
LOOP:   MOVX    @DPTR, A          ;启动 A－D 转换，A 的值无意义
HERE:   SJMP    HERE              ;等待中断
        ORG     0200H             ;中断服务程序
INT0:   MOVX    A, @DPTR          ;读取转换后的数字量
        MOV     @R0, A            ;存入片内 RAM 单元
        INC     DPTR              ;指向下一模拟通道
```

```
        INC     R0              ;指向下一个数据存储单元
        DJNZ    R2,  NEXT       ;8 路未转换完,则继续
        CLR     EA              ;已转换完,则关中断
        CLR     EX0             ;禁止外部中断 0 中断
        RETI                    ;中断返回
NEXT:   MOVX    @DPTR,  A       ;再次启动 A - D 转换
        RETI                    ;中断返回
```

习　题

8-1　LED 的静态显示方式与动态显示方式有何区别？各有什么优缺点？

8-2　说明矩阵式键盘按键按下的识别原理。

8-3　为什么要消除按键的机械抖动？消除按键机械抖动的方法有哪几种？原理是什么？

8-4　对于图 8-11 所示的键盘，采用线反转法原理来编写识别某一按键按下并得到其键号的程序。

8-5　根据图 8-6 的接口电路编写在 4 个 LED 数码管上同时显示“1，2，3，4”的程序。

8-6　根据 MCS-51 单片机和 DAC0832 的接口电路，编程实现正弦波输出。

8-7　根据 MCS-51 单片机和 ADC0809 的接口电路，编程写出查询方式、延时方式和中断方式的程序。

8-8　根据串行的 A-D 转换器设计数字电压表。

8-9　设计 MCS-51 单片机、DAC0832 和 ADC0809 接口电路，编程实现 3 路模拟量输入，3 路模拟量输出。

第 9 章　AT89C51 单片机应用设计与开发

学习单片机的最终目的是开发出产品或者是维修与单片机有关的产品，下面具体讨论有关产品设计的问题。

9.1　AT89C51 单片机系统设计步骤

在设计单片机控制产品时，由于控制对象的不同，其硬件和软件结构有很大差异，但产品设计的基本内容和主要步骤是基本相同的。一般需要进行以下几个方面的考虑。

9.1.1　设计任务

单片机应用系统的开发过程是以确定系统的功能和技术指标开始的。首先要细致分析、研究实际问题，明确各项任务与要求，综合考虑系统的先进性、可靠性、可维护性以及成本、经济效益，拟订出合理可行的技术性能指标。

首先，必须确定产品设计的任务。要明确产品设计任务，就要充分了解产品的技术要求、使用的环境状况以及技术水平等；其次，要明确产品的技术指标，并针对设计方案进行广泛调研、论证，包括查找资料、进行调查、分析研究。应该说，这个阶段是整个研制工作成败的关键，也是产品设计的依据和出发点。

9.1.2　应用系统设计

在对应用系统进行总体设计时，应根据应用系统提出的各项技术性能指标，拟订出性价比最高的一套方案。首先，应根据任务的繁杂程度和技术指标要求选择机型。选定机型后，再选择系统中要用到的其他外围元器件，如传感器、执行器件等。单片机产品的总体方案设计一般包括以下几方面。

1. 单片机型的选择及相关芯片的确定

单片机型应适合于产品的要求。设计人员可大体了解市场所能提供的构成单片机产品的功能部件，根据要求进行选择。若作为生产的产品，要充分考虑单片机及相关芯片的性能价格比。产品系列化后，所选的机种必须要保证有稳定、充足的货源，从可能提供的多种机型中选择最易实现技术指标的机型。如果研制新产品，而且要求研制周期短，则应选择熟悉的单片机种和相关芯片，并尽量利用现有的开发工具。

2. 综合考虑软、硬件的分工与配合

在总体方案设计过程中，对软件和硬件进行分工是一个首要的环节。因为产品中的硬件和软件具有一定的互换性，有些由硬件实现的功能也可以用软件来完成，反之亦然。因此，在方案设计阶段要认真考虑软、硬件的分工与配合。原则上，软件能实现的功能尽可能由软件来实现，以简化硬件结构、降低成本。但同时也要注意到这样做必然增加软件设计的工作量。此外，由软件实现的硬件功能，其响应时间要比直接用硬件时间长，而且还占用了CPU的工作时间，对系统的整体运行效率和速度都有不同程度的影响。因此，在设计产品时，必须综合考虑多种因素，在设计过程中，兼顾硬件和软件，才能设计出比较满意的产品。总体方案一旦确定，系统的大致规模及软件的基本框架就确定了。

9.1.3　硬件设计

硬件设计是指应用系统的电路设计，包括主机、控制电路、存储器、I/O接口、A-D和D-A转换电路等。硬件设计时，应考虑留有充分余量，电路设计力求正确无误，因为在系统调试中不易修改硬件结构。

一个产品的硬件电路设计包含两部分：产品基本配置与产品扩展。

1. 产品基本配置

按产品功能要求配置外围设备，如键盘、显示器、打印机、A-D和D-A转换器等，也即要设计合适的接口电路。

2. 产品扩展

单片机内部的功能部件，如RAM、ROM、I/O口、定时/计数器、中断产品等不能满足产品的要求时，必须在片外进行扩展，选择相应的芯片，实现产品扩展。总的来说，硬件设计工作主要是输入、输出接口电路设计和存储器或I/O的扩展。单片机产品的主要组成部分如图9-1所示。

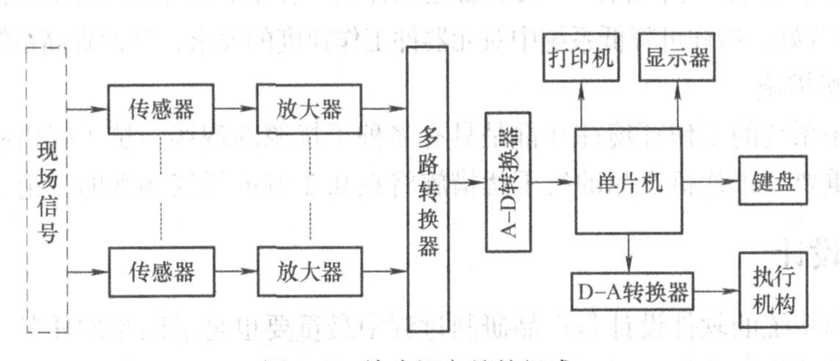

图9-1　单片机产品的组成

传感器将现场采集的各种物理量（如温度、湿度、压力等）变成电量，经放大器放大后，送入A-D转换器将模拟量转换成二进制数字量，送8051系列单片机CPU进行处理，最后将控制信号经D-A转换送给受控的执行机构。为监视现场的控制一般还设有键盘及显示器，并通过打印机将控制情况如实记录下来。下面简述8051单片机应用系统硬件电路设计时应注意的几个问题。

（1）程序存储器

一般可选用容量较大的EPROM芯片，如2864（8KB）、28128（16KB）或28256（32KB）等，尽量避免用小容量的芯片组合扩充成大容量的存储器。程序存储器容量大些，则编程空间宽裕些，因为价格相差不大，也不会给产品增加过多的成本。

（2）数据存储器和I/O接口

根据系统功能的要求，如果需要扩展外部RAM或I/O口，那么RAM芯片可选用6116（2KB）、6264（8KB）或62256（32KB），原则上应尽量减少芯片数量，使译码电路简单。

I/O 接口芯片一般选用 8155（带有 256KB 静态 RAM）或 8255，这类芯片具有口线多、硬件逻辑简单等特点。若口线要求很少，且仅需要简单的输入或输出功能，则可用不可编程的 TTL 电路或 CMOS 电路。A－D 和 D－A 电路芯片主要根据精度、速度和价格等来选用，同时还要考虑与系统的连接是否方便。

（3）地址译码电路

通常采用全译码、部分译码或线选法，应考虑充分利用存储空间和简化硬件逻辑等方面的问题。8051 系统有充分的存储空间，包括 64KB 程序存储器和 64KB 数据存储器，所以在一般的控制应用系统中，主要是考虑简化硬件逻辑。当存储器和 I/O 芯片较多时，可选用专用译码器 74LS138 或 74LS139 等。

（4）总线驱动能力

MCS－51 单片机的外部扩展功能很强，但 4 个 8 位并行口的负载能力是有限的。当单片机外接电路较多时，必须考虑其驱动能力。因为驱动能力不足会影响产品工作的可靠性，所以当设计的产品对 I/O 端口的负载过重时，必须考虑增加 I/O 端口的负载能力。如果驱动较多的 TTL 电路，则应采用总线驱动电路，以提高端口的驱动能力和系统的抗干扰能力。数据总线宜采用双向 8 路三态缓冲器 74LS245 作为总线驱动器，地址和控制总线可采用单向 8 路三态缓冲器 74LS244 作为单向总线驱动器。如 P0 口需要加接双向数据总线驱动器 74LS245，P2 口接单向驱动器 74LS244 即可。

（5）系统速度匹配

8051 系列单片机时钟频率可在 2～12MHz 之间任选。在不影响系统技术性能的前提下，时钟频率选择低一些为好，这样可降低系统中对元器件工作速度的要求，从而提高系统的可靠性。

（6）抗干扰措施

单片机应用系统的工作环境往往都是具有多种干扰源的现场，抗干扰措施在硬件电路设计中显得尤为重要。单片机产品的抗干扰措施将在 9.2 节进行较详细的讨论。

9.1.4 软件设计

单片机应用系统的软件设计是产品研制过程中最重要也是最困难的任务，因为它直接关系到实现产品的功能和性能。对于某些较复杂的应用系统，不仅要使用汇编语言来编程，有时还要使用高级语言。

通常在编制程序前先画出流程框图，要求框图结构清晰、简捷、合理。使编制的各功能程序实现模块化、子程序化，这不仅便于调试、链接，还便于修改和移植。同时，还要合理地划分程序存储区和数据存储区，既能节省内存容量，也使操作方便。单片机应用系统的软件主要包括两大部分：用于管理单片机微机系统工作的监控程序和用于执行实际具体任务的功能程序。对于前者，应尽可能利用现成微机系统的监控程序。为了适应各种应用的需要，现代的单片机开发系统的监控软件功能相当强，并附有丰富的实用子程序，可供用户直接调用，例如键盘管理程序、显示程序等。因此，在设计系统硬件逻辑和确定应用系统的操作方式时，就应充分考虑这一点，这样可大大减少软件设计的工作量，提高编程效率。后者要根据应用系统的功能要求来编程序，例如，外部数据采集、控制算法的实现、外设驱动、故障处理及报警程序等。

单片机应用系统的软件设计千差万别，不存在统一模式。开发一个软件的明智方法是尽可能采用模块化结构，即根据系统软件的总体构思，按照先粗后细的方法，把整个系统软件划分成多个功能独立、大小适当的模块。应明确规定各模块的功能，尽量使每个模块功能单一，各模块间的接口信息简单、完备，接口关系统一，尽可能使各模块间的联系减少到最低限度。这样，各个模块可以分别独立设计、编制和调试，最后再将各个程序模块连接成一个完整的程序进行总调试。

软件设计的过程中还应注意考虑到一些细节的问题，如工作寄存器和标志位等。指定各模块占用单片机的内部 RAM 中的工作寄存器和标志位，让各功能程序的运行状态、运行结果以及运行要求都设置状态标志以便查询，使程序的运行、控制、转移都可通过标志位的状态来控制。

完成上述工作之后，就可着手编制软件。软件的编制可借助于开发产品、利用交叉汇编屏幕编辑或手工编制。编制好的程序可通过汇编自动生成或手工汇编成目标程序，然后以十六进制代码形式送入开发产品进行软件调试。

9.1.5　系统调试

当硬件和软件设计好后，就可以进行调试了。系统调试包括硬件调试和软件调试。硬件调试的任务是排除系统的硬件电路故障，包括设计性错误和工艺性故障。软件调试是利用开发工具进行在线仿真调试，除发现和解决程序错误外，也可以发现硬件故障。

硬件电路调试分为两步：静态检查和动态检查。硬件的静态检查主要检查电路制作的正确性，因此，一般无须借助于开发器；动态检查是在开发产品上进行的，把开发产品的仿真头连接到产品中，代替产品的单片机。

程序调试一般是一个模块一个模块地进行，一个子程序一个子程序地调试，最后联起来统调。利用开发工具的单步和断点运行方式，通过检查应用系统的 CPU 现场、RAM 和 SFR 的内容以及 I/O 口的状态，来检查程序的执行结果和系统 I/O 设备的状态变化是否正常，从中发现程序的逻辑错误、转移地址错误以及随机的录入错误等，也可以发现硬件设计与工艺错误和软件算法错误。

在调试过程中，要不断调整、修改系统的硬件和软件，直到其正确为止。联机调试运行正常后，将软件固化到 EPROM 中，脱机运行，并到生产现场投入实际工作，检验其可靠性和抗干扰能力，直到完全满足要求，系统才算研制成功。

9.2　AT89C51 单片机系统抗干扰技术

随着各种电气设备的大量增加，由于产品本身比较复杂，再加上工作环境比较恶劣（如温度和湿度高、有振动和冲击、空气中灰尘以及电磁场的干扰等），同时还要受到使用条件（包括电源质量、运行条件、维护条件等）的影响，致使各设备之间产生干扰的机会增多，特别是单片机产品。为了保证单片机产品能够长期稳定、可靠地工作，在产品设计时必须对抗干扰能力给予足够的重视。本节简述单片机产品的干扰源及抗干扰措施。

9.2.1　干扰源及其传播途径

1. 干扰源

所谓干扰，就是有信号以外的噪声或造成恶劣影响的变化部分的总称。产生干扰的因素简称为干扰源，主要可分为外部干扰源和内部干扰源两种。外部干扰是指那些与产品结构无关，而是由使用条件和外界环境因素决定的。例如，太阳及其他天体辐射出的电磁波，广播电台或通信发射台发出的电磁波，周围的电器装置发出的电或磁的工频干扰等。而内部干扰则是由产品结构布局、生产工艺等所决定的。例如，不同信号的感应、杂散电容、长线传输造成的波的反射、多点接地造成的电位差引起的干扰、寄生振荡引起的干扰、热骚动噪声干扰、颤噪声、散粒噪声、闪变噪声、尖峰或振铃噪声引起的干扰均属于内部干扰。

2. 干扰的耦合及其传播

图 9-2 表示了噪声侵入单片机产品的基本途径，由图可见，最容易受到干扰的部位是电源、接地产品、输入和输出通道。噪声的耦合和传播途径主要有以下几种：

1）静电耦合方式。干扰信号通过分布电容的耦合、传播到电子装置。

2）互感耦合方式。它是由电磁器件的漏磁通以及印制线间和电缆间的互感作用而产生的噪声。

3）公共阻抗耦合方式。在共用电源和公共接地时，由于电源内部及各接地点之间存在着阻抗，结果会造成电源及接地电位的偏移，它进而又影响了逻辑元件的开、关门电平，使电路工作不可靠。

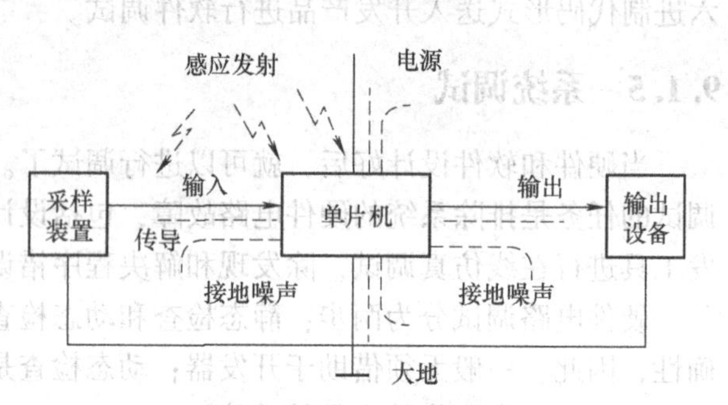

图 9-2　噪声的入侵途径

4）电磁场辐射耦合方式。无线电收发机、广播以及一般通信电波、雷达等，通过空间耦合造成干扰。

5）传导。噪声通过电源或输入、输出、信号处理线路进行传播，是一种有线的传播方式。

6）漏电流。例如印制电路板表面、端子板表面、继电器端子间、电容器产生的漏电流以及二极管反向电流等，它们会产生干扰信号。干扰波的无距离传播主要是电磁场传播和长线传播两个途径。总结起来，上面几种干扰途径中，电源和接地部分是最值得注意的，而空间干扰相对于其他来看，对单片机产品的影响不是主要的。

9.2.2　抗干扰措施的电源设计

电网的冲击、频率的波动将直接影响到实时控制产品的可靠性、稳定性。因此在计算机和市电之间必须配备稳压电源以及采取其他一些抗干扰措施。供电产品的一般保护措施有以下几种。

1. 输入电源与强电设备动力线分开

单片机产品所使用的交流电源，要同接有强电设备的动力线分开，最好从变电所单独拉一组专用供电线，或者使用一般照明电，这样可以减轻干扰影响。

2. 隔离变压器

隔离变压器的一次侧和二次侧之间均用隔离屏蔽层、用漆包线或铜等非导磁材料绕一层，而后引一个头接地。一、二次侧间的静电屏蔽各与一次侧间的零电位线相接，再用电容耦合入地，如图 9-3 所示。

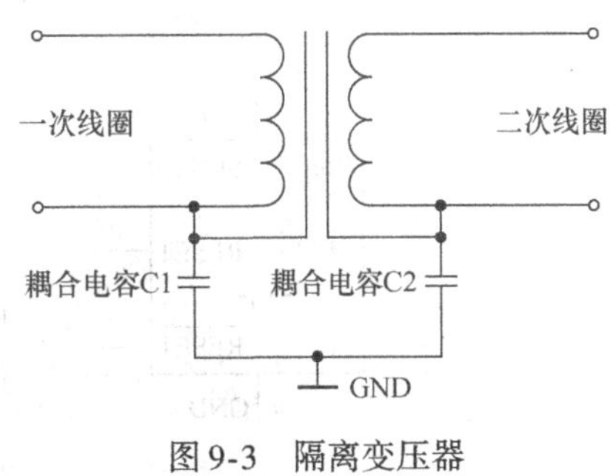

图 9-3 隔离变压器

3. 低通滤波器

由谐波频谱分析可知，对于毫秒、微秒级的干扰源，其大部分为高次谐波，基波成分甚少。因此可用低通滤波器让 50Hz 的基波通过，而滤除高次谐波。使用滤波器要注意的是：滤波器本身要屏蔽，并保证屏蔽盒和机壳有良好的电气接触；全部导线要靠近地面布线，尽量减少耦合；滤波器的输入/输出端引线必须相互隔离。

4. 交流稳压器

对于功率不大的小型或单片机产品，为了抑制电网电压起伏的影响而设置了交流稳压器，这在目前的现实情况下是很重要的。选择设备时功率容量要有一定裕度，一方面保证其稳压特性，另一方面有助于维护它的可靠性。

5. 采用独立功能块单独供电

最近十几年出现的单片机产品，广泛采用独立功能块供电。在 S-100 总线（BUS）产品中，如 CPU 板、内存板、4FDC（或者 16FDC）板、TU-ATR 板、A-D 和 D-A 转换板、PRI 板等都采用每块单独设置稳压电源的方法，它们是在每块插件板上用三端稳压集成块，如 LM7805、LM7905、LM7812、LM7815、LM7824、LM7820 等组成稳压电源。

这种分布式独立供电方式比起单一集中稳压方式有以下几个优点：

1）每个插件板单独对稳压过载进行保护，不会由于稳压器故障破坏整个产品。

2）对于稳压器产生的热量有很大的散热空间。

3）总线上的压降不会影响到插件本身的电压。

6. 采用专用电源电压监测集成电路

美国德州仪器公司推出的 IC 芯片 TL7705 及 TL7700 是专门用以排除电源干扰的芯片，它们不仅具有电源接通时的复位功能，而且具有在电源电压升到正常电压时解除该复位信号的功能，此外还能检测出电源瞬时短路和瞬时压降，同时能产生复位信号，如 TL7705 能正确监测出降低的电压（VS=4.5~4.6V）。片内还含有温度补偿的基准电压和正负两种逻辑输出（集电极开路 30mA），可以在较宽的范围内调节输出复位脉冲的宽度。它是一片具有 8 个引脚、双列直插式的集成电路芯片，其引脚功能如图 9-4a 所示。

Vref 基准电压输出端，输出电压为 2.5V。为了防止电源线所引起的冲击杂音及振荡，需要一只 0.1μF 以上的旁路电容 Ct，其输出电流必须小于 30mA。如果要使用的电流 >30mA，则该引脚的输出必须要加缓冲放大器。

$\overline{\text{RESIN}}$：复位输入端，低电平有效，它用以强制复位输出端有效。

Ct：定时电容的连接端，连接定时电容器用以确定复位输出脉冲宽度，脉宽可调范围为 10~100μs。

$\overline{\text{RESET}}$：复位输出端，低电平有效，需外接上拉电阻。

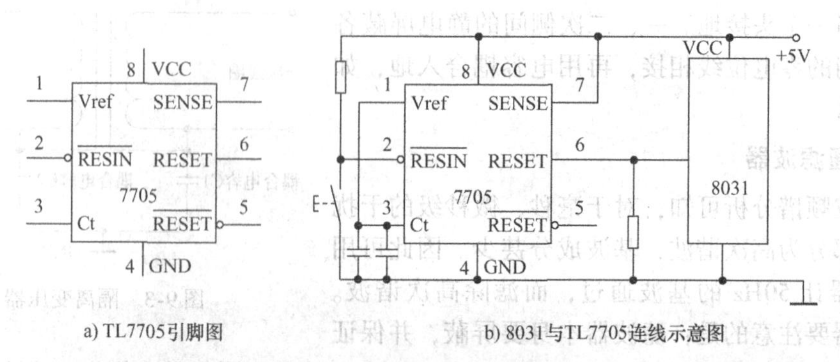

图 9-4 7705 引脚图及连线图

RESET：复位输出端，高电平有效。其输出是集电极开路的，故必须外接下拉电阻。

SENSE：被测电压的输入电压的输入端，检测 4.5V 以上的电平。

VCC：电源端，工作电压范围为 3.5 ~ 18V；GND：接地端。

TL7705 与 8031 连线及复位电路如图 9-4b 所示。实际应用中，还需软件配合，才能发挥作用。这是因为 8031 复位端有效时，8031 被初始化复位，使程序计数器 PC 和其余的特殊功能寄存器置零，使 P0 ~ P3 口都置成 FFH 等，使程序从 0000H 开始执行，而并不是从原来干扰时的程序断点处执行，这就破坏了整个产品的工作。因此，在程序的初始化部分要加上软件开关或相应的状态标志，即在程序执行之前，首先要打开与自身有关的软件开关或置相应的状态标志，同时关掉与自身无关的软件开关或状态标志，然后再执行程序。当受到干扰而进入初始化程序时，首先判断各个软件开关和状态标志，继而程序自动转向被中断的原程序断点继续执行。

图 9-5 为电源电压的变化及输出状态的变化波形。由图可见，在电源接通后，电压开始上升，出现瞬间电压降和瞬间干扰脉冲时，电源监测器都能正确而及时地输出复位脉冲信号，图示中 V_s 为被监测电平，对 +5V 来讲，一般 V_s 大于 4.5V。t_{op} 为复位脉冲的宽度，其可由 Ct 来设定，t_s 为反应时间，对该芯片而言约为 500ns 左右，同时可外加 RC 延时网络来加长 t_s 时间，用以降低噪声影响和器件的灵敏度。上电时 RESET 有效，直到 V_{CC} 达到 V_s 以

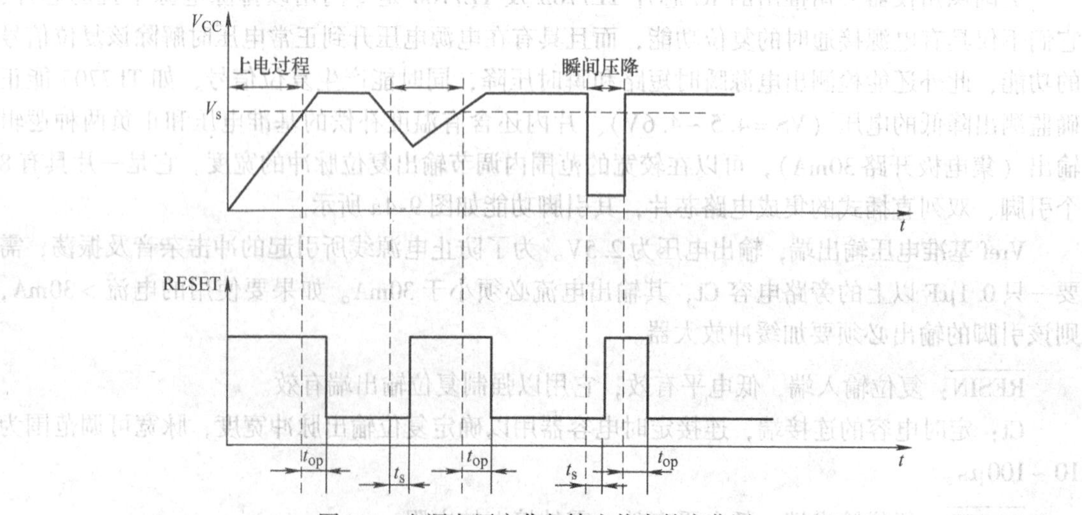

图 9-5 电源电压变化与输出状态的变化图

后，再经过 t_{op}时间 RESET 无效。当 V_{CC}下降或有干扰时，只要 V_{CC}小于 V_s，经过时间 t_s 后 RESET 有效，当 V_{CC}恢复到 V_s 以上或干扰脉冲过后，再经过 t_{op}时间 RESET 变为无效。

9.2.3　产品的地线设计

在实际控制产品中，接地是抑制干扰的主要方法。在设计中如能把接地和屏蔽正确地结合起来使用，是可以在一定程度上解决干扰问题的。因此，产品设计时，对接地方法需加以充分而全面的考虑。计算机控制产品中，主要有以下几种地线：

1）逻辑地，作为逻辑开关网络的零电位。

2）模拟地，作为 A－D 转换前置放大器或比较器的零电位。当 A－D 转换器在录取 0～50mV 小信号时，必须认真地对待模拟地，否则，将会给产品带来很大的误差。

3）功率地，作为大电流网络部件的零电位。

4）信号地，通常为传感器的地。

5）屏蔽地，为防止静电感应和磁场感应而设。

上述这些地线如何处理，是单片机控制产品中设计、安装、调试的一个关键问题，本节简单分析这些问题。

1. 一点接地和多点接地的应用原则

1）根据常识，高频电路应就近多点接地，低频电路应一点接地。

由于高频时地线上具有电感，因而增加了地线阻抗，同时各地线之间又产生电感耦合，特别是当地线长度为 1/4 波长的奇数倍时，地线阻抗就会变得很高。这时地线变成了天线，可以向外辐射噪声信号。因此，若采用一点接地，则其地线长度不得超过 1/20 波长，否则，应采用多点接地。

2）伏电压，对低电平的信号电路来说，这是一个非常严重的干扰。

3）信号地和机壳地的连接必须避免形成闭环回路。如图 9-6 所示，由于 A、B 两个装置各将 SG 和 FG 接上，因而就形成虚线所示的闭环回路。

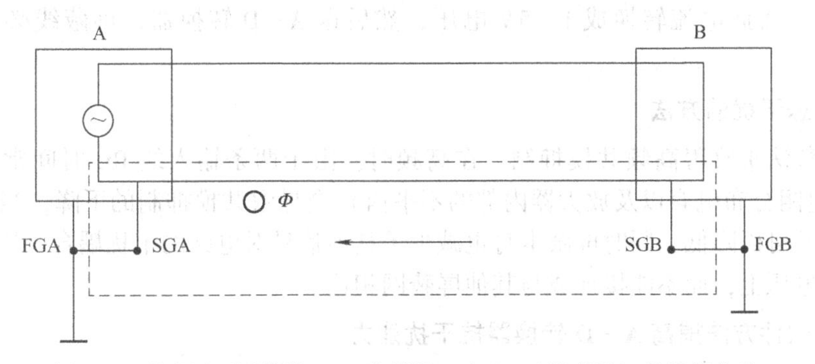

图 9-6　形成闭环回路的 SG（信号地）和 FG（机壳地）的接线方法

如果在这个闭环回路中有链接磁通 Φ，则闭环回路中就会感应出电压，在 SGA 和 SGB 之间便存在电位差，形成干扰信号。解决方法有：①将 SG 和 FG 断开，即把装置的公共接地点悬空；②可采用光耦合元件或变压器隔离，但 SG 与 FG 仍连接，这样可使动作稳定；③可在 FG 和 SG 间短路，使动作稳定，对低频而言，又不会形成闭环回路。但以上各种方法的效果随装置而言，需根据具体情况决定采用何种措施效果较好。

2. 印制电路板的地线布置

印制电路板的地线主要指 TTL、CMOS 印制板的接地。印制板中的地线应成网状，而且其他布线不要形成环路，特别是环绕外周的环路，在噪声干扰上这是很值得注意的问题。印制电路板上的接地线，根据电流通路最好逐渐加宽，并且不要小于 3mm。当安装大规模集成电路芯片时，要让芯片跨越平行的地线和电源线，这样可以减少干扰。

9.2.4 A-D 和 D-A 转换器的抗干扰措施

A-D 和 D-A 转换器是一种精密的测量装置，在现场使用时，其首要问题就是排除干扰。下面就常态干扰和共态干扰讨论其对策。图 9-7 为单片机实时控制产品的示意图。

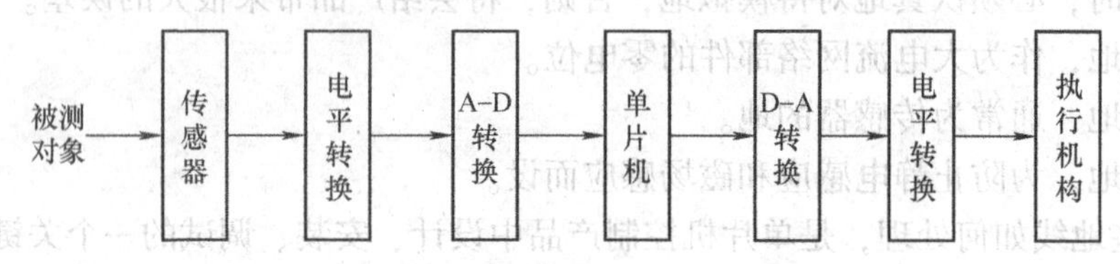

图 9-7 单片机控制产品示意图

1. 抗常态干扰的方法

1）在常态干扰严重的场合，可以采用积分型或双重积分型 A-D 转换器。这样转换的是平均值。瞬间干扰和高频噪声对转换结果影响较小。因为用同一积分电路进行正反两次积分，使积分电路的非线性误差得到了补偿，所以转换精度较高，动态性能好，但转换速度较慢。

2）低通滤波，对于低频干扰，可以采用同步采样的方法加以排除。这就要先检测出干扰的频率，然后选取与此成整数倍的采样频率，并使两者同步。

3）传感器和 A-D 转换器相距较远时，容易引起干扰。解决的办法可以用电流传输代替电压传输。传感器直接输出 4 ~ 20mA 电流，在长线上传输。接收端并联 250Ω 左右的电阻，将此电流转换成 1 ~ 5V 电压，然后送 A-D 转换器，屏蔽线必须在接收端一点入地。

2. 抗共态干扰的方法

利用屏蔽法来改善高频共模抑制。在高频时，由于两条输入线 RC 时间常数的不平衡（串联导线电阻分布电容以及放大器内部的不平衡）会导致共模抑制的下降，当加入屏蔽防护后，此误差可以降低，同时屏蔽本身也减少了其他信号对电路的干扰耦合。注意，屏蔽网是接在共模电压上，而不能接地或与其他屏蔽网相连。

3. 利用软件方法提高 A-D 转换器抗干扰能力

被控现场的工频（50Hz）干扰一般都较大，因此，在 A-D 转换器的输入电压上常会叠加一些工频成分，如图 9-8 所示。

显然，工频会直接给 A-D 转换器带来干扰，并影响 A-D 转换精度。由图可知，t_1 时刻的采样值 V_1 为：$V_1 = V_o + e$，其中 e 是叠加在 V_o 上的工频干扰信号的瞬时值。$T + T/2$ 时刻（T 为工频周期）的采样值 V_1' 为：$V_1' = V_o - e$。

由图可见，V_1 和 V_1' 的算术平均值为 V_o，因此对带有工频干扰的监测电压取样进行 A-D

转换时，可用软件方法滤除这种叠加在模拟信号上的工频干扰。具体做法是：在硬件上使实时时钟频率与工频频率保持倍频且又同步的关系；在软件上，响应 A－D 转换的请求时，连续采样两次进行 A－D 转换，两次取样的时间间隔应是 $T/2$。考虑到工频的周期会有所波动，因此，连续两次取样进行 A－D 转换的操作都应与实时时钟中断处理同步，这样就可以有效地滤除工频干扰，保证 A－D 转换的精度。

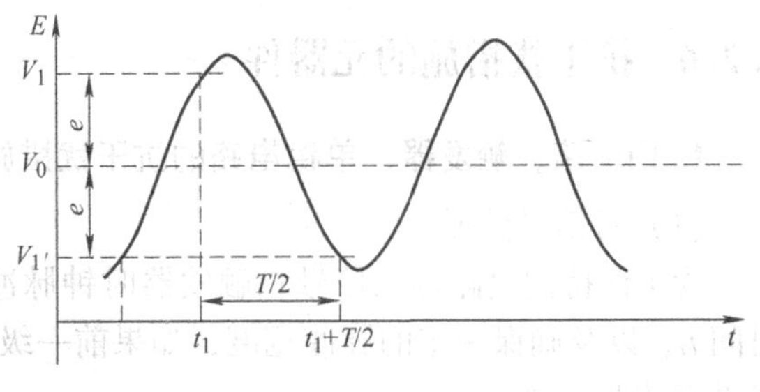

图 9-8　工频成分图

对非工频的其他干扰，上述方法从原则上讲也可以采用。

9.2.5　传输干扰

计算机实时控制产品是一个从传感器到执行机构的庞大自动控制产品，由现场到主机的连接线往往长达几十米，甚至数百米。信息在长线上传输将会遇到延时、畸变、衰减和干扰等，因此，在长线传输过程中，必须采取一系列有效措施，下面着重讨论长距离传送的抗干扰措施。

1. 双绞线的使用

屏蔽导线对静电感应的作用比较大，但对电磁感应作用却不大。电磁感应噪声是磁通在导线构成的闭环路中产生的。因此，为了消除这种噪声，往复导线要使用双绞线，双绞线中感应电流的方向前后相反，故从整体来看，感应相互抵消了，如图 9-9 所示。

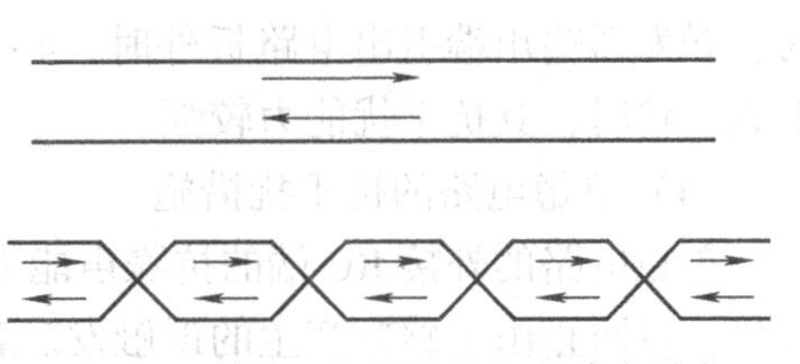
图 9-9　利用双绞线消除电磁感应噪声

2. 长线传输过程中的窜扰

很多计算机采用美观的“经纬”走线、横线和直线规则地排列，因而相邻线平行度极高，由于平行线之间存在着互感和分布电容，因此进行信息传送时会产生窜扰，影响产品的工作可靠性。如功率线、载流线与小信号线一起并行走线，电位线与脉冲线一起平行走线，电力线与信号线平行走线都会引起窜扰。可以采用如下方法消除这些窜扰。

1）走线分开。

2）长线传送时，功率线、载流线和信号线分开；电位线和脉冲线分开；电力电缆必须单独走线，而且最好用屏蔽线。

3）交叉走线。

4）进行逻辑设计时要考虑消除窜扰问题。

当 CPU 向外送数时，如 16 位送全“1”，数字电平信号发生负跳变将在发送控制线上产生窜扰，影响产品正常工作；同样当 16 位数据线中有 15 位为“1”，一位为“0”时，则 15 位“1”信号将对 1 位“0”信号发生窜扰。这时可用“避”和“清”两种方法加以解决：所谓“避”就是在时间上避开窜扰脉冲；所谓“清”就是送数前先清“0”，将干扰脉冲引起的误动作先清除，然后再送命令。

9.2.6 抗干扰措施的元器件

1. 门电路、触发器、单稳电路的抗干扰措施

（1）对信号整形

为了保持门电路输入信号和触发器时钟脉冲的正确波形，如规定的上升时间 t_a 和下降时间 t_f，以及确保一定的脉冲宽度，如果前一级有 RC 型积分电路时，后面要用施密特型电路进行整形。

（2）组件不用的输入端处理

一般有如图 9-10 所示的几种方法。

图 a 所示的方法是利用印制电路板上多余的与非门，让其输入接地，使其输出去控制工作门不用的输入端；图 b 把不用的输入端通过一个电阻接 +5V，这种方法适用于慢速、多干扰的场合；图 c 最简单，但增加了前级门的负担。

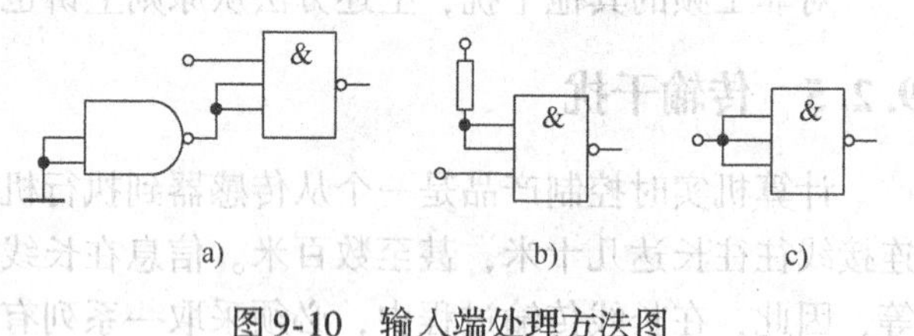

图 9-10 输入端处理方法图

（3）触发器的抗干扰措施

为防止 R－S 触发器触发和误动作，往往把几个信号相“与”作为它的输入信号。同时，触发器输出端引出电路板外时，必须通过缓冲器隔离。而且，当信号以“非”信号的形式传输时，其抗干扰能力较强。

（4）单稳电路的抗干扰措施

单稳电路的外接 RC 端的抗噪声能力比输入端低得多，因此，要尽量缩短连线，减小闭环流，以防止由于感应产生的误触发。若接入可变电阻时，应当将电阻接在单稳电路侧。

2. 光耦合器件

光电隔离是通过光耦合器实现的。光耦合器是将一个发光二极管和一个光敏晶体管封装在一个外壳里的器件，其电路符号如图 9-11a 所示。

发光二极管与光敏晶体管之间用透明绝缘体填充，并使发光管与光敏管对准，则输入电信号使发光二极管发光，其光线又使光敏晶体管产生电信号输出，从而既完成了信号的传递，又实现了信号电路与接收电路之间的电气隔离，割断了噪声从一个电路进入另一个电路的通路，如图 9-11b 所示。

除隔离和抗干扰功能以外，光耦合器还可用于实现电平转换，如图 9-11c 所示。光电耦合的响应时间一般不超过几微秒。采用光电隔离技术，不仅可以把主机与输入通道进行隔离，而且还可以把主机与输出通道进行隔离，构成所谓“全浮空系统”。

3. 机械触点及交、直流电路的噪声抑制

（1）机械触点的抗干扰措施

开关、按钮、继电器触点等在操作时，经常要发生抖动，如不采取措施，则会造成误动作。这类器件可采用图 9-12 所示的办法，以获得没有振荡的逻辑信号。

（2）防止电感性负载闭合、断开噪声的措施

接触器、继电器的线圈断电时，会产生很高的反电动势，这不仅会损坏元器件，而且会

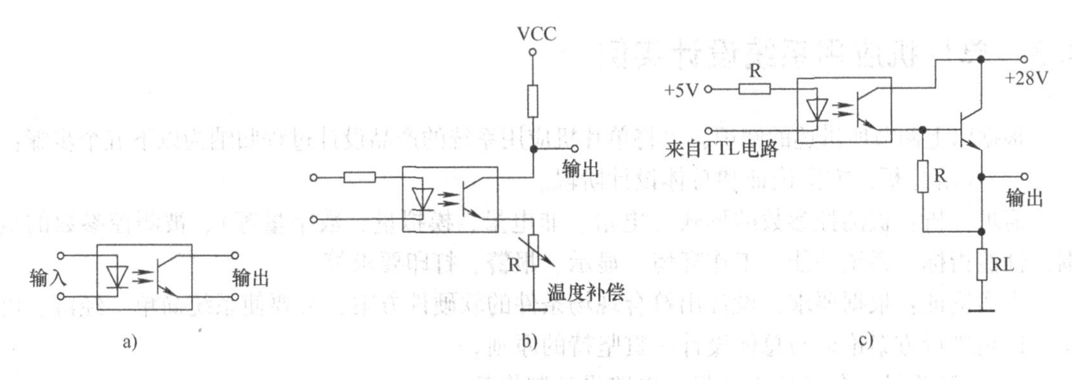

图 9-11　可控硅感性负载开关电路

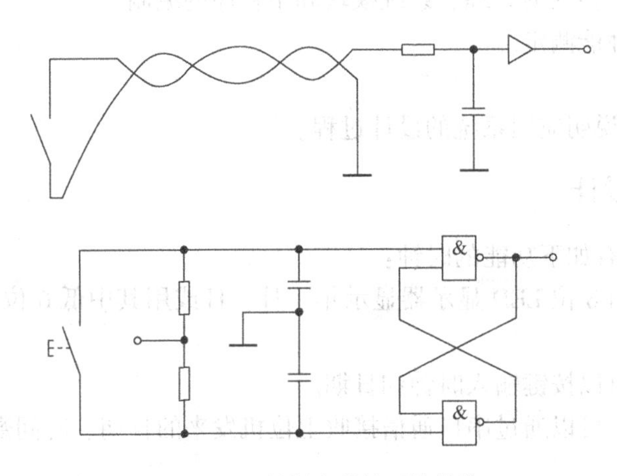

图 9-12　机械触点的抗干扰措施

成为感应噪声，可以通过电源直接侵入到单片机装置中，也可以在配线间因静电感应而耦合。因此，在输入/输出通道中使用这类器件时，必须在线圈两端并接噪声抑制器。交、直流电路的噪声抑制器接法可参见图 9-13。

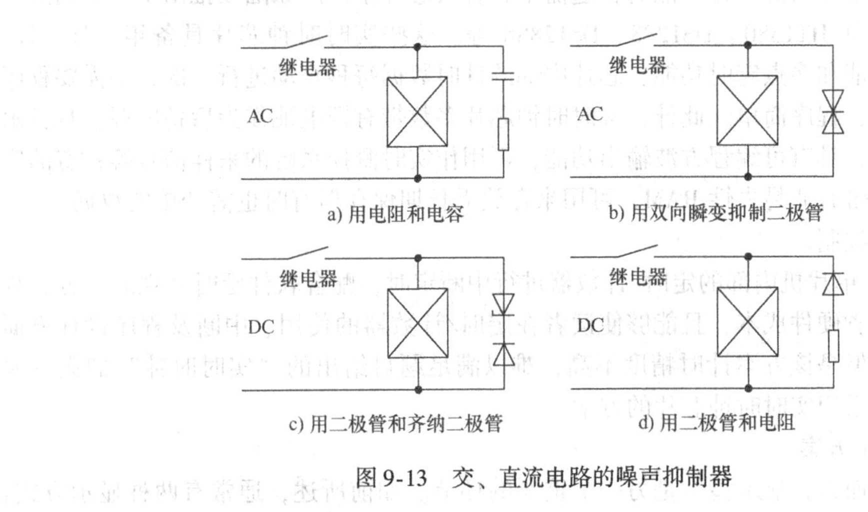

图 9-13　交、直流电路的噪声抑制器

9.3 单片机应用系统设计实例

根据以上两节所讲述的知识，可将单片机应用系统的产品设计过程归纳为以下五个步骤：

1）需求分析，方案论证和总体设计阶段。

需求分析：被测控参数的形式（电量、非电量、模拟量、数字量等）、被测控参数的范围、性能指标、系统功能、工作环境、显示、报警、打印要求等。

方案论证：根据要求，设计出符合现场条件的软硬件方案，又要使系统简单、经济、可靠，这是进行方案论证与总体设计一贯坚持的原则。

2）硬件设计，包括器件选择、电路设计制作等。

3）软件设计，包括数据处理、系统模块和子程序的编制。

4）系统调试与性能测定。

5）文件编制。

下面以两个实例说明应用系统的设计过程。

9.3.1 数字时钟设计

设计并制作出具有如下功能的时钟：

1）自动走时，由 8 位 LED 显示器显示年、月、日或用其中低 6 位 LED 显示器显示时、分、秒。

2）按键调时，可以按键输入时钟和日期。

3）上位机校准，可以通过串口通信接收上位机发来的日期、时间数据帧。

4）实时时钟。

1. 总体方案

（1）计时方案

方案一：采用实时时钟芯片。

针对计算机系统对实时时钟功能的普遍需求，各大芯片生产厂家陆续推出了一系列的实时时钟集成电路，如 HT1380、DS1288、DS12888 等。这些实时时钟芯片具备年、月、日、时、分、秒计时功能和多点定时功能，芯片内部的计时数据每秒自动进行一次，不需要程序干预，计时精度高，程序简单。此外，实时时钟芯片多数带有锂电池作为后备电源，具备永不停止的计时功能；具有可编程方波输出功能，可用作实时测控系统的采样信号等；有的实时时钟芯片内部还带有非易失性 RAM，可用来存放需长期保存但有时也需变更的数据。

方案二：软件控制。

利用 MCS－51 单片机内部的定时/计数器进行中断定时，配合软件延时实现时、分、秒的计时。该方案节省硬件成本，且能够使读者在定时/计数器的使用、中断及程序设计方面得到锻炼与提高，但是该方案计时精度不高，难以满足题目给出的“实时时钟”的设计要求。因此，本系统采用实时时钟芯片的方案。

（2）键盘/显示方案

对于实时时钟而言，显示显然是另一个重要的环节。如前所述，通常有两种显示方式：动态显示和静态显示。

方案一：串口扩展，LED 静态显示。

该方案占用口资源少，采用串行口传输实现静态显示，显示亮度有保证，但硬件开销大，电路复杂，信息刷新速度慢，另外，比较适用于并行口资源较少的场合。

方案二：I/O 扩展，LED 动态显示。

该方案硬件连接简单，但动态扫描的显示方式需占用 CPU 较多的时间，在单片机没有太多实时测控任务的情况下可以采用。

根据设计的要求，本产品需要实现实时时钟，并没有其他的测控任务，同时，始终还要接收来自上位计算机的串行口信息，以校准时钟，因此，采用 I/O 扩展，实现动态扫描显示的方案更适合本系统。

2. 系统的硬件设计

（1）单片机机型的选择

系统的核心是单片机，根据设计要求，本系统选用 Atmel 公司生产的经济版 51 系列单片机 AT89C2051（以下简称 2051）。2051 是带 2KB 闪速可编程可擦除只读存储器（EEPROM）的 8 位单片机，它保留了 51 单片机绝大部分功能，同时还有很多扩展，例如：2KB 的内部 Flash 程序存储器、外部时钟最高可支持到 24MHz、增加了一个内部模拟比较器以及具有更宽的电源电压范围等。它采用 Atmel 公司的高密非易失存储技术制造并和工业标准、MCS-1 指令集及引脚结构兼容，是一款强劲的微型计算机，它对许多嵌入式控制应用提供了一种高度灵活和成本低的解决办法。

AT89C51 系列单片机与 MCS-51 系列单片机相比有两大优势：第一，片内程序存储器采用闪速存储器，使程序的写入更加方便；第二，提供了更小尺寸的芯片（AT89C2051/1051），使整个硬件电路的体积更小。

2051 的内部结构与 8051 内部结构基本一致（除模拟比较器外），引脚 RST、XTAL1、XTAL2 的特性和外部连接电路也完全与 51 系列单片机相应引脚一致，但 P1、P3 口有其独特之处。同时，2051 减少了两个对外 I/O 端口（即 P0、P2 口），使它最大可能地减少了对外引脚，因而芯片尺寸有所减小。

综上所述，2051 单片机与 MCS-51 单片机相比，主要具有以下特性：

1）2KB 的内部 Flash 程序存储器，至少可重复编程 1000 次。

2）2.8～6V 的工作电压。

3）128B 内部数据存储器。

4）2 个 16 位定时/计数器、2 个外部中断申请、1 个增强型 UART（串行接口）。

5）15 个 I/O 引脚，每个都可以直接驱动 LED（20mA 灌电流）。

6）1 个在片的模拟比较器。

7）支持低功耗休眠和掉电模式。

由于 2051 没有提供外部扩展存储器与 I/O 设备所需的地址、数据、控制信号。因此，利用它构成的单片机应用系统不能在 2051 之外扩展存储器或 I/O 设备，也即 2051 本身即构成了最小单片机系统。

（2）实时时钟部分

本系统采用 HT1380 芯片实现实时时钟功能。

H1380 是一个带秒、分、时、日、星期、月、年的串行时钟保持芯片，每个月多少天以及闰年能自动调节，它采用低功耗工作方式，用若干寄存器存储对应信息，用一个 32.768kHz 的晶振校准时钟，引脚图如图 9-14a 所示，引脚定义见表 9－1。HT1380 的特点主要包括以下几点：

1）在开始发送数据之前，先把$\overline{\text{RST}}$置高，发送一个带地址和命令信息的 8 位命令字，时钟/日历数据传送至相应的寄存器中或从相应寄存器传送出来读。

2）$\overline{\text{RST}}$引脚在数据传送完毕应保持低电平。

3）所有数据的输入是在 SCLK 的上升沿有效，输出在 SCLK 的下降沿有效。

4）单字节传送需要 16 个 SCLK 时钟脉冲，多字节传送需要 82 个 SCLK 时钟，脉冲输入/输出数据都是从 0 位开始，HT1380 还包含两个附加位，分别是时钟停止位 CH 和写保护位 WP，这些位控制振荡器的工作和数据能否写入寄存器中。

表 9－1 HT1380 引脚定义

符 号	引 脚 号	引 脚 描 述
NC	1	空脚
X1	2	振荡器输入
X2	3	振荡器输出
VSS	4	地
$\overline{\text{RST}}$	5	复位引脚
I/O	6	数据输入/输出引脚
SCLK	7	串行时钟
VDD	8	正电源

为了使用最小引脚，HT1380 使用一个 I/O 口与微信息处理器相连，仅使用 3 根引线，即$\overline{\text{RST}}$复位（相当于片选）、SCLK 串行时钟（上升沿有效）和 I/O 口数据就可以传送 1B 或 8B 的字符组。

图 9-14b 为 2051 单片机与 HT1380 连接示意图，图中外加 3V 氧化银电池作为备用电源，以保证断电关机后时钟仍正常走时。二极管 VD 用于防止电池倒灌，电阻 R 用于通电开机时给电池涓流充电。采用 2051 的 P1.0、P1.1 和 P1.2 分别与 HT1380 的$\overline{\text{RST}}$、I/O 和 SCLK 引脚相连进行通信，可实现年、月、日、时、分、秒的读出或写入。

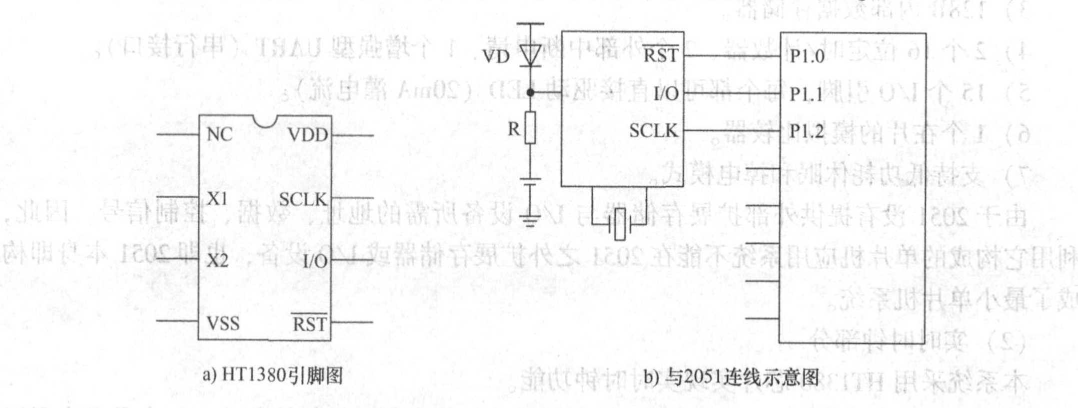

图 9-14 HT1380 引脚及与 2051 连线示意图

（3）串口通信部分

使用2051内部的UART的RxD（P3.0），通过MAX232芯片连接到上位机的RS232口上，以实现通过上位机发送命令控制系统的时间设置、显示开关等功能。

（4）按键输入部分

通过P1.6、P1.8引脚外接两个用户按键S1和S2，用于手动设置日期时间。为提高可靠性和抗干扰能力，按键均带有外部上拉电阻。按键输入的防抖动由软件完成。

（5）显示驱动部分

数字显示采用3in大型共阳数码管，由于这种数码管的驱动电流较大，不能用2051直接驱动，所以采用2片功率TPIC6B595（8位串入并出移位寄存器）芯片输出，其输出端为开漏的功率MOS管，可保证150mA的驱动电流。注意TPIC6B595的输出与送入的数据是反相的。

TPIC6B595是一种单片、高电压、中等功率的8位移位寄存器，是专为用户需要相对高的负载功率的系统设计的，其引脚图如图9-15a所示。该器件包括一个内部的输出电压箝位电路，以防止电感电压瞬变。TPIC6B595包括一个8位的串入并出移位寄存器，它的输出馈入一个8位D型存储寄存器。图9-15b为TPIC6B595每一输入的等效电路，图9-15c为TPIC6B595所有漏极输出的典型电路。

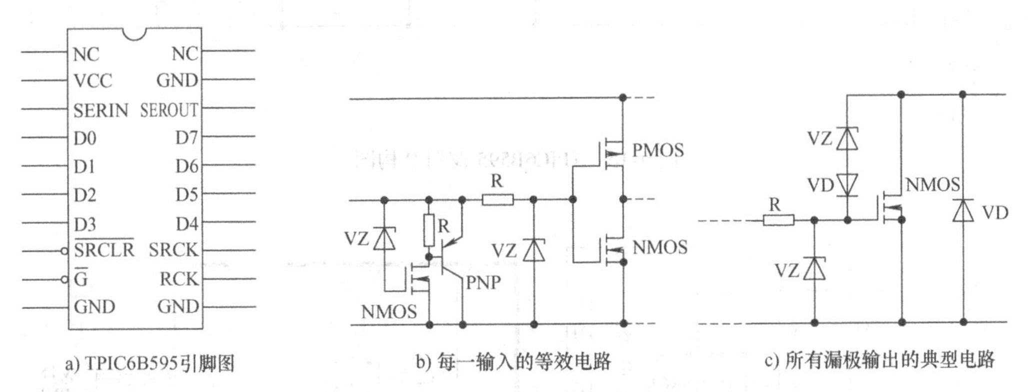

图9-15　TPIC6B595引脚及等效输入、输出电路

数据分别在移位寄存器时钟和寄存器时钟的上升沿到来的时候，传输到移位寄存器和存储寄存器。当移位寄存器清零端为高时，存储寄存器传输数据到输出缓冲器。当$\overline{\text{SRCLR}}$为低时，输入端的移位寄存器被清零。当输出使能保持为高时，在输出缓冲器中所有的数据保持低电平并且所有的漏极输出是关断的。当$\overline{\text{G}}$保持为低时，从存储寄存器到输出缓冲器的数据是透明的。当输出缓冲器中的数据为低电平时，NMOS晶体管的输出端是关断的；当数据为高时，NMOS晶体管的输出端具有吸入电流的能力。串行输出端允许将移位寄存器与其他器件的数据级联起来传送。输出是低侧漏极开路NMOS晶体管，其输出额定值为50V，并具有150mA连续吸收电流的能力。在$T_c=25$℃的温度下，每一输出端的电流限制在500mA。电流的限制值随着结温的升高而降低，以实现对器件的附加保护。TPIC6B595的逻辑结构图如图9-16所示。TPIC6B595内部有2级——移位寄存器和锁存寄存器，这样可避免装入数据时影响显示，其移位时钟（SRCK）和装入时钟（RCK）均为上升沿有效，分别通过2051的P1.5和P1.4脚控制。显示时只需先送出2B的显示控制字（位控制字在前，段控制字在

后）的各个位，然后给出 RCK 信号，数码管即会更新显示内容。系统原理如图 9-17 所示。

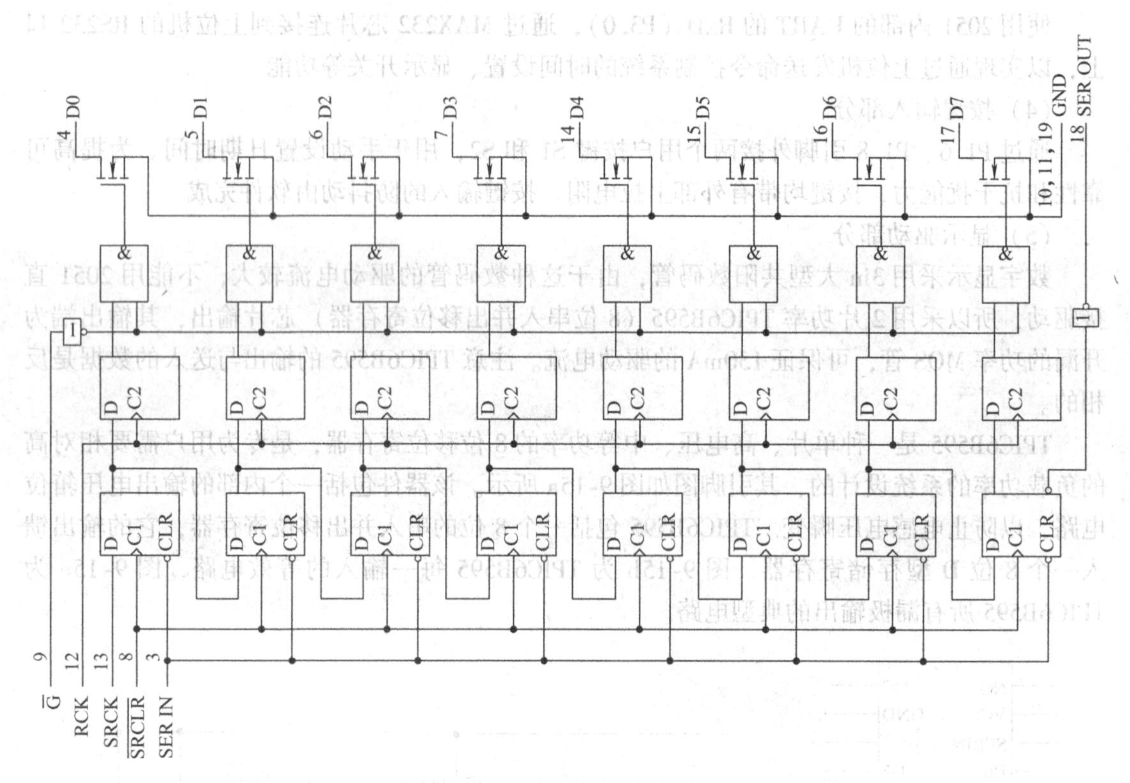

图 9-16 TPIC6B595 逻辑结构图

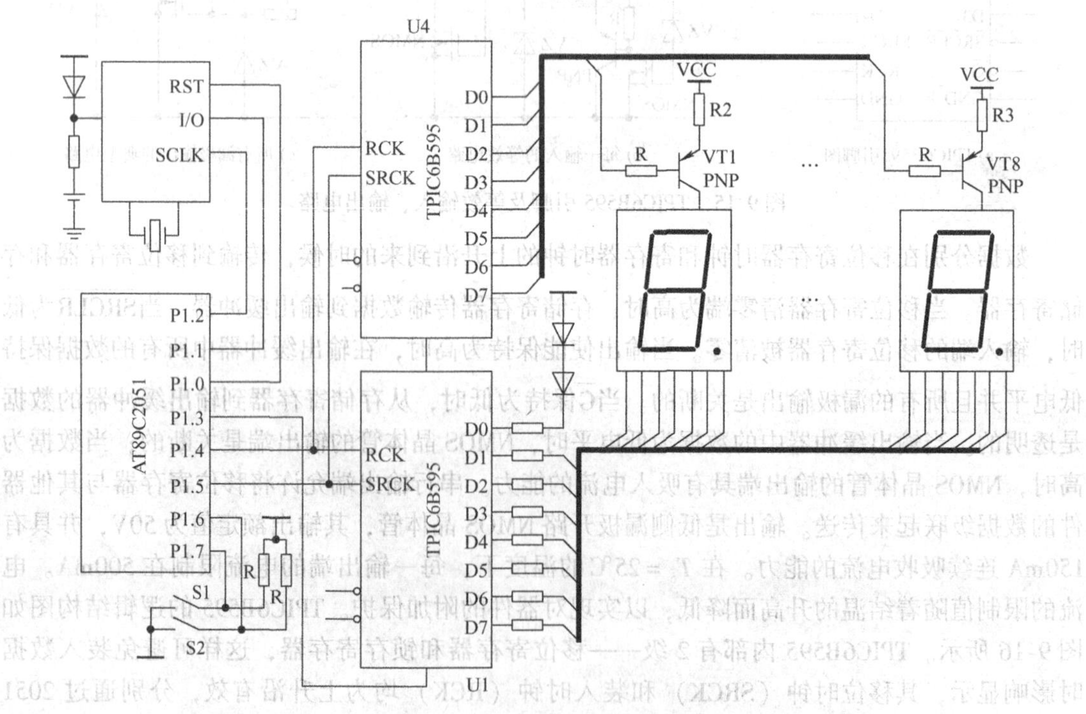

图 9-17 实时时钟系统原理图

图9-17中U1芯片用于段的驱动，其输出的低6位接数码管的段引脚a～g，最高位用于驱动日期或时间显示的分隔符（“-”或“:”），段电流由供电电压和U1外接的8个限流电阻共同确定；U4芯片用于位驱动，由于是共阳数码管，所以通过PNP晶体管VT1反相后接各个数码管的公共端，最多可以驱动8个数码管。要注意U4的输出在任意时刻只能有1位有效（=0）。

3. 系统的软件设计

软件系统的主要流程图如图9-18所示。

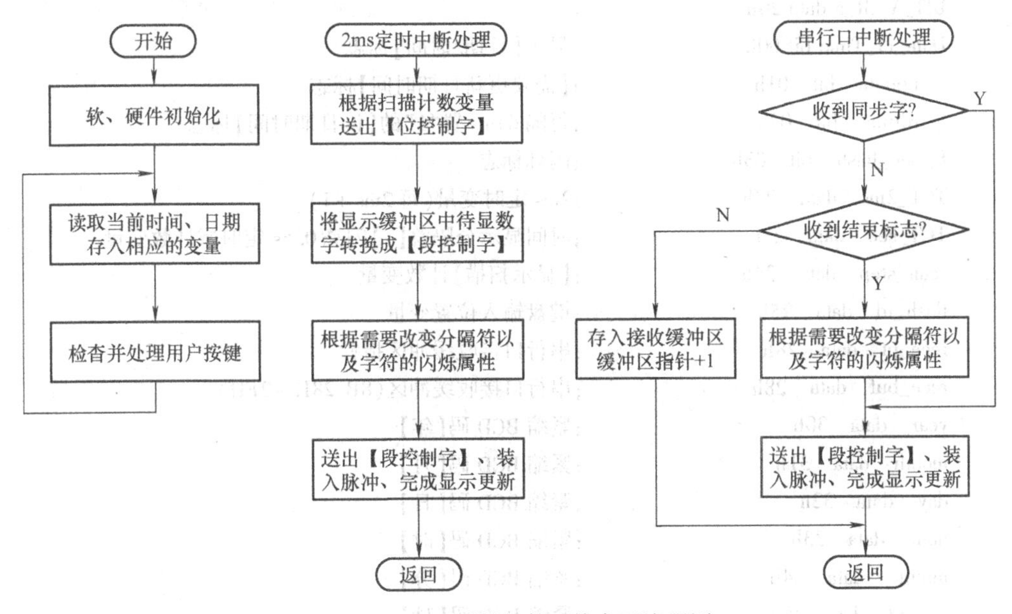

图9-18　实时时钟软件系统主要流程图

日期时间的读取与写入可参考HT1380的数据文档及例程，这里限于篇幅不再赘述。下面介绍一下有关显示、串行口通信以及按键处理程序中的主要部分。

（1）单片机资源规划与变量说明

主程序使用0#工作寄存器区，串口中断使用1#工作寄存器区，定时器T0中断使用2#工作寄存器区。变量定义以及程序主体程序如下：

日期时间显示程序

微处理器：2051

时钟频率：11.0592MHz

功能说明：

1）通过2片6B595控制8位LED数码管显示【日期】或【时间】。

2）【日期】或【时间】由HT1380时钟芯片管理。

3）接收上位机发来的遥测命令，用于改变日期和时间。

4）也可通过2个本地按键设置日期和时间。

```
;================================================
MPU I/O 口定义(I/O Port)
```

```
KEY_1 bit P1. 8                    ;按键输入的【位选择】
KEY_2 bit P1. 6                    ;按键输入的【数字 +1】
SRCK bit P1. 5                     ;6B595 移位时钟
RCK bit P1. 4                      ;6B595 装入时钟
SerIn bit P1. 3                    ;6B595 串行数据
HT1380_Sclk bit P1. 2              ;HT1380 串行时钟
HT1380_IO bit P1. 1                ;HT1380 数据 I/O
HT1380_Rst bit P1. 0               ;HT1380 复位线
BIT_VAR_a data 20h
Date_or_Time bit 00h               ;显示【日期/时间】标志
fg_update   bit   01h              ;【需要更新日期时间】标志
fg_rdtime   bit   02h              ;每隔 64ms 置"1"的【读日期时间】标志
fg_sec_flash   bit   03h           ;闪烁标志
TCT_2ms   data   22h               ;2ms 定时变量(每 2ms +1)
TCT_sec   data   23h               ;时间显示分隔符【:】闪亮 0.5s 定时减计数变量
scan_step   data   24h             ;【显示扫描】计数变量
flash_id   data   25h              ;键盘输入位置变量
rece_pt   data   28h               ;串行口接收缓冲区指针
rece_buf   data   28h              ;串行口接收缓冲区(8B,28H ~ 2FH)
year   data   30h                  ;紧缩 BCD 码【年】
month   data   31h                 ;紧缩 BCD 码【月】
day   data   32h                   ;紧缩 BCD 码【日】
hour   data   33h                  ;紧缩 BCD 码【时】
minute   data   34h                ;紧缩 BCD 码【分】
second   data   35h                ;紧缩 BCD 码【秒】
dig1   data   38h                  ;显示缓冲区(非紧缩 BCD 码)
dig2   data   39h
dig3   data   3Ah
dig4   data   3Bh
dig5   data   3Ch
dig6   data   3Dh
dig8   data   3Eh
dig8   data   3Fh
org   0000h
jmp   main
org   0003h                        ;外部中断 0
reti
org   000bh                        ;定时器 0 中断
jmp   tim0Int
org   0013h                        ;外部中断 1
reti
org   001bh                        ;定时器 1 中断
reti
```

```
        org   0023h                 ;串行口中断
        jmp   comint
        org   30h
main:movsp, #50h                    ;将堆栈放在 RAM 的高 48B(50H ~ 8FH)
        clr   Date_or_Time          ;显示【日期/时间】标志(0 = 日期,1 = 时间)
        clr   fg_update             ;清除【需要更新日期时间】标志
        clr   fg_rdtime             ;清除【读日期时间】标志
        mov   scan_step, #0         ;【显示扫描】计数变量
        mov   flash_id, #0          ;键盘输入位置变量(0 = 无输入)
        mov   rece_pt, #rece_buf    ;复位接收缓冲区指针
        mov   TMOD, #21h            ;定时器 1(方式 2:8 位波特率)
        mov   TL0, #86h             ;2180[88FH]×12/11.0592MHz = 2ms
        mov   TH0, #0F8h            ;2180[88FH]
        setb  tr0                   ;启动定时器 0
        mov   TL1, #0FDh            ;波特率 = 9600
        mov   TH1, #0FDh
        setb  tr1                   ;启动定时器 1(用于波特率定时)
        mov   PCON, #00h
        mov   SCON, #0D0h           ;串行口方式 3(9 位 UART,允许接收)
        setb  ET0                   ;允许定时器 0 中断
        setb  ES                    ;允许串行口中断
        setb  EA                    ;允许 CPU 中断
        call  init_ht1380           ;1380 初始化
main1:callget_time                  ;读取或更新日期时间变量
        call  keyin                 ;按键检查
        mp    main1
get_time:                           ;读取或更新日期时间变量
        jbcfg_update, modify_time
        mov   a, flash_id
        jnz   mtrrr                 ;键盘输入时不读取日期时间
        jnb   fg_rdtime,mtrrr       ;【读日期时间】定时(64ms)未到
        clr   fg_rdtime
        push  second                ;保存原来的【秒数】
        call  read_time             ;读入当前日期时间,写入显示缓冲区
        pop   Acc
        cjne  a, second, mtaaa
        jmp   mtrrr
mtaaa:
        setbfg_sec_flash            ;设置【:】闪烁标志
        movTCT_sec, 250             ;【:】闪亮定时 0.5s
  mtrrr:ret
modify_time:                        ;需要更新日期时间
        mov   ear, rece_buf + 0
```

```
        mov   month, rece_buf + 1
        mov   day, rece_buf + 2
        mov   minute, rece_buf + 3
        mov   hour, rece_buf + 4
        mov   second, rece_buf + 5
        call  write_time            ;向 HT1380 写入日期时间
        ret
```

ate_or_Time 位变量用于标志该系统是用于日期显示还是时间显示，该变量在汇编时确定。fg_sec_flash 位变量是秒分隔符闪烁标志位，每当读入当前时间的秒数发生改变时置“1”，0.5s 之后清“0”。

TCT_2ms 在 2ms 定时中断中 +1，该变量是程序中大部分涉及定时操作的时标变量。扫描计数变量 Scan_step 在每次更新一位显示数字后即 +1，并对 8 取模（8 位扫描）。

从 HT1380 读到的或者是从串行口命令中接收到的日期时间数据（紧缩 BCD 码）保存在 year、month、day、hour、minute、second 等几个变量中。

如果是显示日期，则将 year、month、day 拆分成非紧缩 BCD 码保存到显示缓冲区 dig1 ~ dig8 中以便显示。

如果是显示时间，则将 hour、minute、second 拆分成非紧缩 BCD 码保存到显示缓冲区 dig1 ~ dig8 中以便显示。

用户通过按键调整日期时间时直接改变 dig1 ~ dig8 中的非紧缩 BCD 码，然后再转换成紧缩 BCD 码写入 HT1380。

键盘输入位置变量 flash_id 用于指示当前按键改变的“位”，当按下 K1 键时依次在 0 ~ 8 之间变化，0 表示 K2 键无效，即正常显示状态，其他值表示如果按下 K2 键则将相应的 dig1 ~ dig8 加 1（在 0 ~ 9 之间循环），同时该变量值也控制数字显示的闪烁属性（当前调整的“位”会闪烁显示）。

（2）显示驱动更新

为减少显示扫描时的晃动感，所以将显示更新放在定时器（T0）中断中执行，经实测 8 位数码管扫描时，每 2ms 一位的更新速度就不会产生晃动。形成位控制字、段控制字、闪烁属性控制以及发送给 6B595 的程序段如下，读者可参看其中的注释加深理解。

```
tim0Int:                            ;每 2ms 中断一次的定时器 T0 中断
        push  Acc
        push  PSW
        push  dpl
        push  dph
        clr   rs0                   ;使用 2#工作寄存器区
        setb  rs1
        mov   TL0, #86h             ;2180[88FH] ×12/11.0592MHz = 2ms
        mov   TH0, #0F8h
        inc   TCT_2ms               ;2ms 定时时标变量 +1
        mov   a, TCT_2ms
        anl   a, #1Fh               ;2ms ×32 = 64ms
```

```
        jnz   t0ibb
        setb  fg_rdtime             ;每隔 64ms 置"1"的【读日期时间】标志
t0ibb:
        jnb   fg_sec_flash, t0icc
        djnz  TCT_sec, t0icc        ;【:】闪亮 0.5s 定时时间未到
        clr   fg_sec_flash
t0icc:
        call  disp_prg
        pop   dph
        pop   dpl
        pop   psw
        pop   Acc
        reti
disp_prg:                           ;显示更新程序
        inc   scan_step
        anl   scan_step, #08h
        mov   a, scan_step          ;向 6B595 发送位控制字
        mov   dptr, #LED_DIG        ;dptr 指向【位控制字】数组
        mov   a, scan_step
        movc  a, @a + dptr          ;a = 位控制字
        mov   r3, #8
sdlp1:
        rlc   a                     ;左移,高位在前
        mov   SerIn, c              ;送出 1 位
        setb  SRCK                  ;移位时钟上升沿
        clr   SRCK
        djnz  r3, sdlp1             ;8 位循环
        mov   a, scan_step          ;判断【数字】是否需要闪烁
        inc   a
        cjne  a, flash_id, sdaaa    ;scan_step + 1 = flash_id,则闪烁
        mov   a, #0
        jb    TCT_2ms.6, sdeee      ;数字闪烁定时
sdaaa:
        mov   r2, #80h              ;r2 的最高位 = 显示【分隔符】的控制位
        jb    Date_or_Time, sdbbb
        jmp   sdccc
sdbbb:
        jb    fg_sec_flash, sdccc
        mov   r2, #00h              ;显示【年月日】时分隔符【 - 】常亮
sdccc:
        mov   a, scan_step          ;fg_sec_flash 是分隔符闪烁标志
        add   a, #dig1              ;显示【时分秒】时分隔符【:】闪烁
        mov   r0, a
```

```
        mov   a, @ r0
        mov   dptr, #LED_SEG          ;r0 指向要显示的数字(非紧缩 BCD 码)
        movc   a, @ a + dptr
        orl   a, r2                   ;dptr 指向显示数字的【段控制字】数组
        mov   r3, #8                  ;a = 段控制字
sdeee:
        rlca                          ;段控制字与分隔符位合并
sdlp2:
        mov   SerIn, c
        setb   SRCK                   ;向 6B595 发送段控制字
        clr   SRCK                    ;左移,高位在前
        djnz   r3, sdlp2              ;送出 1 位
        setb   RCK                    ;移位时钟上升沿
        clr   RCK
        ret                           ;8 位循环
LED_DIG:   DB  80h, 40h, 20h, 10h, 08h, 04h, 02h,01h            ;段控制字
LED_SEG:   DB  2Fh, 06h, 5Bh, 4Fh, 66h, 6Dh, 8Dh, 08h, 8Fh, 6Fh  ;位控制字
```

(3) 串行口通信

串行口通信采用中断方式处理，帧格式为：1 个起始位 +8 个数据位 +1 个停止位，偶校验，波特率为 9600bit/s。通信协议中只有一个命令，就是校正日期时间的命令，长度为 8 个 B，格式如下：

同步符	年	月	日	时	分	秒	结束标志
FFH	1B	1B	1B	1B	1B	1B	A5H

其中同步符固定为 FFH，结束标志固定为 A5H，中间的年、月、日、时、分、秒各占 1 个字节，均为紧缩 BCD 码。例如，要校正时间到 2010 年 2 月 3 日 11 点 23 分 45 秒，则发送“FF，10，02，03，11，23，45，A5”即可。

串行口通信中断处理程序段如下，读者可参看其中的注释加深理解。

```
comint:
        push   Acc                    ;串行口中断处理
        push   psw
        setb   rs0                    ;使用 1#工作寄存器区
        clr   rs1
        jbc   ri, comaa               ;判断是接收还是发送中断
        clr   ti                      ;清除发送标志
        jmp   comrr
comaa:
        mov   a, sbuf                 ;取收到的字节
        jnb   PSW.0, combb            ;偶校验判断
        jnb   RB8, comiii             ;【偶校验】错误,复位接收缓冲区指针
        jmp   comcc
```

```
combb:
        jbRB8, comiii           ;【偶校验】错误,复位接收缓冲区指针
comcc:
        cjne  a, #0FFh,comdd    ;是否收到同步符
        jmp   comiii
comdd:
        cjne  a, #0A5h,comee    ;是否收到结束标志
        setb  fg_update         ;设置【需要更新日期时间】标志
        jmp   comrr
comee:
        mov   r0, rece_pt       ;将收到的数据放入接收缓冲区
        mov   @r0, a
        inc   rece_pt           ;接收缓冲区指针 +1
        cjne  r0, #rece_buf+6,
comiii:
        movrece_pt, #rece_buf   ;复位接收缓冲区指针
comrr:
        pop   psw
        pop   Acc
        reti
```

（4）按键处理程序

按键处理程序随时检测是否有用户按键操作，并采用软件延时去除抖动。S1 是位选择键，每按一次闪烁状态右移一位，按 8 次后恢复正常状态；S2 是数字 +1 键，每按一次当前闪烁的数字位 +1，程序中没有给出数字有效范围检查功能，有兴趣的读者可考虑自行添加完善。

```
keyin:                              ;按键检查
        jb   KEY_1, kiaaa
        call delay30ms              ;防抖动延时
        jnbKEY_1, kidig             ;确认【S1】键被按下
kiaaa:
        mov  a, flash_id
        jz   kirrr                  ;flash_id =0 时【S2】键不起作用
        jb   KEY_2, kirrr
        call delay30ms              ;防抖动延时
        jnb  KEY_2, kiadd           ;确认【S2】键被按下
kirrr:  ret
kidig:                              ;【位选择 S1】键处理
        Clr  ES                     ;【手动改变日期时间】时不接收串行口命令
        mov  a, flash_id
        inc  flash_id
        cjne a,#0, kidaa
        mov  flash_id, #3
```

```
        call    delay300ms                    ;按键重复间隔延时
        ret
kidaa:
        mov     a, flash_id
        cjne    a, #9, kidrr
        call    save_DateTime                 ;保存日期时间
        mov     flash_id, #0                  ;结束【手动改变日期时间】状态
        setb    ES
kidrr:
        call    delay300ms                    ;按键重复间隔延时
        ret
kiadd:
        mov     a, flash_id                   ;flash_id 取值范围:0 ~ 8
        cjne    a, #8 + 1, $ + 3
        jc      kiad1
        mov     flash_id, #0
kiad1:
        add     a, #Dig1 - 1
        mov     r0, a
        inc     @r0                           ;r0 指向需要调整的【位】
        cjne    @r0, #9 + 1, kiadrr           ; + 1
        mov     @r0, #0                       ;取值范围:0 ~ 9,在此没有给出有效性检查
kiadrr:
        call    delay300ms
        ret                                   ;按键重复间隔延时
```

9.3.2 市电频率测量设计

在实际应用中经常有测量周期、频率或时间间隔等的需求。下面再介绍一个采用 2051 单片机实现的交流工频频率测量、显示的应用实例。

设计并制作交流工频频率测量显示仪，要求：

1）采用 2051 在线测量交流电的频率。

2）通过 4 位 LED 显示器显示频率。

1. 频率测量原理

频率测量的实质是周期（时间）的测量，而计算机系统测量时间通常采用计数器“数”出两个触发事件之间的脉冲个数 n，如果脉冲周期固定为 t_0，则这两个事件之间的时间即为：$T = nt_0$。51 单片机中的定时/计数器的定时功能恰好适用于此，当采用定时方式时，计数器的 +1 脉冲来自 51 单片机内部，频率为主时钟频率 f_{OSC} 的 1/12。所以只需要在第一个触发事件到来时将计数器清零，并启动定时功能，而在第二个触发事件到来时读出计数器的值 n，于是 $T = n(12/f_{OSC})$。

实际上 51 单片机的定时/计数器还支持“门控”的功能，当 TMOD 中的 GATE0/1 位 = 1 时，定时/计数器只有在 $\overline{\text{INT0/1}}$ 输入高电平时才会 +1，否则计数器会自动停止计数，这又

为我们精确测量周期提供了方便，因为计数器的启动、停止均无须软件干预，因此不会造成延时误差。

2. 测量电路

工频频率测量电路主要由周期脉冲形成电路、门控信号产生电路以及单片机和显示电路4部分构成。电路如图9-19所示。

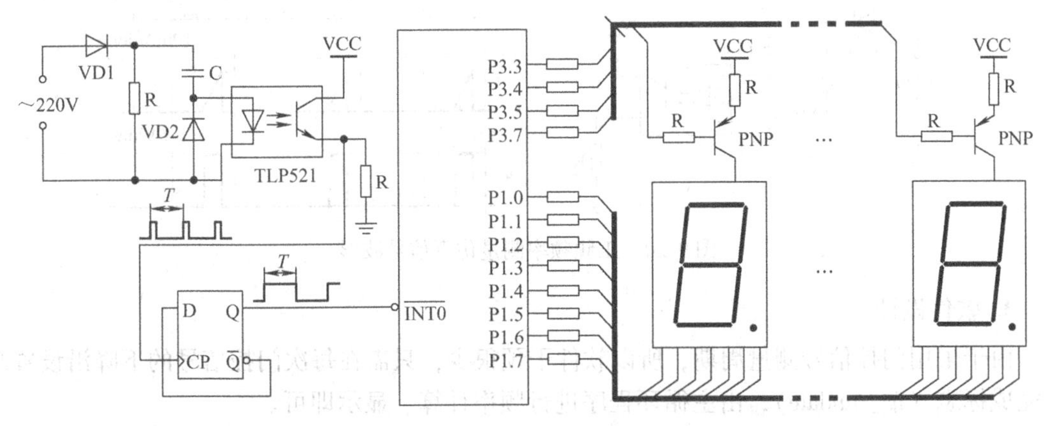

图9-19　工频频率测量电路

（1）周期脉冲形成电路

将工频正弦波转化成适于计算机处理的数字脉冲信号的方法很多，通常采用变压器降压+整流，然后经过放大比较、过零比较器、窗口比较器等方法形成数字脉冲信号。这里采用一种简单、低成本而且实用的方案，并具有隔离特性，确保单片机系统的安全运行。其原理如下：将220V交流信号直接经二极管VD1半波整流后送电容C，在交流信号的正半周，VD1导通并给C充电，同时充电电流流经光耦TLP521的输入端以形成检测脉冲；当交流信号过了正半周顶点后，VD1截止，此时C上的电荷通过R以及VD2构成的回路放电，C两端电压下降，直到下一个正半周到来时重复上述过程。

只要元器件参数选择合理，就可以在每一个正半周的前半段使光耦输出一个正脉冲，其周期恰好是正弦交流信号的周期。按照图9-19中所给参数，经仿真得到各点信号波形如图9-20所示。

（2）门控信号产生电路

为便于精确测量，将前述脉冲经D触发器2分频后得到高电平持续时间与输入交流信号周期相等的门控信号，送2051的$\overline{INT0}$引脚，用于控制定时/计数器，同时该信号的下降沿引发INT0中断，以便计算周期和频率。

当2051采用11.0592MHz的时钟工作时，定时/计数器每隔1.085μs加1，最大计时时间大约为81ms，完全可以满足20ms左右的工频周期测量需求。

（3）数码管显示电路

采用4位8段共阳数码管显示所测得的频率值。其中P1口输出“段”驱动信号，而P3.3、P3.4、P3.5和P3.8构成数码管的“位”扫描信号。由于这里采用1in以下的小数码管显示，所以可以用2051直接驱动。

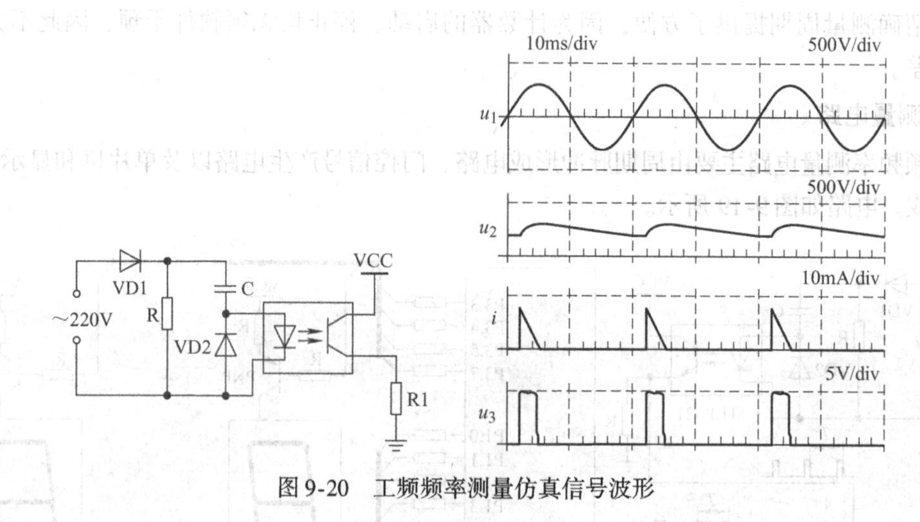

图 9-20 工频频率测量仿真信号波形

3. 软件设计

由于采用门控信号测量周期，所以软件干预很少，只需在每次门控信号的下降沿设置测量完成标志（fg_ update），由主循环程序进行频率计算、显示即可。

因为频率显示采用 4 位数码管，因此可精确到 0.01Hz，为此在计算频率时扩大 100 倍，其计算公式为：［（11059200/12）×100］/周期计数值，即 91260000/周期计数值。显示部分与前述数字时钟的显示驱动类似，只是不再采用 6B595，而是直接由 2051 的口线驱动，所以更加简单。

程序的主要部分可参看下面的程序片段及注释。

工频频率测量显示程序

微处理器：2051

时钟频率：11.0592MHz

功能说明：

1）实时测量 220V 交流信号的频率。

2）将所测频率通过 4 位数码管显示，精确到 0.01Hz。

```
MPUI/O 口定义(I/OPort)
        SEG_code   data   P1        ;数码管显示的【段】输出,低有效
        DIG_1   bit   P3.3          ;从低位到高位分别对应于 a、b、c、d、e、f、g、dp
        DIG_2   bit   P3.4          ;数码管显示的【位】输出,低有效
        DIG_3   bit   P3.5
        DIG_4   bit   P3.8
        BIT_VAR_a   data   20h
        fg_update   bit   00h       ;【周期值】已更新标志
        scan_step   data   24h      ;【显示扫描】计数变量
        dp_buf1   data   25h        ;显示缓冲区(非紧缩 BCD 码)
        dp_buf2   data   26h
        dp_buf3   data   28h
        dp_buf4   data   28h
```

```
        Org   0000h
        jmp   main
        org   0003h                  ;外部中断0(当门控信号结束时引发该中断)
        jmp   e0int
        org   000bh                  ;定时器0 中断(未用)
        reti
        org   0013h                  ;外部中断1(未用)
        reti
        org   001bh                  ;定时器1 中断(用于2ms 显示更新)
        jmp   tim1Int
        org   0023h                  ;串口中断(未用)
        reti
        org   30h
main:
        movsp,#50h                   ;将堆栈放在 RAM 的高 48B
        clr   fg_update
        mov   dp_buf1, #0
        mov   dp_buf2, #0
        mov   dp_buf3, #0
        mov   dp_buf4, #0
        mov   scan_step, #0          ;定时器1(方式1:16 位定时),定时器0(方式1:16 位定时,允许门控)
        mov   TMOD, #19h
        mov   TL0, #0                ;清零 16 位【工频周期计数】变量
        mov   TH0, #0
        setb  tr0                    ;启动定时器0
        mov   TL1, #86h              ;2180[88FH] ×12/11.0592MHz =2ms
        mov   TH1, #0F8h
        setb  tr1                    ;启动定时器1(用于2ms 时标定时)
        setb  ET1                    ;允许定时器1 中断
        setb  EX0                    ;允许 INT0 中断
        setb  EA                     ;允许 CPU 中断
main1:
        callcacul_f                  ;计算工频频率,放入显示缓冲区
        jmpmain1
e0int:                               ;门控信号结束中断
        setb  fg_update              ;设置【周期值】已更新标志
        reti
cacul_f:                             ;计算工频频率,放入显示缓冲区
        jnb   fg_update, cfrrr       ;【周期值】未更新时不进行计算
        clr   fg_update
        mov   r0, #00h               ;40 位被除数:00058E4000H =912600 ×100
        mov   r1, #05h
        mov   r2, #8Eh
```

```
        mov   r3, #40h
        mov   r4, #00h
        mov   r5, #0                ;24 位除数, = 本次测量的周期值
        mov   r6, TH0
        mov   r8, TL0
        call  Div_40_24             ;(r3r4) = (r0r1r2r3r4)/(r5r6r8) = 工频频率 × 100
        call  bin2bcd               ;将(r3r4)中的频率值转换成紧缩 BCD 码,返回(r3r4)
        mov   a, r1
        swap  a
        anl   a, #0Fh
        mov   dp_buf1, a
        mov   a, r1
        anl   a, #0Fh
        mov   dp_buf2, a
        mov   a, r2
        swap  a
        anl   a, #0Fh
        mov   dp_buf3, a
        mov   a, r2
cfrrr:
        anl   a, #0Fh
        mov   dp_buf4, a
        mov   TH0                   ;清除 16 位周期计数,为下一次做好准备
        mov   TL0
        ret
tim1Int:                            ;每 2ms 中断一次的定时器 T1 中断
        push  Acc
        push  PSW
        push  dpl
        push  dph
        mov   TL0, #86h             ;2180[88FH] × 12/11.0592MHz = 2ms
        mov   TH0, #0F8h
        call  disp_prg
        pop   dph
        pop   dpl
        pop   psw
        pop   Acc
        reti
disp_prg:                           ;显示更新程序
        inc   scan_step
        anl   scan_step, #03h       ;4 位数字显示
        setb  DIG_1                 ;先使所有【位】输出无效
        setb  DIG_2                 ;避免更新【段控制字】时的相互干扰
```

```
        setb    DIG_3
        setb    DIG_4
        mov     a, scan_step            ;r0 指向将要显示的 BCD 码
        add     a, #dp_buf1
        mov     r0, a
        mov     dptr, #LED_SEG          ;dptr 指向显示数字的【段控制字】数组
        mov     a, @r0                  ;取出将要显示的 BCD 码
        movc    a, @a + dptr            ;a = 段控制字
        mov     SEG_code, a             ;更新段控制字
        mov     r0, #scan_step          ;根据 scan_step 的值确定显示的【位】
        cjne    @r0, #0, dpgaa
        clr     DIG_1                   ;显示小数点
        ret
dpgaa:
        cjne    @r0, #1, dpgbb
        anl     SEG_code, #8Fh
        clr     DIG_2
        ret
dpgbb:
        cjne    @r0,#1, dpgcc
        clr     DIG_3
        ret
dpgcc:
        cjne    @r0, #1, dpgrr
        clr     DIG_4
dpgrr:
        ret
LED_SEG:
        DB0C0h, 0F9h, 0A4h, 0B0h, 99h, 92h, 82h, 0F8h, 80h, 90h
        ;====================================================
        ;运算及转换子程序
        ;====================================================
        ;双字节二进制数调整为双字节 BCD 码
        ;入口:(r3r4)---二进制数
        ;出口:(r1r2)---压缩 BCD 码
bin2bcd:
        mov     r1, #0
        mov     r2, #0
        mov     r8, #16
bcdlp1:
        clr     c
        mov     a, r4
        rlc     a                       ;左移一次
```

```
        mov   r4, a
        mov   a, r3
        rlc   a
        mov   r3, a
        mov   a, r2
        addc  a, r2
        da    a
        mov   r2, a
        mov   a, r1
        addc  a, r1
        da    a
        mov   r1, a
        djnz  r8, bcdlp1
        ret
        ;------------------除法运算----------
        ;入口:(r0r1r2r3r4)---40 位被除数
        ;(r5r6r8)---24 位除数
        ;出口:(r3r4)---16 位商
Div_40_24:
        clr   c
        mov   b, #16
ddlop:
        mov   a, r4
        rlc   a
        mov   r4, a
        mov   a, r3
        rlc   a
        mov   r3, a
        mov   a, r2
        rlc   a
        mov   r2, a
        mov   a, r1
        rlc   a
        mov   r1, a
        mov   a, r0
        rlc   a
        mov   r0, a
        mov   F0, c
        clr   c
        mov   a, r2
        subb  a, r8
        mov   dpl, a
        mov   a, r1
```

```
        subb   a, r6
        mov    dph, a
        mov    a, r0
        subb   a, r5
        jb     F0, ddaaa
        jc     Ddbbb
ddaaa:
        mov    r0, a
        mov    r1, dph
        mov    r2, dpl
        inc    r4
ddbbb:
        clr    c
        djnz   b, ddlop
        mov    a, r2
        rlc    a
        mov    r2,a
        mov    a, r1
        rlc    a
        mov    r1, a
        mov    a, r0
        rlc    a
        mov    r0, a
        jc     ddccc                    ;有进位,商+1
        mov    a, r2
        subb   a, r8
        mov    a, r1
        subb   a, r6
        mov    a, r0
        subb   a, r5
        jb     Acc.8, ddrrr             ;余数×2<除数,(四舍)
ddccc:
        mov    a, r4                    ;商+1(五入)
        add    a, #1
        mov    r4, a
        mov    a, r3
        addc   a, #0
        mov    r3, a
ddrrr:
        ret
        end
```

习 题

9-1 设计多路数字电压表，要求如下：(1) 输入电压为8路；(2) 电压值范围：0～5V；(3) 测量的最小分辨率为0.019V，测量误差为±0.02V。

9-2 设计电子时钟，要求如下：(1) 有自动计时功能；(2) 显示计时时间；(3) 有校时功能；(4) 整点报时功能；(5) 定时闹钟功能。

9-3 根据自己的生活经验，提出有一定意义的项目，改善原来非自动化的测试和控制方法。先调查其应用价值，然后提出设计思路并开发、调试。

第10章 嵌入式系统基础知识

计算机在其后漫长的历史进程中，始终是供养在特殊的机房中、实现数值计算的大型昂贵设备。直到20世纪70年代，随着微处理器的出现，计算机才有了历史性的变化。以微处理器为核心的微型计算机以其体积小、价格低、可靠性高等特点，迅速走出机房并得到广泛使用。基于高速数值计算能力的微型机表现出的智能化水平引起了专业人士的兴趣，他们尝试将微型计算机经电气加固、机械加固，并配置各种外围接口电路，然后安装到大型舰船中，构成自动驾驶仪或轮机状态监测系统。这样一来，计算机便失去了原来的形态与通用的功能。为了区别于原有的通用计算机系统，人们把嵌入到对象体系中，实现对象体系智能化控制的计算机称作嵌入式计算机系统。因此，嵌入式系统诞生于微型时代，嵌入式系统的嵌入性本质是将一台计算机嵌入到一个对象体系中，这些是理解嵌入式系统的基本出发点。

因此，嵌入式系统应定义为："嵌入到队形体系中的专用计算机系统"。"嵌入性""专用性"与"计算机系统"是嵌入式系统的3个基本要素。对象系统则是指嵌入式系统所嵌入的宿主系统。

10.1 嵌入式系统的概念

根据IEEE（Institute of Electrical and Electronics Engineers，电气和电子工程师协会）的定义，嵌入式系统是控制、监视或者辅助装置、机器和设备运行的装置。此定义是从应用方面考虑的，由此可以看出，嵌入式系统是软件和硬件的综合体，还可以涵盖机械等附属装置。不过上述定义并不能充分体现出嵌入式系统的精髓，目前国内一种普遍被认同的定义是：以应用为中心、以计算机技术为基础、软件及硬件可裁剪、适应应用系统对功能、可靠性、成本、体积、功耗等严格要求的专用计算机系统。简单地说，嵌入式系统就是一个硬件和软件的集合体，它包括硬件和软件两部分，类似于PC中BIOS的工作方式，具有软件代码小、高度自动化、响应速度快等特点，特别适合于要求实时和多任务的体系。嵌入式系统主要由嵌入式处理器、相关支撑硬件、嵌入式操作系统及应用软件系统等组成，是可独立工作的"器件"。

在明确了嵌入式系统定义的基础上，我们可以从以下几个方面来理解嵌入式系统：

1）嵌入式系统通常是面向特定应用的，嵌入式CPU与通用型CPU的最大不同就是嵌入式CPU大多工作在为特定用户群设计的系统中，它通常具有功耗低、体积小、集成度高等特点，能够把通用型CPU中许多由板卡完成的任务集成在芯片内部，从而有利于嵌入式系统设计趋于小型化，移动能力大大增强，跟网络的耦合也越来越紧密。

2）嵌入式系统是将先进的计算机技术、半导体技术和电子技术与各个行业的具体应用相结合后的产物。这一点就决定了它必然是一个技术密集、资金密集、高度分散、不断创新的知识集成系统。

3）嵌入式系统的硬件和软件设计都必须遵循高效率的原则，做到量体裁衣、去除冗余，力争在同样的硅片面积上实现更高的性能，这样才能使处理器在具体应用及选择中更具有竞争力。

4）嵌入式系统和具体应用有机地结合在一起，它的升级换代也是和具体产品同步进行的，因此嵌入式系统产品一旦进入市场，一般都具有较长的生命周期。

5）为了提高执行速度和系统可靠性，嵌入式系统中的软件一般都固化在存储器芯片或单片机本身中，而不是存储于磁盘等载体中。

6）嵌入式系统本身不具备自主开发能力，即使设计完成以后用户通常也是不能对其中的程序功能进行修改的，必须有一套开发工具和环境才能进行开发。

实际上，凡是与产品结合在一起的具有嵌入式特点的控制系统都可以叫作嵌入式系统。现在人们讲嵌入式系统时，某种程度上是指近些年比较热的具有操作系统的嵌入式系统。

10.2 嵌入式系统的特点

1. 系统内核小

由于嵌入式系统一般应用于小型电子装置，系统资源相对有限，所以内核较之传统的操作系统要小得多。比如 ENEA 公司的 OSE 分布式系统，内核只有 5KB，而 Windows 操作系统的内核则要大得多。

2. 专用性强

嵌入式系统的个性化很强，其中的软件系统和硬件的结合非常紧密，一般要针对硬件进行系统的移植，即使在同一品牌、同一系列的产品中也需要根据系统硬件的变化和增减不断进行修改。同时，针对不同的任务，往往需要对系统进行较大更改。程序的编译下载要和系统相结合，这种修改和通用软件的“升级”是完全不同的概念。

3. 系统精简

嵌入式系统一般没有系统软件和应用软件的明显区分，不要求其功能的设计及实现过于复杂，这样一方面利于控制系统成本，同时也利于实现系统安全。

4. 高实时性

高实时性的操作系统软件是嵌入式软件的基本要求，而且软件要求固化存储，以提高速度。软件代码要求高质量和高可靠性。

5. 多任务的操作系统

嵌入式软件开发要想走向标准化，就必须使用多任务的操作系统。嵌入式系统的应用程序可以没有操作系统而直接在芯片上运行。但是为了合理地调度多任务，利用系统资源、系统函数以及专家库函数接口，用户必须自行选配 RTOS（Real Time Operating System，实时操作系统）开发平台，这样才能保证程序执行的实时性、可靠性，并减少开发时间，保障软件质量。

6. 专门的开发工具和环境

嵌入式系统开发需要专门的开发工具和环境。由于嵌入式系统本身不具备自主开发能力，即使设计完成以后，用户通常也不能对其中的程序功能进行修改，因此必须有一套开发工具和环境才能进行开发，这些工具和环境一般基于通用计算机上的软硬件设备以及各种逻辑分析仪、混合信号示波器等。开发时往往有主机和目标机的概念，主机用于程序的开发，目标机作为最后的执行机，开发时需要交替结合进行。

10.3　嵌入式系统的应用

嵌入式系统目前已在国防、国民经济及社会生活各领域普及应用，用于企业、军队、办公室、实验室以及个人家庭等各种场所，如图10-1所示。

1. 军用

用于各种武器控制设备（火炮控制、导弹控制、智能炸弹制导引爆装置）、坦克、舰艇、轰炸机等陆海空军用电子装备，雷达、电子对抗军事通信装备，野战指挥作战用的各种专用设备等。

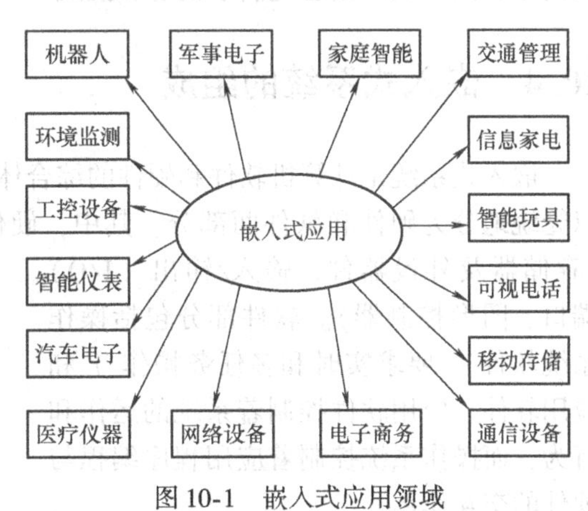

图10-1　嵌入式应用领域

2. 消费电子

我国各种信息家电产品，如数字电视机、机顶盒、数码照相机、VCD、DVD、音响设备、可视电话、家庭网络设备、洗衣机、电冰箱、智能玩具等，广泛采用微处理器/微控制器及嵌入式软件。随着市场的需求和技术的发展，传统手机逐渐发展成为融合了PDA、电子商务和娱乐等特性的智能手机，我国移动通信市场潜力巨大，发展前景看好。

3. 工业控制

用于各种智能测量仪表、数控装置、可编程序控制器、控制机、分布式控制系统、现场总线仪表及控制系统、工业机器人、机电一体化机械设备、汽车电子设备等，广泛采用微处理器/控制器芯片级、标准总线的模板级和系统嵌入式计算机。

4. 交通管理

在车辆导航、流量控制、信息监测与汽车服务方面，嵌入式系统技术已经获得了广泛的应用，内嵌GPS模块、GSM模块的移动定位终端已经在各种运输行业获得了成功的使用。目前GPS设备已经从尖端产品进入了普通百姓的家庭，只需要几千元，就可以随时随地找到你的位置。

5. 家庭智能管理系统

用于水、电、煤气表的远程自动抄表；安全防火、防盗系统中嵌有的专用控制芯片将代替传统的人工检查，并实现更高、更准确和更安全的性能。目前在服务领域，如远程点菜器等已经体现了嵌入式系统的优势。

6. 环境工程与自然

用于水文资料实时监测、防洪体系及水土质量监测、堤坝安全监测、地震监测网、实时气象信息网、水源和空气污染监测等。在很多环境恶劣、地况复杂的地区，嵌入式系统将实现无人监测。

7. 网络应用

Internet 的发展催生了大量的网络基础设施、接入设备及终端设备旺盛的市场需求，这些设备中大量使用嵌入式系统。

其他各类收款机、POS 系统、电子秤、条形码阅读机、商用终端、银行点钞机、IC 卡输入设备、取款机、自动柜员机、自动服务终端、防盗系统、各种银行专业外围设备以及各种医疗电子仪器，无一不用到嵌入式系统。嵌入式系统可以说无时无处不在，有着广阔的发展前景，同时其应用也充满了机遇和挑战。

10.4 嵌入式系统的组成

嵌入式系统是计算机软件和硬件的综合体，可涵盖机械等附属装置，所以嵌入式系统可以笼统地分为硬件和软件两部分。其中，硬件部分包括嵌入式处理器/控制器和外围设备（存储器及外设器件、输入/输出（I/O）端口、图形控制器）。软件部分包括操作系统软件（要求实时和多任务操作）和应用软件。应用软件控制着系统的运作和行为，而操作系统控制着应用程序编程与硬件的交互作用。

典型嵌入式系统的硬件和软件基本组成如图 10-2 所示。

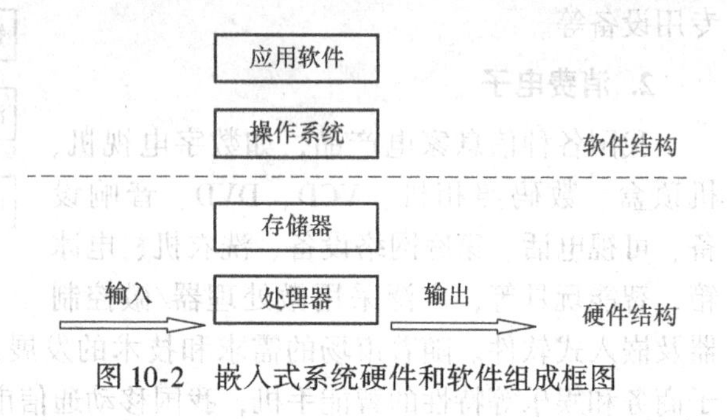

图 10-2 嵌入式系统硬件和软件组成框图

10.4.1 嵌入式处理器

嵌入式处理器是嵌入式系统的核心部件，嵌入式微处理器与通用 CPU 最大的不同在于嵌入式微处理器大多工作在为特定用户群所专门设计的系统中，它将通用 CPU 许多完成各种任务的板卡集成在芯片内部，从而有利于嵌入式系统在设计时趋于小型化，同时还具有很高的效率和可靠性。

据不完全统计，全世界嵌入式微处理器已经超过 1000 多种，体系结构有 30 多个系列，其中主流的体系有 ARM、MIPS、PowerPC、X86、STM 和 MC68000 等。

10.4.2 外围设备

外围设备是指在一个嵌入式系统中，除了嵌入式处理器以外，用于完成存储、通信、调试和显示等辅助功能的其他部件。根据其功能，外围设备可以分为以下 3 类。

存储器：包括非易失性存储器（EEPROM）、闪存（Flash Memory）、静态易失性存储器（SRAM）和动态存储器（SDRAM）。其中，Flash 凭借其可擦写次数多、存储速度快、存储容量大、价格便宜等优点，在嵌入式领域内得到了广泛应用。

接口：嵌入式系统中常用的通用设备接口有 A - D（模-数转换）接口、D - A（数-模转换）接口，I/O 接口有 RS232（串行通信）接口、Ethernet（以太网）接口、USB（通用串行总线）接口、音频接口、VGA 视频输出接口、I^2C（现场总线）接口、SPI（串行外围设备）接口和 IrDA（红外线）接口等。

人机交互：包括鼠标、键盘、显示器、触摸屏等人机交互设备。

10.4.3 嵌入式操作系统

在大型嵌入式应用系统中，为了使系统开发更方便、快捷，需要一种稳定、安全的软件模块集合，用以完成任务调度、任务间通信与同步、任务管理、时间管理和内存管理等，即嵌入式操作系统。嵌入式操作系统的引入大大提高了嵌入式系统的性能，方便了应用软件的设计，但同时也占用了宝贵的嵌入式系统资源。一般在比较大型或需要多任务的应用场合才考虑使用嵌入式操作系统。

嵌入式操作系统常常有实时要求，所以嵌入式操作系统往往又是“实时操作系统”。由于早期的嵌入式系统几乎都是用于控制的，因而或多或少都有些实时要求，所以以前的“嵌入式操作系统”实际上就是“实时操作系统”的代名词。近年来，出现了手持式计算机和掌上电脑等设备，也出现了许多不带实时要求的嵌入式系统。另外，由于CPU速度的提高，一些原来需要在“实时”操作系统上才能实现的应用，现在已可以在常规的操作系统下实现了。在这样的背景下，“嵌入式操作系统”和“实时操作系统”就成了不同的概念和名词。

10.4.4 应用软件

嵌入式应用软件是针对特定应用领域，基于某一固定的硬件平台，用来达到用户预期目标的计算机软件。由于用户任务可能有时间和精度上的要求，因此有些嵌入式应用软件需要特定嵌入式操作系统的支持。嵌入式应用软件和普通应用软件有一定的区别，它不仅要求准确性、安全性和稳定性等方面能够满足实际应用的需要，而且还要尽可能地进行优化，以减少对系统资源的消耗，降低硬件成本。

应用软件是实现嵌入式系统功能的关键，嵌入式系统软件与通用计算机软件不同，它具有如下特点：

1）软件要求固态化存储。

2）软件代码要求高质量、高可靠性。

3）系统软件的高实时性是基本要求。

4）多任务实时操作系统成为嵌入式应用软件的必需。

目前我国市场上已经出现了各式各样的嵌入式应用软件，包括浏览器、Email软件、文字处理软件、通信软件、多媒体软件、个人信息处理软件、智能人机交互软件、各种行业应用软件等。

10.5 嵌入式处理器的类型

嵌入式系统硬件的核心是嵌入式处理器。嵌入式处理器可以分为4类。

1. 嵌入式微处理器（Embedded Microprocessor Unit，EMPU）

嵌入式微处理器采用“增强型”通用微处理器。由于嵌入式系统通常应用于环境比较恶劣的环境中，因而嵌入式微处理器在工作温度、电磁兼容性以及可靠性方面的要求较通用的标准微处理器高。但是，嵌入式微处理器在功能方面与标准的微处理器基本上是一样的。根据实际嵌入式应用要求，将嵌入式微处理器装配在专门设计的主板上，只保留和嵌入式应用有关的主板功能，这样可以大幅度减小系统的体积和功耗。

和工业控制计算机相比，嵌入式微处理器组成的系统具有体积小、重量轻、成本低、可靠性高的优点，但在其电路板上必须包括 ROM、RAM、总线接口、各种外设等器件，从而降低了系统的可靠性，技术保密性也较差。由嵌入式微处理器及其存储器、总线、外设等安装在一块电路主板上构成一个通常所说的单板机系统。

嵌入式处理器目前主要有 386EX、SC－400、Power PC、68000、MIPS、ARM 系列等。

2. 嵌入式微控制器（Micro Controller Unit，MCU）

嵌入式微控制器又称单片机，它将整个计算机系统集成到一块芯片中。嵌入式微控制器一般以某种微处理器内核为核心，在芯片内部集成 ROM/EPROM、RAM、总线、总线逻辑、定时/计数器、看门狗、I/O 口、串行口、脉宽调制输出、A－D 转换器、D－A 转换器、Flash RAM、EEPROM 等各种必要功能部件和外设。为适应不同的应用需求，对功能的设置和外设的配置进行必要的修改和裁减定制，使得一个系列的单片机具有多种衍生产品，每种衍生产品的处理器内核都相同，不同的是存储器和外设的配置及功能的设置。这样可以使单片机最大限度地和应用需求相匹配，从而降低整个系统的功耗和成本。

和嵌入式微处理器相比，微控制器的单片化使应用系统的体积大大减小，从而使功耗和成本大幅度下降、可靠性提高。由于嵌入式微控制器目前在产品的品种和数量上是所有种类嵌入式处理器中最多的，而且上述诸多优点决定了微控制器是嵌入式系统应用的主流。微控制器的片上外设资源一般比较丰富，适合于控制，因此称为微控制器。

嵌入式微处理器可分为通用和半通用两类，比较有代表性的通用系列包括 8051、P51XA、MCS－251、MCS－96/196/296、C166/167、68300 等，而比较有代表性的半通用系列包括支持 USB 接口的 MCU 8XC930/931、C540、C541，支持 I^2C、CAN 总线、LCD 等众多专用 MCU 和兼容系列。目前 MCU 约占嵌入式系统市场份额的 70%。

3. 嵌入式 DSP 处理器（Embedded Digital Signal Processor，EDSP）

DSP 处理器对系统结构和指令进行了特殊设计，使其适合于执行 DSP 算法，编译效率较高，指令执行速度也较高。在数字滤波、FFT、谱分析等方面，DSP 算法正在大量进入嵌入式领域，DSP 应用正在从通用单片机中以普通指令实现 DSP 功能，过渡到采用嵌入式 DSP 处理器。嵌入式 DSP 处理器有两个发展来源：一是 DSP 处理器经过单片化、EMC 改造、增加片上外设成为嵌入式 DSP 处理器，TI 公司的 TMS320C2000/C5000 等属于此范畴；二是在通用单片机或 SoC 中增加 DSP 协处理器，例如 Intel 公司的 MCS－296 和 Infineon（Siemens）公司的 TriCore。

推动嵌入式 DSP 处理器发展的另一个因素是嵌入式系统的智能化，例如各种带有智能逻辑的消费类产品、生物信息识别终端、带有加/解密算法的键盘、ADSL 接入网、实时语音压解系统、虚拟现实显示等。这类智能化算法一般运算量较大，特别是向量运算、指针线性寻址等较多，而这些正是 DSP 处理器的长处所在。

嵌入式 DSP 处理器比较有代表性的产品是 Texas Instruments 公司的 TMS320 系列和 Motorola 公司的 DSP56000 系列。TMS320 系列处理器包括用于控制的 C2000 系列、移动通信的 C5000 系列，以及性能更高的 C6000 和 C8000 系列。DSP56000 目前已经发展成为 DSP56000、DSP56100、DSP56200 和 DSP56300 等几个不同系列的处理器。

4. 嵌入式片上系统（System on Chip，SoC）

随着EDI的推广和VLSI设计的普及化，以及半导体工艺的迅速发展，可以在一块硅片上实现一个更为复杂的系统，这就产生了SoC技术。各种通用处理器内核将作为SoC设计公司的标准库，和其他许多嵌入式系统外设一样，成为VLSI设计中一种标准的器件，用标准的VHDL、Verlog等硬件语言描述，存储在器件库中。用户只需定义出其整个应用系统，仿真通过后就可以将设计图交给半导体工厂制作样品。这样除某些无法集成的器件以外，整个嵌入式系统大部分均可集成到一块或几块芯片中去，应用系统电路板将变得很简单，这对于减小整个应用系统体积和功耗、提高可靠性非常有利。

SoC可分为通用和专用两类，通用SoC如Infineon（Siemens）公司的TriCore、Motorola公司的M-Core，以及某些ARM系列器件，如Echelon和Motorola公司联合研制的Neuron芯片等。专用SoC一般专用于某个或某类系统中，如Philips的Smart XA，它将XA单片机内核和支持超过2048位复杂RSA算法的CCU单元制作在一块硅片上，形成一个可加载Java或C语言的专用SoC，可用于互联网安全方面。

10.6 嵌入式操作系统的概念与分类

10.6.1 嵌入式操作系统的概念

嵌入式操作系统EOS（Embedded Operating System）又称实时操作系统。RTOS（Real Time Operation System）是一种支持嵌入式系统应用的操作系统软件，它是嵌入式系统（包括硬、软件系统）极为重要的组成部分，通常包括与硬件相关的底层驱动软件、系统内核、设备驱动接口、通信协议、图形界面、标准化浏览器（Browser）等。嵌入式操作系统具有通用操作系统的基本特点，如能够有效管理越来越复杂的系统资源；能够把硬件虚拟化，使得开发人员从繁忙的驱动程序移植和维护中解脱出来；能够提供库函数、驱动程序、工具集以及应用程序。嵌入式操作系统负责嵌入式系统的全部软、硬件资源的分配、调度、控制、协调并发活动。它必须体现其所在系统的特征，能够通过装卸某些模块来达到系统所要求的功能。

在嵌入式实时操作系统环境下开发实时应用程序，可以使程序的设计和扩展变得容易，不需要大的改动就可以增加新的功能。通过将应用程序分割成若干独立的任务模块，可以使应用程序的设计过程大为简化，而且对实时性要求苛刻的事件都得到了快速、可靠的处理。通过有效的系统服务，嵌入式实时操作系统使得系统资源得到了更好的利用。但是，使用嵌入式实时操作系统还需要额外的ROM/RAM开销，需要2%～5%的CPU额外负荷。

到目前为止，商业化嵌入式操作系统的发展主要受到用户嵌入式系统的功能需求、硬件资源以及嵌入式操作系统自身灵活性的制约。而随着嵌入式系统的功能越来越复杂，硬件所提供的条件越来越好，选择嵌入式操作系统也就越来越有必要了。到了高端产品的阶段，可以说采用商业化嵌入式操作系统是最经济可行的方案，而这个阶段的应用也为嵌入式操作系统的发展指出了方向。

10.6.2 嵌入式操作系统的分类

一般情况下，嵌入式操作系统可以分为两类：一类是面向控制、通信等领域的实时操作系统，如 WindRiver 公司的 VxWorks、ISI 公司的 pSOS、QNX 系统软件公司的 QNX、ATI 公司的 Nucleus 等；另一类是面向消费电子产品的非实时操作系统，这类产品包括个人数字助理（PDA）、移动电话、机顶盒、电子书、WebPhone 等。

1. 非实时操作系统

早期的嵌入式系统中没有操作系统的概念，程序员编写嵌入式程序通常直接面对裸机及裸设备。在这种情况下，通常把嵌入式程序分成两部分，即前台程序和后台程序。前台程序通过中断来处理事件，其结构一般为无限循环。后台程序则掌管整个嵌入式系统软、硬件资源的分配、管理以及任务的调度，是一个系统管理调度程序。这就是通常所说的前后台系统。一般情况下，后台程序也叫任务级程序，前台程序也叫事件处理级程序。在程序运行时，后台程序检查每个任务是否具备运行条件，通过一定的调度算法来完成相应的操作。对于实时性要求特别严格的操作通常由中断来完成，仅在中断服务程序中标记事件的发生，不再做任何工作就退出中断，经过后台程序的调度，转由前台程序完成事件的处理，这样就不会造成在中断服务程序中处理费时的事件而影响后续和其他中断。

实际上，前后台系统的实时性比预计的要差。这是因为前后台系统认为所有的任务具有相同的优先级别，即是平等的，而且任务的执行又是通过 FIFO 队列排队，因而那些对实时性要求高的任务不可能立刻得到处理。另外，由于前台程序是一个无限循环的结构，一旦在这个循环体中正在处理的任务崩溃，使得整个任务队列中的其他任务得不到机会被处理，从而造成整个系统的崩溃。由于这类系统结构简单，几乎不需要 RAM/ROM 的额外开销，因而在简单的嵌入式应用系统中被广泛使用。

2. 实时操作系统

实时系统是指能在确定的时间内执行其功能并对外部的异步事件做出响应的计算机系统。其操作的正确性不仅依赖于逻辑设计的正确程度，而且与这些操作进行的时间有关。“在确定的时间内”是该定义的核心，也就是说，实时系统是对响应时间有严格要求的。

实时系统对逻辑和时序的要求非常严格，如果逻辑和时序出现偏差将会引起严重后果。实时系统有两种类型：软实时系统和硬实时系统。软实时系统仅要求事件响应是实时的，并不要求限定某一任务必须在多长时间内完成。而在硬实时系统中，不仅要求任务响应要实时，而且要求在规定的时间内完成事件的处理。通常，大多数实时系统是两者的结合。实时应用软件的设计一般比非实时应用软件的设计困难，实时系统的技术关键是如何保证系统的实时性。

实时多任务操作系统是指具有实时性、能支持实时控制系统工作的操作系统。其首要任务是调度一切可利用的资源完成实时控制任务，其次才着眼于提高计算机系统的使用效率，重要特点是要满足对时间的限制和要求。

实时操作系统具有如下功能：任务管理（多任务和基于优先级的任务调度）、任务间同步和通信、存储器优化管理（含 ROM 的管理）、实时时钟服务、中断管理服务。

实时操作系统具有如下特点：规模小，中断被屏蔽的时间很短，中断处理时间短，任务切换很快。

实时操作系统可分为可抢占型和不可抢占型两类。对于基于优先级的系统而言，可抢占型实时操作系统是指内核可以抢占正在运行任务的 CPU 使用权并将使用权交给进入就绪态的优先级更高的任务，是内核抢了 CPU 让别的任务运行。

不可抢占型实时操作系统使用某种算法并决定让某个任务运行后，就把 CPU 的控制权完全交给了该任务，直到它主动将 CPU 控制权还回来。中断由中断服务程序来处理，可以激活一个休眠态的任务，使之进入就绪态。而这个进入就绪态的任务还不能运行，一直要等到当前运行的任务主动交出 CPU 的控制权。使用这种实时操作系统的实时性比不使用实时操作系统的系统性能好，其实时性取决于最长任务的执行时间。不可抢占型实时操作系统的缺点也恰恰是这一点，如果最长任务的执行时间不能确定，系统的实时性就不能确定。

可抢占型实时操作系统的实时性好，优先级高的任务只要具备了运行的条件，或者说只要进入了就绪态，就可以立即运行。也就是说，除了优先级最高的任务，其他任务在运行过程中都可能随时被比它优先级高的任务中断，让后者运行。通过这种方式的任务调度保证了系统的实时性，但是，如果任务之间抢占 CPU 控制权处理不好，会产生系统崩溃、死机等严重后果。

习 题

10-1 嵌入式系统是“用于控制、监视或者辅助操作机器和设备的装置”。可以看出此定义是从应用方面考虑的，嵌入式系统是________和________的综合体，还可以涵盖机电等附属装置。

10-2 嵌入式系统是以________为中心，以计算机技术为基础，软件及硬件可剪裁，适应系统对功能、可靠性、成本、体积、功耗严格要求的专用计算机系统。

10-3 嵌入式操作系统可以分为________和________两部分。

10-4 嵌入式处理器可以分为____________、____________、____________和____________4类。

10-5 请从广义和狭义两个方面简述嵌入式系统的含义。

10-6 简述嵌入式系统的特点。

10-7 嵌入式系统软件与通用计算机软件不同，它具有哪些特点？

10-8 简述嵌入式系统的应用领域。

第11章 ARM微处理器体系结构

11.1 ARM简介

ARM（Advanced RISC Machines）公司是微处理器行业的一家知名企业，设计了大量高性能、廉价、耗能低的RISC处理器、相关技术及软件，其产品具有性能高、成本低和能耗省的特点，适用于多个领域，比如嵌入控制、消费/教育类多媒体、DSP和移动式应用等。

ARM公司将其技术授权给世界上许多著名的半导体、软件和OEM厂商，每个厂商得到的都是一套独一无二的ARM相关技术及服务。利用这种合伙关系，ARM很快成为许多全球性RISC标准的缔造者。

目前，总共有超过100家公司与ARM公司签订了技术使用许可协议，其中包括Intel、IBM、LG、NEC、SONY、NXP（原PHILIPS）和NS这样的大公司。至于软件系统的合伙人，则包括微软、升阳和MRI等一系列知名公司。

ARM架构是ARM公司面向市场设计的第一款低成本RISC微处理器，它具有极高的性价比和代码密度以及出色的实时中断响应和极低的功耗，并且占用硅片的面积极少，从而使它成为嵌入式系统的理想选择，因此应用范围非常广泛，比如用于手机、PDA、MP3/MP4和种类繁多的便携式消费产品中。

11.1.1 RISC结构特性

ARM内核采用精简指令集计算机（RISC）体系结构，其指令集和相关的译码机制比复杂指令集计算机（CISC）要简单得多，其目标就是设计出一套能在高时钟频率下单周期执行，简单而有效的指令集。RISC的设计重点在于降低处理器中指令执行部件的硬件复杂度，这是因为软件比硬件更容易提供更大的灵活性和更高的智能化，因此ARM具备了非常典型的RISC结构特性：

1）具有大量的通用寄存器。

2）通过装载/保存（load-store）结构使用独立的load和store指令完成数据在寄存器和外部存储器之间的传送，处理器只处理寄存器中的数据，从而可以避免多次访问存储器。

3）寻址方式非常简单，所有装载/保存的地址都只由寄存器内容和指令域决定。

4）使用统一和固定长度的指令格式。

此外，ARM体系结构还具备以下特性：

1）每一条数据处理指令都可以同时包含算术逻辑单元（ALU）的运算和移位处理，以实现对ALU和移位器的最大利用。

2）使用地址自动增加和自动减少的寻址方式优化程序中的循环处理。

3）load/store指令可以批量传输数据，从而实现了最大数据吞吐量。

4）大多数ARM指令是可“条件执行”的，也就是说只有当某个特定条件满足时指令才会被执行。通过使用条件执行，可以减少指令的数目，从而改善程序的执行效率和提高代码密度。

这些在基本 RISC 结构上增强的特性使 ARM 处理器在高性能、低代码规模、低功耗和小的硅片尺寸方面取得了良好的平衡。

从 1985 年 ARM1 诞生至今，ARM 指令集体系结构发生了巨大的改变，目前还在不断地完善和发展。为了清楚地表达每个 ARM 应用实例所使用的指令集，ARM 公司定义了 7 种主要的 ARM 指令集体系结构版本，以版本号 V1 ~ V7 表示。

11.1.2 常用ARM处理器系列

ARM 公司开发了很多系列的 ARM 处理器核，应用比较多的是 ARM7 系列、ARM9 系列、ARM9E 系列、ARM10 系列、ARM11 系列、SecurCore 系列此外，还有 Intel 公司的 Xscale 系列和 MPCore 系列，以及针对低端 8 位 MCU 市场最新推出的 Cortex - M3 系列，其具有 32 位 CPU 的性能、8 位 MCU 的价格。

1. ARM7 系列

ARM7 TDMI 是 ARM 公司 1995 年推出的第一个处理器内核，是目前用量最多的一个内核。ARM7 系列包括 ARM7 TDMI、ARM7 TDMI - S、带有高速缓存处理器宏单元的 ARM7 20T 和扩充了 Jazelle 的 ARM7 EJ - S。该系列处理器提供 Thumb 16 位压缩指令集和 EmbeddedICE JTAG 软件调试方式，适合应用于更大规模的 SoC 设计中。其中 ARM7 20T 高速缓存处理宏单元还提供 8KB 缓存、读缓冲和具有内存管理功能的高性能处理器，支持 Linux 和 Windows CE 等操作系统。ARM7 系列处理器主要具有以下特点：

1）成熟的大批量的 32 位 RISC 芯片。

2）最高主频达到 130MIPS。

3）功耗低。

4）代码密度高，兼容 16 位微处理器。

5）开发工具多，EDA 仿真模型多。

6）调试机制完善。

7）提供 0.25μm、0.18μm 及 0.13μm 的生产工艺。

8）代码与 ARM9 系列、ARM9E 系列以及 ARM10E 系列兼容。

ARM7 系列广泛应用于多媒体和嵌入式设备，包括 Internet 设备、网络和调制解调器设备，以及移动电话、PDA 等无线设备。

2. ARM9 系列

ARM9 系列微处理器是在高性能和低功耗特性方面最佳的硬件宏单元。ARM9 将流水线级数从 ARM7 的 3 级增加到 5 级，并使用指令与数据存储器分开的哈佛（Harvard）体系结构。在相同工艺条件下，ARM9 TDMI 的性能近似为 ARM7 TDMI 的 2 倍。

ARM9 主要有以下特点：

1）5 级整数流水线，工作频率一般为 200MHz 左右，提供 1.1MIPS/MHz 的哈佛结构。

2）支持 32 位 ARM 指令集和 16 位 Thumb 指令集。

3）支持 32 位的高速 AMBA 总线接口。

4）全性能的 MMU，支持包括 Windows CE、Linux 等操作系统，MPU 支持实时操作系统。

5）支持数据 Cache 和指令 Cache，具有更高的指令和数据处理能力。

6）ARM9 是低价、低功耗、高性能系统处理器。

ARM9 系列主要用于无线设备、仪器仪表、安全系统、机顶盒、高端打印机、数字照相机和数字摄像机等。

3. ARM9E 系列

ARM9E 处理器为综合型处理器，它使用单一的处理器内核，提供了微处理器、DSP、Java 应用系统的解决方案，极大地减少了芯片的面积和系统的复杂程度，具有以下特点：

1）支持 DSP 指令集，应用于高速数字信号处理的场合。

2）5 级整数流水线，最高主频可达 300MHz。

3）支持 32 位 ARM 指令集和 16 位 Thumb 指令集。

4）支持 32 位的高速 AMBA 总线接口。

5）支持 VFP9 浮点处理协处理器。

6）全性能的 MMU，支持包括 Windows CE、Linux 等操作系统，MPU 支持实时操作系统。

7）支持数据 Cache 和指令 Cache，具有更高的指令和数据处理能力。

ARM9E 系列主要用于下一代无线设备、成像设备、工业控制、存储设备、数字消费品和网络设备等领域。

4. ARM10E 系列

ARM10E 系列微处理器由于采用了新的体系结构，与同等的 ARM9 处理器相比较，在同样的时钟频率下，性能提高了近 50%，同时又大大减少了芯片的功耗，在相同的工艺下其性能是 ARM9 的 2 倍，具有以下特点：

1）支持 DSP 指令集，适合高速数字信号处理的场合。

2）6 级整数流水线，工作频率一般为 400/600MHz 左右。

3）支持 32 位 ARM 指令集和 16 位 Thumb 指令集。

4）支持 32 位的高速 AMBA 总线接口。

5）支持 VFP10 浮点处理协处理器。

6）内嵌并行读/写操作部件。

7）全性能的 MMU，支持包括 Windows CE、Linux 等操作系统，MPU 支持实时操作系统。

8）支持数据 Cache 和指令 Cache，具有更高的指令和数据处理能力。

ARM10E 系列主要用于下一代无线设备、成像设备、工业控制、存储设备、数字消费品、通信与信息系统等领域。

5. ARM11 系列

ARM11 处理器采用 ARM V6 结构，内部具有 8 级流水线处理、动态分支预测与返回堆栈。在 0.13μm 工艺下，ARM11 TM 的运行频率高达 1000MHz。在 1.2V 电压的条件下其功耗可以低至 0.4mW/MHz。

ARM11 中另一个重要的结构改进，是静动组合的跳转预判。动态预测和静态预测的组合使 ARM11 处理器能达到 85% 的预测正确性。

ARM11 包含一个 64 位端口、4 种状态的跳转目标地址缓存。新的 ARM11 支持 SIMD 指令，可使某些算法的运算速度提高 2 ~3 倍。

ARM V6 保持了 100% 的二进制向下兼容，使用户过去开发的程序可以进一步继承下去，增加了多媒体处理指令单元扩展，采用单指令流多数据流（SIMD），增加了快速浮点运算和向量浮点运算。

目前 ARM 公司公布了 3 个新的 ARM11 系列微处理器内核系列，分别是 ARM11 36J 内核、ARM11 56T2 内核和 ARM11 76JZ 内核。

6. SecurCore 系列

SecurCore 系列处理器提供了基于高性能的 32 位 RISC 技术的安全解决方案。SecurCore 系列处理器除了具有体积小、功耗低、代码密度高等特点外，还具有它自己特别的优势，即提供了安全解决方案支持。下面总结了 SecurCore 系列的主要特点：

1）支持 ARM 指令集和 Thumb 指令集，以提高代码密度和系统性能。

2）采用软内核技术，以提供最大限度的灵活性，可以防止外部对其进行扫描探测。

3）提供了安全特性，可以抵制攻击。

4）提供面向智能卡和低成本的存储保护单元 MPU。

5）可以集成用户自己的安全特性和其他的协处理器。

SecurCore 系列包含 SC100、SC110、SC200 和 SC210 共 4 种类型。

7. 其他系列处理器

StrongARM 处理器最初是 ARM 公司与 Digital Semiconductor 公司合作开发的，现在由 Intel 公司单独许可，在低功耗、高性能的产品中应用很广泛。它使用哈佛架构，具有独立的数据和指令 Cache，有 MMU。StrongARM 是第一个包含 5 级流水线的高性能 ARM 处理器，但它不支持 Thumb 指令集。

Intel 公司的 Xscale 是 StrongARM 的后续产品，在性能上有显著改善。Xscale 处理器将 Intel 处理器技术和 ARM 体系结构融为一体，致力于为手提式通信和消费电子类设备提供理想的解决方案，并提供全性能、高性价比、低功耗的解决方案，支持 16 位 Thumb 指令和集成数字信号处理（DSP）指令。它执行 V5 TE 架构指令，也使用哈佛结构，类似于 StrongARM 也包含一个 MMU。

8. Cortex - M3 和 MPCore

为了适应市场的需要，ARM 推出了两个新的处理器 Cortex - M3 和 MPCore。Cortex - M3 主要针对微控制器市场，而 MPCore 主要针对高端消费类产品。

Cortex - M3 改进了代码密度，减少了中断延时并有更低的功耗。Cortex - M3 中实现了最新 Thumb -2 指令集。MPCore 提供了 Cache 一致性，每个支持 1 ~4 个 ARM11 核，这种设计为现代消费类产品对性能和功耗的需求做了很好的平衡。ARM 还引入了 L2Cache 控制器来改进系统的整体性能。

9. ARM 系列处理器属性比较

几种应用较多的 ARM 处理核属性比较见表 11-1。

表 11-1 ARM 系列处理器属性比较

项　目	ARM7	ARM9	ARM10	ARM11
流水线深度	3 级	5 级	6 级	8 级
典型频率/MHz	80	150	260	335
功耗/(mW/MHz)	0.06	0.19（+Cache）	0.5（+Cache）	0.4（+Cache）
MIPS/MHz	0.97	1.1	1.3	1.2
架构	冯·诺依曼	哈佛	哈佛	哈佛

11.2　ARM7 TDMI 模块、内核和功能框图

11.2.1　ARM7 TDMI 模块框图

ARM7 TDMI 处理器部件和主要信号路径框图如图 11-1 所示。这个结构由两部分组成：一部分是 ARM 内核和总线，另外一部分是支持仿真调试的关联部件。

从图 11-1 可以看出：主核周围有 2 个扫描链，这是为外部调试服务的扫描逻辑。主核和外部的总线连接是通过数据总线模块进行的。数据总线的输入和输出是分开的，而地址线是共用的，也就是说共有 32 条输出数据总线、32 条输入数据总线和 32 条地址总线。

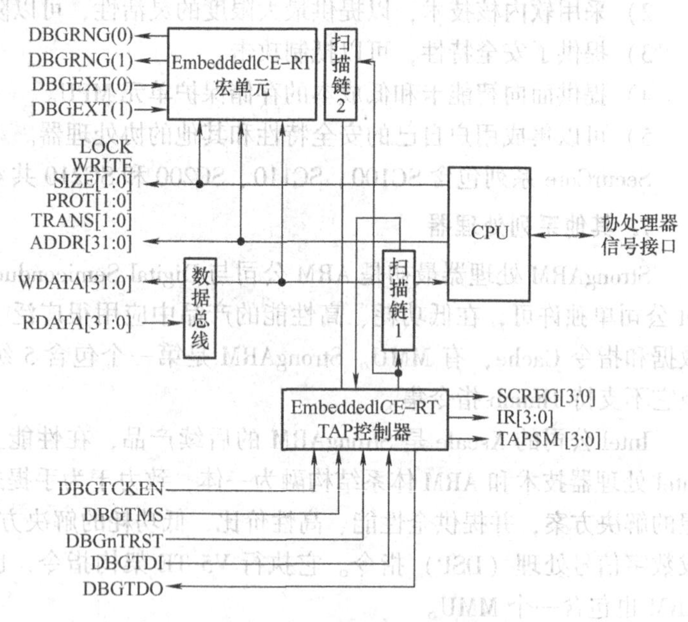

图 11-1　ARM7 TDMI 模块框图

TAP（Test Accessing Port）：用于 ARM 进行测试和调试。一般外部调试主机使用 JTAG 通过串行通信来访问 ARM 处理器，这是一种比较方便的以 ARM 为核的单片机的调试方法。

ICE（In Circuit Emulator）在线仿真：是一个支持片上调试的单元。

11.2.2　ARM7 TDMI 内核框图

ARM7 TDMI 内核框图如图 11-2 所示。

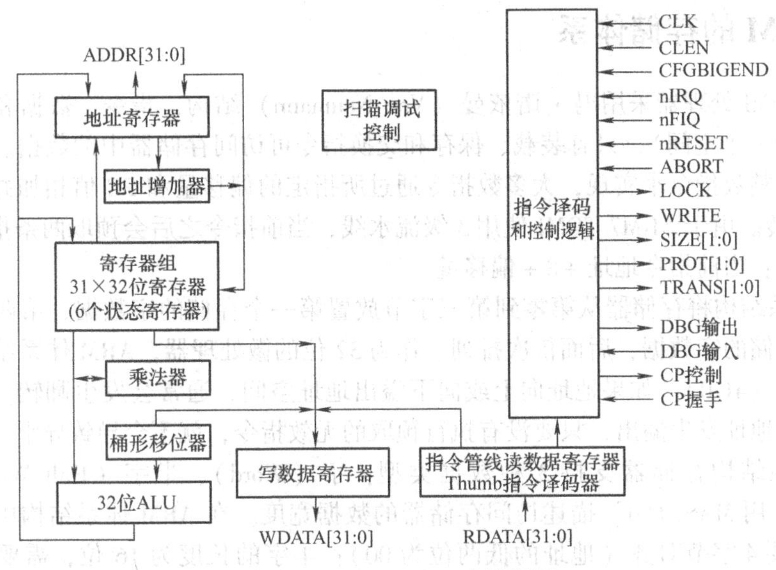

图 11-2 ARM7 TDMI 内核框图

11.2.3 ARM7 TDMI 功能框图

ARM7 TDMI 功能框图如图 11-3 所示。

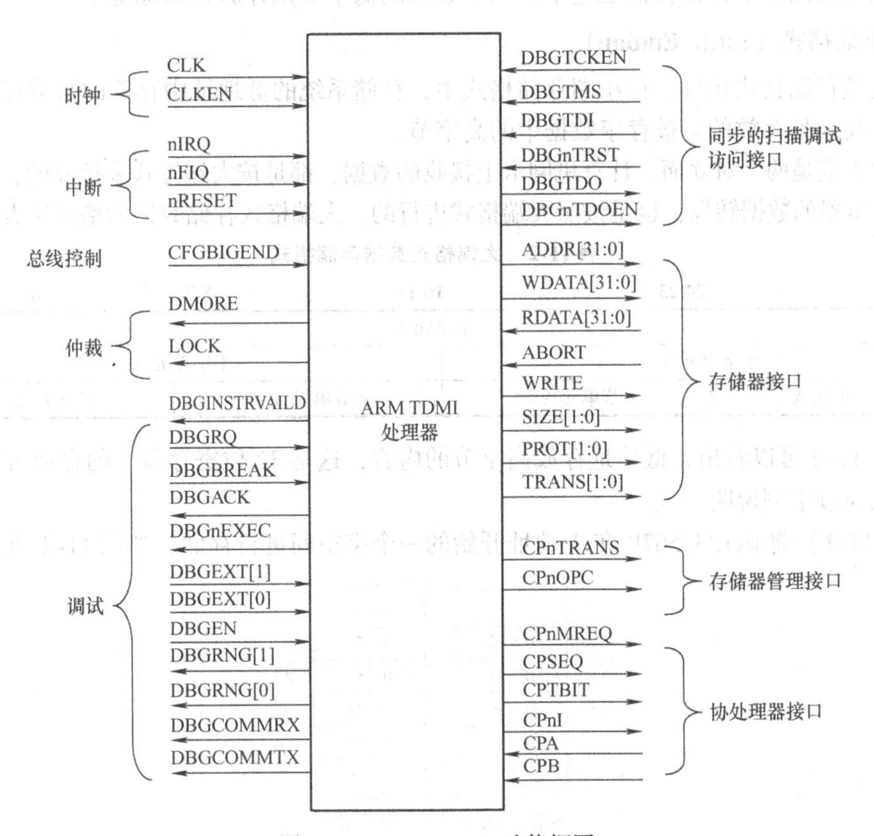

图 11-3 ARM7 TDMI 功能框图

11.3 ARM的存储体系

ARM7 TDMI处理器采用冯·诺依曼（Von Neumann）结构，指令、数据和I/O统一编址（即存在同一个空间），只有装载、保存和交换指令可访问存储器中的数据。地址计算通常通过普通的整数指令来实现，大多数指令通过所指定的偏移量和PC值相加并将结果写入PC来实现跳转。由于ARM7 TDMI使用3级流水线，当前指令之后会预取两条指令，所以目标地址一般为：当前指令地址+8+偏移量。

ARM体系结构将存储器从第零到第三字节放置第一个存储的字数据，第四到第七字节放置第二个存储的字数据，后面依次排列。作为32位的微处理器，ARM体系结构最大的寻址空间为2^{32}B（4GB）。如果地址向上或向下溢出地址空间，通常会发生翻转。注意，如果在取指操作时地址发生溢出，只要没有执行预取的无效指令，就不会导致异常。

ARM体系结构存储器支持3种数据类型：字（Word）、半字（Half Word）和字节（Byte）。ARM用MAS[1:0]描述访问存储器的数据宽度。在ARM体系结构中，字的长度为32位，需要4字节对齐（地址的低两位为00）；半字的长度为16位，需要2字节对齐（地址的低两位为0）；字节的长度为8位。

ARM体系结构有两种不同的存储器格式，分别是大端格式和小端格式。

1. 大端格式（Big Endian）

字数据的高字节存储在低地址中，而字数据的低字节则存放在高地址中。

2. 小端格式（Little Endian）

与大端存储格式相反，在小端存储格式中，存储系统的低地址中存放的是被存字数据的低字节，高地址存放的是被存字数据中的高字节。

大端小端是两个对立面。计算机网卡上接收的数据，都是按大端方式来接收的，网络上交换机、路由器的数据转发，也是按照大端格式进行的。大端格式存储数据的格式见表11-2。

表11-2 大端格式数据存储格式

31　　　　24	23　　　　16	15　　　　8	7　　　　0
字单元A			
半字单元A		半字单元A+2	
字节单元A	字节单元A+1	字节单元A+2	字节单元A+3

从表11-2可以看出，低地址存放高字节的内容，这是32位寄存器里的存放方式，实际存储方式通过举例说明。

【例11-1】 将0x12345678在A地址开始的一个字空间进行存储，如图11-4所示。

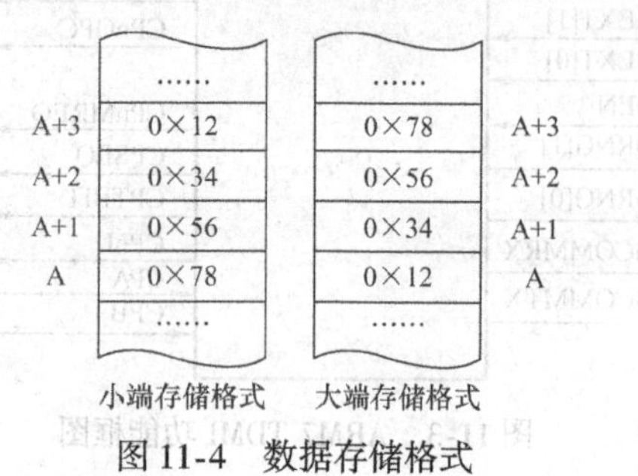

图11-4 数据存储格式

11.4 ARM的总线结构

随着深亚微米工艺技术日益成熟，集成电路芯片的规模越来越大。数字IC从基于时序驱动的设计方法，发展到基于IP复用的设计方法，并在SoC设计中得到了广泛应用。在基于IP复用的SoC设计中，片上总线设计是最关键的问题。为此，业界出现了很多片上总线标准。其中，CoreConnect总线、AMBA总线和Wishbone总线是业界目前采用最为普遍的3种SoC总线。由ARM公司推出的AMBA片上总线受到了广大IP开发商和SoC系统集成者的青睐，已成为一种流行的工业标准片上结构。AMBA2.0总线规范发布于1999年，该规范引入的先进高性能总线（AHB）是现阶段AMBA实现的主要形式。AHB的关键是对接口和互连均进行定义，目前是在任何工艺条件下实现接口和互连的最大带宽。AHB接口已经与互连功能分离，不再仅仅是一种总线，更是一种带有接口模块的互连体系。

AMBA总线规范主要设计目的如下：

1）满足具有一个或多个CPU或DSP的嵌入式系统产品的快速开发要求。

2）增加涉及技术上的独立性，确保可重用的多种IP核可以成功地移植到不同的系统中，适合全定制、标准单元和门阵列等技术。

3）促进系统模块化设计，以增加处理器的独立性。

4）减少对底层硅的需求，以使片外的操作和测试通信更加有效。

AMBA总线的基本结构框图如图11-5所示。AMBA总线是一个多总线系统，由图中可以看出，AMBA2.0规范中定义了3种可以组合使用的不同类型的总线：

AHB（AMBA高性能总线）：用于高性能、高数据吞吐部件。

ASB（AMBA系统总线）：用来作处理器与外设之间的互连，将被AHB取代。

APB（AMBA外设总线）：为系统的低速外部设备提供低功耗的简易互连。

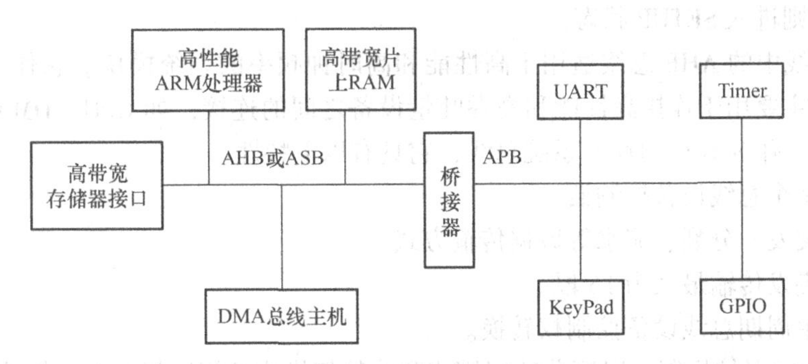

图11-5 AMBA总线的基本结构框图

由图11-5可知，高性能系统总线（AHB或ASB）主要用于满足CPU和存储器之间的带宽要求。CPU、片内存储器和DMA设备等高速设备连接于其上，而系统的大部分低速设备则连接于低带宽总线APB上。系统总线和外设总线之间用一个桥接器（APB Bridge）进行连接。

APB总线下挂接了一些低数据吞吐量的外设终端，如图11-5中所示的UART、Timer、KayPad和GPIO等。它的总线架构不像AHB支持多个主模块，在APB里面唯一的主模块就是 APB 桥，其特性包括：两个时钟周期传输，无须等待周期和回应信号，控制逻辑简单、只有 4 个控制信号。APB 上的传输可以用图 11-6 所示的状态图来说明。

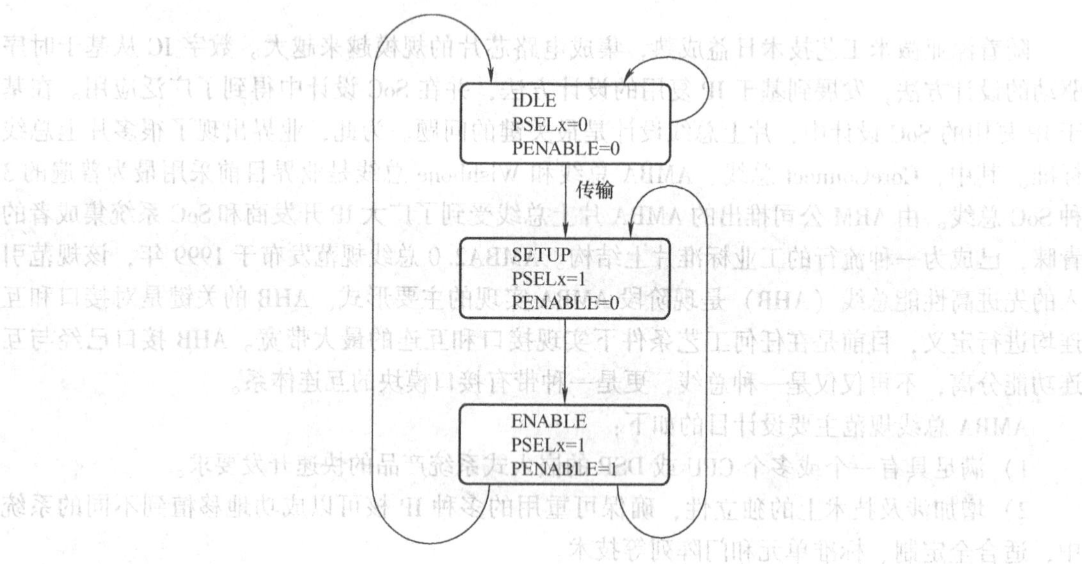

图 11-6 APB 总线状态图

1）系统初始化为 IDLE 状态，此时没有传输操作，也没有选中任何从模块。

2）当有传输要进行时，PSELx = 1，PENABLE = 0，系统进入 SETUP 状态，并只会在 SETUP 状态停留一个周期。当 PCLK 的下一个上升沿到来时，系统进入 ENABLE 状态。

3）系统进入 ENABLE 状态时，维持之前在 SETUP 状态的 PADDR、PSEL、PWRITE 不变，并将 PENABLE 置为“1”。传输也只会在 ENABLE 状态维持一个周期，在经过 SETUP 与 ENABLE 状态之后就已完成。之后如果没有传输要进行，就进入 IDLE 状态等待；如果有连续的传输，则进入 SETUP 状态。

AMBA 总线中的 AHB 总线适用于高性能和高时钟频率的系统模块。它作为高性能系统的骨干总线，主要用于连接高性能和高吞吐量设备之间的连接，如 CPU、DMA 和 DSP 或其他协处理器等。作为 SoC 的片上系统总线，它具有以下特性：

1）支持多个总线设备控制器。

2）支持突发、分裂、流水等数据传输方式。

3）数据突发传输最大为 16 段。

4）支持单周期总线设备控制权转换。

5）具有访问保护机制，以区分特权模式和非特权模式访问、指令和数据读取等。

6）地址空间为 32 位。

7）可配置 32 ~ 128 位总线宽度。

8）支持字节、半字节和字的传输。

AHB 系统由主模块、从模块和基础结构（Infrastructure）3 部分组成。整个 AHB 总线上的传输都由主模块发出，由从模块负责回应。基础结构则由仲裁器（Arbiter）、主模块到从模块的多路器、从模块到主模块的多路器、译码器（Decoder）、虚拟从模块（Dummy Slave）、虚拟主模块（Dummy Master）所组成。其互连结构如图 11-7 所示。

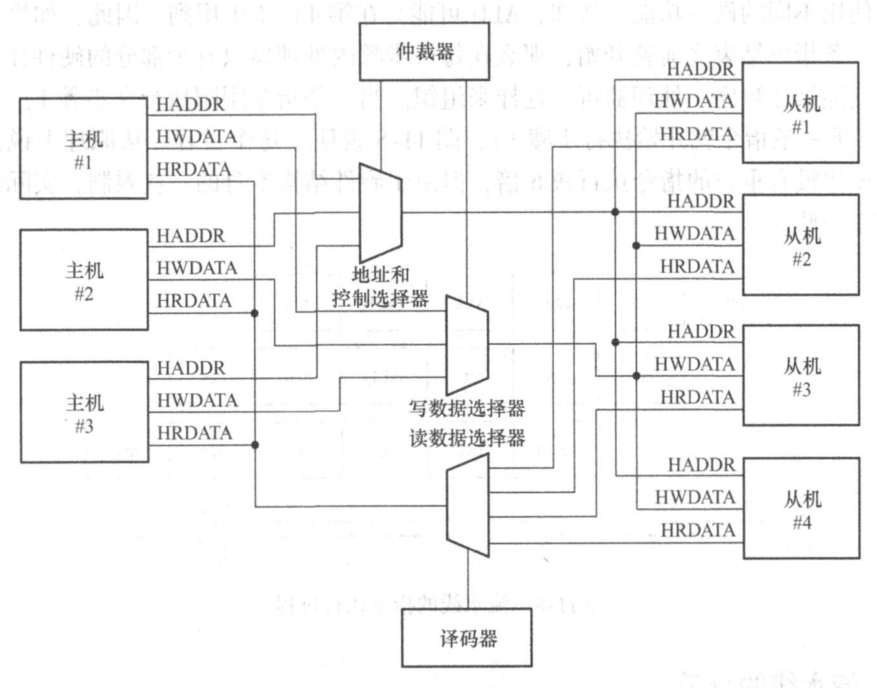

图 11-7　AHB 总线互连结构图

AMBA 的 ASB 适用于高性能的系统模块。在不必要使用 AHB 的高速特性的场合，可选择 ASB 作为系统总线。它同样支持处理器、片上存储器和片外处理器接口与低功耗外部宏单元之间的连接。其主要特性与 AHB 类似，主要不同点是它读数据和写数据采用同一条双向数据总线。

11.5　ARM 的流水线技术

11.5.1　流水线的概念与原理

有一种方法可以明显改善硬件资源的使用率和处理器的吞吐量，这就是当前一条指令结束之前就开始执行下一条指令，即通常所说的流水线（Pipeline）技术。流水线是 RISC 处理器执行指令时采用的机制。使用流水线，可在取下一条指令的同时译码和执行其他指令，从而加快执行的速度。可以把流水线看作是汽车生产线，每个阶段只完成专门的处理器任务。处理器按照一系列步骤来执行每一条指令，典型的步骤如下：

1）从存储器读取指令（fetch）。

2）译码以鉴别它是属于哪一条指令（dec）。

3）从指令中提取指令的操作数（这些操作数往往存在于寄存器中）（reg）。

4）将操作数进行组合以得到结果或存储器地址（ALU）。

5）如果需要，则访问存储器以存储数据（mem）。

6）将结果写回到寄存器堆（res）。

并不是所有的指令都需要上述每一个步骤，但是，多数指令需要其中的多个步骤。这些步骤往往使用不同的硬件功能。例如，ALU 可能只在第 4）步中用到。因此，如果一条指令不是在前一条指令结束之前就开始，那么在每一步骤内处理器只有少部分的硬件在使用。

采用上述操作顺序，处理器可以这样来组织。当一条指令刚刚执行完步骤 1）并转向步骤 2）时，下一条指令就开始执行步骤 1），图 11-8 说明了这个过程。从原理上说，这样的流水线应该比没有重叠的指令执行快 6 倍，但由于硬件结构本身的一些限制，实际情况会比理想状态差一些。

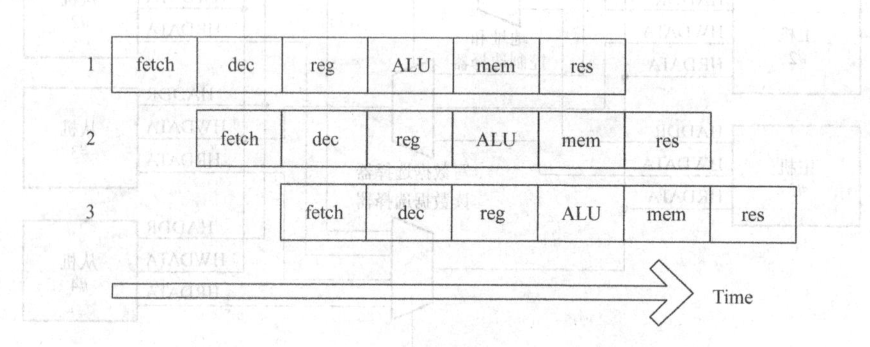

图 11-8　流水线的指令执行过程

11.5.2　流水线的分类

根据 ARM 处理器核的不同，所使用的流水线级也有所不同，ARM7 是冯・诺依曼结构，采用了典型的 3 级流水线，ARM9 则是哈佛结构，采用 5 级流水线技术，ARM10 把流水线增加到 6 级，而 ARM11 则更是使用了 8 级流水线。通过增加流水线级数，简化了流水线的各级逻辑，进一步提高了处理器的性能。虽然 ARM9、ARM10 和 ARM11 的流水线不同，但它们都使用了与 ARM7 相同的流水线执行机制，因此 ARM7 上的代码也可以在 ARM9 ~ ARM11 上运行。

1. 3 级流水线 ARM 组织

到 ARM7 为止的 ARM 处理器使用简单的 3 级流水线，包括下列流水线级：

1）取指（fetch）：从寄存器装载一条指令。

2）译码（decode）：识别被执行的指令，并为下一个周期准备数据通路的控制信号。在这一级，指令占有译码逻辑，不占用数据通路。

3）执行（execute）：处理指令并将结果写回寄存器。

在任一时刻，可能有 3 种不同的指令占有这 3 级中的每一级，因此，每一级中的硬件必须能够独立操作。3 级流水线指令执行过程如图 11-9 所示。

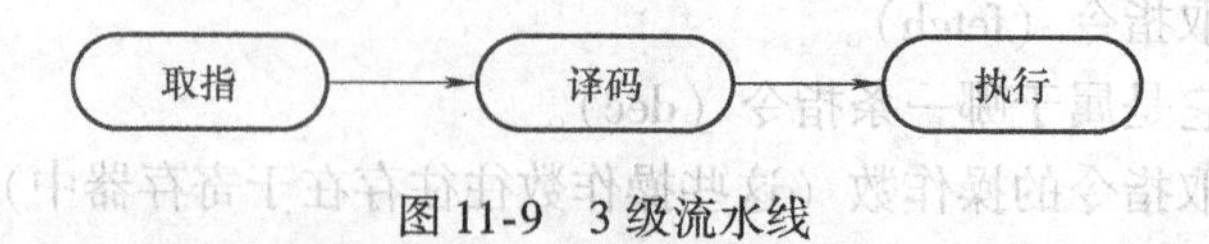

图 11-9　3 级流水线

当处理器执行简单的数据处理指令时，流水线使得平均每个时钟周期能完成 1 条指令。但 1 条指令需要 3 个时钟周期来完成，因此，有 3 个时钟周期的延时，但吞吐率是每个周期一条指令。例 11-2 通过一个简单的例子说明了流水线的机制。

【例 11-2】指令序列如下：

```
MOV   R1,R2
ADD   R3,R4,R5
SUB   R6,R7,#1
```

流水线指令序列如图 11-10 所示。

在第一个周期，内核从存储器取出指令 MOV。在第二个周期，内核取出指令 ADD，同时对 MOV 译码。在第三个周期，指令 MOV 和 ADD 都沿流水线移动，MOV 被执行，而 ADD 被译码，同时又取出 SUB 指令。可以看出，流水线使得每个时钟周期都可以执行一条指令。

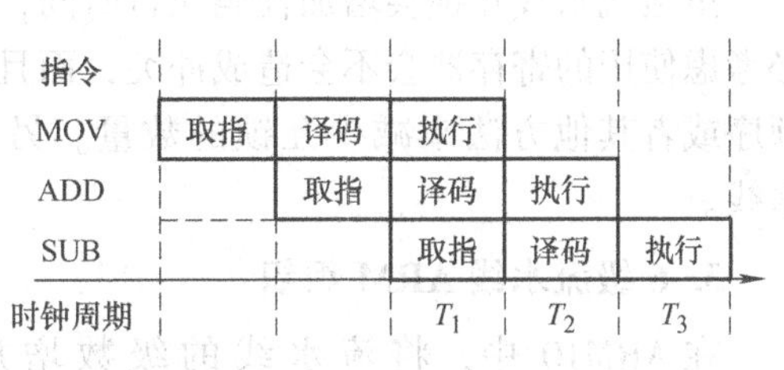

图 11-10 3 级流水线指令序列

2. 5 级流水线 ARM 组织

ARM9 处理器使用了典型的 5 级流水线，包括下列流水线级：

1）取指（fetch）：从存储器中取出指令，并将其放入指令流水线。

2）译码（decode）：指令被译码，从寄存器堆中读取寄存器操作数。在寄存器堆中有 3 个操作数读端口，因此，大多数 ARM 指令能在 1 个周期内读取其操作数。

3）执行（execute）：将其中一个操作数移位，并在 ALU 中产生结果。如果指令是 Load 或 Store 指令，则在 ALU 中计算存储器的地址。

4）缓冲/数据（buffer/data）：如果需要则访问数据存储器，否则 ALU 只是简单地缓冲一个时钟周期。

5）回写（write－back）：将指令的结果回写到寄存器堆，包括任何从寄存器读出的数据。

5 级流水线指令序列如图 11-11 所示。

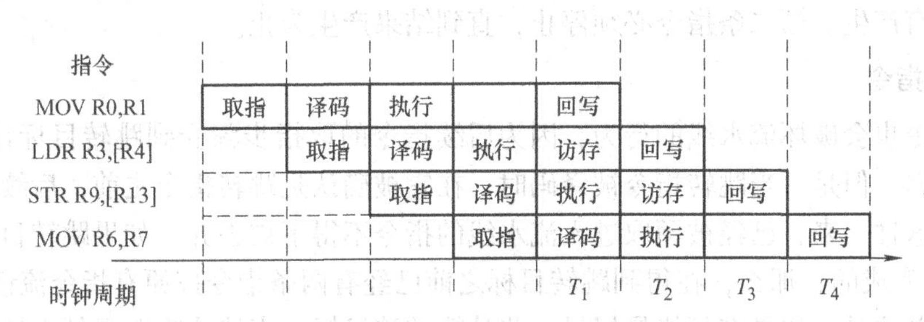

图 11-11 5 级流水线指令序列

在执行的过程中，通过 R15 寄存器直接访问 PC 的时候，必须考虑此时流水线执行过程的真实情况。程序计数器 R15（PC）总是指向取指的指令，而不是指向正在执行的指令或者正在译码的指令。一般情况下，人们总是习惯把正在执行的指令作为参考点，称之为当前第 1 条指令，因此 PC 总是指向第 3 条指令。

对于 ARM 状态下指令，PC 值 = 当前程序执行位置 +8；对于 Thumb 指令，则 PC 值 = 当前程序执行位置 +4。

5 级流水线也有它的缺点，存在一种互锁，即寄存器冲突。读寄存器是在译码阶段，写寄存器是在回写阶段。如果当前指令（A）的目的操作数寄存器和下一条指令（B）的源操作数寄存器一致，B 指令就需要等 A 回写之后才能译码。这就是 5 级流水线中的寄存器冲突。

虽然流水线互锁会增加代码执行时间，但是为初期的设计者提供了巨大的方便，可以不必考虑使用的寄存器会不会造成冲突，而且编译器以及汇编程序员可以通过重新设计代码的顺序或者其他方法来减少互锁的数量。另外，分支指令和中断的发生仍然会阻断 5 级流水线。

3. 6 级流水线 ARM 组织

在 ARM10 中，将流水线的级数增加到 6 级，使系统的平均处理能力达到了 1. 3Dhrystone MISP/MHz。图 11-12 显示了 6 级流水线上指令的执行过程。

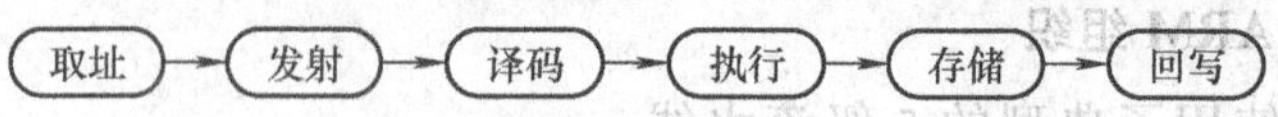

取址 → 发射 → 译码 → 执行 → 存储 → 回写

图 11-12 6 级流水线

11. 5. 3 影响流水线性能的因素

1. 互锁

在典型的程序处理过程中，经常会遇到这样的情形，即一条指令的结果被用作下一条指令的操作数，如例 11-3 所示。

【例 11-3】有如下指令序列：

```
LDR r0,[r0,#0]
ADD r0,r0,r1     ;在 5 级流水线上产生互锁
```

从例 11-3 中可以看出，流水线的操作产生中断，因为第一条指令的结果在第二条指令取数时还没有产生。第二条指令必须停止，直到结果产生为止。

2. 跳转指令

跳转指令也会破坏流水线的行为，因为后续指令的取指步骤受到跳转目标计算的影响，因而必须推迟。但是，当跳转指令被译码时，在它被确认是跳转指令之前，后续的取指操作已经发生。这样一来，已经被预取进入流水线的指令不得不被丢弃。如果跳转目标的计算是在 ALU 阶段完成的，那么，在得到跳转目标之前已经有两条指令按原有指令流读取。

解决的办法是，如果有可能最好早一些计算转移目标，当然这需要硬件支持。如果转移指令具有固定格式，那么可以在解码阶段预测跳转目标，从而将跳转的执行时间减少到单个周期。但要注意，由于条件跳转与前一条指令的条件码结果有关，在这个流水线中，还会有条件转移的危险。

尽管有些技术可以减少这些流水线问题的影响，但是却不能完全消除这些困难。流水线级数越多，问题就越严重。对于相对简单的处理器，使用 3 ~ 5 级流水线效果最好。

显然，只有当所有指令都依照相似的步骤执行时，流水线的效率才能达到最高。如果处理器的指令非常复杂，每一条指令的行为都与下一条指令不同，那么就很难用流水线实现。

11.6 ARM的工作状态

从编程者角度看，ARM处理器有两种工作状态，分别为ARM状态和Thumb状态，并且这两种状态可相互切换。具体处于哪种工作状态由“当前程序状态寄存器CPSR”中的控制位T反映，T=0，ARM；T=1，Thumb。注意：处理器工作状态的转变不影响处理器的工作模式和相应寄存器中的内容。

1）ARM状态：处理执行32位的ARM指令字对齐。

2）Thumb状态：处理执行16位的Thumb指令半字对齐。

当操作数寄存器的状态为0时，执行BX指令时可以使微处理器从Thumb状态切换到ARM状态。此外，在处理器进行异常处理时，把PC指针放入异常模式连接寄存器中，并从异常向量地址开始执行程序，也可以使处理器切换到ARM状态。ARM和Thumb状态具体切换过程如图11-13所示。

1）程序在正常运行的过程中，复位事件产生，导致系统复位。

2）系统复位，自动切换到ARM状态。

3）通过BX和BLX指令改变当前处理器模式，使之从ARM状态切换到Thumb状态。

4）在Thumb状态下，正常程序执行时产生中断异常。

5）处理器进入中断异常，自动将模式切换到ARM状态。

6）异常处理完毕，返回正常程序，此时处理器自动将模式切换到Thumb状态。

7）再次通过BX和BLX指令改变当前处理器模式，使之从Thumb状态切换到ARM状态。

Thumb指令集是ARM指令集的一个子集，是针对代码密度问题提出的，它具有16位的代码宽度。与等价的32位代码相比较，Thumb指令集在保留32位代码优势的同时，大大节省了系统的存储空间。相比之下，从指令集上看Thumb和ARM主要有以下不同：

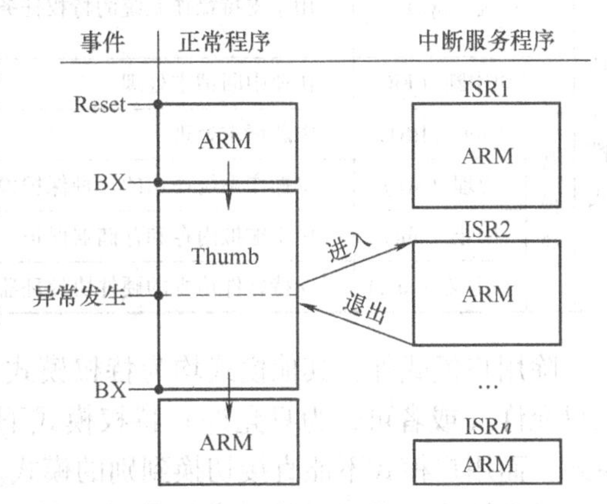

图11-13 ARM和Thumb状态切换过程

1）跳转指令：条件跳转在范围上有更多的限制，转向子程序只具有无条件转移。

2）数据处理指令：对通用寄存器进行操作，操作结果需放入其中一个操作数寄存器，而不是第三个寄存器。

3）单寄存器加载和存储指令：Thumb状态下，单寄存器加载和存储指令只能访问寄存器R0～R7。

4）批量寄存器加载和存储指令：LDM和STM指令可以将任何范围为R0～R7的寄存器子集加载或存储，PUSH和POP指令使用堆栈指针R13作为基址实现满递减堆栈，除R0～R7外，PUSH指令还可以存储链接寄存器R14，并且POP指令可以加载程序指令PC。

5）Thumb指令集没有包含进行异常处理时需要的一些指令，因此，在异常中断时还是需要使用ARM指令。这种限制决定了Thumb指令不能单独使用而需要与ARM指令配合使用。

在一般情况下，Thumb 指令与 ARM 指令的时间效率和空间效率关系为：Thumb 代码所需的存储空间约为 ARM 代码的 60% ~70%。Thumb 代码使用的指令数比 ARM 代码多约 30% ~40%；若使用 32 位的存储器，ARM 代码比 Thumb 代码快约 40%。若使用 16 位的存储器，Thumb 代码比 ARM 代码快约 40%~50%。与 ARM 代码相比，使用 Thumb 代码存储器的功耗会降低约 30%。

从上面的比较可以看出，Thumb 指令集与 ARM 指令集各有其优点。若对系统的性能有较高要求，则应使用 32 位的存储系统和 ARM 指令集。若对系统的成本及功耗有较高要求，则应使用 16 位的存储系统和 Thumb 指令集。当然，若两者结合使用，充分发挥其各自的优点，则会取得更好的效果。

11.7 ARM 的工作模式

ARM 体系结构支持 7 种处理器模式，分别为用户模式、快中断模式、中断模式、管理模式、中止模式、未定义模式和系统模式。所处的模式由当前程序状态寄存器 CPSR 中的控制位 M[4:0] 反映，这样的好处是可以更好地支持操作系统并提高工作效率。这 7 种模式的具体含义见表 11-3。

表 11-3 ARM 体系结构的工作模式

<table>
<tr><th colspan="3">处理器模式</th><th>说 明</th><th>备 注</th></tr>
<tr><td colspan="3">用户（usr）</td><td>正常程序运行的工作模式</td><td>不能直接从用户模式切换到其他模式</td></tr>
<tr><td rowspan="6">特权模式</td><td colspan="2">系统（sys）</td><td>用于支持操作系统的特权任务等</td><td>与用户模式类似，但具有可以直接切换到其他模式的特权</td></tr>
<tr><td rowspan="5">异常模式</td><td>快中断（FIQ）</td><td>快速中断请求处理</td><td>只有在 FIQ 异常响应时，才进入此模式</td></tr>
<tr><td>中断（IRQ）</td><td>中断请求处理</td><td>只有在 IRQ 异常响应时，才进入此模式</td></tr>
<tr><td>管理（svc）</td><td>供操作系统使用的一种保护模式</td><td>只有在系统复位和软件中断响应时，才进入此模式</td></tr>
<tr><td>中止（abt）</td><td>用于虚拟内存和存储器保护</td><td>在 ARM7 内核中没有多大用处</td></tr>
<tr><td>未定义（und）</td><td>支持软件仿真的硬件协处理器</td><td>只有在未定义指令异常响应时，才进入此模式</td></tr>
</table>

除用户模式外，其他模式均为特权模式。ARM 内部寄存器和一些片内外设在硬件设计上只允许（或者可选为只允许）特权模式下访问。此外，特权模式可以自由地切换处理器模式，而用户模式不能直接切换到别的模式。

异常模式除可以通过程序切换进入外，也可以由特定的异常进入。当特定的异常出现时，处理器进入相应的模式。每种异常模式都有一些独立的寄存器，以避免异常退出时用户模式的状态不可靠。

何时进入异常模式，具体规定如下：

1）处理器复位之后进入管理模式，操作系统内核通常处于管理模式。

2）当处理器访问存储器失败时，进入数据访问中止模式。

3）当处理器遇到没有定义或不支持的指令时，进入未定义模式。

4）中断模式与快速中断模式分别对 ARM 处理器两种不同级别的中断做出响应。

用户模式和系统模式不能由异常进入，想要进入必须修改 CPSR，而且它们使用完全相同的寄存器组。系统模式是特权模式，不受用户模式的限制。操作系统在该模式下访问用户模式的寄存器就比较方便，而且操作系统的一些特权任务可以使用这个模式访问一些受控的资源。

11.8　ARM 的寄存器组织

ARM 微处理器共有 37 个 32 位寄存器，其中 31 个为通用寄存器，6 个为状态寄存器。但是这些寄存器不能被同时访问，具体哪些寄存器是可编程访问的，取决于微处理器的工作状态及具体的运行模式。但在任何时候，通用寄存器 R0 ~ R14、程序计数器 PC、一个或两个状态寄存器都是可访问的。

11.8.1　ARM 状态下的寄存器组织

1. 通用寄存器

通用寄存器包括 R0 ~ R15，可以分为 3 类：未分组寄存器 R0 ~ R7、分组寄存器 R8 ~ R14、程序计数器 PC(R15)。

(1) 未分组寄存器 R0 ~ R7

在所有的运行模式下，未分组寄存器都指向同一个物理寄存器，它们未被系统用作特殊的用途，因此，在中断或异常处理进行运行模式转换时，由于不同的处理器运行模式均使用相同的物理寄存器，可能会造成寄存器中数据的破坏，这一点在进行程序设计时应引起注意。

(2) 分组寄存器 R8 ~ R14

对于分组寄存器，它们每一次所访问的物理寄存器都与处理器当前的运行模式有关。

1) 分组寄存器的表示方法。

对于 R8 ~ R12 来说，每个寄存器对应两个不同的物理寄存器，当使用 FIQ 模式时，访问寄存器 R8_fiq ~ R12_fiq。当使用除 FIQ 模式以外的其他模式时，访问寄存器 R8_usr ~ R12_usr。

对于 R13、R14 来说，每个寄存器对应 6 个不同的物理寄存器，其中的一个是用户模式与系统模式共用，另外 5 个物理寄存器对应于其他 5 种不同的运行模式。

采用以下的记号来区分不同的物理寄存器：

R13_ <mode>

R14_ <mode>

其中，mode 为以下几种模式之一：usr、fiq、irq、svc、abt、und。

2) 寄存器 R13。

寄存器 R13 在 ARM 指令中常用作堆栈指针，但这只是一种习惯用法，用户也可使用其他的寄存器作为堆栈指针。而在 Thumb 指令集中，某些指令强制性地要求使用 R13 作为堆栈指针。

由于处理器的每种运行模式均有自己独立的物理寄存器 R13，在用户应用程序的初始化部分，一般都要初始化每种模式下的 R13，使其指向该运行模式的栈空间。这样，当程序的运行进入异常模式时，可以将需要保护的寄存器放入 R13 所指向的堆栈，而当程序从异常模式返回时，则从对应的堆栈中恢复，采用这种方式可以保证异常发生后程序的正常执行。

3）寄存器 R14。

R14 也称作子程序连接寄存器（Subroutine Link Register）或连接寄存器 LR。当执行 BL 子程序调用指令时，R14 中得到 R15（程序计数器 PC）的备份。其他情况下，R14 用作通用寄存器。与之类似，当发生中断或异常时，对应的分组寄存器 R14_svc、R14_irq、R14_fiq、R14_abt 和 R14_und 用来保存 R15 的返回值。

在每一种运行模式下，都可用 R14 保存子程序的返回地址，当用 BL 或 BLX 指令调用子程序时，将 PC 的当前值复制给 R14，执行完子程序后，又将 R14 的值复制回 PC，即可完成子程序的调用返回。

4）程序计数器 PC（R15）。

寄存器 R15 用作程序计数器（PC）。在 ARM 状态下，位［1：0］为0，位［31：2］用于保存 PC。在 Thumb 状态下，位［0］为0，位［31：1］用于保存 PC。

R15 虽然也可用作通用寄存器，但一般不这么使用，因为对 R15 的使用有一些特殊的限制，当违反了这些限制时，程序的执行结果是未知的。

由于 ARM 体系结构采用了多级流水线技术，对于 ARM 指令集而言，PC 总是指向当前指令的下两条指令的地址，即 PC 的值为当前指令的地址值加 8 个字节。

在 ARM 状态下，任一时刻可以访问以上所讨论的 16 个通用寄存器和一到两个状态寄存器。在非用户模式（特权模式）下，则可访问到特定模式分组寄存器。表 11-4 说明了在每一种运行模式下，哪些寄存器是可以访问的。

表 11-4 ARM 状态下的寄存器组织

寄存器类别	寄存器在汇编中的名称	各模式下实际访问的寄存器						
		用户	系统	管理	中止	未定义	中断	快中断
通用寄存器和程序计数器	R0(a1)	R0						
	R1(a2)	R1						
	R2(a3)	R2						
	R3(a4)	R3						
	R4(v1)	R4						
	R5(v2)	R5						
	R6(v3)	R6						
	R7(v4)	R7						
	R8(v5)	R8						◣R8_fiq
	R9（SB，v6）	R9						◣R9_fiq
	R10（SL，v7）	R10						◣R10_fiq
	R11（FP，v8）	R11						◣R11_fiq
	R12（IP）	R12						◣R12_fiq
	R13（SP）	R13		◣R13_svc	◣R13_abt	◣R13_und	◣R13_irq	◣R13_fiq
	R14（LR）	R14		◣R14_svc	◣R14_abt	◣R14_und	◣R14_irq	◣R14_fiq
	R15（PC）	R15						
状态寄存器	CPSR	CPSR						
	SPSR	—		◣SPSR_svc	◣SPSR_abt	◣SPSR_und	◣SPSR_irq	◣SPSR_fiq

注：◣表示分组寄存器。

2. 程序状态寄存器（R16）

CPSR（Current Program Status Register，当前程序状态寄存器）可在任何运行模式下被访问，它包括条件标志位、中断禁止位、当前处理器模式标志位，以及其他一些相关的控制和状态位。

每一种运行模式下又都有一个专用的物理状态寄存器，称为 SPSR（Saved Program Status Register，备份的程序状态寄存器）。当异常发生时，SPSR 用于保存 CPSR 的当前值，从异常退出时则可由 SPSR 来恢复 CPSR。

由于用户模式和系统模式不属于异常模式，它们没有 SPSR，当在这两种模式下访问 SPSR 时，结果是未知的。

11.8.2 Thumb 状态下的寄存器组织

Thumb 状态下的寄存器集是 ARM 状态下寄存器集的一个子集，程序可以直接访问 8 个通用寄存器（R7 ~ R0）、程序计数器（PC）、堆栈指针（SP）、连接寄存器（LR）和 CPSR。同时，在每一种特权模式下都有一组 SP、LR 和 SPSR。表 11-5 所示为 Thumb 状态的寄存器组织。

表 11-5 Thumb 状态的寄存器组织

寄存器类别	寄存器在汇编中的名称	各模式下实际访问的寄存器						
		用户	系统	管理	中止	未定义	中断	快中断
通用寄存器和程序计数器	R0(a1)	R0						
	R1(a2)	R1						
	R2(a3)	R2						
	R3(a4)	R3						
	R4(v1)	R4						
	R5(v2)	R5						
	R6(v3)	R6						
	R7(v4,WR)	R7						
	SP	SP		◣SP_svc	◣SP_abt	◣SP_und	◣SP_irq	◣SP_fiq
	LR	LR		◣LR_svc	◣LR_abt	◣LR_und	◣LR_irq	◣LR_fiq
	PC	R15						
状态寄存器	CPSR	CPSR						
	SPSR	—		◣SPSR_svc	◣SPSR_abt	◣SPSR_und	◣SPSR_irq	◣SPSR_fiq

注：◣表示分组寄存器。

1. Thumb 状态下的寄存器组织与 ARM 状态下的寄存器组织的关系

1）Thumb 状态下和 ARM 状态下的 R0 ~ R7 是相同的。

2）Thumb 状态下和 ARM 状态下的 CPSR 和所有的 SPSR 是相同的。

3）Thumb 状态下的 SP 对应于 ARM 状态下的 R13。

4）Thumb 状态下的 LR 对应于 ARM 状态下的 R14。

5）Thumb 状态下的程序计数器对应于 ARM 状态下的 R15。

以上的对应关系如图 11-14 所示。

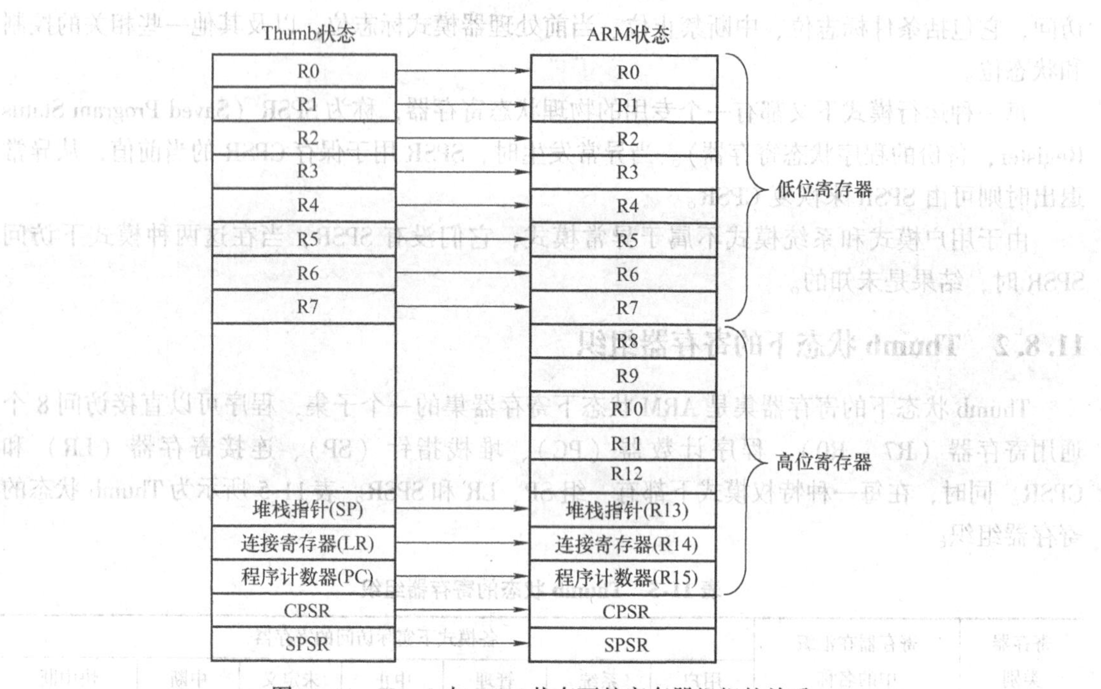

图 11-14　Thumb 与 ARM 状态下的寄存器组织的关系

2. 访问 Thumb 状态下的高位寄存器（Hi-registers）

在 Thumb 状态下，高位寄存器 R8 ~ R15 并不是标准寄存器集的一部分，但可使用汇编语言程序受限制地访问这些寄存器，将其用作快速的暂存器。使用带特殊变量的 MOV 指令，数据可以在低位寄存器和高位寄存器之间进行传送。高位寄存器的值可以使用 CMP 和 ADD 指令进行比较或加上低位寄存器中的值。

11.8.3　程序状态寄存器

ARM 内核包含 1 个 CPSR 和 5 个仅供异常处理程序使用的 SPSR。CPSR 反映当前处理器的状态，其功能包括：

1）保存 ALU 中的当前操作信息。

2）控制允许和禁止中断。

3）设置处理器的运行模式。

程序状态寄存器的格式如图 11-15 所示。

1. 条件代码标志

条件代码标志位包括：负标志 N、零标志 Z、进位标志 C 和溢出标志 V。它们的内容可被算术或逻辑运算的结果改变，并可以决定某条指令是否被执行。各标志位的含义如下：

负标志 N：运算结果的第 31 位值，记录标志设置操作的结果；

零标志 Z：如果标志设置的操作为 0，则置位；

进位标志 C：记录无符号加法溢出，减法无借位，循环移位；

溢出标志 V：记录标志设置操作的有符号溢出。

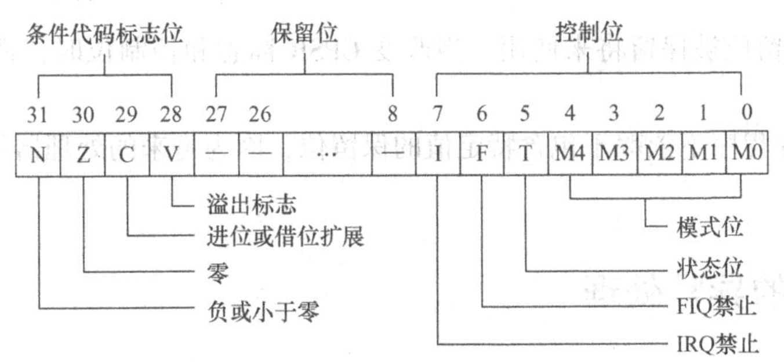

图 11-15　程序状态寄存器的格式

2. 控制位

由图 11-15 可知，控制位位于程序状态寄存器（PSR）的第 8 位，当发生异常时这些位可以被改变。如果处理器运行特权模式，则这些位也可以由程序修改。

（1）中断禁止控制位 I 和 F

当 I = 1 时，IRQ 中断被禁止。当 F = 1 时，FIQ 中断被禁止。

（2）处理器状态位 T

当 T = 1 时，处理器正在 Thumb 状态下运行。当 T = 0 时，处理器正在 ARM 状态下运行。注意：绝对不要强制改变 CPSR 寄存器中的控制位 T。如果这样做，处理器将进入一个无法预测的状态。

（3）运行模式位 M[4:0]（M0、M1、M2、M3、M4）

这些位决定了处理器的运行模式，具体含义见表 11-6。

表 11-6　运行模式位 M[4:0] 的具体含义

M[4:0]	模　式	可见的 Thumb 状态寄存器	可见的 ARM 状态寄存器
10000	用户	R0 ~ R7，SP，LR，PC，CPSR	R0 ~ R14，PC，CPSR
10001	快速中断	R0 ~ R7，SP_fiq，LR_fiq，PC，CPSR，SPSR_fiq	R0 ~ R7，R8_fiq ~ R14_fiq，PC，CPSR，SPSR_fiq
10010	中断	R0 ~ R7，SP_irq，LR_irq，PC，CPSR，SPSR_irq	R0 ~ R12，R13_irq，R14_irq，PC，CPSR，SPSR_irq
10011	管理	R0 ~ R7，SP_svc，LR_svc，PC，CPSR，SPSR_svc	R0 ~ R12，R13 _ svc，R14 _ svc，PC，CPSR，SPSR_svc
10111	中止	R0 ~ R7，SP_abt，LR_abt，PC，CPSR，SPSR_abt	R0 ~ R12，R13 _ abt，R14 _ abt，PC，CPSR，SPSR_abt
11011	未定义	R0 ~ R7，SP_und，LR_und，PC，CPSR，SPSR_und	R0 ~ R12，R13 _ und，R14 _ und，PC，CPSR，SPSR_und
11111	系统	R0 ~ R7，SP，LR，PC，CPSR	R0 ~ R14，PC，CPSR

由表 11-6 可知，并不是所有的运行模式位的组合都是有效的，其他的组合结果会导致处理器进入一个不可恢复的状态。

3. 保留位

CPSR 中的保留位被保留将来使用。当改变 CPSR 标志和控制位时，请确认没有改变这些保留位。

另外，请确保程序不依赖于包含特定值的保留位，因为将来的处理器可能会将这些位设置为 1 或者 0。

11.9 ARM 的异常处理

只要正常的程序流被暂时中止，处理器就进入异常模式。例如，在用户模式下执行程序时，当外设向处理器内核发出中断请求时会导致内核从用户模式切换到异常中断模式。在处理异常之前，当前处理器的状态必须保留，这样当异常处理完成后，当前程序可以继续执行。如果同时发生两个或更多异常，那么将按照固定的优先级来处理异常。

ARM 体系结构中的异常与 8/16 位处理器体系结构的中断有很多相似之处，但异常与中断的概念并不完全等同。

1. ARM 体系结构支持的异常类型

ARM 体系结构一共支持 7 类异常，见表 11-7。

表 11-7 ARM 体系结构的异常类型

异常中断名称	含义
复位 (Reset)	当处理器复位引脚有效时，系统产生复位，程序跳转到复位异常中断处理程序处执行，复位异常中断的优先级是最高优先级的中断。通常复位产生有下面几种情况：系统加电时、系统复位时
未定义的指令	当 ARM 处理器或者系统中的协处理器认为当前指令未定义时，产生该中断，可以通过该异常中断仿真浮点向量运算
软件中断	这是由用户定义的中断指令，可用于用户模式下的程序调用特权操作指令
预取指中止 (Prefetch Abort)	在 CPU 取指阶段，如果目标指令地址非法，则进入预取指令中止异常
数据中止 (Data Abort)	数据访问指令的目标地址不存在，或者该地址不允许当前指令访问，处理器产生数据访问中止异常中断
外部中断请求 (IRQ)	当处理器的外部中断请求引脚有效，或者 CPSR 寄存器的 I 控制位被清除时，产生 IRQ 异常，系统的外设可通过该异常请求中断服务，应用中对于 IRQ 的中断处理是比较关键的技术
快速中断请求 (FIQ)	当处理器的外部中断请求引脚有效，或者 CPSR 寄存器的 F 控制位被清除时，产生 FIQ 异常

(1) Reset（复位）

当处理器的复位信号电平有效时，产生复位异常，程序跳转到复位异常处理程序处执行。

(2) 未定义的指令（Undefined instruction）

当 ARM 处理器遇到不能处理的指令时，会产生未定义指令异常。采用这种机制，可以通过软件仿真扩展 ARM 或 Thumb 指令集。

在仿真未定义指令后，处理器执行以下程序返回，无论是在 ARM 状态还是在 Thumb 状态：

```
MOVS PC,R14_und
```

这个动作恢复了 PC 和 CPSR 并返回到未定义指令之后的下一条指令。

(3) 软件中断 (Software Interrupt，SWI)

软件中断（SWI）用于进入超级用户模式，通常用于请求一个特定的超级用户函数。SWI 处理程序通过执行下面的指令返回。

```
MOVS PC,R14_svc
```

这个动作恢复了 PC 和 CPSR 并返回到 SWI 之后的指令。SWI 处理程序读取操作码以提取 SWI 函数编号。

(4) 中止（Abort）

中止表示当前存储器访问失败。ARM 微处理器在存储器访问周期内检查是否发生中止异常。中止异常包括两种类型：预取指中止，发生在指令预取指过程中；数据中止，发生在对数据访问时。

1) 预取指中止。

当发生预取指中止时，ARM7 TDMI－S 内核将预取的指令标记为无效，但在指令到达流水线的执行阶段时才进入异常。如果指令在流水线中因为发生分支而没有被执行，中止将不会发生。在处理中止的原因之后，不管处于哪种处理器操作状态，处理程序都会执行下面的指令。

```
SUBS PC,R14_abt,#4
```

这个动作恢复了 PC 和 CPSR 并重试被中止的指令。

2) 数据中止。

当发生数据中止时，根据指令的类型产生不同的动作。

① 数据转移指令（LDR，STR）：回写到被修改的基址寄存器。中止处理程序必须注意这一点。

② 交还指令（SWP）：中止好像没有被执行过一样（中止必须发生在 SWP 指令进行读访问时）。

③ 块数据转移指令（LDM，STM）：完成当回写被设置时，基址寄存器被更新。在指示出现中止后，ARM7 TDMI－S 内核防止所有寄存器被覆盖，这意味着 ARM7 TDMI－S 内核总是会保护被中止的 LDM 指令中的 R15（总是最后一个被转移的寄存器）。

中止的机制使指令分页的虚拟存储器系统能够被实现。在这样一个系统中，处理器允许产生仲裁地址。当某一地址的数据无法访问时，存储器管理单元（MMU）通知产生了中止。中止处理程序必须找出中止的原因，使请求的数据可以被访问并重新执行被中止的指令。应用程序不必知道可用存储器的数量，也不必知道被中止时所处的状态。

在修复产生中止的原因后，不管处于哪种处理器操作状态，处理程序都必须执行下面的返回指令。

```
SUBS PC,R14_abt,#8
```

这个动作恢复了 PC 和 CPSR 并重试被中止的指令。

(5) 快速中断请求 (FIQ)

快速中断请求 (FIQ) 异常支持数据转移或通道处理。在 ARM 状态中，FIQ 模式有 8 个专用的寄存器可用来满足寄存器保护的需要（这是上下文切换的最小开销）。将 nFIQ 信号拉低可实现外部产生 FIQ。

不管异常入口是来自 ARM 状态还是 Thumb 状态，FIQ 处理程序都会通过执行下面的指令从中断返回。

```
SUBS PC,R14_fiq,#4
```

在一个特权模式中，可通过置位 CPSR 中的 F 标志来禁止 FIQ 异常。当 F 标志清“0”时，ARM7 TDMI - S 在每条指令结束时检测 FIQ 同步器输出端的低电平。

(6) 外部中断请求 (IRQ)

外部中断请求 (IRQ) 异常是一个由 nIRQ 输入端的低电平所产生的正常中断。IRQ 的优先级低于 FIQ，对于 FIQ 序列它是被屏蔽的。任何时候在一个特权模式下，都可通过置位 CPSR 中的 I 位来禁止 IRQ。

不管异常入口是来自 ARM 状态还是 Thumb 状态，IRQ 处理程序都会通过执行下面的指令从中断返回：

```
SUBS PC,R14_irq,#4
```

2. 异常入口/出口汇总

表 11-8 所示为异常入口处变量 R14 所保存的 PC 值以及退出异常处理程序所推荐使用的指令。

表 11-8 异常入口/出口

异常	返回指令	以前的状态		备注
		ARM R14_x	Thumb R14_x	
BL	MOVS PC, R14	PC +4	PC +2	此处 PC 为 BL、SWI、未定义指令取指或者预取指中止指令的地址
SWI	MOVS PC, R14_svc	PC +4	PC +2	
未定义的指令	MOVS PC, R14_und	PC +4	PC +2	
预取指中止	SUBS PC, R14_abt, #4	PC +4	PC +4	
FIQ	SUBS PC, R14_fiq, #4	PC +4	PC +4	此处 PC 为由于 FIQ 或 IRQ 占先而没有被执行的指令地址
IRQ	SUBS PC, R14_irq, #4	PC +4	PC +4	
数据中止	SUBS PC, R14_abt, #4	PC +8	PC +8	此处 PC 为产生数据中止的装载或保存指令的地址
Reset	无	—	—	复位时保存在 R14_svc 中的值不可预知

3. 异常向量

当异常发生时，处理器会把 PC 设置为一个特定的存储器地址，这一地址放在被称为向量表的特定地址范围内。向量表的入口是一些跳转指令，跳转到专门处理某个异常或中断的子程序。异常向量见表 11-9。

表 11-9 异常向量

地 址	异 常	进入模式
0x00000000	复位	管理模式
0x00000004	未定义指令	未定义模式
0x00000008	软件中断	管理模式
0x0000000C	预取指中止	中止模式
0x00000010	中止（数据）	中止模式
0x00000014	保留	保留
0x00000018	IRQ	IRQ
0x0000001C	FIQ	FIQ

4. 异常优先级

当多个异常同时发生时，一个固定的优先级决定系统处理它们的顺序。由高到低的排列次序表见表 11-10。

表 11-10 异常优先级

优 先 级	异 常	优 先 级	异 常
1（最高）	复位	4	IRQ
2	数据中止	5	预取指中止
3	FIQ	6（最低）	未定义指令、软件中断

5. 对异常的响应

当异常产生以后，ARM 处理器会执行以下步骤对异常进行响应。

1）将下一条指令的地址保存到相应的连接寄存器 LR，以便程序在异常处理返回时能从正确的位置重新开始执行。若异常是从 ARM 状态进入，LR 寄存器中保存的是下一条指令的地址（当前 PC +4 或 PC +8，与异常的类型有关）。若异常时从 Thumb 状态进入，则在 LR 寄存器中保存当前 PC 的偏移量。这样，异常处理就不需要确定异常是从何种状态进入的。

2）将 CPSR 复制到相应的 SPSR 中。

3）根据异常类型，强制设置 CPSR 的运行模式。

4）原来无论是 ARM 状态或 Thumb 状态，都进入 ARM 状态。

5）屏蔽快速中断和外部中断。

6）强制 PC 从相关的异常向量地址取下一条指令执行，从而跳转到相应的异常处理程序处。

6. 从异常返回

异常处理完毕之后，ARM 处理器会执行以下操作从异常返回。

1）将连接寄存器 LR 的值减去相应的偏移量后送到 PC 中。

2）将 SPSR 复制回 CPSR 中。

3）若在进入异常处理时设置了中断禁止位，要再次清除。

7. 应用程序设计中的异常处理过程

当系统运行时，异常可能会随时发生，为保证在 ARM 处理器发生异常时不会处于未知状态，在应用程序的设计中，首先要进行异常处理。采用的方式是在异常向量表中的特定位置放置一条跳转指令，跳转到异常处理程序。当 ARM 处理器发生异常时，程序计数器 PC 会被强制设置对应的异常向量，从而跳转到异常处理程序。当异常处理完成以后，返回到主程序继续执行。

习 题

11－1 在下列 ARM 处理器的各种模式中，只有________模式不可以自由地改变处理器的工作模式。

A. 用户模式　　B. 系统模式　　C. 中止模式　　D. 中断模式

11－2 相对于 ARM 指令集，Thumb 指令集的特点是（　　）

A. 指令执行速度快

B. 16 位指令集，可以得到密度更高的代码，对于需要严格控制成本的设计非常有意义

C. Thumb 模式有自己独立的寄存器

D. 16 位指令集，代码密度高，加密性能好

11－3 同 CISC 相比，下面哪一项不属于 RISC 处理器的特征（　　）

A. 采用固定长度的指令格式，指令规整、简单，基本寻址方式有 2～3 种

B. 减少指令数和寻址方式，使控制部件简化，加快执行速度

C. 数据处理指令只对寄存器进行操作，只有加载/存储指令可以访问存储器，以提高指令的执行效率，同时简化处理器的设计

D. RISC 处理器都采用哈佛结构

11－4 以下叙述中，不符合 RISC 指令系统特点的是（　　）

A. 指令长度固定，指令种类少

B. 寻址方式种类丰富，指令功能尽量增强

C. 设置大量通用寄存器，访问存储器指令简单

D. 选取使用频率较高的一些简单指令

11－5 下面关于 ARM 处理器的体系结构描述哪一个是错误的？（　　）

A. 三地址指令格式　　B. 所有的指令都是多周期执行

C. 指令长度固定　　D. Load-Store 结构

第 12 章　ARM11 微处理器 S3C6410

本章主要介绍 ARM11 内核 16/32 位精简指令系统微处理器 S3C6410 的内部资源，包括 AXI、AHB、APB 总线，处理器内部结构，处理器存储结构，时钟和电源管理等，以及片上资源和常用函数定义及其使用，特别是头文件 s3c6410_addr. h、defs. h 非常重要，对以后的编程有很大的帮助。

12. 1　S3C6410 简介

S3C6410 是一款 16/32 位 RISC 微处理器，旨在提供一个具有成本效益高、功耗低、性能高的应用处理器解决方案，像移动电话、智能机顶盒等应用。S3C6410 采用了 64/32 位内部总线架构，该 64/32 位内部总线架构由 AXI、AHB 和 APB 总线组成。它还包括许多强大的硬件加速器，能够实现视频处理、音频处理、二维图形显示操作和缩放等功能。一个集成的多格式编解码器（MFC）支持 MPEG4/H. 263/H. 264 编码、译码以及 VC1 的解码。H/W 编码器/解码器支持实时视频会议和 NTSC、PAL 模式的 TV 输出。

S3C6410 有一个优化的接口连接到外部存储器。内存系统具有双外部存储器端口（DRAM 和 Flash/ROM 端口）。DRAM 端口可以配置为支持移动 DDR、DDR、移动 SDRAM 和 SDRAM。Flash/ROM 端口支持 NOR - Flash、NAND - Flash、ONENAND、CF、ROM 类型外部存储器。

为减少系统总成本和提高整体功能，S3C6410 包括许多硬件外设，如一个相机接口、TFT24 位真彩色液晶显示控制器、系统管理器（电源管理等）、4 通道 UART、32 通道 DMA、5 通道定时器、通用的 I/O 端口、I^2S 总线接口、I^2C 总线接口、USB 主设备（可在高速（480MB/s）时实现 USB OTG 操作）、SD 主设备和高速多媒体卡接口、用于产生时钟的 PLL。

12. 2　S3C6410 芯片结构

S3C6410 内部结构及外围接口如图 12-1 所示，其各个部分的介绍如下：

1. AHB、APB、ASB、AXI 总线

AMBA（Advanced Microcontroller Bus Architecture，高级微控制器总线结构）协议是一个开放标准的、片上互联规范，用于 SoC 内功能模块的连接和管理。其定义了片上通信的标准，用于设计高性能嵌入式微控制器，它被 ARM 公司和众多厂商所支持。AMBA 规范主要包括了 AHB 总线和 APB 总线、ASB 总线、AXI 总线。S3C6410 系统内部采用这些总线实现功能模块的通信和管理。

AHB（Advanced High Performance Bus，高级高性能总线）如同 USB（Universal Serial Bus）通用串行总线一样，也是一种总线接口。AHB 主要用于高性能模块（如 CPU、DMA

和 DSP 等）之间的连接，作为 SoC 的片上系统总线，它具有单个时钟边沿操作、非三态的实现方式、支持突发传输、支持分段传输、支持多个主控制器、可配置 32～128 位总线宽度以及支持字节、半字和字的传输等特点。CPU、片内存储器和 DMA 设备等高速设备都是连接于这类总线上。

ASB（Advanced System Bus，高级系统总线）的特征与 AHB 相同，不同之处在于 ASB 读/写数据复用了一条双向数据总线。

APB（Advanced Peripheral Bus，高级外围总线）主要用于低带宽的周边外设之间的连接，例如 UART、1284 等。它的总线架构不像 AHB 支持多个主模块，在 APB 里面唯一的主模块就是 APB 桥。其特性包括：两个时钟周期传输、无须等待周期和回应信号、控制逻辑简单、只有 4 个控制信号。

AXI（Advanced Extensible Interface，高级可扩展接口）是一种面向高性能、高带宽、低延迟的片内总线。AXI 是 AMBA 中一个新的高性能协议。AXI 技术丰富了现有的 AMBA 标准内容，满足超高性能和复杂的片上系统（SoC）设计的需求。AXI 的特点是采用单向通道体系结构、支持多项数据交换、具有独立的地址和数据通道。

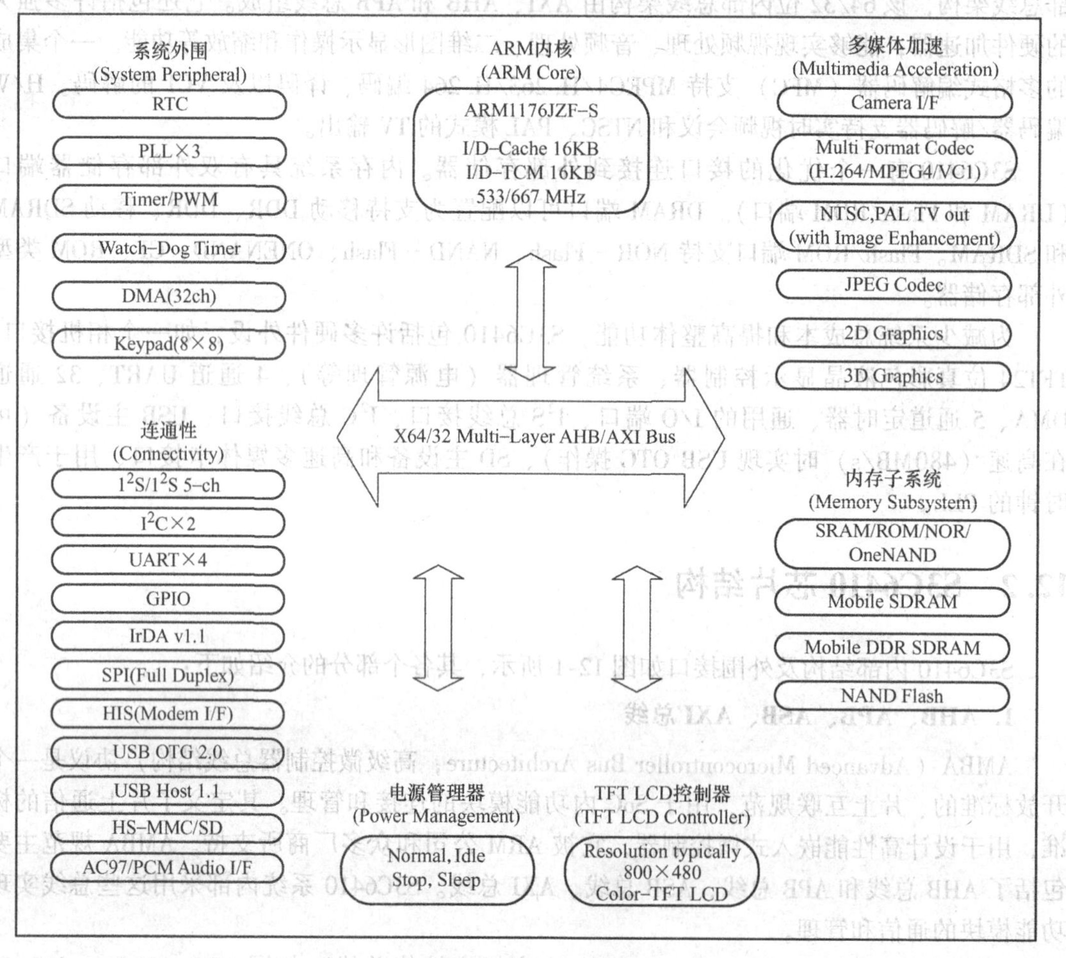

图 12-1　芯片结构图

2. ARM 内核（ARM Core）

ARM Core 采用 ARM1176JZF－S 核，包含 16KB 的指令数据 Cache 和 16KB 的指令数据 TCM。ARM Core 电压为 1.1V 时，可以运行到 533MHz；在 1.2V 的情况下，可以运行到 667MHz。它通过 AXI、AHB 和 APB 组成的 64/32 位内部总线和外部模块相连。

3. 电源管理（Power Management）

目前支持 Normal、Idle、Stop 和 Sleep 模式。Normal 是正常模式，其他模式都是处于不同程度的低功耗模式。Sleep 模式是最低功耗模式，可以被有限的中断唤醒。

4. TFT LCD 控制器（TFT LCD Controller）

显示控制器，支持 TFT 24bit LCD 屏，分辨率能支持最高 1024×1024 像素。显示输出接口支持 RGB 接口、I80 接口、BT.601 输出（YUV4228bit）和输出给 TV Encoder 的接口。支持最多 5 个图形窗口并可进行 Overlay 操作，从 window0 到 window4，分别支持不同的图像输入源和不同的图像格式。显示控制器可以接收来自 Carema、Frame Buffer 和其他模块的图像数据，可以对这些不同的图像进行 Overlay 操作，并输出到不同的接口，比如 LCD、TV Encoder。

5. 系统外围（System Peripheral）

RTC：系统掉电的时候由备份电池支持，需外接 32.768kHz 时钟，年/月/日/时/分/秒都是 BCD 编码格式。

PLL：支持 3 个 PLL，分别是 APLL、MPLL 和 EPLL。APLL 为 ARM 提供时钟，产生 ARMCLK；MPLL 为所有和 AXI/AHB/APB 相连的模块提供时钟，产生 HCLK 和 PCLK；EPLL 为特殊的外设提供时钟，产生 SCLK。

Timer/PWM：支持 5 个 32bit Timer，其中 Timer0 和 Timer1 具有 PWM 功能，而 Timer2/3/4 没有输出引脚，为内部 Timer。

Watchdog：看门狗，也可以当作 16bit 的内部定时器。

DMA：支持 4 个 DMA 控制器，每个控制器包含 8 个通道，支持 8/16/32bit 传输，支持优先级，通道 0 优先级最高。

Keypad：支持 8×8 键盘，与 GPIO 复用，按下和抬起都可产生中断。

6. 连通性（Connectivity）

I^2S：用于和外接的 Audio Codec 传输音频数据。支持普通的 I^2S 双通道，也支持 5.1 通道 I^2S 传输，音频数据可以是 8/16/32bit，采样频率范围为 8kHz～192kHz。

I^2C：支持 2 个 I^2C 控制器。

UART：支持 4 个 UART 口，支持 DMA 和 Interrupt 模式，UART0/1/2 还支持 IrDA1.0 功能。UART 最高速度可达 3Mbit/s。

GPIO：通用 GPIO 端口，功能复用。

IrDA：独立的 IrDA 控制器，兼容 IrDA1.1，支持 MIR 和 FIR 模式。

SPI：支持全功能的 SPI。

Modem：Modem 接口控制器，内置 8KB SRAM，用于 S3C6410 和外接 Modem 交换数据，该 SRAM 还可以为 Modem 提供 Boot 功能。

USB OTG：支持 USB OTG 2.0，同时支持 Slave 和 Host 功能。

USB Host：独立的 USB Host 控制器，支持 USB Host 1.1。

MMC/SD：SD/MMC 控制器，兼容 SD Host 2.0、SD Memory Card 2.0、SDIO Card 1.0 和 High-Speed MMC。

PCM Audio：支持两个 PCM Audio 接口，传输单声道 16bit 音频数据。

AC97：AC97 控制器，支持独立的 PCM 立体声音频输入、单声道 MIC 输入和 PCM 立体声音频输出，通过 AC-Link 接口与 Audio Codec 相连。

7. 内存子系统（Memory Subsystem）

DRAM Controller：支持 SDRAM、DDR SDRAM、Mobile SDRAM 和 Mobile DDR SDRAM。每个片选最大支持 256MB，有两个片选信号。

NF Controller：NAND Flash 控制器，支持 SLC/MLC NAND Flash，支持 512/2048B Page 的 NAND Flash，支持 8bit NAND Flash，支持 1/4/8bit ECC 校验，支持 NAND Flash Boot 功能。

OneNAND Controller：支持 2 个 OneNAND 控制器，可外接 16bit OneNAND Flash，支持同步/异步读取数据，支持 OneNAND Boot 功能。

SROM Controller：6 个片选，支持 SRAM、ROM 和 NORFlash，支持 8/16bit，每个片选支持 128MB。

8. 多媒体加速（Multimedia Acceleration）

Camera I/F：即 Camera Interface，外接 Camera，支持 ITU－R BT. 601/656 8bit 标准输入。支持 Zoom In 功能，最大图像分辨率达 4096×4096 像素，支持 Preview，在 Preview 时支持 Rotation 和 Mirror 功能，Preview 输出图像格式可以是 RGB 16/18/24bit 和 YUV420/433 格式，支持图像的一些特效。

Multi Format Codec：视频 Codec，支持 MPEG4 Simple Profile、H. 264/AVC Baseline Profile、H. 263 P3 和 VC_ 1 Main Profile 编/解码功能。支持 1/2 和 1/4 像素的运动估计，支持 MPEG_ 4 AC/DC 预测，支持 H. 264/AVC 帧内预测，对于 MPEG_ 4 还支持可逆 VLC 和 Data Partition 功能，支持码流控制（CBR 或者 VBR），编/解码同时进行的时候，可支持 VGA 30fps。

TV Encoder：支持将数字视频转换成模拟的复合视频，支持 N 制和 P 制，支持 Contrast、Brightness、Gamma 等控制，支持复合视频和 S 端子输出。输入视频数据可以来自 TV Scaler 模块，该模块可以对视频数据进行处理，支持 Resize 功能，支持 RGB 与 YUV 两个不同色彩空间的转换，输入 TV Scaler 模块的图像最大可以是 800×2048 像素，输出图像最大是 2048×2048 像素，输出数据给 TV Encoder 进行编码，然后输出模拟视频。

Rotator：翻转模块支持对 YUV420/422 和 RGB565/888 的数据进行硬件翻转。

Post Processor：图像处理模块，类似于 TV Scaler 模块。输入图像分辨率最大为 4096×4096 像素，输出图像分辨率最大为 2048×2048 像素，支持 RGB 与 YUV 之间的转换。

JPEG Codec：支持 JPEG 编解码功能，最大尺寸为 4096×4096 像素。

2D Graphics：2D 加速，支持画点/线、Bitblt 功能和 Color Expansion 功能。

3D Graphics：3D 加速。

12.3 S3C6410 封装及引脚定义

S3C6410 芯片采用 FBGA（Fine-Pitch Ball Grid Array，细间距球栅阵列）封装，大小为 13mm × 13mm，总共有 424 脚。FBGA（通常称作 CSP）是一种在底部有焊球的面阵引脚结构，这种结构可使封装所需的安装面积接近于芯片尺寸。为了能清楚地描述 S3C6410 的引脚信号，下面按照图 12-2 所示的引脚定义图，详细介绍各个引脚的标号与定义。图 12-2 所示的引脚顺序为，列用阿拉伯数字 1～25 编号，行用字母或字母组合编写，共同组成一个引脚编号，各个引脚名称及功能见表 12-1。

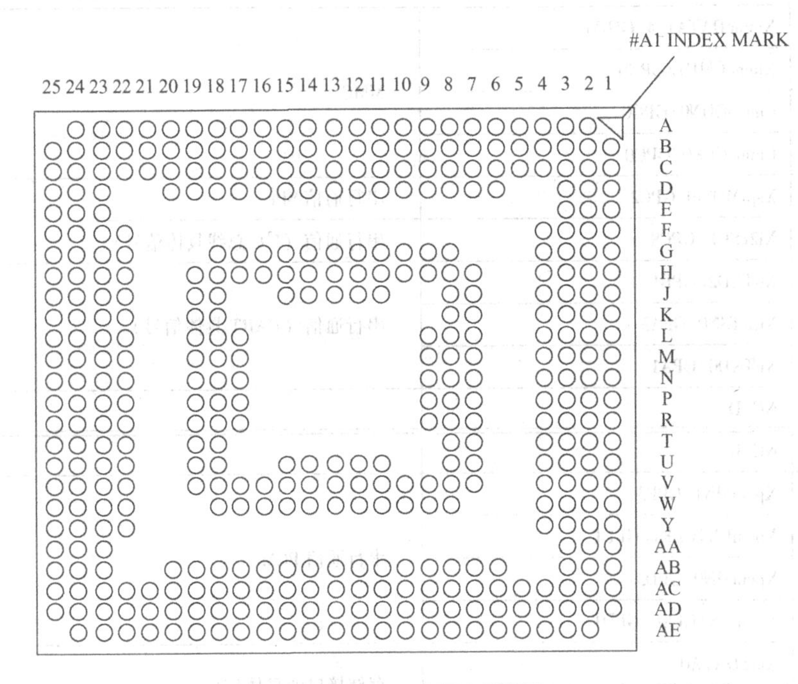

图 12-2 S3C6410 引脚图

表 12-1 引脚名称及功能

S3C6410 各引脚及其功能		
引 脚	引 脚 名 称	引脚功能说明
A2	NC_C	
A3	XPCMSOUT0/GPD4	串行通信 PCM
A4	VDDPCM	电源组
A5	XM1DQM0	存储接口的具体信号
A6	XM1DATA1	
A7	VDDINT	电源组
A8	VDDARM	电源组

（续）

S3C6410 各引脚及其功能		
引　脚	引 脚 名 称	引脚功能说明
A9	XM1DATA6	存储接口的具体信号
A10	XM1DATA9	
A11	XM1DATA12	
A12	XM1DATA18	
A13	XM1SCLK	
A14	XM1SCLKN	
A15	XmmcDATA1_4/GHP6	MMC
A16	XmmcCMD1/GPG6	
A17	CmmcCDN0/GPG0	
A18	CmmcCLK0/GPG0	
A19	XspiMOSI0/GPC2	串行通信 SPI
A20	Xi2cSCL/GPC8	串行通信（I^2C 总线具体信号）
A21	XuTXD2/GPB1	串行通信（UART 具体信号）
A22	XuRTSN0/GPA3	
A23	XuTXD0/GPA1	
A24	NC_D	
B1	NC_B	
B2	XpcmSIN1/GPE3	串行通信 PCM
B3	XpcmEXTCLK1/GPE1	
B4	XpcmSIN0/GPD3	
B5	XpcmEXTCLK0/GPD1	
B6	XM1DATA0	存储接口的具体信号
B7	XM1DATA3	
B8	VDDM1	电源组
B9	VDDM1	
B10	XM1DATA13	存储接口的具体信号
B11	VDDARM	电源组
B12	XM1DATA16	存储接口的具体信号
B13	XM1DATA17	
B14	XM1DQS2	
B15	XM1DATA22	
B16	XmmcDATA1_2/GHP4	MMC
B17	VDDMMC	电源组
B18	XmmcDATA0_0/GHP2	MMC

（续）

S3C6410 各引脚及其功能		
引　脚	引 脚 名 称	引脚功能说明
B19	XspiMISO1/GPC4	串行通信 SPI
B20	XspiMISO0/GPC0	串行通信 SPI
B21	XuTXD3/GPB3	串行通信（UART 具体信号）
B22	XuTXD1/GPA5	串行通信（UART 具体信号）
B23	XciYDATA7/GPF12	图像/视频处理（相机接口具体信号）
B24	XciYDATA5/GPF10	图像/视频处理（相机接口具体信号）
B25	NC_F	
C1	XM0ADDR0	存储接口的具体信号
C2	VDDARM	电源组
C3	XpcmSOUT1/GPE4	串行通信 PCM
C4	XpcmFSYNC1/GPE2	串行通信 PCM
C5	XpcmEXTCLK1/GPE0	串行通信 PCM
C6	XM1DATA4	存储接口的具体信号
C7	XM1DATA2	存储接口的具体信号
C8	XM1DATA5	存储接口的具体信号
C9	XM1DATA7	存储接口的具体信号
C10	VDDARM	电源组
C11	XM1DATA14	存储接口的具体信号
C12	XM1DATA10	存储接口的具体信号
C13	XM1DATA19	存储接口的具体信号
C14	VDDM1	电源组
C15	XM1DATA20	存储接口的具体信号
C16	XmmcDATA1_6/GHP8	存储设备 MMC
C17	XmmcDATA1_1/GHP3	存储设备 MMC
C18	XmmcDATA0_2/GHP4	存储设备 MMC
C19	XspiMOSI1/GPC6	串行通信 SPI
C20	XspiCS0/GPC3	串行通信 SPI
C21	VDDEXT	电源组
C22	XuRTSN1/GPA7	串行通信（UART 具体信号）
C23	XpwmECLK/GPF13	调制解调器接口（PWM 具体信号）
C24	XciYDATA2/GPF7	图像/视频处理（相机接口具体信号）
C25	XciYDATA0/GPF5	图像/视频处理（相机接口具体信号）
D1	XM0ADDR2	存储接口的具体信号
D2	XM0ADDR3	存储接口的具体信号
D3	VDDARM	电源组

（续）

S3C6410 各引脚及其功能		
引　脚	引 脚 名 称	引脚功能说明
D6	XpcmFSYNC0/GPD2	串行通信 PCM
D7	XpcmEXTCLK0/GPD0	
D8	VDDARM	电源组
D9	XM1DQS0	存储接口的具体信号
D10	XM1DATA15	
D11	XM1DATA11	
D12	XM1DATA8	
D13	VDDINT	电源组
D14	XM1DQM2	存储接口的具体信号
D15	XM1DATA21	
D16	XM1DATA23	
D17	XspiCS1/GPC7	串行通信 SPI
D18	VDDINT	电源组
D19	XuRXD2/GPB0	串行通信（UART 具体信号）
D20	XuRXD0/GPA0	
D23	XpwmTOUT1/GPF15	调制解调器接口（PWM 具体信号）
D24	XciVSYNC/GPF4	图像/视频处理（相机接口具体信号）
D25	XciHREF/GPF1	
E1	XM0ADDR5	存储接口的具体信号
E2	VDDARM	电源组
E3	XM0ADDR3	存储接口的具体信号
E23	XciYDATA1/GPF6	图像/视频处理（相机接口具体信号）
E24	XM1DATA28	存储接口的具体信号
E25	XM1DQS3	
F1	XM0ADDR8/GPO8	存储接口的具体信号
F2	XM0ADDR6/GPO6	
F3	VDDARM	电源组
F4	VDDM0	
F22	XciPCLK/GPF2	图像/视频处理（相机接口具体信号）
F23	XM1DATA24	存储接口的具体信号
F24	XM1DATA25	
F25	XM1DATA26	
G1	XM0ADDR11/GPO11	存储接口的具体信号
G2	XM0ADDR10/GPO10	
G3	VDDM0	电源组

（续）

S3C6410 各引脚及其功能		
引　脚	引 脚 名 称	引脚功能说明
G4	XM0ADDR7/GPO7	存储接口的具体信号
G8	XM1DQM1	
G9	XM1DQS1	
G10	VDDM1	电源组
G11	XmmcDATA1_5/GHP7	存储设备 MMC
G12	XmmcDATA0_3/GHP5	
G13	XmmcCMD0/GPG1	
G14	Xi2Csda/GPB6	串行通信（I^2C 总线具体信号）
G15	XIRSDBW/GPB4	串行通信（IrDA 具体信号）
G16	XuCTSN0/GPA2	串行通信（UART 具体信号）
G17	XciYDATA6/GPF11	图像/视频处理（相机接口具体信号）
G18	XciYDATA3/GPF8	
G22	XciCLK/GPF0	
G23	XM1DATA29	存储接口的具体信号
G24	XM1DATA27	
G25	XM1DATA30	
H1	VDDINT	电源组
H2	XM0ADDR13/GPO13	存储接口的具体信号
H3	XM0ADDR15/GPO15	
H4	XM0ADDR12/GPO12	
H7	XM0ADDR4	
H8	VSSIP	电源组
H9	XmmcDATA1_7/GHP9	存储设备 MMC
H10	XmmcDATA1_3/GHP5	
H11	XmmcDATA1_0/GHP2	
H12	XspiCLK1/GPC5	串行通信 SPI
H13	XmmcDATA0_1/GHP3	存储设备 MMC
H14	XspiCLK0/GPC1	串行通信 SPI
H15	XuCTSN1/GPA6	串行通信（UART 具体信号）
H16	XpwmTOUT0/GPF14	调制解调器接口（PWM 具体信号）
H17	XciYDATA4/GPF9	图像/视频处理（相机接口具体信号）
H18	VSSPERI	电源组
H19	XciRSTN/GPF3	图像/视频处理（相机接口具体信号）
H22	XM1DQM3	存储接口的具体信号
H23	XM1DATA31	
H24	XM1ADDR0	
H25	XM1ADDR3	

（续）

S3C6410 各引脚及其功能		
引　脚	引脚名称	引脚功能说明
J1	XM0APADDR16/GPQ8	存储接口的具体信号
J2	XM0WEN	
J3	VDDARM	电源组
J4	XM0ADDR14/GPO14	存储接口的具体信号
J7	VSSMEM	电源组
J8	XM0ADDR9/GPO9	存储接口的具体信号
J11	CmmcCLK1/GPH0	存储设备 MMC
J12	VSSIP	电源组
J13	VSSPERI	
J14	XuRXD3/GPB2	串行通信（UART 具体信号）
J15	XuRXD1/GPA4	
J18	VDDINT	电源组
J19	VDDM1	
J22	XM1ADDR9	存储接口的具体信号
J23	XM1ADDR2	
J24	XM1ADDR1	
J25	XM1ADDR6	
K1	XM0DATA15	存储接口的具体信号
K2	VDDM0	电源组
K3	VDDARM	电源组
K4	XM0DATA14	存储接口的具体信号
K7	XM0BEN1	
K8	VSSIP	电源组
K18	XM1ADDR7	存储接口的具体信号
K19	XM1ADDR11	
K22	XM1ADDR13	
K23	XM1ADDR8	
K24	XM1ADDR12	
K25	XM1ADDR5	
L1	XM0BEN0	存储接口的具体信号
L2	XM0DATA13	
L3	XM0SMCLK/GPP1	
L4	XM0OEN	
L7	XM0DATA10	
L8	XM0DATA12	

（续）

S3C6410 各引脚及其功能		
引　脚	引 脚 名 称	引脚功能说明
L9	VSSIP	电源组
L17	VDDINT	电源组
L18	XM1CSN1	存储接口的具体信号
L19	XM1ADDR4	
L22	XM1RASN	
L23	XM1CSN0	
L24	XM1CASN	
L25	XM1ADDR15	
M1	VDDM0	电源组
M2	XM0DATA8	存储接口的具体信号
M3	XM0DATA11	
M4	XM0DATA9	
M7	XM0DATA2	
M8	XM0DATA4	
M9	VSSMEM	电源组
M17	XM1ADDR14	存储接口的具体信号
M18	XM1CKE0	
M19	XM1WEN	
M22	VDDINT	电源组
M23	XM1ADDR10	存储接口的具体信号
M24	XM1CKE1	
M25	XhiDATA17/GPL14	调制解调器接口，具体信号
N1	XM0DATA1	存储接口的具体信号
N2	XM0DATA0	
N3	XM0DATA3	
N4	XM0DATA6	
N7	XM0CSN0	
N8	XM0CSN5/GPO3	
N9	VSSIP	电源组
N17	XhiDATA16/GPL13	调制解调器接口，具体信号
N18	XhiDATA14/GPK14	
N19	VDDUH	电源组
N22	XuHDP	调制解调器接口，USB 主设备具体信号
N23	XhiDATA15/GPK15	调制解调器接口，具体信号
N24	XhiDATA13/GPK13	
N25	XhiDATA12/GPK12	

（续）

S3C6410 各引脚及其功能

引　脚	引脚名称	引脚功能说明
P1	VDDINT	电源组
P2	XM0DATA5	存储接口的具体信号
P3	XM0DATA7	存储接口的具体信号
P4	XM0CSN2/GPO0	存储接口的具体信号
P7	XM0CSN7/GPO5	存储接口的具体信号
P8	XM0CASN/GPQ1	存储接口的具体信号
P9	VSSSS	电源组
P17	VSSIP	电源组
P18	XhiDATA11/GPK11	调制解调器接口，具体信号
P19	XhiDATA9/GPK9	调制解调器接口，具体信号
P22	XUHDN	调制解调器接口，USB 主设备具体信号
P23	XhiDATA10/GPK8	调制解调器接口，具体信号
P24	VDDHI	电源组
P25	XhiDATA8/GPK8	调制解调器接口，具体信号
R1	VDDM0	电源组
R2	XM0CSN3/GPO1	存储接口的具体信号
R3	XM0CSN1	存储接口的具体信号
R4	XM0WAITN/GPP2	存储接口的具体信号
R7	XM0INTATA/GPP8	存储接口的具体信号
R8	XM0RDY0_ALE/GPP3	存储接口的具体信号
R9	VSSIP	电源组
R17	VSSPERI	电源组
R18	VDDALIVE	电源组
R19	XhiADR12/GPL12	调制解调器接口，具体信号
R22	XhiDATA5/GPK5	调制解调器接口，具体信号
R23	XhiDATA4/GPK4	调制解调器接口，具体信号
R24	XhiDATA6/GPK6	调制解调器接口，具体信号
R25	XhiDATA7/GPK7	调制解调器接口，具体信号
T1	XM0SCLK/GPQ2	存储接口的具体信号
T2	XM0CSN6/GPO4	存储接口的具体信号
T3	XM0CSN4/GPO2	存储接口的具体信号
T4	XM0DQS0/GPQ5	存储接口的具体信号
T7	XEFFVDD	电源组
T8	VSSMPLL	电源组

（续）

S3C6410各引脚及其功能		
引　脚	引脚名称	引脚功能说明
T18	XhiADR7/GPL7	调制解调器接口，具体信号
T19	XhiADR9/GPL9	
T22	XhiDATA1/GPK1	
T23	XhiDATA3/GPK3	
T24	XhiDATA2/GPK2	
T25	XhiDATA0/GPK0	
U1	XM0SCLKN/GPQ3	存储接口的具体信号
U2	XM0ADDR18/GPQ0	
U3	XM0ADDR17/GPQ7	
U4	XM0INTSM1_FREN/GPP6	
U7	XM0CDATA/GPP14	
U8	VSSMEM	电源组
U11	VSSPERI	
U12	VSSPERI	
U13	VSSIP	
U14	VSSPERI	
U15	VDDALIVE	
U18	XhiADR2/GPL2	调制解调器接口，主设备I/F/HIS（MIPI）/Key I/F/ATA具体信号
U19	XhiADR0/GPL0	
U22	XhiADR4/GPL4	
U23	XhiADR11/GPL11	
U24	XhiADR10/GPL10	
U25	XhiADR8/GPL8	
V1	VDDSS	电源组
V2	XM0DQS1/GPQ6	存储接口的具体信号
V3	XM0CKE/GPQ4	
V4	XM0WEATA/GPP12	
V7	VSEPLL	电源组
V8	XOM3	系统管理器，MISC具体信号
V9	XnRESET	系统管理器，复位具体信号
V10	XEINT1/GPN1	并行通信外部中断具体信号
V11	XEINT6/GPN6	
V12	XEINT12/GPN12	
V13	XVVD3/GPI3	触摸屏接口，具体信号
V14	XVVD8/GPI8	
V15	XVVD12/GPI12	
V16	XVVD16/GPJ0	

（续）

S3C6410 各引脚及其功能

引　脚	引脚名称	引脚功能说明
V17	VSSPERI	电源组
V18	XhiCSN_MAIN/GPM1	调制解调器接口，具体信号
V19	XVVCLK/GPJ11	触摸屏接口，具体信号
V22	XhiOEN/GPM4	调制解调器接口，具体信号
V23	XhiADR6/GPL6	
V24	VDDHI	电源组
V25	XhiADR5/GPL5	调制解调器接口，具体信号
W1	VDDINT	电源组
W2	XM0RDY1_CLE/GPP4	存储接口的具体信号
W3	XM0RESETATA/GPP9	
W4	VSSAPLL	电源组
W8	VSSMEM	
W9	XOM1	系统管理器，MISC 具体信号
W10	VDDALIVE	电源组
W11	XEXTCLK	系统管理器，时钟具体信号
W12	XEINT8/GPN8	并行通信外部中断具体信号
W13	XEINT14/GPN14	
W14	XVVD1/GPI1	触摸屏接口，具体信号
W15	XVVD6/GPI6	
W16	XVVD11/GPI11	
W17	XVVD14/GPI14	
W18	XVVD22/GPJ6	
W22	XVVSYNC/GPJ9	
W23	XhiADR3/GPL3	调制解调器接口，具体信号
W24	XhiADR1/GPL1	
W25	XhiIRQN/GPM5	
Y1	XM0RPN_RNB/GPP7	存储接口的具体信号
Y2	XM0ADRVALID/GPP0	
Y3	XM0INTSM0_FWEN/GPP5	
Y4	XpllEFILTER	显示器控制（PLL 具体信号描述）
Y22	XVVD18/GPJ2	触摸屏接口，具体信号
Y23	XhiWEN/GPM3	调制解调器接口，具体信号
Y24	XhiCSN_SUB/GPM2	
Y25	VDDINT	电源组

（续）

S3C6410 各引脚及其功能		
引　脚	引 脚 名 称	引脚功能说明
AA1	VDDAPLL	电源组
AA2	XM0INPACKATA/GPP10	存储接口的具体信号
AA3	XM0REGATA/GPP11	
AA23	XhiCSN/GPM0	调制解调器接口，具体信号
AA24	XVDEN/GPJ10	触摸屏接口，具体信号
AA25	XVHSYNC/GPJ8	
AB1	VDDEPLL	电源组
AB2	VDDMPLL	
AB3	XM0OEATA/GPP13	存储接口的具体信号
AB6	VSSMEM	电源组
AB7	VSSOTG	
AB8	VSSOTGI	
AB9	XrtcXT1	系统管理器，时钟具体信号
AB10	XjTRSTN	系统管理器，JTAG 具体信号
AB11	XjTCK	
AB12	XjTD1	
AB13	XjDBGSEL	
AB14	XXTO27	系统管理器，时钟具体信号
AB15	XXTI27	
AB16	XSELNAND	系统管理器，MISC 具体信号
AB17	XEINT3/GPN3	调制解调器接口，具体信号
AB18	XEINT10/GPN10	
AB19	VDDALIVE	电源组
AB20	XVVD5/GPI5	触摸屏接口，具体信号
AB23	XVVD23/GPJ7	
AB24	XVVD21/GPJ5	
AB25	XVVD20/GPJ4	
AC1	XadcAIN0	显示控制器（ADC 具体信号）
AC2	XadcAIN1	
AC3	XadcAIN7	
AC4	VDDADC	电源组
AC5	VSSDAC	
AC6	XdacOUT0	显示器控制（2 通道 DAC 具体信号）
AC7	XdacCOMP	
AC8	XusbREXT	串行通信（USB OTG 具体信号）

（续）

S3C6410 各引脚及其功能		
引　脚	引脚名称	引脚功能说明
AC9	VDDOTG	电源组
AC10	VDDOTG1	
AC11	VDDRTC	
AC12	XjTDO	系统管理器，JTAG 具体信号
AC13	XOM2	系统管理器，MISC 具体信号
AC14	VSSPERI	电源组
AC15	VDDSYS	
AC16	XXTI	系统管理器，时钟具体信号
AC17	XXTO	系统管理器，时钟具体信号
AC18	XEINT5/GPN5	调制解调器接口，具体信号
AC19	XEINT7/GPN7	
AC20	VDDINT	电源组
AC21	XVVD9/GPI9	触摸屏接口，具体信号
AC22	XVVD10/GPI10	
AC23	VDDLCD	电源组
AC24	XVVD15/GPI15	触摸屏接口，具体信号
AC25	XVVD19/GPJ3	
AD1	NG_G	显示控制器（ADC 具体信号）
AD2	XadcAIN2	
AD3	XadcAIN3	
AD4	XadcAIN5	
AD5	VSSADC	电源组
AD6	VDDDAC	
AD7	XusbXTI	串行通信（USB OTG 具体信号）
AD8	XusbXTO	
AD9	XusbVBUS	
AD10	XusbID	
AD11	VDDOTG	电源组
AD12	XRTCXTO	系统管理器，时钟具体信号
AD13	XOM0	系统管理器，MISC 具体信号
AD14	XPWRRGTON	
AD15	XnWRESET	系统管理器，复位具体信号
AD16	XnRSTOUT	
AD17	XEINT2/GPN2	调制解调器接口，具体信号
AD18	VDDSYS	电源组

（续）

S3C6410 各引脚及其功能

引　脚	引脚名称	引脚功能说明
AD19	XEINT11/GPN11	调制解调器接口，具体信号
AD20	XEINT15/GPN15	
AD21	XVVD4/GPI4	触摸屏接口，具体信号
AD22	VDDLCD	电源组
AD23	XVVD13/GPI13	触摸屏接口，具体信号
AD24	XVVD17/GPJ1	
AD25	NC_I	
AE2	NC_H	
AE3	XadcAIN4	显示控制器（ADC 具体信号）
AE4	XadcAIN6	
AE5	XdacOUT1	显示控制器（2 通道 DAC 具体信号）
AE6	XdacIREF	
AE7	XdacVREF	
AE8	VSSOTG	电源组
AE9	XusbDM	串行通信（USB OTG 具体信号）
AE10	XusbDP	
AE11	XusbDRVVBUS	
AE12	XJTMS	系统管理器，JTAG 具体信号
AE13	XJRTCK	
AE14	XOM4	系统管理器，MISC 具体信号
AE15	XnBATF	
AE16	VDDINT	电源组
AE17	XEINT0/GPN0	调制解调器接口，具体信号
AE18	XEINT4/GPN4	
AE19	XEINT9/GPN9	
AE20	XEINT13/GPN13	
AE21	XVVD0/GPI0	触摸屏接口，具体信号
AE22	XVVD2/GPI2	
AE23	XVVD7/GPI7	
AE24	NC_J	

12.4　存储器映射

S3C6410 支持 32 位物理地址域，并且这些地址域分成两部分，一部分用于存储，另一部分用于外设。由于是 32 位的地址范围，即为 0x00000000 ~ 0xFFFFFFFF，共 4G 的地址范围。但是从 0x80000000～0xFFFFFFFF 共 2G 的地址被保留，因此，所有的设备都对应在 0x00000000～0x7FFFFFFF 的范围内，也即为统一编址，如图 12-3 所示。

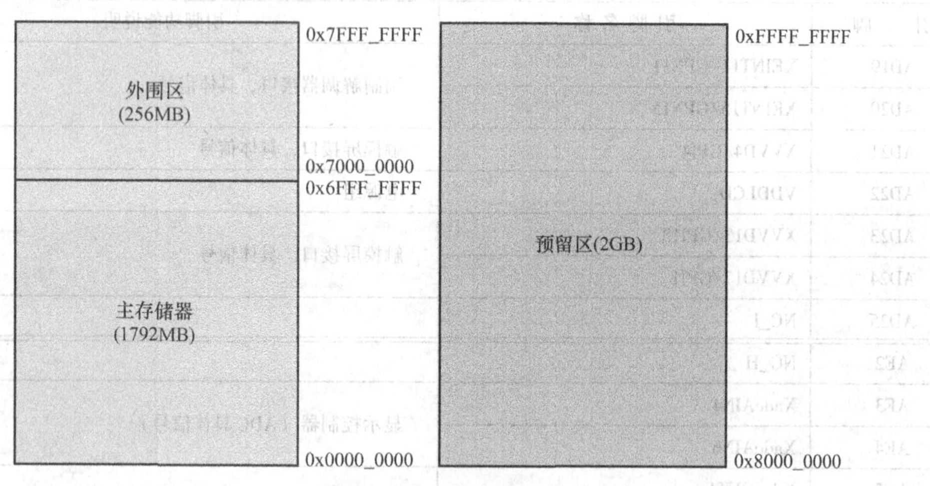

图 12-3 地址空间图

12.4.1 高地址区域

高地址的 0x7000_0000～0x7FFF_FFFF 共计 256MB 的空间分给 S3C6410 的外设寄存器，这个地址范围的所有的 SFR 能被访问。高地址部分是 ARM 核通过 PERI 总线访问。

12.4.2 低地址区域

低地址的 0x0000_0000～0x6FFF_FFFF 共计 1792MB 是分给存储器的，低地址部分则分为 4 个区域，它通过 SPINE 总线访问。4 个区域分别是：引导镜像区、内部存储区、静态存储区和动态存储区。0x00000000～0x6FFFFFFF 这段地址各个部分的功能见表 12-2。

表 12-2 低地址部分功能表

地址		大小/MB	描述	备注
0x0000_0000	0x07FF_FFFF	128	Booting Device Region by XOM Setting	Mirrored Region
0x0800_0000	0x0BFF_FFFF	64	Internal ROM	
0x0C00_0000	0x0FFF_FFFF	64	Stepping Stone（Boot Loader）	
0x1000_0000	0x17FF_FFFF	128	SROMC Bank0	
0x1800_0000	0x1FFF_FFFF	128	SROMC Bank1	
0x2000_0000	0x27FF_FFFF	128	SROMC Bank2	
0x2800_0000	0x2FFF_FFFF	128	SROMC Bank3	
0x3000_0000	0x37FF_FFFF	128	SROMC Bank4	
0x3800_0000	0x3FFF_FFFF	128	SROMC Bank5	
0x4000_0000	0x47FF_FFFF	128	Reserved	
0x4800_0000	0x4FFF_FFFF	128		
0x5000_0000	0x5FFF_FFFF	256	DRAM Controller of the Memory Port1	
0x6000_0000	0x6FFF_FFFF	256		

1. 引导镜像区

地址范围是从 0x0000_0000 ~ 0x07FF_FFFF，但是没有实际的映射内存。引导镜像区反映一个镜像，这个镜像指向内存的一部分区域或者静态存储区。引导镜像的开始地址是 0x0000_0000，ARM 体系复位后 PC 跳到 0x0000_0000 处开始运行指令。

2. 内部存储区

用于启动代码访问内部 ROM 和内部 SRAM，也被称作 Steppingstone（起步石），每块内部存储器的起始地址是确定的。内部 ROM 的地址范围是 0x0800_0000 ~ 0x0BFF_FFFF，但是实际存储仅 32KB。该区域是只读的，并且当内部 ROM 启动被选择时，该区域能映射到引导镜像区。内部 SRAM 的地址范围是 0x0C00_0000 ~ 0x0FFF_FFFF，但是实际存储仅 4KB。该区域能被读和写，当 NAND 闪存启动被选择时能映射到引导镜像区。

3. 静态存储区

地址范围是 0x1000_0000 ~ 0x3FFF_FFFF，各种各样的存储设备都可以被搭载在这个区，也包括 Steppingstone。这个区域的大小为 6 × 128MB，共有 6 个 Bank。对应地址片选引脚 Xm0CSn[0] ~ Xm0CSn[5]。通过该地址区域能访问 SROM、SRAM、NORFlash、同步 NOR 接口设备和 Steppingstone。每一块区域代表一个芯片选择，例如，地址范围从 0x1000_0000 ~ 0x17FF_FFFF 代表 Xm0CSn[0]。每一个芯片选择的开始地址是固定的。

4. 动态存储区

地址范围是 0x4000_0000 ~ 0x6FFF_FFFF，共 3 ×256MB。其中第一个 256MB 为保留区，实际使用的动态内存区为 0x5000_0000 ~ 0x6FFF_FFFF，又分为两个区间，分别占 256MB，可以通过 DMC 的 Xm1CS[1:0] 来进行这两个区间的选择。这个内存区主要是扩展 DRAM，最大可以扩展 512MB 的 DRAM。

12.5 S3C6410 处理器时钟和电源管理

S3C6410 处理器的时钟非常复杂，其时钟发生器的结构框图如图 12-4 所示，系统时钟源在外部晶体（XTIpll）和外部时钟（EXTCLK）两者之间进行选择，时钟源经由芯片内部的 3 个 PLL（锁相环）倍频，产生高频率的时钟信号，用于系统时钟。

12.5.1 时钟源的选择

外部时钟源是系统内部时钟产生的来源，当外部复位信号作用时，OM[4:0] 引脚决定了 S3C6410 的操作模式，OM[0] 引脚选择外部时钟源，如果 OM[0] 是0，则 XTIpll（外部晶体）被选择；如果 OM[0] 是 1，则选择 EXTCLK 方式。

12.5.2 PLL 和总线时钟

S3C6410 系统有 3 个 PLL（APLL/MPLL/EPLL）和 4 个 CLK（ARMCLK/HCLK/PCLK/SCLK）。具体来说就是，APLL——用于 ARMCLK——用于 CPU；MPLL——用于 HCLK 和 PCLK，HCLK 用于 AXI/AHB 总线外设，PCLK 用于 APB 总线外设；EPLL——用于 SCLK——

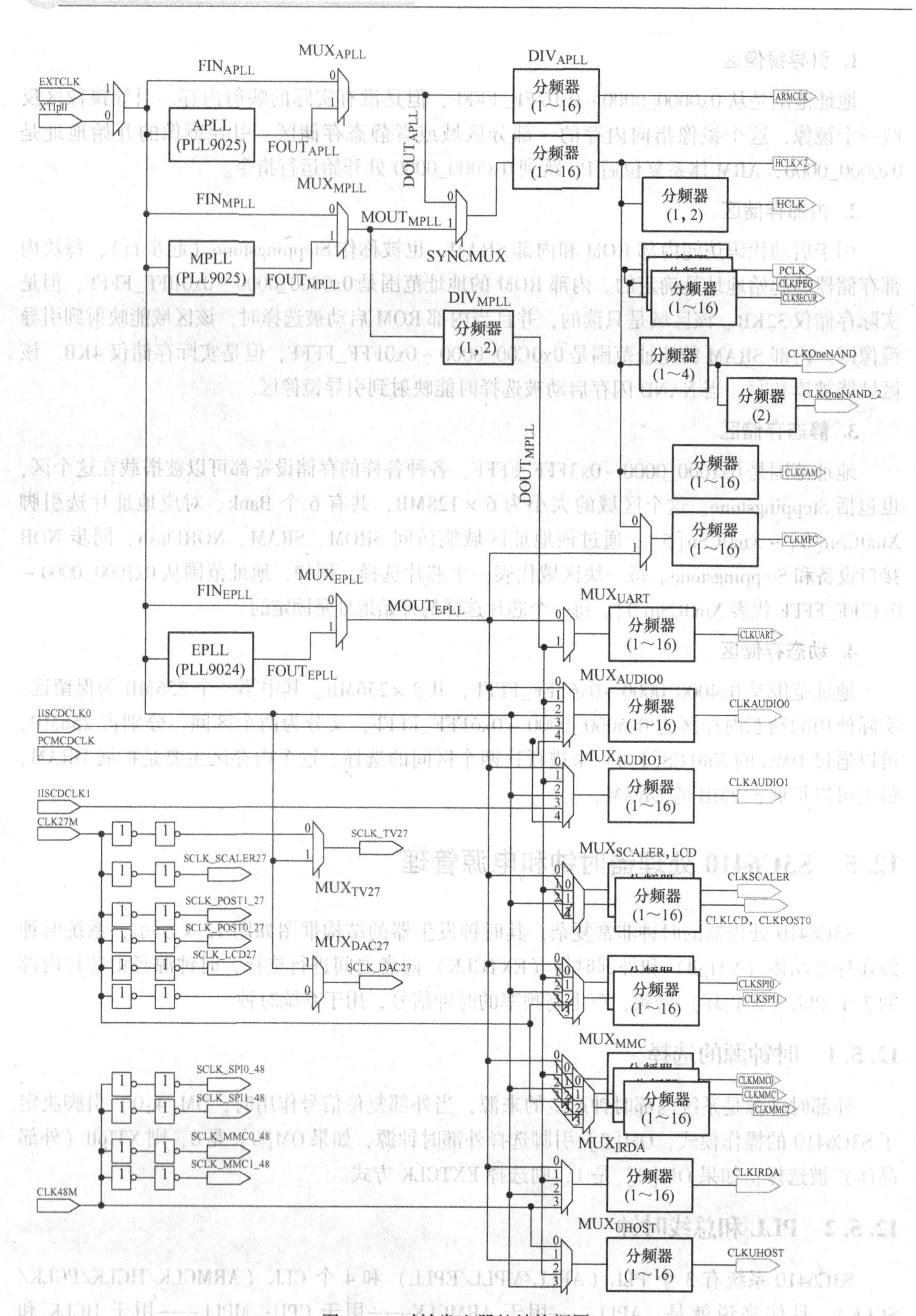

图 12-4 时钟发生器的结构框图

用于其他外设，特别是音频相关的外设，还有 UART/I²S/I²C 等。CLK_SRC 寄存器的最低 3 位控制 CLK 时钟源，当对应位为 1 时，选择对应的 PLL 的输出作为时钟输入，为 0 时则选择 PLL 的输入作为时钟输入。

S3C6410 的 ARM1176 处理器运行时最大可达 667MHz，频率操作通过内部时钟分频器 DIVARM 来控制，该分频器的比率为 1 ~ 16。S3C6410 总线由 AXI 总线、AHB 总线和 APB 总线组成，当在 AXI 总线或 AHB 总线上时，操作速度最大可以达到 133MHz；当在 APB 总线上时，最大操作速度可以达到 66MHz，由于 APB 和 AXI、AHB 两种总线上的工作频率不一致，在这两种总线上进行数据同步传输时会采用特殊逻辑单元。如图 12-5 所示，该图说明了 PLL 输出的时钟。

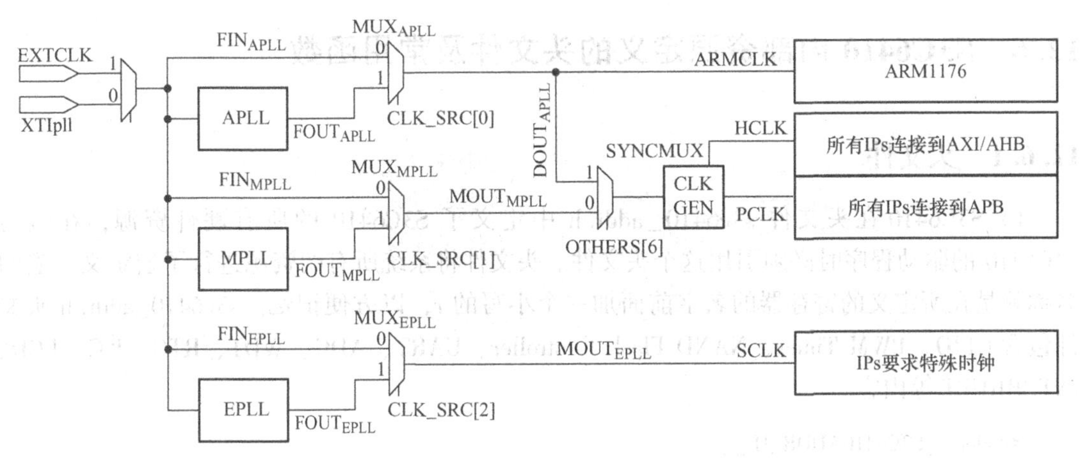

图 12-5 PLL 输出时钟发生器

12.5.3 电源管理

S3C6410 通过电源管理模块支持低功率应用。如表 12-3 所列，S3C6410 有 4 种电源状态，即正常状态、保持状态、电源选通状态和断电状态，或者说正常（Normal）模式、省电（Slow）模式、空闲（Idle）模式、断电（Power-off）模式。正常状态下 ARM1176 内核、多媒体协控制器和所有外部设备都可以完全地运作，系统总线操作频率可以达到 133MHz。每个多媒体协处理器和外设的时钟都可以进行选择性的停止，并通过软件减少电源消耗。保持状态是保留以前的设置状态，当外部唤醒事件发生时，内部状态在没有软件协助的情况下也可以重新恢复。电源选通是通过内部电源开关电路，利用电源选通以降低电力消耗。在断电状态下，除了 ALIVE 和 RTC 块以外，外部调节器将会关闭，S3C6410 将最大限度地减少能量消耗和失去的所有信息。

表 12-3 S3C6410 的 4 种电源状态

状　态	外部调节器	内 部 模 块	内部存储器
正常	ON	正常操作	正常操作
保持	ON	保留预先状态	保留预先状态
电源选通	ON	失去预先状态	失去预先状态
断电	OFF	失去预先状态	失去预先状态

12.5.4 复位方式

S3C6410 有 3 种类型的复位信号。

硬件复位：它是通过 XnRESET 引脚产生的，它可以完全初始化所有系统。

看门狗复位：它是通过一个特殊的硬件模块产生的，也就是看门狗定时器，当系统发生一个不可预测的软件错误时，硬件模块监控内部硬件状态，同时产生复位信号来脱离该状态。

唤醒复位：它是当 S3C6410 从睡眠模式唤醒时产生的。进入睡眠模式后，内部硬件状态在任何时候都不可用，必须对其进行初始化。

12.6 S3C6410 内部资源定义的头文件及常用函数

12.6.1 头文件

1）S3C6410 在头文件 s3c6410_addr.h 中定义了 S3C6410 的所有硬件资源，在编写 S3C6410 的驱动程序时必须引用这个头文件。头文件将系统所有的资源进行了宏定义，宏的名称就是在所定义的寄存器的名字前面加一个小写的 r，以方便记忆。s3c6410_addr.h 头文件包含 GPIO、PWM Timer、NAND Flash Controller、UART、ADC、WDT、RTC、I^2C、LCD、INTERRUPT 等内容。

```
#ifndef __S3C6410ADDR_H__
#define __S3C6410ADDR_H__
#ifdef __cplusplus
extern "C" {
#endif
// System Controller
#define SYSCON_BASE            (0x7E00F000)
#define rMEM_SYS_CFG           (*(volatile unsigned *)(SYSCON_BASE+0x120))
// GPIO
#define GPIO_BASE              (0x7F008000)
#define rGPACON                (*(volatile unsigned *)(GPIO_BASE+0x00))
#define rGPADAT                (*(volatile unsigned *)(GPIO_BASE+0x04))
#define rGPAPUD                (*(volatile unsigned *)(GPIO_BASE+0x08))
#define rGPBCON                (*(volatile unsigned *)(GPIO_BASE+0x20))
#define rGPBDAT                (*(volatile unsigned *)(GPIO_BASE+0x24))
#define rGPBPUD                (*(volatile unsigned *)(GPIO_BASE+0x28))
#define rGPNCON                (*(volatile unsigned *)(GPIO_BASE+0x830))
#define rGPNDAT                (*(volatile unsigned *)(GPIO_BASE+0x834))
#define rGPNPUD                (*(volatile unsigned *)(GPIO_BASE+0x838))
#define rGPECON                (*(volatile unsigned *)(0x7F008080))
#define rGPEDAT                (*(volatile unsigned *)(0x7F008084))
```

```
#define rGPEPUD          ( * (volatile unsigned * ) (0x7F008088))
#define rGPFCON          ( * (volatile unsigned * ) (0x7F0080A0))
#define rGPFDAT          ( * (volatile unsigned * ) (0x7F0080A4))
#define rGPFPUD          ( * (volatile unsigned * ) (0x7F0080A8))
#define rGPFECONSLP      ( * (volatile unsigned * ) (0x7F0080AC))
#define rGPFPUDSLP       ( * (volatile unsigned * ) (0x7F0080B0))
#define rGPLCON0         ( * (volatile unsigned * ) (0x7F008810))
#define rGPLCON1         ( * (volatile unsigned * ) (0x7F008814))
#define rGPLDAT          ( * (volatile unsigned * ) (0x7F008818))
#define rGPLPUD          ( * (volatile unsigned * ) (0x7F00881C))
#define rGPMCON          ( * (volatile unsigned * ) (0x7F008820))
#define rGPMDAT          ( * (volatile unsigned * ) (0x7F008824))
#define rGPMPUD          ( * (volatile unsigned * ) (0x7F008828))
// PWM Timer
#define rTCFG0           ( * (volatile unsigned * ) (0x7F006000))
#define rTCFG1           ( * (volatile unsigned * ) (0x7F006004))
#define rTCON            ( * (volatile unsigned * ) (0x7F006008))
#define rTCNTB0          ( * (volatile unsigned * ) (0x7F00600C))
#define rTCMPB0          ( * (volatile unsigned * ) (0x7F006010))
#define rTCNTO0          ( * (volatile unsigned * ) (0x7F006014))
#define rTCNTB1          ( * (volatile unsigned * ) (0x7F006018))
#define rTCMPB1          ( * (volatile unsigned * ) (0x7F00601c))
#define rTCNTO1          ( * (volatile unsigned * ) (0x7F006020))
#define rTCNTB2          ( * (volatile unsigned * ) (0x7F006024))
#define rTCNTO2          ( * (volatile unsigned * ) (0x7F00602c))
#define rTCNTB3          ( * (volatile unsigned * ) (0x7F006030))
#define rTCNTO3          ( * (volatile unsigned * ) (0x7F006038))
#define rTCNTB4          ( * (volatile unsigned * ) (0x7F00603c))
#define rTCNTO4          ( * (volatile unsigned * ) (0x7F006040))
#define rTINT_CSTAT      ( * (volatile unsigned * ) (0x7F006044))
#define rGPKCON0         ( * (volatile unsigned * ) (0x7F008800))
#define rGPKCON1         ( * (volatile unsigned * ) (0x7F008804))
#define rGPKDAT          ( * (volatile unsigned * ) (0x7F008808))
#define rGPKPUD          ( * (volatile unsigned * ) (0x7F00880C))
#define rGPJCON          ( * (volatile unsigned * ) (0x7F008120))
#define rGPJDAT          ( * (volatile unsigned * ) (0x7F008124))
#define rGPJPUD          ( * (volatile unsigned * ) (0x7F008128))
#define rGPICON          ( * (volatile unsigned * ) (0x7F008100))
#define rGPIDAT          ( * (volatile unsigned * ) (0x7F008104))
#define rGPIPUD          ( * (volatile unsigned * ) (0x7F008108))
#define rGPOCON          ( * (volatile unsigned * ) (0x7F008140))
#define rGPOPUD          ( * (volatile unsigned * ) (0x7F008148))
#define rGPPCON          ( * (volatile unsigned * ) (0x7F008160))
```

```
#define rGPPPUD         (*(volatile unsigned *)(0x7F008168))
// NAND Flash Controller
#define NANDF_BASE      (0x70200000)
#define rNFCONF         (*(volatile unsigned *)(NANDF_BASE+0x00))
#define rNFCONT         (*(volatile unsigned *)(NANDF_BASE+0x04))
#define rNFCMD          (*(volatile unsigned *)(NANDF_BASE+0x08))
#define rNFADDR         (*(volatile unsigned *)(NANDF_BASE+0x0C))
#define rNFDATA         (*(volatile unsigned *)(NANDF_BASE+0x10))
#define rNFDATA8        (*(volatile unsigned char *)(NANDF_BASE+0x10))
#define rNFDATA32       (*(volatile unsigned *)(NANDF_BASE+0x10))
#define NFDATA          (NANDF_BASE+0x10)
#define rNFMECCD0       (*(volatile unsigned *)(NANDF_BASE+0x14))
#define rNFMECCD1       (*(volatile unsigned *)(NANDF_BASE+0x18))
#define rNFSECCD        (*(volatile unsigned *)(NANDF_BASE+0x1C))
#define rNFSBLK         (*(volatile unsigned *)(NANDF_BASE+0x20))
#define rNFEBLK         (*(volatile unsigned *)(NANDF_BASE+0x24))
#define rNFSTAT         (*(volatile unsigned *)(NANDF_BASE+0x28))
#define rNFECCERR0      (*(volatile unsigned *)(NANDF_BASE+0x2C))
#define rNFECCERR1      (*(volatile unsigned *)(NANDF_BASE+0x30))
#define rNFMECC0        (*(volatile unsigned *)(NANDF_BASE+0x34))
#define rNFMECC1        (*(volatile unsigned *)(NANDF_BASE+0x38))
#define rNFSECC         (*(volatile unsigned *)(NANDF_BASE+0x3C))
#define rNFMLCBITPT     (*(volatile unsigned *)(NANDF_BASE+0x40))
// UART
#define UART0_BASE      (0x7F005000)
#define rULCON0         (*(volatile unsigned *)(UART0_BASE+0x00))
#define rUCON0          (*(volatile unsigned *)(UART0_BASE+0x04))
#define rUFCON0         (*(volatile unsigned *)(UART0_BASE+0x08))
#define rUMCON0         (*(volatile unsigned *)(UART0_BASE+0x0C))
#define rUTRSTAT0       (*(volatile unsigned *)(UART0_BASE+0x10))
#define rUERSTAT0       (*(volatile unsigned *)(UART0_BASE+0x14))
#define rUFSTAT0        (*(volatile unsigned *)(UART0_BASE+0x18))
#define rUMSTAT0        (*(volatile unsigned *)(UART0_BASE+0x1C))
#define rUTXH0          (*(volatile unsigned *)(UART0_BASE+0x20))
#define rURXH0          (*(volatile unsigned *)(UART0_BASE+0x24))
#define rUBRDIV0        (*(volatile unsigned *)(UART0_BASE+0x28))
#define rUDIVSLOT0      (*(volatile unsigned *)(UART0_BASE+0x2C))
#define rUINTP0         (*(volatile unsigned *)(UART0_BASE+0x30))
#define rUINTSP0        (*(volatile unsigned *)(UART0_BASE+0x34))
#define rUINTM0         (*(volatile unsigned *)(UART0_BASE+0x38))
#define UART1_BASE      (0x7F005400)
#define rULCON1         (*(volatile unsigned *)(UART1_BASE+0x00))
#define rUCON1          (*(volatile unsigned *)(UART1_BASE+0x04))
```

```
#define rUFCON1          ( * (volatile unsigned  * ) (UART1_BASE +0x08) )
#define rUMCON1          ( * (volatile unsigned  * ) (UART1_BASE +0x0C) )
#define rUTRSTAT1        ( * (volatile unsigned  * ) (UART1_BASE +0x10) )
#define rUERSTAT1        ( * (volatile unsigned  * ) (UART1_BASE +0x14) )
#define rUFSTAT1         ( * (volatile unsigned  * ) (UART1_BASE +0x18) )
#define rUMSTAT1         ( * (volatile unsigned  * ) (UART1_BASE +0x1C) )
#define rUTXH1           ( * (volatile unsigned  * ) (UART1_BASE +0x20) )
#define rURXH1           ( * (volatile unsigned  * ) (UART1_BASE +0x24) )
#define rUBRDIV1         ( * (volatile unsigned  * ) (UART1_BASE +0x28) )
#define rUDIVSLOT1       ( * (volatile unsigned  * ) (UART1_BASE +0x2C) )
#define rUINTP1          ( * (volatile unsigned  * ) (UART1_BASE +0x2C) )
#define rUINTSP1         ( * (volatile unsigned  * ) (UART1_BASE +0x34) )
#define rUINTM1          ( * (volatile unsigned  * ) (UART1_BASE +0x38) )
#define UART2_BASE       (0x7F005800)
#define rULCON2          ( * (volatile unsigned  * ) (UART2_BASE +0x00) )
#define rUCON2           ( * (volatile unsigned  * ) (UART2_BASE +0x04) )
#define rUFCON2          ( * (volatile unsigned  * ) (UART2_BASE +0x08) )
#define rUMCON2          ( * (volatile unsigned  * ) (UART2_BASE +0x0C) )
#define rUTRSTAT2        ( * (volatile unsigned  * ) (UART2_BASE +0x10) )
#define rUERSTAT2        ( * (volatile unsigned  * ) (UART2_BASE +0x14) )
#define rUFSTAT2         ( * (volatile unsigned  * ) (UART2_BASE +0x18) )
#define rUMSTAT2         ( * (volatile unsigned  * ) (UART2_BASE +0x1C) )
#define rUTXH2           ( * (volatile unsigned  * ) (UART2_BASE +0x20) )
#define rURXH2           ( * (volatile unsigned  * ) (UART2_BASE +0x24) )
#define rUBRDIV2         ( * (volatile unsigned  * ) (UART2_BASE +0x28) )
#define rUDIVSLOT2       ( * (volatile unsigned  * ) (UART2_BASE +0x2C) )
#define rUINTP2          ( * (volatile unsigned  * ) (UART2_BASE +0x30) )
#define rUINTSP2         ( * (volatile unsigned  * ) (UART2_BASE +0x34) )
#define rUINTM2          ( * (volatile unsigned  * ) (UART2_BASE +0x38) )
#define rADCCON          ( * (volatile unsigned  * )0x7E00B000)
#define rADCDAT0         ( * (volatile unsigned short * )0x7E00B00C)
#define rADCDAT1         ( * (volatile unsigned short * )0x7E00B010)
#define rADCTSC          ( * (volatile unsigned  * )0x7E00B004)
#define rADCDLY          ( * (volatile unsigned  * )0x7E00B008)
#define rADCUPDN         ( * (volatile unsigned  * )0x7E00B014)
#define rADCCLRINT       ( * (volatile unsigned  * )0x7E00B018)
#define rADCCLRWK        ( * (volatile unsigned  * )0x7E00B020)
#define rWTCON           ( * (volatile unsigned short * ) (0x7E004000) )
#define rWTDAT           ( * (volatile unsigned short * ) (0x7E004004) )
#define rWTCNT           ( * (volatile unsigned short * ) (0x7E004008) )
#define rWTCLRINT        ( * (volatile unsigned short * ) (0x7E00400C) )
#define MAX_INT_NUM 64
//interrupt register
```

```
#define VIC0_BASE                (0x71200000)
#define VIC1_BASE                (0x71300000)
// VIC0
#define  rVIC0IRQSTATUS          ( *(volatile unsigned *)( VIC0_BASE + 0x00))
#define  rVIC0FIQSTATUS          ( *(volatile unsigned *)( VIC0_BASE + 0x04))
#define  rVIC0RAWINTR            ( *(volatile unsigned *)( VIC0_BASE + 0x08))
#define  rVIC0INTSELECT          ( *(volatile unsigned *)( VIC0_BASE + 0x0c))
#define  rVIC0INTENABLE          ( *(volatile unsigned *)( VIC0_BASE + 0x10))
#define  rVIC0INTENCLEAR         ( *(volatile unsigned *)( VIC0_BASE + 0x14))
#define  rVIC0SOFTINT            ( *(volatile unsigned *)( VIC0_BASE + 0x18))
#define  rVIC0SOFTINTCLEAR       ( *(volatile unsigned *)( VIC0_BASE + 0x1c))
#define  rVIC0PROTECTION         ( *(volatile unsigned *)( VIC0_BASE + 0x20))
#define  rVIC0SWPRIORITYMASK     ( *(volatile unsigned *)( VIC0_BASE + 0x24))
#define  rVIC0PRIORITYDAISY      ( *(volatile unsigned *)( VIC0_BASE + 0x28))
//注意这里可以看成首地址是 rVIC0VECTADDR 的 32 位大小的指针数组
#define rVIC0VECTADDR            ( *(volatile unsigned *)( VIC0_BASE + 0x100))
#define rVIC0VECPRIORITY         ( *(volatile unsigned char *)( VIC0_BASE + 0x200))
#define rVIC0ADDR                ( *(volatile unsigned *)( VIC0_BASE + 0xf00))
#define rVIC0PERID0              ( *(volatile unsigned *)( VIC0_BASE + 0xfe0))
#define rVIC0PERID1              ( *(volatile unsigned *)( VIC0_BASE + 0xfe4))
#define rVIC0PERID2              ( *(volatile unsigned *)( VIC0_BASE + 0xfe8))
#define rVIC0PERID3              ( *(volatile unsigned *)( VIC0_BASE + 0xfec))
#define rVIC0PCELLID0            ( *(volatile unsigned *)( VIC0_BASE + 0xff0))
#define rVIC0PCELLID1            ( *(volatile unsigned *)( VIC0_BASE + 0xff4))
#define rVIC0PCELLID2            ( *(volatile unsigned *)( VIC0_BASE + 0xff8))
#define rVIC0PCELLID3            ( *(volatile unsigned *)( VIC0_BASE + 0xffc))
// VIC1
#define  rVIC1IRQSTATUS          ( *(volatile unsigned *)( VIC1_BASE + 0x00))
#define  rVIC1FIQSTATUS          ( *(volatile unsigned *)( VIC1_BASE + 0x04))
#define  rVIC1RAWINTR            ( *(volatile unsigned *)( VIC1_BASE + 0x08))
#define  rVIC1INTSELECT          ( *(volatile unsigned *)( VIC1_BASE + 0x0c))
#define  rVIC1INTENABLE          ( *(volatile unsigned *)( VIC1_BASE + 0x10))
#define  rVIC1INTENCLEAR         ( *(volatile unsigned *)( VIC1_BASE + 0x14))
#define  rVIC1SOFTINT            ( *(volatile unsigned *)( VIC1_BASE + 0x18))
#define  rVIC1SOFTINTCLEAR       ( *(volatile unsigned *)( VIC1_BASE + 0x1c))
#define  rVIC1PROTECTION         ( *(volatile unsigned *)( VIC1_BASE + 0x20))
#define  rVIC1SWPRIORITYMASK     ( *(volatile unsigned *)( VIC1_BASE + 0x24))
#define  rVIC1PRIORITYDAISY      ( *(volatile unsigned *)( VIC1_BASE + 0x28))
#define rVIC1VECTADDR            ( *(volatile unsigned *)( VIC1_BASE + 0x100))
#define rVIC1VECPRIORITY         ( *(volatile unsigned char *)( VIC1_BASE + 0x200))
#define rVIC1ADDR                ( *(volatile unsigned *)( VIC1_BASE + 0xf00))
#define rVIC1PERID0              ( *(volatile unsigned *)( VIC1_BASE + 0xfe0))
#define rVIC1PERID1              ( *(volatile unsigned *)( VIC1_BASE + 0xfe4))
```

```
#define rVIC1PERID2        ( * (volatile unsigned * )( VIC1_BASE + 0xfe8))
#define rVIC1PERID3        ( * (volatile unsigned * )( VIC1_BASE + 0xfec))
#define rVIC1PCELLID0      ( * (volatile unsigned * )( VIC1_BASE + 0xff0))
#define rVIC1PCELLID1      ( * (volatile unsigned * )( VIC1_BASE + 0xff4))
#define rVIC1PCELLID2      ( * (volatile unsigned * )( VIC1_BASE + 0xff8))
#define rVIC1PCELLID3      ( * (volatile unsigned * )( VIC1_BASE + 0xffc))
#define VIC0VECTADDR       (( unsigned * )(0x71200100))
#define VIC1VECTADDR       (( unsigned * )(0x71300100))
#define rEINT0CON0         ( * (volatile unsigned * )(0x7F008900))
#define rEINT0CON1         ( * (volatile unsigned * )(0x7F008904))
#define rEINT0FLTCON0      ( * (volatile unsigned * )(0x7F008910))
#define rEINT0FLTCON1      ( * (volatile unsigned * )(0x7F008914))
#define rEINT0FLTCON2      ( * (volatile unsigned * )(0x7F008918))
#define rEINT0FLTCON3      ( * (volatile unsigned * )(0x7F00891C))
#define rEINT0PEND         ( * (volatile unsigned * )(0x7F008924))
#define rEINT0MASK         ( * (volatile unsigned * )(0x7F008920))
//interrupt number
#define INT_LIMIT          (64)
//INT NUM-VIC0
#define INT_EINT0          (0)
#define INT_EINT1          (1)
#define INT_RTC_TIC        (2)
#define INT_CAMIF_C        (3)
#define INT_CAMIF_P        (4)
#define INT_I2C1           (5)
#define INT_I2S            (6)
#define INT_3D             (8)
#define INT_POST0          (9)
#define INT_ROTATOR        (10)
#define INT_2D             (11)
#define INT_TVENC          (12)
#define INT_SCALER         (13)
#define INT_BATF           (14)
#define INT_JPEG           (15)
#define INT_MFC            (16)
#define INT_SDMA0          (17)
#define INT_SDMA1          (18)
#define INT_ARM_DMAERR     (19)
#define INT_ARM_DMA        (20)
#define INT_ARM_DMAS       (21)
#define INT_KEYPAD         (22)
#define INT_TIMER0         (23)
#define INT_TIMER1         (24)
```

```
#define INT_TIMER2          (25)
#define INT_WDT             (26)
#define INT_TIMER3          (27)
#define INT_TIMER4          (28)
#define INT_LCD0            (29)
#define INT_LCD1            (30)
#define INT_LCD2            (31)
//INT NUM-VIC1
#define INT_EINT2           (32 +0)
#define INT_EINT3           (32 +1)
#define INT_PCM0            (32 +2)
#define INT_PCM1            (32 +3)
#define INT_AC97            (32 +4)
#define INT_UART0           (32 +5)
#define INT_UART1           (32 +6)
#define INT_UART2           (32 +7)
#define INT_UART3           (32 +8)
#define INT_DMA0            (32 +9)
#define INT_DMA1            (32 +10)
#define INT_ONENAND0        (32 +11)
#define INT_ONENAND1        (32 +12)
#define INT_NFC             (32 +13)
#define INT_CFC             (32 +14)
#define INT_UHOST           (32 +15)
#define INT_SPI0            (32 +16)
#define INT_SPI1            (32 +17)
#define INT_I2C0            (32 +18)
#define INT_HSItx           (32 +19)
#define INT_HSIrx           (32 +20)
#define INT_EINTGroup       (32 +21)
#define INT_MSM             (32 +22)
#define INT_HOSTIF          (32 +23)
#define INT_HSMMC0          (32 +24)
#define INT_HSMMC1          (32 +25)
#define INT_OTG             (32 +26)
#define INT_IRDA            (32 +27)
#define INT_RTC_ALARM       (32 +28)
#define INT_SEC             (32 +29)
#define INT_PENDNUP         (32 +30)
#define INT_ADC             (32 +31)
#define INT_PMU             (32 +32)

//RTC
```

```
#define RTC_BASE            (0x7E005040)
#define rRTCCON             (*(volatile unsigned *)RTC_BASE)
#define rTICNT              (*(volatile unsigned *)(RTC_BASE + 0x4))
#define rRTCALM             (*(volatile unsigned *)(RTC_BASE + 0x10))
#define rALMSEC             (*(volatile unsigned *)(RTC_BASE + 0x14))
#define rALMMIN             (*(volatile unsigned *)(RTC_BASE + 0x18))
#define rALMHOUR            (*(volatile unsigned *)(RTC_BASE + 0x1c))
#define rALMDATE            (*(volatile unsigned *)(RTC_BASE + 0x20))
#define rALMMON             (*(volatile unsigned *)(RTC_BASE + 0x24))
#define rALMYEAR            (*(volatile unsigned *)(RTC_BASE + 0x28))
#define rBCDSEC             (*(volatile unsigned *)(RTC_BASE + 0x30))
#define rBCDMIN             (*(volatile unsigned *)(RTC_BASE + 0x34))
#define rBCDHOUR            (*(volatile unsigned *)(RTC_BASE + 0x38))
#define rBCDDATE            (*(volatile unsigned *)(RTC_BASE + 0x3c))
#define rBCDDAY             (*(volatile unsigned *)(RTC_BASE + 0x40))
#define rBCDMON             (*(volatile unsigned *)(RTC_BASE + 0x44))
#define rBCDYEAR            (*(volatile unsigned *)(RTC_BASE + 0x48))
#define rCURTICNT           (*(volatile unsigned *)(RTC_BASE + 0x50))
#define rINTP               (*(volatile unsigned *)(RTC_BASE-0x10))
#define WrUTXH0(ch)         (*(volatile unsigned char *)(UART0_BASE+0x20)) = (unsigned char)(ch)
#define RdURXH0()           (*(volatile unsigned char *)(UART0_BASE+0x24))
#define WrUTXH1(ch)         (*(volatile unsigned char *)(UART1_BASE+0x20)) = (unsigned char)(ch)
#define RdURXH1()           (*(volatile unsigned char *)(UART1_BASE+0x24))
#define WrUTXH2(ch)         (*(volatile unsigned char *)(UART2_BASE+0x20)) = (unsigned char)(ch)
#define RdURXH2()           (*(volatile unsigned char *)(UART2_BASE+0x24))
//I2C 模块
#define rIICCON0            (*(volatile unsigned char *)(0x7F004000))
#define rIICCON1            (*(volatile unsigned char *)(0x7F00F000))
#define rIICSTAT0           (*(volatile unsigned char *)(0x7F004004))
#define rIICSTAT1           (*(volatile unsigned char *)(0x7F00F004))
#define rIICADD0            (*(volatile unsigned char *)(0x7F004008))
#define rIICADD1            (*(volatile unsigned char *)(0x7F00F008))
#define rIICADD0            (*(volatile unsigned char *)(0x7F004008))
#define rIICADD1            (*(volatile unsigned char *)(0x7F00F008))
#define rIICDS0             (*(volatile unsigned char *)(0x7F00400C))
#define rIICDS1             (*(volatile unsigned char *)(0x7F00F00C))
#define rIICLC0             (*(volatile unsigned char *)(0x7F004010))
#define rIICLC1             (*(volatile unsigned char *)(0x7F00F010))
#if 1
#define rMIFPCON            (*(volatile unsigned char *)(0x7410800C))
#define rSPCON              (*(volatile unsigned *)0x7F0081A0)
#define rVIDCON0            (*(volatile unsigned *)0x77100000)
#define rVIDCON1            (*(volatile unsigned *)0x77100004)
```

```
#define rVIDCON2          (*(volatile unsigned *)0x77100008)
#define rVIDTCON0         (*(volatile unsigned *)0x77100010)
#define rVIDTCON1         (*(volatile unsigned *)0x77100014)
#define rVIDTCON2         (*(volatile unsigned *)0x77100018)
#define rWINCON0          (*(volatile unsigned *)0x77100020)
#define rWINCON1          (*(volatile unsigned *)0x77100024)
#define rWINCON2          (*(volatile unsigned *)0x77100028)
#define rWINCON3          (*(volatile unsigned *)0x7710002C)
#define rWINCON4          (*(volatile unsigned *)0x77100030)
#define WINCON            ((volatile unsigned *)0x77100020)
#define rVIDW00ADD0B0     (*(volatile unsigned *)0x771000A0)
#define rVIDW00ADD0B1     (*(volatile unsigned *)0x771000A4)
#define rVIDW01ADD0B0     (*(volatile unsigned *)0x771000A8)
#define rVIDW01ADD0B1     (*(volatile unsigned *)0x771000AC)
#define rVIDW02ADD0       (*(volatile unsigned *)0x771000B0)
#define rVIDW03ADD0       (*(volatile unsigned *)0x771000B8)
#define rVIDW04ADD0       (*(volatile unsigned *)0x771000C0)
#define rVIDW00ADD1B0     (*(volatile unsigned *)0x771000D0)
#define rVIDW00ADD1B1     (*(volatile unsigned *)0x771000D4)
#define rVIDW01ADD1B0     (*(volatile unsigned *)0x771000D8)
#define rVIDW01ADD1B1     (*(volatile unsigned *)0x771000DC)
#define rVIDW02ADD1       (*(volatile unsigned *)0x771000E0)
#define rVIDW03ADD1       (*(volatile unsigned *)0x771000E8)
#define rVIDW04ADD1       (*(volatile unsigned *)0x771000F0)
#define rVIDW00ADD2       (*(volatile unsigned *)0x77100100)
#define rVIDW01ADD2       (*(volatile unsigned *)0x77100104)
#define rVIDW02ADD2       (*(volatile unsigned *)0x77100108)
#define rVIDW03ADD2       (*(volatile unsigned *)0x7710010C)
#define rVIDW04ADD2       (*(volatile unsigned *)0x77100110)
#define VIDOSDA           ((volatile unsigned *)0x77100040)
#define rVIDOSD0A         (*(volatile unsigned *)0x77100040)
#define rVIDOSD0B         (*(volatile unsigned *)0x77100044)
#define rVIDOSD0C         (*(volatile unsigned *)0x77100048)
#define rVIDOSD1A         (*(volatile unsigned *)0x77100050)
#define rVIDOSD1B         (*(volatile unsigned *)0x77100054)
#define rVIDOSD1C         (*(volatile unsigned *)0x77100058)
#define rVIDOSD1D         (*(volatile unsigned *)0x7710005C)
#define rVIDOSD2A         (*(volatile unsigned *)0x77100060)
#define rVIDOSD2B         (*(volatile unsigned *)0x77100064)
#define rVIDOSD2C         (*(volatile unsigned *)0x77100068)
#define rVIDOSD2D         (*(volatile unsigned *)0x7710006C)
#define rVIDOSD3A         (*(volatile unsigned *)0x77100070)
#define rVIDOSD3B         (*(volatile unsigned *)0x77100074)
```

```
#define rVIDOSD3C        ( * (volatile unsigned * )0x77100078)
#define rVIDOSD4A        ( * (volatile unsigned * )0x77100080)
#define rVIDOSD4B        ( * (volatile unsigned * )0x77100084)
#define rVIDOSD4C        ( * (volatile unsigned * )0x77100088)
#define rDITHMODE        ( * (volatile unsigned * )0x77100170)
#endif
#ifdef __cplusplus
}
#endif
#endif
```

2）为了简化程序中的数据类型的书写，在项目中定义了一个 defs. h 头文件，具体如下。

```
#ifndef __DEFS_H__
#define __DEFS_H__
#define PCLK  66000000  //for S3C6410 66MHz
#define HCLK 133000000  //for S3C6410 133MHz
typedef unsigned  char  BOOLEAN;    /* 布尔变量          */
typedef unsigned  char  U8 ;        /* 无符号 8 位整型变量  */
typedef signed    char   S8;        /* 有符号 8 位整型变量  */
typedef unsigned  short U16;        /* 无符号 16 位整型变量 */
typedef signed    short S16;        /* 有符号 16 位整型变量 */
typedef unsigned  int   U32;        /* 无符号 32 位整型变量 */
typedef signed    int   S32;        /* 有符号 32 位整型变量 */
#endif
```

12.6.2 常用函数

S3C6410 中有一个头文件，包含项目经常所需的输入/输出函数，下面将实验过程中经常会用到的几个函数列出供参考。

```
#include "s3c6410_addr.h"
#include "utils.h"
#include "soc_cfg.h"
#include "defs.h"
#include "module_cfg.h"
#ifdef U_PRINTF
#include <stdarg.h>
#include <string.h>
#include <stdlib.h>
#include <stdio.h>
#include <ctype.h>
#endif
static void Delay(void)
{    volatile int i;
```

```
        for(i=0 ; i < 1000 ; i++)
        {
        }
    }
    //串行口初始化,确定串行口使用的时钟频率和波特率
    void Uart_Init(void)
    {
        // UART I/O port initialize (RXD0 : GPA0, TXD0: GPA1)
        rGPACON = (rGPACON & ~(0xff <<0)) | (0x22 <<0); // GPA0 -> RXD0, GPA1 -> TXD0
        rGPAPUD = (rGPAPUD & ~(0xf <<0)) | (0x1 <<0);  // RXD0: Pull-down, TXD0: pull up/down
disable
        // Initialize UART Ch0
        rULCON0 = (0 <<6)|(0 <<3)|(0 <<2)|(3 <<0);  // Normal Mode, No Parity, 1 Stop Bit, 8
Bit Data
        rUCON0 = (0 <<10)|(1 <<9)|(1 <<8)|(0 <<7)|(0 <<6)|(0 <<5)|(0 <<4)|(1 <<2)|(1 <<0);
                                                        // PCLK divide, Polling Mode
        rUFCON0 = (0 <<6)|(0 <<4)|(0 <<2)|(0 <<1)|(0 <<0); // Disable FIFO
        rUMCON0 = (0 <<5)|(0 <<4)|(0 <<0);              // Disable Auto Flow Control
        rUBRDIV0 = 35;                                  // Baud rate
        rUDIVSLOT0 = 0x80;//aSlotTable[DivSlot];
    }
    //通过串行口发送一个字节数据
    void Uart_SendByte(int data)
    {
        while(! (rUTRSTAT0 & 0x2));   //Wait until THR is empty
        Delay();
        WrUTXH0(data);
    }
    //通过串行口发送字符串,字符串结束标志为0
    void Uart_SendString(char *pt)
    {
        while(*pt)
        Uart_SendByte(*pt++);
    }
    //按格式在超级终端上显示,意义同C语言中的Printf(char *fmt,...)
    //If you don't use vsprintf(), the code size is reduced very much
    void Uart_Printf(char *fmt,...)
    {
        #ifdef U_PRINTF
        va_list ap;
        char string[256];
        va_start(ap,fmt);
        vsprintf(string,fmt,ap);
```

```
    Uart_SendString(string);
    va_end(ap);
    #endif
}
```

习　题

12-1　S3C6410 的 AHB、APB、AXI 总线代表什么含义？有何特点？

12-2　S3C6410 的存储空间是如何分配的？各个部分的地址范围是多少？各个部分的作用是什么？

12-3　S3C6410 的时钟源是如何选择的？时钟总线与 PLL 的关系是什么？

12-4　S3C6410 的电源管理方式有哪几种？有何特点？

12-5　S3C6410 的复位方式有哪几种？有何特点？

12-6　S3C6410. H 头文件中，寄存器大约有多少类？

第 13 章　S3C6410 的 I/O 口及操作

GPIO（General Purpose Input Output）即通用输入/输出口。在实际应用中，不管是接 LCD、接键盘还是控制流水灯等，都离不开对 I/O 的操作。可以说，GPIO 的操作是所有硬件操作的基础。S3C6410 包含了 187 个多功能输入/输出端口引脚，表 13-1 列出了 S3C6410 的 17 组 I/O 端口。

表 13-1　S3C6410 的 I/O 端口

端口名称	引脚数	混合引脚	电压/V
GPA port	8	UART/EINT	1.8～3.3
GPB port	7	UART/IrDA/I2C/CF/Ext. DMA/EINT	1.8～3.3
GPC port	8	SPI/SDMMC/I2S_V40/EINT	1.8～3.3
GPD port	5	PCM/I2S/AC97/EINT	1.8～3.3
GPE port	5	PCM/I2S/AC97	1.8～3.3
GPF port	16	CAMIF/PWM/EINT	1.8～3.3
GPG port	7	SDMMC/EINT	1.8～3.3
GPH port	10	SDMMC/KEYPAD/CF/I2S_V40/EINT	1.8～3.3
GPI port	16	LCD	1.8～3.3
GPJ port	12	LCD	1.8～3.3
GPK port	16	HostIF/HIS/KEYPAD/CF	1.8～3.3
GPL port	15	HostIF/KEYPAD/CF/OTG/EINT	1.8～3.3
GPM port	6	HostIF/CF/EINT	1.8～3.3
GPN port	16	EINT/KEYPADEINT	1.8～3.3
GPO port	16	MemoryPort0/EINT	1.8～3.3
GPP port	15	MemoryPort0/EINT	1.8～3.3
GPQ port	16	MemoryPort0/EINT	1.8～3.3

13.1　S3C6410 I/O 概述

13.1.1　GPIO 特性

S3C6410 的 GPIO 具有可控制 127 个外部中断、共有 187 个多功能输入/输出端口、能控制引脚的睡眠模式状态（除 GPK、GPL、GPM 和 GPN 引脚外）等特性，这些 GPIO 可以满足不同的系统配置和设计需要。在运行程序之前，必须对每个用到的引脚功能进行设置。如果某些引脚的复用功能没有使用，则可以先将该引脚设置为 I/O 口。GPIO 作为普通输入/输出引脚时有以下几种状态：

1）输出高电平。也就是引脚作为输出电压引脚，输出高电平，简单地说就是3.3V电压。

2）输出低电平。也就是引脚作为输出电压引脚，输出低电平，简单地说就是0V电压。

3）输入状态。这时，引脚高低电平完全由外界对引脚的输入电压决定。

4）高阻态。引脚什么都不接，或者说是悬空。

GPIO作为普通的输入/输出引脚使用时，主要使用输入、输出的功能。所以在开始的学习中，主要考虑GPIO的输入和输出功能，对于其他功能，可根据不同的使用条件对其进行相应的设置。

13.1.2　GPIO控制寄存器分类

1）GPxCON端口配置寄存器。这组寄存器是可读取数值、也可写入数值的寄存器。一般一个I/O口会有两个或两个以上的功能，要让CPU知道I/O口执行什么样的功能，就靠这组寄存器来设置。

2）GPxDAT端口数据寄存器，这组寄存器是高低电平的状态寄存器。

这组寄存器是可读取数值、也可写入数值的寄存器。当引脚被设为输入时，读此寄存器可知相应引脚的电平状态是高还是低；当引脚被设置为输出时，写入寄存器相应位可令此引脚输出高电平或低电平。

3）GPxPUD端口上拉/下拉寄存器。这组寄存器是可读取数值、也可写入数值的寄存器。这组寄存器是控制I/O内部上拉/下拉电阻的。

4）GPxCONSLP端口睡眠模式配置寄存器。即在睡眠状态下配置GPIO端口工作方式的寄存器，这组寄存器是可读取数值、也可写入数值的寄存器。

5）GPxPUDSLP端口睡眠模式上拉/下拉寄存器。在睡眠状态下配置GPIO是否使用上拉/下拉电阻的寄存器，这组寄存器是可读取数值、也可写入数值的寄存器。

13.2　S3C6410 I/O端口控制寄存器

S3C6410每个端口一般使用上述5个控制寄存器对端口的输入/输出和其他功能进行设置与控制。

1. 端口A控制寄存器（见表13-2）

端口A控制寄存器包括5个控制寄存器，分别是GPACON、GPADAT、GPAPUD、GPACONSLP、GPAPUDSLP，见表13-3～表13-7。

表13-2　端口A控制寄存器

寄存器	地址	读/写	描述	复位值
GPACON	0x7F008000	读/写	端口A配置寄存器	0x0000
GPADAT	0x7F008004	读/写	端口A数据寄存器	未定义
GPAPUD	0x7F008008	读/写	端口A上拉寄存器	0x0005555
GPACONSLP	0x7F00800C	读/写	端口A睡眠模式配置寄存器	0x0
GPAPUDSLP	0x7F008010	读/写	端口A睡眠模式上拉/下拉寄存器	0x0

表 13-3 GPACON 控制寄存器

GPACON	位	描述		初始状态
GPA0	[3:0]	0000 = 输入	0001 = 输出	0000
		0010 = UART RXD[0]	0011 = 保留	
		0100 = 保留	0101 = 保留	
		0110 = 保留	0111 = 外部中断组 1[0]	
GPA1	[7:4]	0000 = 输入	0001 = 输出	0000
		0010 = UART TXD[1]	0011 = 保留	
		0100 = 保留	0101 = 保留	
		0110 = 保留	0111 = 外部中断组 1[1]	
GPA2	[11:8]	0000 = 输入	0001 = 输出	0000
		0010 = UART TXD[2]	0011 = 保留	
		0100 = 保留	0101 = 保留	
		0110 = 保留	0111 = 外部中断组 1[2]	
GPA3	[15:12]	0000 = 输入	0001 = 输出	0000
		0010 = UART RTSn[0]	0011 = 保留	
		0100 = 保留	0101 = 保留	
		0110 = 保留	0111 = 外部中断组 1[3]	
GPA4	[19:16]	0000 = 输入	0001 = 输出	0000
		0010 = UART RXD[1]	0011 = 保留	
		0100 = 保留	0101 = 保留	
		0110 = 保留	0111 = 外部中断组 1[4]	
GPA5	[23:20]	0000 = 输入	0001 = 输出	0000
		0010 = UART RTXD[1]	0011 = 保留	
		0100 = 保留	0101 = 保留	
		0110 = 保留	0111 = 外部中断组 1[5]	
GPA6	[27:24]	0000 = 输入	0001 = 输出	0000
		0010 = UART CTSn[1]	0011 = 保留	
		0100 = 保留	0101 = 保留	
		0110 = 保留	0111 = 外部中断组 1[6]	
GPA7	[31:28]	0000 = 输入	0001 = 输出	0000
		0010 = UART RTSn[1]	0011 = 保留	
		0100 = 保留	0101 = 保留	
		0110 = 保留	0111 = 外部中断组 1[7]	

表 13-4 GPADAT 控制寄存器

GPADAT	位	描述
GPA[7:0]	[7:0]	当端口作为输入端口时，相应的位处于引脚状态；当端口作为输出端口时，引脚状态与相应的位相同；当端口作为功能引脚时，读取未被定义的值

表 13-5 GPAPUD 控制寄存器

GPAPUD	位	描 述
GPA[n]	[2n+1:2n] n=0~7	00=禁止上拉/下拉
		01=下拉使能
		10=上拉使能
		11=保留

表 13-6 GPACONSLP 控制寄存器

GPACONSLP	位	描 述	初始状态
GPA[n]	[2n+1:2n] n=0~7	00=输出 0	00
		01=输出 1	
		10=输入	
		11=与先前状态相同	

表 13-7 GPAPUDSLP 控制寄存器

GPAPUDSLP	位	描 述
GPA[n]	[2n+1:2n] n=0~7	00=禁止上拉/下拉
		01=下拉使能
		10=上拉使能
		11=保留

2. 端口 B 控制寄存器（见表 13-8）

端口 B 控制寄存器包括 5 个控制寄存器，分别是 GPBCON、GPBDAT、GPBPUD、GPB-CONSLP、GPBPUDSLP，见表 13-9~表 13-13。

表 13-8 端口 B 控制寄存器

寄 存 器	地 址	读/写	描 述	复位值
GPBCON	0x7F008020	读/写	端口 B 配置寄存器	0x40000
GPBDAT	0x7F008024	读/写	端口 B 数据寄存器	未定义
GPBPUD	0x7F008028	读/写	端口 B 上拉寄存器	0x00005555
GPBCONSLP	0x7F00802C	读/写	端口 B 睡眠模式配置寄存器	0x0
GPBPUDSLP	0x7F008030	读/写	端口 B 睡眠模式上拉/下拉寄存器	0x0

表 13-9 GPBCON 控制寄存器

GPACON	位	描 述		初始状态
GPB0	[3:0]	0000=输入	0001=输出	0000
		0010=UARTRXD[2]	0011=Ext. DMA 请求	
		0100=IrDA RXD	0101=ADDR_CF[0]	
		0110=保留	0111=外部中断组 1[8]	

（续）

GPACON	位	描　述		初始状态
GPB1	[7:4]	0000 = 输入	0001 = 输出	0000
		0010 = UART TXD[2]	0011 = Ext. DMA Ack	
		0100 = IrDA TXD	0101 = ADDR_CF[1]	
		0110 = 保留	0111 = 外部中断组 1[9]	
GPB2	[11:8]	0000 = 输入	0001 = 输出	0000
		0010 = UART RXD[3]	0011 = IrDA RXD	
		0100 = Ext. DMA Req	0101 = ADDR_CF[2]	
		0110 = I2C SCL[1]	0111 = 外部中断组 1[10]	
GPB3	[15:12]	0000 = 输入	0001 = 输出	0000
		0010 = UART TXD[3]	0011 = IrDATXD	
		0100 = Ext. DMA Ack	0101 = 保留	
		0110 = I2C SDA[1]	0111 = 外部中断组 1[11]	
GPB4	[19:16]	0000 = 输入	0001 = 输出	0010
		0010 = IrDA SNBW	0011 = CAM FIELD	
		0100 = CF Data DIR	0101 = 保留	
		0110 = 保留	0111 = 外部中断组 1[12]	
GPB5	[23:20]	0000 = 输入	0001 = 输出	0000
		0010 = I2C SCL[0]	0011 = 保留	
		0100 = 保留	0101 = 保留	
		0110 = 保留	0111 = 外部中断组 1[13]	
GPB6	[27:24]	0000 = 输入	0001 = 输出	0000
		0010 = I2C SDA[0]	0011 = 保留	
		0100 = 保留	0101 = 保留	
		0110 = 保留	0111 = 外部中断组 1[14]	

表 13-10　GPBDAT 控制寄存器

GPBDAT	位	描　述
GPB[6:0]	[6:0]	当端口作为输入端口时，相应的位处于引脚状态；当端口作为输出端口时，引脚状态与相应的位相同；当端口作为功能引脚时，读取未被定义的值

表 13-11　GPBPUD 控制寄存器

GPBPUD	位	描　述
GPB[n]	[2n+1:2n] n=0~6	00 = 禁止上拉/下拉
		01 = 下拉使能
		10 = 上拉使能
		11 = 保留

表 13-12 GPBCONSLP 控制寄存器

GPBCONSLP	位	描 述	初始状态
GPB[n]	[2n+1:2n] n=0~6	00 = 输出 0	00
		01 = 输出 1	
		10 = 输入	
		11 = 与先前状态相同	

表 13-13 GPBPUDSLP 控制寄存器

GPBPUDSLP	位	描 述
GPB[n]	[2n+1:2n] n=0~6	00 = 禁止上拉/下拉
		01 = 下拉使能
		10 = 上拉使能
		11 = 保留

3. 端口 C 控制寄存器（见表 13-14）

端口 C 控制寄存器包括 5 个控制寄存器，分别是 GPCCON、GPCDAT、GPCPUD、GPCCONSLP、GPCPUDSLP，见表 13-15 ~ 表 13-19。

表 13-14 端口 C 控制寄存器

寄 存 器	地 址	读/写	描 述	复位值
GPCCON	0x7F008040	读/写	端口 C 配置寄存器	0x0000
GPCDAT	0x7F008044	读/写	端口 C 数据寄存器	未定义
GPCPUD	0x7F008048	读/写	端口 C 上拉寄存器	0x00005555
GPCCONSLP	0x7F00804C	读/写	端口 C 睡眠模式配置寄存器	0x0
GPCPUDSLP	0x7F008050	读/写	端口 C 睡眠模式上拉/下拉寄存器	0x0

表 13-15 GPCCON 控制寄存器

GPCCON	位	描 述		初始状态
GPC0	[3:0]	0000 = 输入	0001 = 输出	0000
		0010 = SPI MISO[0]	0011 = 保留	
		0100 = 保留	0101 = 保留	
		0110 = 保留	0111 = 外部中断组 2[0]	
GPC1	[7:4]	0000 = 输入	0001 = 输出	0000
		0010 = SPI CLK[0]	0011 = 保留	
		0100 = 保留	0101 = 保留	
		0110 = 保留	0111 = 外部中断组 2[1]	
GPC2	[11:8]	0000 = 输入	0001 = 输出	0000
		0010 = SPI MOSI[0]	0011 = 保留	
		0100 = 保留	0101 = 保留	
		0110 = 保留	0111 = 外部中断组 2[2]	

（续）

GPCCON	位	描述		初始状态
GPC3	[15:12]	0000 = 输入	0001 = 输出	0000
		0010 = SPI CSn[0]	0011 = 保留	
		0100 = 保留	0101 = 保留	
		0110 = 保留	0111 = 外部中断组 2[3]	
GPC4	[19:16]	0000 = 输入	0001 = 输出	0000
		0010 = SPI MISO[1]	0011 = MMC CMD2	
		0100 = 保留	0101 = I2S_V40 DO[0]	
		0110 = 保留	0111 = 外部中断组 2[4]	
GPC5	[23:20]	0000 = 输入	0001 = 输出	0000
		0010 = SPI CLK[1]	0011 = MMC CLK2	
		0100 = 保留	0101 = I2S_V40 DO[1]	
		0110 = 保留	0111 = 外部中断组 2[5]	
GPC6	[27:24]	0000 = 输入	0001 = 输出	0000
		0010 = SPI MOSI[1]	0011 = 保留	
		0100 = 保留	0101 = 保留	
		0110 = 保留	0111 = 外部中断组 2[6]	
GPC7	[31:28]	0000 = 输入	0001 = 输出	0000
		0010 = SPI CSn[1]	0011 = 保留	
		0100 = 保留	0101 = I2S_V40 DO[2]	
		0110 = 保留	0111 = 外部中断组 2[7]	

表 13-16 GPCDAT 控制寄存器

GPCDAT	位	描述
GPC[7:0]	[7:0]	当端口作为输入端口时，相应的位处于引脚状态；当端口作为输出端口时，引脚状态与相应的位相同；当端口作为功能引脚时，读取未被定义的值

表 13-17 GPCPUD 控制寄存器

GPCPUD	位	描述
GPC[n]	[2n+1:2n] n=0~7	00 = 禁止上拉/下拉
		01 = 下拉使能
		10 = 上拉使能
		11 = 保留

表 13-18 GPCCONSLP 控制寄存器

GPCCONSLP	位	描述	初始状态
GPC[n]	[2n+1:2n] n=0~7	00 = 输出 0	00
		01 = 输出 1	
		10 = 输入	
		11 = 与先前状态相同	

表 13-19　GPCPUDSLP 控制寄存器

GPCPUDSLP	位	描　述
GPC[n]	[2n+1:2n] n=0~7	00=禁止上拉/下拉
		01=下拉使能
		10=上拉使能
		11=保留

4. 端口 D 控制寄存器（见表 13-20）

端口 D 控制寄存器包括 5 个控制寄存器，分别是 GPDCON、GPDDAT、GPDPUD、GPDCONSLP、GPDPUDSLP，见表 13-21~表 13-25。

表 13-20　端口 D 控制寄存器

寄 存 器	地　址	读/写	描　述	复位值
GPDCON	0x7F008060	读/写	端口 D 配置寄存器	0x00
GPDDAT	0x7F008064	读/写	端口 D 数据寄存器	未定义
GPDPUD	0x7F008068	读/写	端口 D 上拉寄存器	0x00000155
GPDCONSLP	0x7F00806C	读/写	端口 D 睡眠模式配置寄存器	0x0
GPDPUDSLP	0x7F008070	读/写	端口 D 睡眠模式上拉/下拉寄存器	0x0

表 13-21　GPDCON 控制寄存器

GPDCON	位	描　述		初 始 状 态
GPD0	[3:0]	0000=输入	0001=输出	0000
		0010=PCM SCLK[0]	0011=I2S CLK[0]	
		0100=AC97 BITCLK	0101=保留	
		0110=保留	0111=外部中断组 3[0]	
GPD1	[7:4]	0000=输入	0001=输出	0000
		0010=PCM EXTCLK[0]	0011= I2S CDCLK[0]	
		0100=AC97 RESETn	0101=保留	
		0110=保留	0111=外部中断组 3[1]	
GPD2	[11:8]	0000=输入	0001=输出	0000
		0010=PCM FSYNC[0]	0011= I2S LRCLK[0]	
		0100=AC97 SYNC	0101=保留	
		0110=保留	0111=外部中断组 3[2]	
GPD3	[15:12]	0000=输入	0001=输出	0000
		0010=PCM SIN[0]	0011= I2S DI[0]	
		0100=AC97 SDI	0101=保留	
		0110=保留	0111=外部中断组 3[3]	
GPD4	[19:16]	0000=输入	0001=输出	0000
		0010=PCM SOUT[0]	0011= I2S DO[0]	
		0100=AC97 SDO	0101=保留	
		0110=保留	0111=外部中断组 3[4]	

表 13-22 GPDDAT 控制寄存器

GPDDAT	位	描述
GPD [4:0]	[4:0]	当端口作为输入端口时，相应的位处于引脚状态；当端口作为输出端口时，引脚状态与相应的位相同；当端口作为功能引脚时，读取未被定义的值

表 13-23 GPDPUD 控制寄存器

GPDPUD	位	描述
GPD[n]	[2n+1:2n] n=0~4	00=禁止上拉/下拉
		01=下拉使能
		10=上拉使能
		11=保留

表 13-24 GPDCONSLP 控制寄存器

GPDCONSLP	位	描述	初始状态
GPD[n]	[2n+1:2n] n=0~4	00=输出 0	00
		01=输出 1	
		10=输入	
		11=与先前状态相同	

表 13-25 GPDPUDSLP 控制寄存器

GPDPUDSLP	位	描述
GPD[n]	[2n+1:2n] n=0~4	00=禁止上拉/下拉
		01=下拉使能
		10=上拉使能
		11=保留

5. 端口 E 控制寄存器（见表 13-26）

端口 E 控制寄存器包括 5 个控制寄存器，分别是 GPECON、GPEDAT、GPEPUD、GPECONSLP、GPEPUDSLP，见表 13-27～表 13-31。

表 13-26 端口 E 控制寄存器

寄存器	地址	读/写	描述	复位值
GPECON	0x7F008080	读/写	端口 E 配置寄存器	0x00
GPEDAT	0x7F008084	读/写	端口 E 数据寄存器	未定义
GPEPUD	0x7F008088	读/写	端口 E 上拉寄存器	0x00000155
GPECONSLP	0x7F00808C	读/写	端口 E 睡眠模式配置寄存器	0x0
GPEPUDSLP	0x7F008090	读/写	端口 E 睡眠模式上/下拉寄存器	0x0

表 13-27　GPECON 控制寄存器

GPECON	位	描述		初始状态
GPE0	[3:0]	0000 = 输入	0001 = 输出	0000
		0010 = PCM SCLK[1]	0011 = I2S CLK[1]	
		0100 = AC97 BITCLK	0101 = 保留	
		0110 = 保留	0111 = 保留	
GPE1	[7:4]	0000 = 输入	0001 = 输出	0000
		0010 = PCM EXTCLK[1]	0011 = I2S CDCLK[1]	
		0100 = AC97 RESETn	0101 = 保留	
		0110 = 保留	0111 = 保留	
GPE2	[11:8]	0000 = 输入	0001 = 输出	0000
		0010 = PCM FSYNC[1]	0011 = I2S LRCLK[1]	
		0100 = AC97 SYNC	0101 = 保留	
		0110 = 保留	0111 = 保留	
GPE3	[15:12]	0000 = 输入	0001 = 输出	0000
		0010 = PCM SIN[1]	0011 = I2S DI[1]	
		0100 = AC97 SDI	0101 = 保留	
		0110 = 保留	0111 = 保留	
GPE4	[19:16]	0000 = 输入	0001 = 输出	0000
		0010 = PCM SOUT[1]	0011 = I2S DO[1]	
		0100 = AC97 SDO	0101 = 保留	
		0110 = 保留	0111 = 保留	

表 13-28　GPEDAT 控制寄存器

GPEDAT	位	描述
GPE[4:0]	[4:0]	当端口作为输入端口时，相应的位处于引脚状态；当端口作为输出端口时，引脚状态与相应位的状态相同；当端口作为功能引脚时，读取未被定义的值

表 13-29　GPEPUD 控制寄存器

GPEPUD	位	描述
GPE[n]	[2n+1:2n] n=0~4	00 = 禁止上拉/下拉
		01 = 下拉使能
		10 = 上拉使能
		11 = 保留

表 13-30　GPECONSLP 控制寄存器

GPECONSLP	位	描述	初始状态
GPE[n]	[2n+1:2n] n=0~4	00 = 输出 0	00
		01 = 输出 1	
		10 = 输入	
		11 = 与先前状态相同	

表 13-31 GPEPUDSLP 控制寄存器

GPEPUDSLP	位	描述
GPE[n]	[2n+1:2n] n=0~4	00=禁止上拉/下拉 01=下拉使能 10=上拉使能 11=保留

6. 端口 F 控制寄存器（见表 13-32）

端口 F 控制寄存器包括 5 个控制寄存器，分别是 GPFCON、GPFDAT、GPFPUD、GPFCONSLP、GPFPUDSLP，见表 13-33～表 13-37。

表 13-32 端口 F 控制寄存器

寄存器	地址	读/写	描述	复位值
GPFCON	0x7F0080A0	读/写	端口 F 配置寄存器	0x00
GPFDAT	0x7F0080A4	读/写	端口 F 数据寄存器	未定义
GPFPUD	0x7F0080A8	读/写	端口 F 上拉寄存器	0x55555555
GPFCONSLP	0x7F0080AC	读/写	端口 F 睡眠模式配置寄存器	0x0
GPFPUDSLP	0x7F0080B0	读/写	端口 F 睡眠模式上拉/下拉寄存器	0x0

表 13-33 GPFCON 控制寄存器

GPFCON	位	描述		初始状态
GPF0	[1:0]	00=输入 10=CAMIF CLK	01=输出 11=外部中断组 4[0]	00
GPF1	[3:2]	00=输入 10=CAMIF HREF	01=输出 11=外部中断组 4[1]	00
GPF2	[5:4]	00=输入 10=CAMIF PCLK	01=输出 11=外部中断组 4[2]	00
GPF3	[7:6]	00=输入 10=CAMIF RSTn	01=输出 11=外部中断组 4[3]	00
GPF4	[9:8]	00=输入 10=CAMIF VSYNC	01=输出 11=外部中断组 4[4]	00
GPF5	[11:10]	00=输入 10=CAMIF YDATA[0]	01=输出 11=外部中断组 4[5]	00
GPF6	[13:12]	00=输入 10=CAMIF YDATA[1]	01=输出 11=外部中断组 4[6]	00
GPF7	[15:14]	00=输入 10=CAMIF YDATA[2]	01=输出 11=外部中断组 4[7]	00
GPF8	[17:16]	00=输入 10=CAMIF YDATA[3]	01=输出 11=外部中断组 4[8]	00

（续）

GPFCON	位	描　述		初始状态
GPF9	[19:18]	00 = 输入	01 = 输出	00
		10 = CAMIF YDATA[4]	11 = 外部中断组4[9]	
GPF10	[21:20]	00 = 输入	01 = 输出	00
		10 = CAMIF YDATA[5]	11 = 外部中断组4[10]	
GPF11	[23:22]	00 = 输入	01 = 输出	00
		10 = CAMIF YDATA[6]	11 = 外部中断组4[11]	
GPF12	[25:24]	00 = 输入	01 = 输出	00
		10 = CAMIF YDATA[7]	11 = 外部中断组4[12]	
GPF13	[27:26]	00 = 输入	01 = 输出	00
		10 = PWM ECLK	11 = 外部中断组4[13]	
GPF14	[29:28]	00 = 输入	01 = 输出	00
		10 = PWM TOUT[0]	11 = CLKOUT[0]	
GPF15	[31:30]	00 = 输入	01 = 输出	00
		10 = PWM TOUT[1]	11 = 保留	

表13-34　GPFDAT控制寄存器

GPFDAT	位	描　述
GPF[15:0]	[15:0]	当端口作为输入端口时，相应的位处于引脚状态；当端口作为输出端口时，引脚状态与相应位的状态相同；当端口作为功能引脚时，读取未被定义的值

表13-35　GPFPUD控制寄存器

GPFPUD	位	描　述
GPF[n]	[2n+1:2n] n=0~15	00 = 禁止上拉/下拉
		01 = 下拉使能
		10 = 上拉使能
		11 = 保留

表13-36　GPFCONSLP控制寄存器

GPFCONSLP	位	描　述	初始状态
GPF[n]	[2n+1:2n] n=0~15	00 = 输出0	00
		01 = 输出1	
		10 = 输入	
		11 = 与先前状态相同	

表13-37　GPFPUDSLP控制寄存器

GPFPUDSLP	位	描　述
GPF[n]	[2n+1:2n] n=0~15	00 = 禁止上拉/下拉
		01 = 下拉使能
		10 = 上拉使能
		11 = 保留

7. 端口 G 控制寄存器（见表 13-38）

端口 G 控制寄存器包括 5 个控制寄存器，分别是 GPGCON、GPGDAT、GPGPUD、GPG-CONSLP、GPGPUDSLP，见表 13-39 ~ 表 13-43。

表 13-38　端口 G 控制寄存器

寄存器	地址	读/写	描述	复位值
GPGCON	0x7F0080C0	读/写	端口 G 配置寄存器	0x00
GPGDAT	0x7F0080C4	读/写	端口 G 数据寄存器	未定义
GPGPUD	0x7F0080C8	读/写	端口 G 上拉寄存器	0x00001555
GPGCONSLP	0x7F0080CC	读/写	端口 G 睡眠模式配置寄存器	0x0
GPGPUDSLP	0x7F0080D0	读/写	端口 G 睡眠模式上拉/下拉寄存器	0x0

表 13-39　GPGCON 控制寄存器

GPGCON	位	描述		初始状态
GPG0	[3:0]	0000 = 输入	0001 = 输出	0000
		0010 = MMC CLK0	0011 = 保留	
		0100 = IrDA RXD	0101 = 保留	
		0110 = 保留	0111 = 外部中断组 5[0]	
GPG1	[7:4]	0000 = 输入	0001 = 输出	0000
		0010 = MMC CMD0	0011 = 保留	
		0100 = 保留	0101 = ADDR_CF[1]	
		0110 = 保留	0111 = 外部中断组 5[1]	
GPG2	[11:8]	0000 = 输入	0001 = 输出	0000
		0010 = MMC ATA[0]	0011 = 保留	
		0100 = 保留	0101 = 保留	
		0110 = 保留	0111 = 外部中断组 5[2]	
GPG3	[15:12]	0000 = 输入	0001 = 输出	0000
		0010 = MMC DATA[1]	0011 = 保留	
		0100 = 保留	0101 = 保留	
		0110 = 保留	0111 = 外部中断组 5[3]	
GPG4	[19:16]	0000 = 输入	0001 = 输出	0000
		0010 = MMC DATA0[2]	0011 = 保留	
		0100 = 保留	0101 = 保留	
		0110 = 保留	0111 = 外部中断组 5[4]	
GPG5	[23:20]	0000 = 输入	0001 = 输出	0000
		0010 = MMC DATA0[3]	0011 = 保留	
		0100 = 保留	0101 = 保留	
		0110 = 保留	0111 = 外部中断组 5[5]	
GPG6	[27:24]	0000 = 输入	0001 = 输出	0000
		0010 = MMC CDn0	0011 = MMC CDn1	
		0100 = 保留	0101 = 保留	
		0110 = 保留	0111 = 外部中断组 5[6]	

表 13-40　GPGDAT 控制寄存器

GPGDAT	位	描　述
GPG[6:0]	[6:0]	当端口作为输入端口时，相应的位处于引脚状态；当端口作为输出端口时，引脚状态与相应位的状态相同；当端口作为功能引脚时，读取未被定义的值

表 13-41　GPGPUD 控制寄存器

GPGPUD	位	描　述
GPG[n]	[2n+1:2n] n=0~6	00=禁止上拉/下拉
		01=下拉使能
		10=上拉使能
		11=保留

表 13-42　GPGCONSLP 控制寄存器

GPGCONSLP	位	描　述	初始状态
GPG[n]	[2n+1:2n] n=0~6	00=输出 0	00
		01=输出 1	
		10=输入	
		11=与先前状态相同	

表 13-43　GPGPUDSLP 控制寄存器

GPGPUDSLP	位	描　述
GPG[n]	[2n+1:2n] n=0~6	00=禁止上拉/下拉
		01=下拉使能
		10=上拉使能
		11=保留

8. 端口 H 控制寄存器（见表 13-44）

端口 H 控制寄存器包括 6 个控制寄存器，分别是 GPHCON0、GPHCON1、GPHDAT、GPHPUD、GPHCONSLP、GPHPUDSLP，见表 13-45～表 13-50。

表 13-44　端口 H 控制寄存器

寄存器	地　址	读/写	描　述	复位值
GPHCON0	0x7F0080E0	读/写	端口 H 配置寄存器	0x00
GPHCON1	0x7F0080E4	读/写	端口 H 配置寄存器	0x00
GPHDAT	0x7F0080E8	读/写	端口 H 数据寄存器	未定义
GPHPUD	0x7F0080EC	读/写	端口 H 上拉寄存器	0x00055555
GPHCONSLP	0x7F0080F0	读/写	端口 H 睡眠模式配置寄存器	0x0
GPHPUDSLP	0x7F0080F4	读/写	端口 H 睡眠模式上拉/下拉寄存器	0x0

表 13-45 GPHCON0 控制寄存器

GPHCON0	位	描述		初始状态
GPH0	[3:0]	0000 = 输入	0001 = 输出	0000
		0010 = MMC CLK1	0011 = 保留	
		0100 = Key pad COL[0]	0101 = 保留	
		0110 = 保留	0111 = 外部中断组 6[0]	
GPH1	[7:4]	0000 = 输入	0001 = 输出	0000
		0010 = MMC CMD1	0011 = 保留	
		0100 = Key pad COL[1]	0101 = 保留	
		0110 = 保留	0111 = 外部中断组 6[1]	
GPH2	[11:8]	0000 = 输入	0001 = 输出	0000
		0010 = MMC DATA1[0]	0011 = 保留	
		0100 = Key pad COL[2]	0101 = 保留	
		0110 = 保留	0111 = 外部中断组 6[2]	
GPH3	[15:12]	0000 = 输入	0001 = 输出	0000
		0010 = MMC DATA1[1]	0011 = 保留	
		0100 = Key pad COL[3]	0101 = 保留	
		0110 = 保留	0111 = 外部中断组 6[3]	
GPH4	[19:16]	0000 = 输入	0001 = 输出	0000
		0010 = MMC DATA1[2]	0011 = 保留	
		0100 = Key pad COL[4]	0101 = 保留	
		0110 = 保留	0111 = 外部中断组 6[4]	
GPH5	[23:20]	0000 = 输入	0001 = 输出	0000
		0010 = MMC DATA1[3]	0011 = 保留	
		0100 = Key pad COL[5]	0101 = 保留	
		0110 = 保留	0111 = 外部中断组 6[5]	
GPH6	[27:24]	0000 = 输入	0001 = 输出	0000
		0010 = MMC DATA1[4]	0011 = MMC DATA2[0]	
		0100 = Key pad COL[6]	0101 = I2S_V40 BCLK	
		0110 = 保留	0111 = 外部中断组 6[6]	
GPH7	[31:28]	0000 = 输入	0001 = 输出	0000
		0010 = MMC DATA1[5]	0011 = MMC DATA2[1]	
		0100 = Key pad COL[7]	0101 = I2S_V40 BCLK	
		0110 = ADDR_CF[1]	0111 = 外部中断组 6[7]	

表 13-46　GPHCON1 控制寄存器

GPHCON1	位	描　述		初始状态
GPH8	[3:0]	0000 = 输入	0001 = 输出	0000
		0010 = MMCDATA1[6]	0011 = MMC DATA2[2]	
		0100 = 保留	0101 = I2S_V40 LRCLK	
		0110 = ADDR_CF[2]	0111 = 外部中断组 6[8]	
GPH9	[7:4]	0000 = 输入	0001 = 输出	0000
		0010 = MMC DATA1[7]	0011 = MMC DATA2[3]	
		0100 = 保留	0101 = I2S_V40 DI	
		0110 = 保留	0111 = 外部中断组 6[9]	

表 13-47　GPHDAT 控制寄存器

GPHDAT	位	描　述
GPH [9:0]	[9:0]	当端口作为输入端口时，相应的位处于引脚状态，当端口作为输出端口时，引脚状态与相应位的状态相同。当端口作为功能引脚时，读取未被定义的值

表 13-48　GPHPUD 控制寄存器

GPHPUD	位	描　述
GPH[n]	[2n+1:2n] n=0~9	00 = 禁止上拉/下拉
		01 = 下拉使能
		10 = 上拉使能
		11 = 保留

表 13-49　GPHCONSLP 控制寄存器

GPHCONSLP	位	描　述	初始状态
GPH[n]	[2n+1:2n] n=0~9	00 = 输出 0	00
		01 = 输出 1	
		10 = 输入	
		11 = 与先前状态相同	

表 13-50　GPHPUDSLP 控制寄存器

GPHPUDSLP	位	描　述
GPH[n]	[2n+1:2n] n=0~9	00 = 禁止上拉/下拉
		01 = 下拉使能
		10 = 上拉使能
		11 = 保留

9. 端口 I 控制寄存器（见表 13-51）

端口 I 控制寄存器包括 5 个控制寄存器，分别是 GPICON、GPIDAT、GPIPUD、GPICON-SLP、GPIPUDSLP，见表 13-52～表 13-56。

表 13-51 端口 I 控制寄存器

寄存器	地址	读/写	描述	复位值
GPICON	0x7F008100	读/写	端口 I 配置寄存器	0x00
GPIDAT	0x7F008104	读/写	端口 I 数据寄存器	未定义
GPIPUD	0x7F008108	读/写	端口 I 上拉寄存器	0x55555555
GPICONSLP	0x7F00810C	读/写	端口 I 睡眠模式配置寄存器	0x0
GPIPUDSLP	0x7F008110	读/写	端口 I 睡眠模式上拉/下拉寄存器	0x0

表 13-52 GPICON 控制寄存器

GPICON	位	描述		初始状态
GPI0	[1:0]	00 = 输入	01 = 输出	00
		10 = LCD VD[0]	11 = 保留	
GPI1	[3:2]	00 = 输入	01 = 输出	00
		10 = LCD VD[1]	11 = 保留	
GPI2	[5:4]	00 = 输入	01 = 输出	00
		10 = LCD VD[2]	11 = 保留	
GPI3	[7:6]	00 = 输入	01 = 输出	00
		10 = LCD VD[3]	11 = 保留	
GPI4	[9:8]	00 = 输入	01 = 输出	00
		10 = LCD VD[4]	11 = 保留	
GPI5	[11:10]	00 = 输入	01 = 输出	00
		10 = LCD VD[5]	11 = 保留	
GPI6	[13:12]	00 = 输入	01 = 输出	00
		10 = LCD VD[6]	11 = 保留	
GPI7	[15:14]	00 = 输入	01 = 输出	00
		10 = LCD VD[7]	11 = 保留	
GPI8	[17:16]	00 = 输入	01 = 输出	00
		10 = LCD VD[8]	11 = 保留	
GPI9	[19:18]	00 = 输入	01 = 输出	00
		10 = LCD VD[9]	11 = 保留	
GPI10	[21:20]	00 = 输入	01 = 输出	00
		10 = LCD VD[10]	11 = 保留	
GPI11	[23:22]	00 = 输入	01 = 输出	00
		10 = LCD VD[11]	11 = 保留	
GPI12	[25:24]	00 = 输入	01 = 输出	00
		10 = LCD VD[12]	11 = 保留	
GPI13	[27:26]	00 = 输入	01 = 输出	00
		10 = LCD VD[13]	11 = 保留	
GPI14	[29:28]	00 = 输入	01 = 输出	00
		10 = LCD VD[14]	11 = 保留	
GPI15	[31:30]	00 = 输入	01 = 输出	00
		10 = LCD VD[15]	11 = 保留	

表 13-53 GPIDAT 控制寄存器

GPIDAT	位	描述
GPI[15:0]	[15:0]	当端口作为输入端口时，相应的位处于引脚状态；当端口作为输出端口时，引脚状态与相应位的状态相同；当端口作为功能引脚时，读取未被定义的值

表 13-54 GPIPUD 控制寄存器

GPIPUD	位	描述
GPI[n]	[2n+1:2n] n=0~15	00=禁止上拉/下拉
		01=下拉使能
		10=上拉使能
		11=保留

表 13-55 GPICONSLP 控制寄存器

GPICONSLP	位	描述	初始状态
GPI[n]	[2n+1:2n] n=0~15	00=输出0	00
		01=输出1	
		10=输入	
		11=与先前状态相同	

表 13-56 GPIPUDSLP 控制寄存器

GPIPUDSLP	位	描述
GPI[n]	[2n+1:2n] n=0~15	00=禁止上拉/下拉
		01=下拉使能
		10=上拉使能
		11=保留

10. 端口J控制寄存器（见表13-57）

端口J控制寄存器包括5个控制寄存器，分别是GPJCON、GPJDAT、GPJPUD、GPJCONSLP、GPJPUDSLP，见表13-58~表13-62。

表 13-57 端口J控制寄存器

寄存器	地址	读/写	描述	复位值
GPJCON	0x7F008120	读/写	端口J配置寄存器	0x00
GPJDAT	0x7F008124	读/写	端口J数据寄存器	未定义
GPJPUD	0x7F008128	读/写	端口J上拉寄存器	0x05555555
GPJCONSLP	0x7F00812C	读/写	端口J睡眠模式配置寄存器	0x0
GPJPUDSLP	0x7F008130	读/写	端口J睡眠模式上拉/下拉寄存器	0x0

表 13-58 GPJCON 控制寄存器

GPJCON	位	描述		初始状态
GPJ0	[1:0]	00 = 输入	01 = 输出	00
		10 = LCD VD[16]	11 = 保留	
GPJ1	[3:2]	00 = 输入	01 = 输出	00
		10 = LCD VD[17]	11 = 保留	
GPJ2	[5:4]	00 = 输入	01 = 输出	00
		10 = LCD VD[18]	11 = 保留	
GPJ3	[7:6]	00 = 输入	01 = 输出	00
		10 = LCD VD[19]	11 = 保留	
GPJ4	[9:8]	00 = 输入	01 = 输出	00
		10 = LCD VD[20]	11 = 保留	
GPJ5	[11:10]	00 = 输入	01 = 输出	00
		10 = LCD VD[21]	11 = 保留	
GPJ6	[13:12]	00 = 输入	01 = 输出	00
		10 = LCD VD[22]	11 = 保留	
GPJ7	[15:14]	00 = 输入	01 = 输出	00
		10 = LCD VD[23]	11 = 保留	
GPJ8	[17:16]	00 = 输入	01 = 输出	00
		10 = LCD HSYNC	11 = 保留	
GPJ9	[19:18]	00 = 输入	01 = 输出	00
		10 = LCD VSYNC	11 = 保留	
GPJ10	[21:20]	00 = 输入	01 = 输出	00
		10 = LCD VDEN	11 = 保留	
GPJ11	[23:22]	00 = 输入	01 = 输出	00
		10 = LCD VCLK	11 = 保留	

表 13-59 GPJDAT 控制寄存器

GPJDAT	位	描述
GPJ[11:0]	[11:0]	当端口作为输入端口时，相应的位处于引脚状态；当端口作为输出端口时，引脚状态与相应的位的状态相同；当端口作为功能引脚时，读取未被定义的值

表 13-60 GPJPUD 控制寄存器

GPJPUD	位	描述
GPJ[n]	[2n+1:2n] n=0~11	00 = 禁止上拉/下拉
		01 = 下拉使能
		10 = 上拉使能
		11 = 保留

表 13-61　GPJCONSLP 控制寄存器

GPJCONSLP	位	描　述	初始状态
GPJ[n]	[2n+1:2n] n=0~11	00=输出 0	00
		01=输出 1	
		1*=输入	

表 13-62　GPJPUDSLP 控制寄存器

GPJPUDSLP	位	描　述
GPJ[n]	[2n+1:2n] n=0~11	00=禁止上拉/下拉
		01=下拉使能
		10=上拉使能
		11=保留

11. 端口 K 控制寄存器（见表 13-63）

端口 K 控制寄存器包括 4 个控制寄存器，分别是 GPKCON0、GPKCON1、GPKDAT、GPKPUD，见表 13-64~表 13-67。

表 13-63　端口 K 控制寄存器

寄 存 器	地　址	读/写	描　述	复位值
GPKCON0	0x7F008800	读/写	端口 K 配置寄存器 0	0x22222222
GPKCON1	0x7F008804	读/写	端口 K 配置寄存器 1	0x22222222
GPKDAT	0x7F008808	读/写	端口 K 数据寄存器	未定义
GPKPUD	0x7F00880C	读/写	端口 K 上拉/下拉寄存器	0x55555555

表 13-64　GPKCON0 控制寄存器

GPKCON0	位	描　述		初始状态
GPK0	[3:0]	0000=输入	0001=输出	0010
		0010=Host I/F DATA[0]	0011=HIS RX READY	
		0100=保留	0101=DATA_CF[0]	
		0110=保留	0111=保留	
GPK1	[7:4]	0000=输入	0001=输出	0010
		0010=Host I/F DATA[1]	0011=HIS RX WAKE	
		0100=保留	0101=DATA_CF[1]	
		0110=保留	0111=保留	
GPK2	[11:8]	0000=输入	0001=输出	0010
		0010=Host I/F DATA[2]	0011=HIS RX FLAG	
		0100=保留	0101=DATA_CF[2]	
		0110=保留	0111=保留	

（续）

GPKCON0	位	描述		初始状态
GPK3	[15:12]	0000 = 输入	0001 = 输出	0010
		0010 = Host I/F DATA[3]	0011 = HIS RX DATA	
		0100 = 保留	0101 = DATA_CF[3]	
		0110 = 保留	0111 = 保留	
GPK4	[19:16]	0000 = 输入	0001 = 输出	0010
		0010 = Host I/F DATA[4]	0011 = HIS TX READY	
		0100 = 保留	0101 = DATA_CF[4]	
		0110 = 保留	0111 = 保留	
GPK5	[23:20]	0000 = 输入	0001 = 输出	0010
		0010 = Host I/F DATA[5]	0011 = HIS TX WAKE	
		0100 = 保留	0101 = DATA_CF[5]	
		0110 = 保留	0111 = 保留	
GPK6	[27:24]	0000 = 输入	0001 = 输出	0010
		0010 = Host I/F DATA[6]	0011 = HIS TX FLAG	
		0100 = 保留	0101 = DATA_CF[6]	
		0110 = 保留	0111 = 保留	
GPK7	[31:28]	0000 = 输入	0001 = 输出	0010
		0010 = Host I/F DATA[7]	0011 = HIS TX DATA	
		0100 = 保留	0101 = DATA_CF[7]	
		0110 = 保留	0111 = 保留	

表 13-65 GPKCON1 控制寄存器

GPKCON1	位	描述		初始状态
GPK8	[3:0]	0000 = 输入	0001 = 输出	0010
		0010 = Host I/FD ATA[8]	0011 = Key pad ROW[0]	
		0100 = 保留	0101 = DATA_CF[8]	
		0110 = 保留	0111 = 保留	
GPK9	[7:4]	0000 = 输入	0001 = 输出	0010
		0010 = Host I/F DATA[9]	0011 = Key pad ROW[1]	
		0100 = 保留	0101 = DATA_CF[9]	
		0110 = 保留	0111 = 保留	
GPK10	[11:8]	0000 = 输入	0001 = 输出	0010
		0010 = Host I/F DATA[10]	0011 = Key pad ROW[2]	
		0100 = 保留	0101 = DATA_CF[10]	
		0110 = 保留	0111 = 保留	

（续）

GPKCON1	位	描述		初始状态
GPK11	[15:12]	0000 = 输入	0001 = 输出	0010
		0010 = Host I/F DATA[11]	0011 = Key pad ROW[3]	
		0100 = 保留	0101 = DATA_CF[11]	
		0110 = 保留	0111 = 保留	
GPK12	[19:16]	0000 = 输入	0001 = 输出	0010
		0010 = Host I/F DATA[12]	0011 = Key pad ROW[4]	
		0100 = 保留	0101 = DATA_CF[12]	
		0110 = 保留	0111 = 保留	
GPK13	[23:20]	0000 = 输入	0001 = 输出	0010
		0010 = Host I/F DATA[13]	0011 = Key pad ROW[5]	
		0100 = 保留	0101 = DATA_CF[13]	
		0110 = 保留	0111 = 保留	
GPK14	[27:24]	0000 = 输入	0001 = 输出	0010
		0010 = Host I/F DATA[14]	0011 = Key pad ROW[6]	
		0100 = 保留	0101 = DATA_CF[14]	
		0110 = 保留	0111 = 保留	
GPK15	[31:28]	0000 = 输入	0001 = 输出	0010
		0010 = Host I/F DATA[15]	0011 = Key pad ROW[7]	
		0100 = 保留	0101 = DATA_CF[15]	
		0110 = 保留	0111 = 保留	

表 13-66　GPKDAT 控制寄存器

GPKDAT	位	描述
GPK[15:0]	[15:0]	当端口作为输入端口时，相应的位处于引脚状态；当端口作为输出端口时，引脚状态与相应位的状态相同；当端口作为功能引脚时，读取未被定义的值

表 13-67　GPKPUD 控制寄存器

GPKPUD	位	描述
GPK[n]	[2n+1:2n] n=0~15	00 = 禁止上拉/下拉
		01 = 下拉使能
		10 = 上拉使能
		11 = 保留

12. 端口 L 控制寄存器（见表 13-68）

端口 L 控制寄存器包括 4 个控制寄存器，分别是 GPLCON0、GPLCON1、GPLDAT、GPLPUD，见表 13-69 ~ 表 13-72。

表 13-68 端口 L 控制寄存器

寄存器	地址	读/写	描述	复位值
GPLCON0	0x7F008810	读/写	端口 L 配置寄存器 0	0x22222222
GPLCON1	0x7F008814	读/写	端口 L 配置寄存器 1	0x22222222
GPLDAT	0x7F008818	读/写	端口 L 数据寄存器	未定义
GPLPUD	0x7F00881C	读/写	端口 L 上拉/下拉寄存器	0x15555555

表 13-69 GPLCON0 控制寄存器

GPLCON0	位	描述		初始状态
GPL0	[3:0]	0000 = 输入	0001 = 输出	0010
		0010 = Host I/F ADDR[0]	0011 = Key pad COL[0]	
		0100 = 保留	0101 = 保留	
		0110 = ADDR_CF[0]	0111 = 保留	
GPL1	[7:4]	0000 = 输入	0001 = 输出	0010
		0010 = Host I/F ADDR[1]	0011 = Key pad COL[1]	
		0100 = 保留	0101 = 保留	
		0110 = ADDR_CF[1]	0111 = 保留	
GPL2	[11:8]	0000 = 输入	0001 = 输出	0010
		0010 = Host I/F ADDR[2]	0011 = Key pad COL[2]	
		0100 = 保留	0101 = 保留	
		0110 = ADDR_CF [2]	0111 = 保留	
GPL3	[15:12]	0000 = 输入	0001 = 输出	0010
		0010 = Host I/F ADDR[3]	0011 = Key pad COL[3]	
		0100 = 保留	0101 = 保留	
		0110 = MEM0_INTata	0111 = 保留	
GPL4	[19:16]	0000 = 输入	0001 = 输出	0010
		0010 = Host I/F ADDR[4]	0011 = Key pad COL[4]	
		0100 = 保留	0101 = 保留	
		0110 = MEM0_RESETata	0111 = 保留	
GPL5	[23:20]	0000 = 输入	0001 = 输出	0010
		0010 = Host I/F ADDR[5]	0011 = Key pad COL[5]	
		0100 = 保留	0101 = 保留	
		0110 = EM0_INPACKata	0111 = 保留	
GPL6	[27:24]	0000 = 输入	0001 = 输出	0010
		0010 = Host I/F ADDR[6]	0011 = Key pad COL[6]	
		0100 = 保留	0101 = 保留	
		0110 = MEM0_REGata	0111 = 保留	
GPL7	[31:28]	0000 = 输入	0001 = 输出	0010
		0010 = Host I/F ADDR[7]	0011 = Key pad COL[7]	
		0100 = 保留	0101 = 保留	
		0110 = MEM0_CData	0111 = 保留	

表 13-70 GPLCON1 控制寄存器

GPLCON1	位	描述		初始状态
GPL8	[3:0]	0000 = 输入	0001 = 输出	0010
		0010 = Host I/F ADDR[8]	0011 = Ext. Interrupt[16]	
		0100 = 保留	0101 = CE_CF[0]	
		0110 = 保留	0111 = 保留	
GPL9	[7:4]	0000 = 输入	0001 = 输出	0010
		0010 = Host I/F ADDR[9]	0011 = Ext. Interrupt[17]	
		0100 = 保留	0101 = CE_CF[1]	
		0110 = 保留	0111 = 保留	
GPL10	[11:8]	0000 = 输入	0001 = 输出	0010
		0010 = Host I/F ADDR[10]	0011 = Ext. Interrupt[18]	
		0100 = 保留	0101 = IORD_CF	
		0110 = 保留	0111 = 保留	
GPL11	[15:12]	0000 = 输入	0001 = 输出	0010
		0010 = Host I/F ADDR[11]	0011 = Ext. Interrupt[19]	
		0100 = 保留	0101 = LOWR_CF	
		0110 = 保留	0111 = 保留	
GPL12	[19:16]	0000 = 输入	0001 = 输出	0010
		0010 = Host I/F ADDR[12]	0011 = Ext. Interrupt[20]	
		0100 = 保留	0101 = LORDY_CF	
		0110 = 保留	0111 = 保留	
GPL13	[23:20]	0000 = 输入	0001 = 输出	0010
		0010 = Host I/F DATA[16]	0011 = Ext. Interrupt[21]	
		0100 = 保留	0101 = 保留	
		0110 = 保留	0111 = 保留	
GPL14	[27:24]	0000 = 输入	0001 = 输出	0010
		0010 = Host I/F DATA[17]	0011 = Ext. Interrupt[22]	
		0100 = 保留	0101 = 保留	
		0110 = 保留	0111 = 保留	

表 13-71 GPLDAT 控制寄存器

GPLDAT	位	描述
GPL[14:0]	[14:0]	当端口作为输入端口时，相应的位处于引脚状态；当端口作为输出端口时，引脚状态与相应位的状态相同；当端口作为功能引脚时，读取未被定义的值

表 13-72 GPLPUD 控制寄存器

GPLPUD	位	描述
GPL[n]	[2n+1:2n] n=0~14	00 = 禁止上拉/下拉
		01 = 下拉使能
		10 = 上拉使能
		11 = 保留

13. 端口 M 控制寄存器（见表 13-73）

端口 M 控制寄存器包括 3 个控制寄存器，分别是 GPMCON、GPMDAT、GPMPUD，见表 13-74 ~ 表 13-76。

表 13-73 端口 M 控制寄存器

寄 存 器	地 址	读/写	描 述	复位值
GPMCON	0x7F008820	读/写	端口 M 配置寄存器	0x22222222
GPMDAT	0x7F008824	读/写	端口 M 数据寄存器	未定义
GPMPUD	0x7F008828	读/写	端口 M 上拉/下拉寄存器	0x000002AA

表 13-74 GPMCON 控制寄存器

GPMCON	位	描 述		初始状态
GPM0	[3:0]	0000 = 输入	0001 = 输出	0010
		0010 = Host I/F CSn	0011 = Ext. Interrupt[23]	
		0100 = 保留	0101 = 保留	
		0110 = CE_CF[1]	0111 = 保留	
GPM1	[7:4]	0000 = 输入	0001 = 输出	0010
		0010 = Host I/F	0011 = Ext. Interrupt[24]	
		0100 = 保留	0101 = 保留	
		0110 = CE_CF[0]	0111 = 保留	
GPM2	[11:8]	0000 = 输入	0001 = 输出	0010
		0010 = Host I/F	0011 = Ext. Interrupt[25]	
		0100 = 保留	0101 = 保留	
		0110 = CE_CF[1]	0111 = 保留	
GPM3	[15:12]	0000 = 输入	0001 = 输出	0010
		0010 = Host I/F WEn	0011 = Ext. Interrupt[26]	
		0100 = 保留	0101 = 保留	
		0110 = LOWR_CF	0111 = 保留	
GPM4	[19:16]	0000 = 输入	0001 = 输出	0010
		0010 = Host I/F OEn	0011 = Ext. Interrupt[27]	
		0100 = 保留	0101 = 保留	
		0110 = IORDY_CF	0111 = 保留	
GPM5	[23:20]	0000 = 输入	0001 = 输出	0010
		0010 = Host I/F INTRn	0011 = CF Data Dir	
		0100 = 保留	0101 = 保留	
		0110 = 保留	0111 = 保留	

表 13-75 GPMDAT 控制寄存器

GPMDAT	位	描 述
GPM[5:0]	[5:0]	当端口作为输入端口时，相应的位处于引脚状态；当端口作为输出端口时，引脚状态与相应的位的状态相同；当端口作为功能引脚时，读取未被定义的值

表 13-76　GPMPUD 控制寄存器

GPMPUD	位	描　述
GPM[n]	[2n+1:2n] n=0~5	00=禁止上拉/下拉
		01=下拉使能
		10=上拉使能
		11=保留

14. 端口 N 控制寄存器（见表 13-77）

端口 N 控制寄存器包括 3 个控制寄存器，分别是 GPNCON、GPNDAT、GPNPUD，见表 13-78～表 13-80。GPNCON、GPNDAT、GPNPUD 都是 alive 部分。

表 13-77　端口 N 控制寄存器

寄 存 器	地　址	读/写	描　述	复位值
GPNCON	0x7F008830	读/写	端口 N 配置寄存器	0x00
GPNDAT	0x7F008834	读/写	端口 N 数据寄存器	未定义
GPNPUD	0x7F008838	读/写	端口 N 上拉/下拉寄存器	0x55555555

表 13-78　GPNCON 控制寄存器

GPNCON	位	描　述		初始状态
GPN0	[1:0]	00=输入	01=输出	00
		10=Ext. Interrupt [0]	11= Key pad ROW [0]	
GPN1	[3:2]	00=输入	01=输出	00
		10=Ext. Interrupt[1]	11= Key pad ROW[1]	
GPN2	[5:4]	00=输入	01=输出	00
		10=Ext. Interrupt[2]	11= Key pad ROW[2]	
GPN3	[7:6]	00=输入	01=输出	00
		10=Ext. Interrupt[3]	11= Key pad ROW[3]	
GPN4	[9:8]	00=输入	01=输出	00
		10=Ext. Interrupt[4]	11= Key pad ROW[4]	
GPN5	[11:10]	00=输入	01=输出	00
		10=Ext. Interrupt[5]	11= Key pad ROW[5]	
GPN6	[13:12]	00=输入	01=输出	00
		10=Ext. Interrupt[6]	11= Key pad ROW[6]	
GPN7	[15:14]	00=输入	01=输出	00
		10=Ext. Interrupt[7]	11= Key pad ROW[7]	
GPN8	[17:16]	00=输入	01=输出	00
		10=Ext. Interrupt[8]	11=保留	
GPN9	[19:18]	00=输入	01=输出	00
		10=Ext. Interrupt[9]	11=保留	

（续）

GPNCON	位	描述		初始状态
GPN10	[21:20]	00 = 输入	01 = 输出	00
		10 = Ext. Interrupt[10]	11 = 保留	
GPN11	[23:22]	00 = 输入	01 = 输出	00
		10 = Ext. Interrupt[11]	11 = 保留	
GPN12	[25:24]	00 = 输入	01 = 输出	00
		10 = Ext. Interrupt[12]	11 = 保留	
GPN13	[27:26]	00 = 输入	01 = 输出	00
		10 = Ext. Interrupt[13]	11 = 保留	
GPN14	[29:28]	00 = 输入	01 = 输出	00
		10 = Ext. Interrupt[14]	11 = 保留	
GPN15	[31:30]	00 = 输入	01 = 输出	00
		10 = Ext. Interrupt[15]	11 = 保留	

表 13-79 GPNDAT 控制寄存器

GPNDAT	位	描述
GPN[15:0]	[15:0]	当端口作为输入端口时，相应的位处于引脚状态；当端口作为输出端口时，引脚状态与相应位的状态相同；当端口作为功能引脚时，读取未被定义的值

表 13-80 GPNPUD 控制寄存器

GPNPUD	位	描述
GPN[n]	[2n+1:2n] n=0~15	00 = 禁止上拉/下拉
		01 = 下拉使能
		10 = 上拉使能
		11 = 保留

15. 端口 O 控制寄存器（见表 13-81）

端口 O 控制寄存器包括 5 个控制寄存器，分别是 GPOCON、GPODAT、GPOPUD、GPOCONSLP、GPOPUDSLP，见表 13-82 ~ 表 13-86。

表 13-81 端口 O 控制寄存器

寄存器	地址	读/写	描述	复位值
GPOCON	0x7F008140	读/写	端口 O 配置寄存器	0xAAAAAAAA
GPODAT	0x7F008144	读/写	端口 O 数据寄存器	未定义
GPOPUD	0x7F008148	读/写	端口 O 上拉寄存器	0x0
GPOCONSLP	0x7F00814C	读/写	端口 O 睡眠模式配置寄存器	0x0
GPOPUDSLP	0x7F008150	读/写	端口 O 睡眠模式上拉/下拉寄存器	0x0

表 13-82 GPOCON 控制寄存器

GPOCON	位	描述		初始状态
GPO0	[1:0]	00 = 输入	01 = 输出	10
		10 = MEM0_nCS[2]	11 = Ext. Interrup Group7[0]	
GPO1	[3:2]	00 = 输入	01 = 输出	10
		10 = MEM0_nCS[3]	11 = Ext. Interrup Group7[1]	
GPO2	[5:4]	00 = 输入	01 = 输出	10
		10 = MEM0_nCS[4]	11 = Ext. Interrup Group7[2]	
GPO3	[7:6]	00 = 输入	01 = 输出	10
		10 = MEM0_nCS[5]	11 = Ext. Interrup Group7[3]	
GPO4	[9:8]	00 = 输入	01 = 输出	10
		10 = 保留	11 = Ext. Interrup Group7[4]	
GPO5	[11:10]	00 = 输入	01 = 输出	10
		10 = 保留	11 = Ext. Interrup Group7[5]	
GPO6	[13:12]	00 = 输入	01 = 输出	10
		10 = MEM0_ADDR[6]	11 = Ext. Interrup Group7[6]	
GPO7	[15:14]	00 = 输入	01 = 输出	10
		10 = MEM0_ADDR[7]	11 = Ext. Interrup Group7[7]	
GPO8	[17:16]	00 = 输入	01 = 输出	10
		10 = MEM0_ADDR[8]	11 = Ext. Interrup Group7[8]	
GPO9	[19:18]	00 = 输入	01 = 输出	10
		10 = MEM0_ADDR [9]	11 = Ext. Interrup Group7 [9]	
GPO10	[21:20]	00 = 输入	01 = 输出	10
		10 = MEM0_ADDR[10]	11 = Ext. Interrup Group7[10]	
GPO11	[23:22]	00 = 输入	01 = 输出	10
		10 = MEM0_ADDR[11]	11 = Ext. Interrup Group7[11]	
GPO12	[25:24]	00 = 输入	01 = 输出	10
		10 = MEM0_ADDR[12]	11 = Ext. Interrup Group7[12]	
GPO13	[27:26]	00 = 输入	01 = 输出	10
		10 = MEM0_ADDR[13]	11 = Ext. Interrup Group7[13]	
GPO14	[29:28]	00 = 输入	01 = 输出	10
		10 = MEM0_ADDR[14]	11 = Ext. Interrup Group7[14]	
GPO15	[31:30]	00 = 输入	01 = 输出	10
		10 = MEM0_ADDR[15]	11 = Ext. Interrup Group7[15]	

表 13-83 GPODAT 控制寄存器

GPODAT	位	描述
GPO[15:0]	[15:0]	当端口作为输入端口时，相应的位处于引脚状态；当端口作为输出端口时，引脚状态与相应位的状态相同；当端口作为功能引脚时，读取未被定义的值

表 13-84 GPOPUD 控制寄存器

GPOPUD	位	描 述
GPO[n]	[2n+1:2n] n=0~15	00=禁止上拉/下拉
		01=下拉使能
		10=上拉使能
		11=保留

表 13-85 GPOCONSLP 控制寄存器

GPOCONSLP	位	描 述	初始状态
GPO[n]	[2n+1:2n] n=0~15	00=输出 0	00
		01=输出 1	
		10=输入	
		11=与先前状态相同	

表 13-86 GPOPUDSLP 控制寄存器

GPOPUDSLP	位	描 述
GPO[n]	[2n+1:2n] n=0~15	00=禁止上拉/下拉
		01=下拉使能
		10=上拉使能
		11=保留

16. 端口 P 控制寄存器（见表 13-87）

端口 P 控制寄存器包括 5 个控制寄存器，分别是 GPPCON、GPPDAT、GPPPUD、GPPCONSLP、GPPPUDSLP，见表 13-88~表 13-92。

表 13-87 端口 P 控制寄存器

寄 存 器	地 址	读/写	描 述	复位值
GPPCON	0x7F008160	读/写	端口 P 配置寄存器	0x2AAAAAAA
GPPDAT	0x7F008164	读/写	端口 P 数据寄存器	未定义
GPPPUD	0x7F008168	读/写	端口 P 上拉寄存器	0x1011AAA0
GPPCONSLP	0x7F00816C	读/写	端口 P 睡眠模式配置寄存器	0x0
GPPPUDSLP	0x7F008170	读/写	端口 P 睡眠模式上拉/下拉寄存器	0x0

表 13-88 GPPCON 控制寄存器

GPPCON	位	描 述		初始状态
GPP0	[1:0]	00=输入	01=输出	10
		10=MEM0_ADDRV	11=Ext. Interrup Group8[0]	
GPP1	[3:2]	00=输入	01=输出	10
		10=MEM0_SMCKL	11=Ext. Interrup Group8[1]	
GPP2	[5:4]	00=输入	01=输出	10
		10=MEM0_nWAIT	11=Ext. Interrup Group8[2]	

（续）

GPPCON	位	描　述		初始状态
GPP3	[7:6]	00 = 输入	01 = 输出	10
		10 = MEM0_RDY0_ALE	11 = Ext. Interrup Group8[3]	
GPP4	[9:8]	00 = 输入	01 = 输出	10
		10 = MEM0_RDY1_CLE	11 = Ext. Interrup Group8[4]	
GPP5	[11:10]	00 = 输入	01 = 输出	10
		10 = MEM0_INTsm0 - FEW	11 = Ext. InterrupGroup8[5]	
GPP6	[13:12]	00 = 输入	01 = 输出	10
		10 = MEM0_ INTsm0 - FRE	11 = Ext. Interrup Group8[6]	
GPP7	[15:14]	00 = 输入	01 = 输出	10
		10 = MEM0_ RPn_RnB	11 = Ext. Interrup Group8[7]	
GPP8	[17:16]	00 = 输入	01 = 输出	10
		10 = MEM0_INTata	11 = Ext. Interrup Group8[8]	
GPP9	[19:18]	00 = 输入	01 = 输出	10
		10 = MEM0_ RESETata	11 = Ext. Interrup Group8[9]	
GPP10	[21:20]	00 = 输入	01 = 输出	10
		10 = MEM0_INPACKata	11 = Ext. Interrup Group8[10]	
GPP11	[23:22]	00 = 输入	01 = 输出	10
		10 = MEM0_REGata	11 = Ext. Interrup Group8[11]	
GPP12	[25:24]	00 = 输入	01 = 输出	10
		10 = MEM0_WEata	11 = Ext. Interrup Group8[12]	
GPP13	[27:26]	00 = 输入	01 = 输出	10
		10 = MEM0_Oeata	11 = Ext. Interrup Group8[13]	
GPP14	[29:28]	00 = 输入	01 = 输出	10
		10 = MEM0_CData	11 = Ext. Interrup Group8[14]	

表13-89　GPPDAT控制寄存器

GPPDAT	位	描　述
GPP[14:0]	[14:0]	当端口作为输入端口时，相应的位处于引脚状态；当端口作为输出端口时，引脚状态与相应位的状态相同；当端口作为功能引脚时，读取未被定义的值

表13-90　GPPPUD控制寄存器

GPPPUD	位	描　述
GPP[n]	[2n+1:2n] n=0~14	00 = 禁止上拉/下拉
		01 = 下拉使能
		10 = 上拉使能
		11 = 保留

表 13-91 GPPCONSLP 控制寄存器

GPPCONSLP	位	描 述	初始状态
GPP[n]	[2n+1:2n] n=0~14	00=输出0	00
		01=输出1	
		10=输入	
		11=与先前状态相同	

表 13-92 GPPPUDSLP 控制寄存器

GPPPUDSLP	位	描 述
GPP[n]	[2n+1:2n] n=0~14	00=禁止上拉/下拉
		01=下拉使能
		10=上拉使能
		11=保留

17. 端口Q控制寄存器（见表13-93）

端口Q控制寄存器包括5个控制寄存器，分别是GPQCON、GPQDAT、GPQPUD、GPQCONSLP、GPQPUDSLP，见表13-94～表13-98。

表 13-93 端口Q控制寄存器

寄 存 器	地 址	读/写	描 述	复位值
GPQCON	0x7F008180	读/写	端口Q配置寄存器	0x0002AAAA
GPQDAT	0x7F008184	读/写	端口Q数据寄存器	未定义
GPQPUD	0x7F008188	读/写	端口Q上拉寄存器	0x0
GPQCONSLP	0x7F00818C	读/写	端口Q睡眠模式配置寄存器	0x0
GPQPUDSLP	0x7F008190	读/写	端口Q睡眠模式上拉/下拉寄存器	0x0

表 13-94 GPQCON 控制寄存器

GPQCON	位	描 述		初始状态
GPQ0	[1:0]	00=输入	01=输出	10
		10=MEM0_ADDRV18_RAS	11=Ext. Interrup Group9[0]	
GPQ1	[3:2]	00=输入	01=输出	10
		10=MEM0_ADDR19_RAS	11=Ext. Interrup Group9[1]	
GPQ2	[5:4]	00=输入	01=输出	10
		10=保留	11=Ext. Interrup Group9[2]	
GPQ3	[7:6]	00=输入	01=输出	10
		10=保留	11=Ext. Interrup Group9[3]	
GPQ4	[9:8]	00=输入	01=输出	10
		10=保留	11=Ext. Interrup Group9[4]	
GPQ5	[11:10]	00=输入	01=输出	10
		10=保留	11=Ext. Interrup Group9[5]	

（续）

GPQCON	位	描　述		初始状态
GPQ6	[13:12]	00 = 输入	01 = 输出	10
		10 = 保留	11 = Ext. Interrup Group9[6]	
GPQ7	[15:14]	00 = 输入	01 = 输出	10
		10 = MEM0_ADDR17_WEndmc	11 = Ext. Interrup Group9[7]	
GPQ8	[17:16]	00 = 输入	01 = 输出	10
		10 = MEM0_ADDR16_APdmc	11 = Ext. Interrup Group9[8]	

表 13-95　GPQDAT 控制寄存器

GPQDAT	位	描　述
GPQ[8:0]	[8:0]	当端口作为输入端口时，相应的位处于引脚状态；当端口作为输出端口时，引脚状态与相应位的状态相同；当端口作为功能引脚时，读取未被定义的值

表 13-96　GPQPUD 控制寄存器

GPQPUD	位	描　述
GPQ[n]	[2n+1:2n] n=0~8	00 = 禁止上拉/下拉
		01 = 下拉使能
		10 = 上拉使能
		11 = 保留

表 13-97　GPQCONSLP 控制寄存器

GPQCONSLP	位	描　述	初始状态
GPQ[n]	[2n+1:2n] n=0~8	00 = 输出 0	00
		01 = 输出 1	
		10 = 输入	
		11 = 与先前状态相同	

表 13-98　GPQPUDSLP 控制寄存器

GPQPUDSLP	位	描　述
GPQ[n]	[2n+1:2n] n=0~8	00 = 禁止上拉/下拉
		01 = 下拉使能
		10 = 上拉使能
		11 = 保留

13.3　I/O 控制的 C 语言编程实例

本节通过一个简单实例介绍 I/O 口的使用，包括硬件电路设计、I/O 控制寄存器和数据寄存器的使用。

13.3.1 硬件电路

硬件实验电路如图 13-1 所示，发光二极管分别与 GPK4 ~ GPK7 相连接，发光二极管 LED 的一端连接到了 S3C6410 的 GPIO，另一端经过一个限流电阻接电源 VDD3V3。当 GPIO 口为低电平时，LED 两端产生电压降，这时 LED 有电流通过并发光。反之，当 GPIO 为高电平时，LED 将熄灭。注意亮灭之间要有一定的延时，以便人眼能够区分出来。

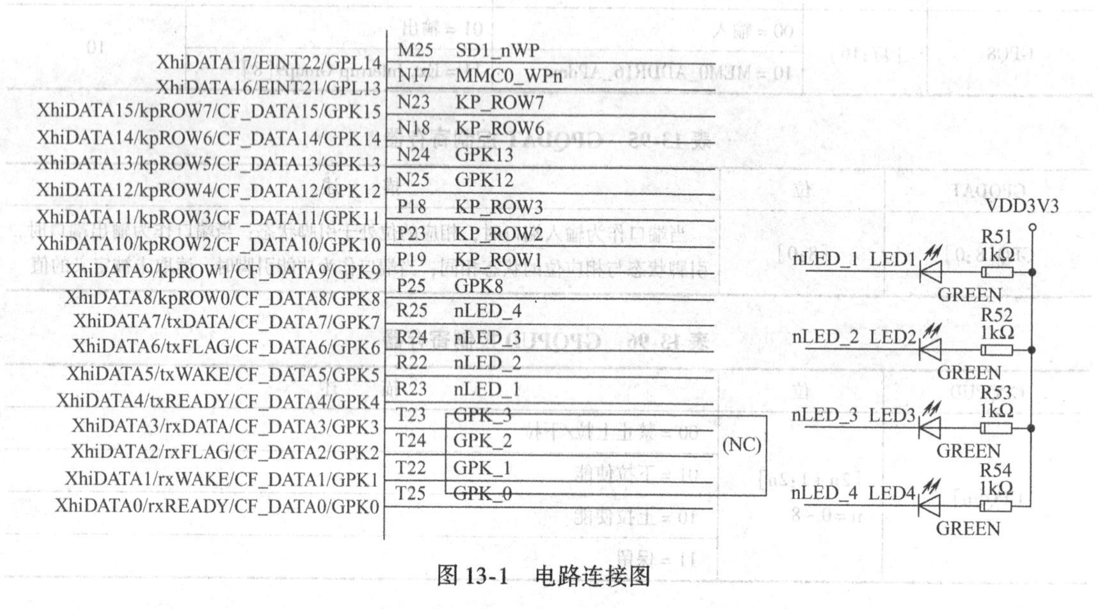

图 13-1　电路连接图

端口 K 控制寄存器包括 4 个控制寄存器，分别是 GPKCON0、GPKCON1、GPKDAT、GPKPUD。

13.3.2 实现功能和编程思路

编写程序实现 LED2、LED3 先亮，LED1、LED4 再亮，如此交替循环亮灭，编写程序的思路如图 13-2 所示，先编写对 GPIO 初始化函数、GPIO 赋值的函数、延时函数，再在主函数中调用相关函数进行对 I/O 口控制，实现 LED 亮灭。

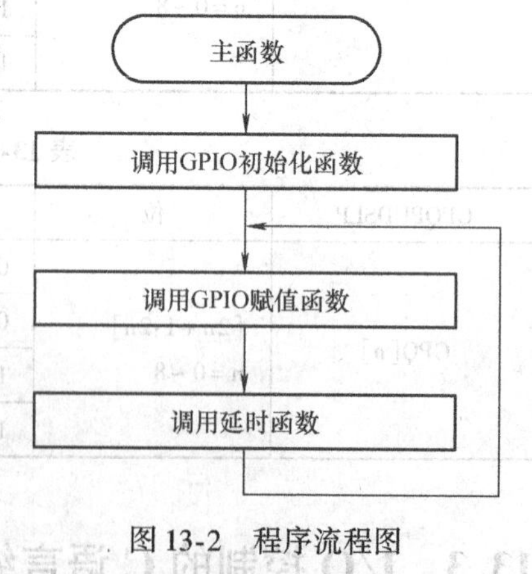

图 13-2　程序流程图

13.3.3 参考程序

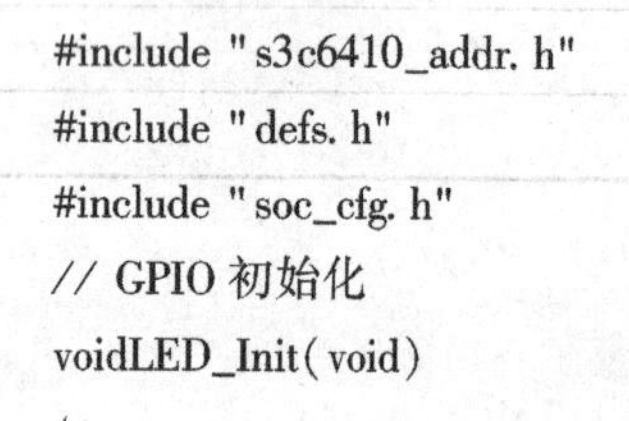

```
#include "s3c6410_addr.h"
#include "defs.h"
#include "soc_cfg.h"
// GPIO 初始化
voidLED_Init(void)
{
    rGPKCON0 = (rGPKCON0 & ~(0xffffU << 16)) | (0x1111U << 16);
    rGPKPUD  = (rGPKPUD  & ~(0xffU  << 8)) | (0x00U << 8);
```

```
}
//GPIO 端口赋值
void LED_Display(int data)
{
    rGPKDAT = (rGPKDAT & ~(0xf <<4)) | ((data & 0xf) <<4);
}
//延时函数
Void LedDelay(void)
{
  int i;
    for(i =0 ; i < 100000 ; i ++ )
    {
    }
}
//主函数
void main(void)
{

LED_Init();
    for( ; ; ) {
LED_Display(0x9); // 1001
    LedDelay();
LED_Display(0x6); // 0110
    LedDelay();
    }
}
```

习　　题

13－1　简述 S3C6410 I/O 端口的控制寄存器、数据寄存器、上拉/下拉允许寄存器的作用。

13－2　S3C6410 有多少个 I/O 端口？分成了多少组？

13－3　S3C6410 的每个 I/O 都有复用功能，了解其 I/O 口第二功能，为下一步学习打下基础。

13－4　读懂本章例子程序，采用 GPM 口的 GP0 接蜂鸣器，低电平时蜂鸣器响，高电平时蜂鸣器停。编写程序，配置 GPM 口的 GPMCON、GPMDAT，使蜂鸣器响，延时后，蜂鸣器停。

第 14 章　S3C6410 的中断控制

14.1　S3C6410 中断控制器概述

S3C6410 内的中断控制器由两个 VIC（矢量中断控制器）和两个 TZIC（TrustZone 中断控制器）组成。两个矢量中断控制器和两个 TrustZone 中断控制器链接在一起支持 64 位中断源，TZIC 可以在 TrustZone 设计时给安全中断子系统提供软件接口。S3C6410 的矢量中断控制器具有两个中断流序列，一个是使用系统总线的矢量中断流序列，另一个是使用 VIC 接口的矢量 IRQ 中断流序列。如果使用 VIC 接口，当收到一个 IRQ 中断信号时就会转到中断服务程序。S3C6410 的中断控制器结构框图如图 14-1 所示。

S3C6410 内的中断控制器的性能如下：

1）每个 VIC 支持 32 位的矢量 IRQ 中断。

2）支持固定硬件中断优先级和可编程中断优先级。

3）支持硬件中断优先级屏蔽和可编程中断优先级屏蔽。

4）产生 IRQ 和 FIQ 中断。

5）产生软件中断。

6）Raw 中断状态。

7）中断请求状态。

8）支持限制访问的特权模式。

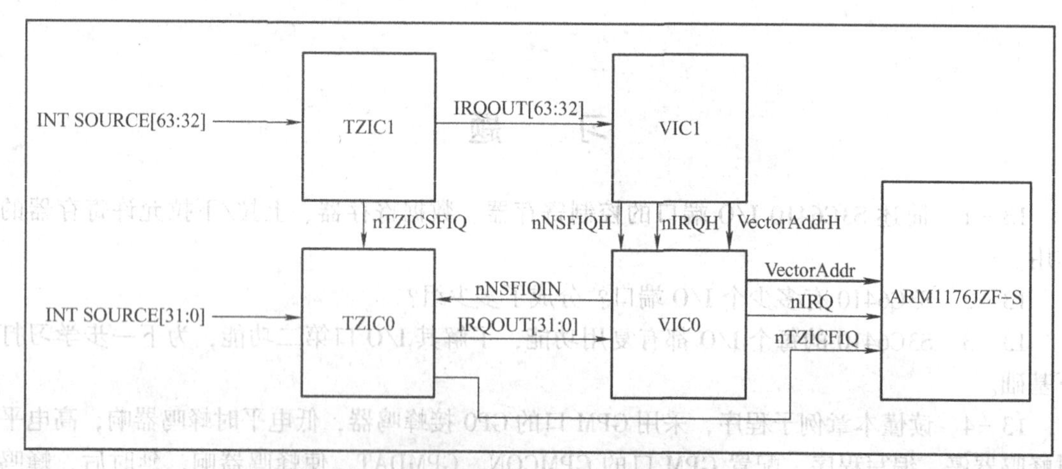

图 14-1　S3C6410 的中断控制器结构框图

14.2　S3C6410 中断源及中断号

S3C6410 的中断控制器结构框架图如图 14-1 所示。S3C6410 支持 64 个中断源，64 个中断源按硬件分组分成 VIC0、VIC1 两个组，各组由一个相应寄存器来处理。中断号为 0 ~ 31

是 VIC0 组，中断号为 32 ~ 63 是 VIC1 组，最终送到 CPU 的是中断矢量地址和中断请求信号，如果采用 TrustZone 设计还有 TZICFIQ 请求信号。中断源及中断号见表 14-1。

表 14-1 中断源及中断号

中断号	中断源	描述	组
63	INT_ADC	ADC EOC 中断	VIC1
62	INT_PENDNUP	ADC 笔向下/向上中断	VIC1
61	INT_SEC	安全中断	VIC1
60	INT_RTC_ALARM	RTC 警告中断	VIC1
59	INT_IrDA	IrDA 中断	VIC1
58	INT_OTG	USB OTG 中断	VIC1
57	INT_HSMMC1	HSMMC1 中断	VIC1
56	INT_HSMMC0	HSMMC0 中断	VIC1
55	INT_HOSTIF	主机接口中断	VIC1
54	INT_MSM	MSM 调制解调器 I/F 中断	VIC1
53	INT_EINT4	外部中断组 1 ~ 组 9	VIC1
52	INT_HSIrx	HSI Rx 中断	VIC1
51	INT_HSItx	HSI Tx 中断	VIC1
50	INT_I2C0	I2C 0 中断	VIC1
49	INT_SPI1/INT_HSMMC2	SPI1 中断或 HSMMC2 中断	VIC1
48	INT_SPI0	SPI0 中断	VIC1
47	INT_UHOST	USB 主机中断	VIC1
46	INT_CFC	CFCON 中断	VIC1
45	INT_NFC	NFCON 中断	VIC1
44	INT_ONENAND1	板块 1 的 ONENANE 中断	VIC1
43	INT_ONENAND0	板块 0 的 ONENAND 中断	VIC1
42	INT_DMA1	DMA1 中断	VIC1
41	INT_DMA0	DMA0 中断	VIC1
40	INT_UART3	UART3 中断	VIC1
39	INT_UART2	UART2 中断	VIC1
38	INT_UART1	UART1 中断	VIC1
37	INT_UART0	UART0 中断	VIC1
36	INT_AC97	AC 中断	VIC1
35	INT_PCM1	PCM1 中断	VIC1
34	INT_ PCM0	PCM0 中断	VIC1
33	INT_EINT3	外部中断 20 ~ 27	VIC1
32	INT_EINT2	外部中断 12 ~ 19	VIC1
31	INT_LCD [2]	LCD 中断系统 I/F 完成	VIC0
30	INT_LCD [1]	LCD 中断 VSYNC 中断	VIC0

（续）

中 断 号	中 断 源	描 述	组
29	INT_LCD [0]	LCD 中断 FIFO 不足	VIC0
28	INT_TIMER4	定时器 4 中断	VIC0
27	INT_TIMER3	定时器 3 中断	VIC0
26	INT_WDT	看门狗定时器中断	VIC0
25	INT_TIMER2	定时器 2 中断	VIC0
24	INT_TIMER1	定时器 1 中断	VIC0
23	INT_TIMER0	定时器 0 中断	VIC0
22	INT_KEYPAD	键盘中断	VIC0
21	INT_ARM_DMAS	ARM DMAS 中断	VIC0
20	INT_ARM_DMA	ARM DMA 中断	VIC0
19	INT_ARM_DMAERR	ARM DMA 错误中断	VIC0
18	INT_SDMA1	安全 DMA1 中断	VIC0
17	INT_SDMA0	安全 DMA0 中断	VIC0
16	INT_MFC	MFC 中断	VIC0
15	INT_JPEG	JPEG 中断	VIC0
14	INT_BATF	电池故障中断	VIC0
13	INT_SCALER	TV 转换器中断	VIC0
12	INT_TVENC	TV 编码器中断	VIC0
11	INT_2D	2D 中断	VIC0
10	INT_ROTATOR	旋转器中断	VIC0
9	INT_POST0	后处理器中断	VIC0
8	INT_3D	3D 图像控制器中断	VIC0
7	Reserved	保留	VIC0
6	INT_I2S0 \ INT_I2S1 \ INT_I2SV40	I2S0 中断或 I2S1 中断或 I2SV40 中断	VIC0
5	INT_I2C1	I2C1 中断	VIC0
4	INT_CAMIF_P	照相机接口中断	VIC0
3	INT_CAMIF_C	照相机接口中断	VIC0
2	INT_RTC_TIC	RTC TIC 中断	VIC0
1	INT_EINT1	外部中断 4 ~ 11	VIC0
0	INT_EINT0	外部中断 0 ~ 3	VIC0

14.3 外部中断与控制寄存器

S3C6410 外部中断，顾名思义，由 S3C6410 外部触发的中断就是外部中断。在中断源中，除 INT_EINT0 ~ INT_EINT4 以外，其余全部中断是由 S3C6410 内部的模块触发的，称为内部中断。INT_EINT0 ~ INT_EINT4 是外部中断，是由 CPU 外的外设来触发的，当发生外部中断的时候，进入对应的外部中断源的中断服务程序，因为不可能所有的引脚都对应一个中断源，所以我们无法知道到底是哪一个中断引脚产生的，这时候我们需要去查询外部中断挂起寄存器来判断属于哪一个中断引脚。

14.3.1　外部中断源分组

S3C6410 的 GPIO 中 127 个引脚都可以用来产生外部中断，因此，为了方便管理不同的 S3C6410 外部引脚作为中断源，将其分为 10 组，见表 14-2。外部中断由 0 ~ 9 共 10 组中断信号组成，只有外部中断组 0 可在系统停止或睡眠模式时进行唤醒。在空闲模式时，任何中断信号都可以唤醒系统。

表 14-2　外部中断源分组

分　组	中断源数	对应引脚名
外部中断组 0	28	GPN0 ~ GPN15，GPL8 ~ GPL14，GPM0 ~ GPM4
外部中断组 1	15	GPA0 ~ GPA7，GPB0 ~ GPB6
外部中断组 2	8	GPC0 ~ GPC7
外部中断组 3	5	GPD0 ~ GPD4
外部中断组 4	14	GPF0 ~ GPF13
外部中断组 5	7	GPG0 ~ GPG6
外部中断组 6	10	GPH0 ~ GPH9
外部中断组 7	16	GPO0 ~ GPO15
外部中断组 8	15	GPP0 ~ GPP14
外部中断组 9	9	GPQ0 ~ GPQ8

14.3.2　外部中断控制寄存器

外部中断分组 0 组中的中断信号拥有专用的引脚，相对于其他中断组来说，该组中的每一个中断信号可以进行详细设置。S3C6410 给出了 0 组的多个寄存器以及每个中断信号的设置，其他组同样有多个寄存器，每个寄存器可以控制 2 个组或多个组。0 组数字滤波器计数脉冲源是 FIN，其他组的数字滤波器计数脉冲源是 PCLK。外部中断控制寄存器不仅可以设置外部中断触发方式，还可以设置外部中断硬件滤波配置、延时滤波、数字滤波（宽度设置）等内容。外部中断控制寄存器见表 14-3。

表 14-3　外部中断控制寄存器

寄存器	地　址	读/写	描　述	复位值
EINT0CON0	0x7F008900	读/写	外部中断 0（0 组）配置寄存器 0	0x0
EINT0CON1	0x7F008904	读/写	外部中断 0（0 组）配置寄存器 1	0x0
EINT0FLTCON0	0x7F008910	读/写	外部中断 0（0 组）过滤控制寄存器 0	0x0
EINT0FLTCON1	0x7F008914	读/写	外部中断 0（0 组）过滤控制寄存器 1	0x0
EINT0FLTCON2	0x7F008918	读/写	外部中断 0（0 组）过滤控制寄存器 2	0x0
EINT0FLTCON3	0x7F00891C	读/写	外部中断 0（0 组）过滤控制寄存器 3	0x0

（续）

寄 存 器	地 址	读/写	描 述	复位值
EINT0MASK	0x7F008920	读/写	外部中断0（0组）屏蔽寄存器	0x0FFFFFFF
EINT0PEND	0x7F008924	读/写	外部中断0（0组）挂起寄存器	0x0
EINT12CON	0x7F008200	读/写	外部中断1、2（1、2组）配置寄存器	0x0
EINT34CON	0x7F008204	读/写	外部中断3、4（3、4组）配置寄存器	0x0
EINT56CON	0x7F008208	读/写	外部中断5、6（5、6组）配置寄存器	0x0
EINT78CON	0x7F00820C	读/写	外部中断7、8（7、8组）配置寄存器	0x0
EINT9CON	0x7F008210	读/写	外部中断9（9组）配置寄存器	0x0
EINT12FLTCON	0x7F008220	读/写	外部中断1、2（1、2组）过滤控制寄存器	0x0
EINT34FLTCON	0x7F008224	读/写	外部中断3、4（3、4组）过滤控制寄存器	0x0
EINT56FLTCON	0x7F008228	读/写	外部中断5、6（5、6组）过滤控制寄存器	0x0
EINT78FLTCON	0x7F00822C	读/写	外部中断7、8（7、8组）过滤控制寄存器	0x0
EINT9FLTCON	0x7F008230	读/写	外部中断9（9组）过滤控制寄存器0	0x0
EINT12MASK	0x7F008240	读/写	外部中断1、2（1、2组）屏蔽寄存器	0x00FF7FFF
EINT34 MASK	0x7F008244	读/写	外部中断3、4（3、4组）屏蔽寄存器	0x3FFF03FF
EINT56 MASK	0x7F008248	读/写	外部中断5、6（5、6组）屏蔽寄存器	0x03FF007F
EINT78 MASK	0x7F00824C	读/写	外部中断7、8（7、8组）屏蔽寄存器	0x7FFFFFFF
EINT9 MASK	0x7F008250	读/写	外部中断9（9组）屏蔽寄存器	0x000001FF
EINT12PEND	0x7F008260	读/写	外部中断1、2（1、2组）挂起寄存器	0x0
EINT34 PEND	0x7F008264	读/写	外部中断3、4（3、4组）挂起寄存器	0x0
EINT56 PEND	0x7F008268	读/写	外部中断5、6（5、6组）挂起寄存器	0x0
EINT78 PEND	0x7F00826C	读/写	外部中断7、8（7、8组）挂起寄存器	0x0
EINT9 PEND	0x7F008270	读/写	外部中断9（9组）挂起寄存器	0x0
PRIORITY	0x7F008280	读/写	优先控制寄存器	0x3FF
SERVICE	0x7F008284	读	当前服务寄存器	0x0

1. 外部中断0（0组）配置寄存器0（见表14-4）

表14-4 外部中断0（0组）配置寄存器0

EINT0CON0	位	描 述		初始状态
Reserved	[31]	保留		0
EINT15、14	[30:28]	设置EINT15和EINT14的信号方法		0000
		000 = 低电平	001 = 高电平	
		01x = 边沿下降触发	10x = 边沿上升触发	
		11x = 边沿触发		
Reserved	[27]	保留		0
EINT13、12	[26:24]	设置EINT13和EINT12的信号方法		0000
		000 = 低电平	001 = 高电平	
		01x = 边沿下降触发	10x = 边沿上升触发	
		11x = 边沿触发		

（续）

EINT0CON0	位	描　　述		初始状态
Reserved	[23]	保留		0
EINT11、10	[22:20]	设置 EINT11 和 EINT10 的信号方法		0000
		000 = 低电平	001 = 高电平	
		01x = 边沿下降触发	10x = 边沿上升触发	
		11x = 边沿触发		
Reserved	[19]	保留		0
EINT9、8	[18:16]	设置 EINT9 和 EINT8 的信号方法		0000
		000 = 低电平	001 = 高电平	
		01x = 边沿下降触发	10x = 边沿上升触发	
		11x = 边沿触发		
Reserved	[15]	保留		0
EINT7、6	[14:12]	设置 EINT7 和 EINT6 的信号方法		0000
		000 = 低电平	001 = 高电平	
		01x = 边沿下降触发	10x = 边沿上升触发	
		11x = 边沿触发		
Reserved	[11]	保留		0
EINT5、4	[10:8]	设置 EINT5 和 EINT4 的信号方法		0000
		000 = 低电平	001 = 高电平	
		01x = 边沿下降触发	10x = 边沿上升触发	
		11x = 边沿触发		
Reserved	[7]	保留		0
EINT3、2	[6:4]	设置 EINT3 和 EINT2 的信号方法		0000
		000 = 低电平	001 = 高电平	
		01x = 边沿下降触发	10x = 边沿上升触发	
		11x = 边沿触发		
Reserved	[3]	保留		0
EINT1、0	[2:0]	设置 EINT1 和 EINT0 的信号方法		0000
		000 = 低电平	001 = 高电平	
		01x = 边沿下降触发	10x = 边沿上升触发	
		11x = 边沿触发		

2. 外部中断 0（0 组）配置寄存器 1（见表 14-5）

表 14-5　外部中断 0（0 组）配置寄存器 1

EINT0CON1	位	描　　述		初始状态
Reserved	[31:23]	保留		0
EINT27、26	[22:20]	设置 EINT27 和 EINT26 的信号方法		0000
		000 = 低电平	001 = 高电平	
		01x = 边沿下降触发	10x = 边沿上升触发	
		11x = 边沿触发		

（续）

EINT0CON1	位	描　　述		初始状态
Reserved	[19]	保留		0
EINT25、24	[18:16]	设置 EINT25 和 EINT24 的信号方法		0000
		000 = 低电平	001 = 高电平	
		01x = 边沿下降触发	10x = 边沿上升触发	
		11x = 边沿触发		
Reserved	[15]	保留		0
EINT23、22	[14:12]	设置 EINT23 和 EINT22 的信号方法		0000
		000 = 低电平	001 = 高电平	
		01x = 边沿下降触发	10x = 边沿上升触发	
		11x = 边沿触发		
Reserved	[11]	保留		0
EINT21、20	[10:8]	设置 EINT21 和 EINT20 的信号方法		0000
		000 = 低电平	001 = 高电平	
		01x = 边沿下降触发	10x = 边沿上升触发	
		11x = 边沿触发		
Reserved	[7]	保留		0
EINT19、18	[6:4]	设置 EINT19 和 EINT18 的信号方法		0000
		000 = 低电平	001 = 高电平	
		01x = 边沿下降触发	10x = 边沿上升触发	
		11x = 边沿触发		
Reserved	[3]	保留		0
EINT17、16	[2:0]	设置 EINT17 和 EINT16 的信号方法		0000
		000 = 低电平	001 = 高电平	
		01x = 边沿下降触发	10x = 边沿上升触发	
		11x = 边沿触发		

3. 外部中断 0（0 组）过滤控制寄存器 0（见表 14-6）

表 14-6　外部中断 0（0 组）过滤控制寄存器 0

EINT0FLTCON0	位	描　　述		初始状态
FLTEN	[31]	EINT6、7 过滤器使能		0
		0 = 禁止	1 = 使能	
FLTSEL	[30]	EINT6、7 过滤器使能		0
		0 = 延迟滤波器	1 = 数字滤波器	
EINT6、7	[29:24]	EINT6、7 滤波宽度		000
FLTEN	[23]	EINT4、5 过滤器使能		0
		0 = 禁止	1 = 使能	

（续）

EINT0FLTCON0	位	描　述		初始状态
FLTSEL	[22]	EINT4、5 过滤器使能		0
		0 = 延迟滤波器	1 = 数字滤波器	
EINT4、5	[21:16]	EINT4、5 滤波宽度		000
FLTEN	[15]	EINT2、3 过滤器使能		0
		0 = 禁止	1 = 使能	
FLTSEL	[14]	EINT2、3 过滤器使能		0
		0 = 延迟滤波器	1 = 数字滤波器	
EINT2、3	[13:8]	EINT2、3 滤波宽度		000
FLTEN	[7]]	EINT1、0 过滤器使能		0
		0 = 禁止	1 = 使能	
FLTSEL	[6]	EINT1、0 过滤器使能		0
		0 = 延迟滤波器	1 = 数字滤波器	
EINT0、1	[5:0]	EINT0、1 滤波宽度		000

4. 外部中断 0（0 组）过滤控制寄存器 1（见表 14-7）

表 14-7　外部中断 0（0 组）过滤控制寄存器 1

EINT0FLTCON1	位	描　述		初始状态
FLTEN	[31]	EINT14、15 过滤器使能		0
		0 = 禁止	1 = 使能	
FLTSEL	[30]	EINT14、15 过滤器使能		0
		0 = 延迟滤波器	1 = 数字滤波器	
EINT14、15	[29:24]	EINT14、15 滤波宽度		000
FLTEN	[23]	EINT12、13 过滤器使能		0
		0 = 禁止	1 = 使能	
FLTSEL	[22]	EINT12、13 过滤器使能		0
		0 = 延迟滤波器	1 = 数字滤波器	
EINT12、13	[21:16]	EINT12、13 滤波宽度		000
FLTEN	[15]	EINT10、11 过滤器使能		0
		0 = 禁止	1 = 使能	
FLTSEL	[14]	EINT10、11 过滤器使能		0
		0 = 延迟滤波器	1 = 数字滤波器	
EINT10、11	[13:8]	EINT10、11 滤波宽度		000
FLTEN	[7]	EINT8、9 过滤器使能		0
		0 = 禁止	1 = 使能	
FLTSEL	[6]	EINT8、9 过滤器使能		0
		0 = 延迟滤波器	1 = 数字滤波器	
EINT8、9	[5:0]	EINT8、9 滤波宽度		000

5. 外部中断0（0组）过滤控制寄存器2（见表14-8）

表14-8　外部中断0（0组）过滤控制寄存器2

EINT0FLTCON2	位	描　述		初始状态
FLTEN	[31]	EINT22、23 过滤器使能		0
		0 = 禁止	1 = 使能	
FLTSEL	[30]	EINT22、23 过滤器使能		0
		0 = 延迟滤波器	1 = 数字滤波器	
EINT22、23	[29:24]	EINT22、23 滤波宽度		000
FLTEN	[23]	EINT20、21 过滤器使能		0
		0 = 禁止	1 = 使能	
FLTSEL	[22]	EINT20、21 过滤器使能		0
		0 = 延迟滤波器	1 = 数字滤波器	
EINT20、21	[21:16]	EINT20、21 滤波宽度		000
FLTEN	[15]	EINT18、19 过滤器使能		0
		0 = 禁止	1 = 使能	
FLTSEL	[14]	EINT18、19 过滤器使能		0
		0 = 延迟滤波器	1 = 数字滤波器	
EINT18、19	[13:8]	EINT18、19 滤波宽度		000
FLTEN	[7]	EINT16、17 过滤器使能		0
		0 = 禁止	1 = 使能	
FLTSEL	[6]	EINT16、17 过滤器使能		0
		0 = 延迟滤波器	1 = 数字滤波器	
EINT16、17	[5:0]	EINT16、17 滤波宽度		000

6. 外部中断0（0组）过滤控制寄存器3（见表14-9）

表14-9　外部中断0（0组）过滤控制寄存器3

EINT0FLTCON3	位	描　述		初始状态
FLTEN	[15]	EINT26、27 过滤器使能		0
		0 = 禁止	1 = 使能	
FLTSEL	[14]	EINT26、27 过滤器使能		0
		0 = 延迟滤波器	1 = 数字滤波器	
EINT26、27	[13:8]	EINT26、27 滤波宽度		000
FLTEN	[7]	EINT24、25 过滤器使能		0
		0 = 禁止	1 = 使能	
FLTSEL	[6]	EINT24、25 过滤器使能		0
		0 = 延迟滤波器	1 = 数字滤波器	
EINT24、25	[5:0]	EINT24、25 滤波宽度		000

7. 外部中断0（0组）屏蔽寄存器（见表14-10）

表14-10 外部中断0（0组）屏蔽寄存器

EINT0MASK	位	描述		初始状态
EINT27	[27]	0 = 使中断	1 = 屏蔽	1
EINT26	[26]	0 = 使中断	1 = 屏蔽	1
EINT25	[25]	0 = 使中断	1 = 屏蔽	1
EINT24	[24]	0 = 使中断	1 = 屏蔽	1
EINT23	[23]	0 = 使中断	1 = 屏蔽	1
EINT22	[22]	0 = 使中断	1 = 屏蔽	1
EINT21	[21]	0 = 使中断	1 = 屏蔽	1
EINT20	[20]	0 = 使中断	1 = 屏蔽	1
EINT19	[19]	0 = 使中断	1 = 屏蔽	1
EINT18	[18]	0 = 使中断	1 = 屏蔽	1
EINT17	[17]	0 = 使中断	1 = 屏蔽	1
EINT16	[16]	0 = 使中断	1 = 屏蔽	1
EINT15	[15]	0 = 使中断	1 = 屏蔽	1
EINT14	[14]	0 = 使中断	1 = 屏蔽	1
EINT13	[13]	0 = 使中断	1 = 屏蔽	1
EINT12	[12]	0 = 使中断	1 = 屏蔽	1
EINT11	[11]	0 = 使中断	1 = 屏蔽	1
EINT10	[10]	0 = 使中断	1 = 屏蔽	1
EINT9	[9]	0 = 使中断	1 = 屏蔽	1
EINT8	[8]	0 = 使中断	1 = 屏蔽	1
EINT7	[7]	0 = 使中断	1 = 屏蔽	1
EINT6	[6]	0 = 使中断	1 = 屏蔽	1
EINT5	[5]	0 = 使中断	1 = 屏蔽	1
EINT4	[4]	0 = 使中断	1 = 屏蔽	1
EINT3	[3]	0 = 使中断	1 = 屏蔽	1
EINT2	[2]	0 = 使中断	1 = 屏蔽	1
EINT1	[1]	0 = 使中断	1 = 屏蔽	1
EINT0	[0]	0 = 使中断	1 = 屏蔽	1

8. 外部中断0（0组）挂起寄存器（见表14-11）

表14-11 外部中断0（0组）挂起寄存器

EINT0PEND	位	描述		初始状态
EINT27	[27]	0 = 不发生中断	1 = 发生中断	1
EINT26	[26]	0 = 不发生中断	1 = 发生中断	1
EINT25	[25]	0 = 不发生中断	1 = 发生中断	1
EINT24	[24]	0 = 不发生中断	1 = 发生中断	1
EINT23	[23]	0 = 不发生中断	1 = 发生中断	1
EINT22	[22]	0 = 不发生中断	1 = 发生中断	1

（续）

EINT0PEND	位	描述		初始状态
EINT21	[21]	0 = 不发生中断	1 = 发生中断	1
EINT20	[20]	0 = 不发生中断	1 = 发生中断	1
EINT19	[19]	0 = 不发生中断	1 = 发生中断	1
EINT18	[18]	0 = 不发生中断	1 = 发生中断	1
EINT17	[17]	0 = 不发生中断	1 = 发生中断	1
EINT16	[16]	0 = 不发生中断	1 = 发生中断	1
EINT15	[15]	0 = 不发生中断	1 = 发生中断	1
EINT14	[14]	0 = 不发生中断	1 = 发生中断	1
EINT13	[13]	0 = 不发生中断	1 = 发生中断	1
EINT12	[12]	0 = 不发生中断	1 = 发生中断	1
EINT11	[11]	0 = 不发生中断	1 = 发生中断	1
EINT10	[10]	0 = 不发生中断	1 = 发生中断	1
EINT9	[9]	0 = 不发生中断	1 = 发生中断	1
EINT8	[8]	0 = 不发生中断	1 = 发生中断	1
EINT7	[7]	0 = 不发生中断	1 = 发生中断	1
EINT6	[6]	0 = 不发生中断	1 = 发生中断	1
EINT5	[5]	0 = 不发生中断	1 = 发生中断	1
EINT4	[4]	0 = 不发生中断	1 = 发生中断	1
EINT3	[3]	0 = 不发生中断	1 = 发生中断	1
EINT2	[2]	0 = 不发生中断	1 = 发生中断	1
EINT1	[1]	0 = 不发生中断	1 = 发生中断	1
EINT0	[0]	0 = 不发生中断	1 = 发生中断	1

9. 外部中断1、2（1、2组）配置寄存器（见表14-12）

表14-12　外部中断1、2（1、2组）配置寄存器

EINT12CON	位	描述		初始状态
Reserved	[31:23]	保留		0
EINT2[7:4]	[22:20]	设置EINT2[7:4]的信号方法		0000
		000 = 低电平	001 = 高电平	
		01x = 边沿下降触发	10x = 边沿上升触发	
		11x = 边沿触发		
Reserved	[19]	保留		0
EINT2[3:0]	[18:16]	设置EINT2[3:0]的信号方法		0000
		000 = 低电平	001 = 高电平	
		01x = 边沿下降触发	10x = 边沿上升触发	
		11x = 边沿触发		
Reserved	[15]	保留		0

（续）

EINT12CON	位	描　述		初始状态
EINT1[14:12]	[14:12]	设置 EINT1[14:12]的信号方法		0000
		000 = 低电平	001 = 高电平	
		01x = 边沿下降触发	10x = 边沿上升触发	
		11x = 边沿触发		
Reserved	[11]	保留		0
EINT1[11:8]	[10:8]	设置 EINT1[11:8]的信号方法		0000
		000 = 低电平	001 = 高电平	
		01x = 边沿下降触发	10x = 边沿上升触发	
		11x = 边沿触发		
Reserved	[7]	保留		0
EINT1[7:4]	[6:4]	设置 EINT1[7:4]的信号方法		0000
		000 = 低电平	001 = 高电平	
		01x = 边沿下降触发	10x = 边沿上升触发	
		11x = 边沿触发		
Reserved	[3]	保留		0
EINT1[3:0]	[2:0]	设置 EINT1[3:0]的信号方法		0000
		000 = 低电平	001 = 高电平	
		01x = 边沿下降触发	10x = 边沿上升触发	
		11x = 边沿触发		

10. 外部中断3、4（3、4组）配置寄存器（见表14-13）

表14-13　外部中断3、4（3、4组）配置寄存器

EINT34CON	位	描　述		初始状态
Reserved	[31]	保留		0
EINT4[13:12]	[30:28]	设置 EINT4[13:12]的信号方法		0000
		000 = 低电平	001 = 高电平	
		01x = 边沿下降触发	10x = 边沿上升触发	
		11x = 边沿触发		
Reserved	[27]	保留		0
EINT4[11:8]	[26:24]	设置 EINT4[11:8]的信号方法		0000
		000 = 低电平	001 = 高电平	
		01x = 边沿下降触发	10x = 边沿上升触发	
		11x = 边沿触发		
Reserved	[23]	保留		0
EINT4[7:4]	[22:20]	设置 EINT4[7:4]的信号方法		0000
		000 = 低电平	001 = 高电平	
		01x = 边沿下降触发	10x = 边沿上升触发	
		11x = 边沿触发		

（续）

EINT34CON	位	描　　述	初始状态
Reserved	[19]	保留	0
EINT4[3:0]	[18:16]	设置 EINT4[3:0]的信号方法 000 = 低电平；001 = 高电平 01x = 边沿下降触发；10x = 边沿上升触发 11x = 边沿触发	0000
Reserved	[15:8]	保留	0
Reserved	[7]	保留	0
EINT3[4]	[6:4]	设置 EINT3[4]的信号方法 000 = 低电平；001 = 高电平 01x = 边沿下降触发；10x = 边沿上升触发 11x = 边沿触发	0000
Reserved	[3]	保留	0
EINT3[3:0]	[2:0]	设置 EINT3[3:0]的信号方法 000 = 低电平；001 = 高电平 01x = 边沿下降触发；10x = 边沿上升触发 11x = 边沿触发	0000

11. 外部中断5、6（5、6组）配置寄存器（见表14-14）

表14-14　外部中断5、6（5、6组）配置寄存器

EINT56CON	位	描　　述	初始状态
Reserved	[31:27]	保留	0
EINT6[9:8]	[26:24]	设置 EINT6[9:8]的信号方法 000 = 低电平；001 = 高电平 01x = 边沿下降触发；10x = 边沿上升触发 11x = 边沿触发	0000
Reserved	[23]	保留	0
EINT6[7:4]	[22:20]	设置 EINT6[7:4]的信号方法 000 = 低电平；001 = 高电平 01x = 边沿下降触发；10x = 边沿上升触发 11x = 边沿触发	0000
Reserved	[19]	保留	0
EINT6[3:0]	[18:16]	设置 EINT6[3:0]的信号方法 000 = 低电平；001 = 高电平 01x = 边沿下降触发；10x = 边沿上升触发 11x = 边沿触发	0000
Reserved	[15:7]	保留	0

（续）

EINT56CON	位	描　述		初始状态
EINT5[6:4]	[6:4]	设置 EINT5[6:4]的信号方法		0000
		000 = 低电平	001 = 高电平	
		01x = 边沿下降触发	10x = 边沿上升触发	
		11x = 边沿触发		
Reserved	[3]	保留		0
EINT5[3:0]	[2:0]	设置 EINT5[3:0]的信号方法		0000
		000 = 低电平	001 = 高电平	
		01x = 边沿下降触发	10x = 边沿上升触发	
		11x = 边沿触发		

12. 外部中断7、8（7、8组）配置寄存器（见表14-15）

表14-15　外部中断7、8（7、8组）配置寄存器

EINT78CON	位	描　述		初始状态
Reserved	[31]	保留		0
EINT8[14:12]	[30:28]	设置 EINT8[14:12]的信号方法		0000
		000 = 低电平	001 = 高电平	
		01x = 边沿下降触发	10x = 边沿上升触发	
		11x = 边沿触发		
Reserved	[27]	保留		0
EINT8[11:8]	[26:24]	设置 EINT8[11:8]的信号方法		0000
		000 = 低电平	001 = 高电平	
		01x = 边沿下降触发	10x = 边沿上升触发	
		11x = 边沿触发		
Reserved	[23]	保留		0
EINT8[7:4]	[22:20]	设置 EINT8[7:4]的信号方法		0000
		000 = 低电平	001 = 高电平	
		01x = 边沿下降触发	10x = 边沿上升触发	
		11x = 边沿触发		
Reserved	[19]	保留		0
EINT8[3:0]	[18:16]	设置 EINT8[3:0]的信号方法		0000
		000 = 低电平	001 = 高电平	
		01x = 边沿下降触发	10x = 边沿上升触发	
		11x = 边沿触发		
Reserved	[15]	保留		0

（续）

EINT78CON	位	描述		初始状态
EINT7[15:12]	[14:12]	设置 EINT7[15:12]的信号方法		0000
		000 = 低电平	001 = 高电平	
		01x = 边沿下降触发	10x = 边沿上升触发	
		11x = 边沿触发		
Reserved	[11]	保留		0
EINT7[11:8]	[10:8]	设置 EINT7[11:8]的信号方法		0000
		000 = 低电平	001 = 高电平	
		01x = 边沿下降触发	10x = 边沿上升触发	
		11x = 边沿触发		
Reserved	[7]	保留		0
EINT7[7:4]	[6:4]	设置 EINT7[7:4]的信号方法		0000
		000 = 低电平	001 = 高电平	
		01x = 边沿下降触发	10x = 边沿上升触发	
		11x = 边沿触发		
Reserved	[3]	保留		0
EINT7[3:0]	[2:0]	设置 EINT7[3:0]的信号方法		0000
		000 = 低电平	001 = 高电平	
		01x = 边沿下降触发	10x = 边沿上升触发	
		11x = 边沿触发		

13. 外部中断 9（9 组）配置寄存器（见表 14-16）

表 14-16 外部中断 9（9 组）配置寄存器

EINT9CON	位	描述		初始状态
Reserved	[31:7]	保留		0
EINT9[8:4]	[6:4]	设置 EINT9[8:4]的信号方法		0000
		000 = 低电平	001 = 高电平	
		01x = 边沿下降触发	10x = 边沿上升触发	
		11x = 边沿触发		
Reserved	[3]	保留		0
EINT9[3:0]	[2:0]	设置 EINT9[3:0]的信号方法		0000
		000 = 低电平	001 = 高电平	
		01x = 边沿下降触发	10x = 边沿上升触发	
		11x = 边沿触发		

14. 外部中断1、2（1、2组）过滤控制寄存器（见表14-17）

表14-17 外部中断1、2（1、2组）过滤控制寄存器

EINT12FLTCON	位	描述		初始状态
Reserved	[31:24]	保留		0x00
FLTEN2[7:0]	[23]	EINT2[7:0]滤波器使能		0
		0 = 禁止	1 = 使能	
EINT2[7:0]	[22:16]	EINT2[7:0]滤波宽度		000
FLTEN1[14:8]	[15]	EINT1[14:8]滤波器使能		0
		0 = 禁止	1 = 使能	
EINT1[14:8]	[14:8]	EINT1[14:8]滤波宽度		000
FLTEN1[7:0]	[7]	EINT1[7:0]滤波器使能		0
		0 = 禁止	1 = 使能	
EINT1[7:0]	[6:0]	EINT1[7:0]滤波宽度		000

15. 外部中断3、4（3、4组）过滤控制寄存器（见表14-18）

表14-18 外部中断3、4（3、4组）过滤控制寄存器

EINT34FLTCON	位	描述		初始状态
FLTEN4[13:8]	[31]	EINT4[13:8]滤波器使能		0
		0 = 禁止	1 = 使能	
EINT4[13:8]	[30:24]	EINT4[13:8]滤波宽度		000
FLTEN4[7:0]	[23]	EINT4[7:0]滤波器使能		0
		0 = 禁止	1 = 使能	
EINT4[7:0]	[22:16]	EINT4[7:0]滤波宽度		000
Reserved	[15:8]	保留		0x00
FLTEN3[4:0]	[7]	EINT3[4:0]滤波器使能		0
		0 = 禁止	1 = 使能	
EINT3[4:0]	[6:0]	EINT3[4:0]滤波宽度		000

16. 外部中断5、6（5、6组）过滤控制寄存器（见表14-19）

表14-19 外部中断5、6（5、6组）过滤控制寄存器

EINT56FLTCON	位	描述		初始状态
FLTEN6[9:8]	[31]	EINT6[9:8]滤波器使能		0
		0 = 禁止	1 = 使能	
EINT6[9:8]	[30:24]	EINT6[9:8]滤波宽度		000
FLTEN6[7:0]	[23]	EINT6[7:0]滤波器使能		0
		0 = 禁止	1 = 使能	
EINT6[7:0]	[22:16]	EINT6[7:0]滤波宽度		000
Reserved	[15:8]	保留		0x00
FLTEN5[6:0]	[7]	EINT5[6:0]滤波器使能		0
		0 = 禁止	1 = 使能	
EINT5[6:0]	[6:0]	EINT5[6:0]滤波宽度		000

17. 外部中断7、8（7、8组）过滤控制寄存器（见表14-20）

表14-20 外部中断7、8（7、8组）过滤控制寄存器

EINT78FLTCON	位	描 述		初始状态
FLTEN8[15:8]	[31]	EINT8[15:8]滤波器使能		0
		0=禁止	1=使能	
EINT8[15:8]	[30:24]	EINT8[15:8]滤波宽度		000
FLTEN8[7:0]	[23]	EINT8[7:0]滤波器使能		0
		0=禁止	1=使能	
EINT8[7:0]	[22:16]	EINT8[7:0]滤波宽度		000
FLTEN7[15:8]	[15]	EINT7[15:8]滤波器使能		0
		0=禁止	1=使能	
EINT7[15:8]	[14:8]	EINT7[15:8]滤波宽度		000
FLTEN7[7:0]	[7]	EINT7[7:0]滤波器使能		0
		0=禁止	1=使能	
EINT7[7:0]	[7:0]	EINT7[7:0]滤波宽度		000

18. 外部中断9（9组）过滤控制寄存器（见表14-21）

表14-21 外部中断9（9组）过滤控制寄存器

EINT9FLTCON	位	描 述		初始状态
Reserved	[15:8]	保留		0x00
FLTEN9 [8:0]	[7]	EINT9 [8:0] 滤波器使能		0
		0=禁止	1=使能	
EINT9 [8:0]	[6:0]	EINT9 [8:0] 滤波宽度		000

19. 外部中断1、2（1、2组）屏蔽寄存器（见表14-22）

表14-22 外部中断1、2（1、2组）屏蔽寄存器

EINT12MASK	位	描 述		初始状态
Reserved	[31:24]	保留		0
EINT2[m]	[16+m] m=0~7	0=使中断	1=屏蔽	1
Reserved	[15]	保留		0
EINT1[n]	[n],n=0~14	0=使中断	1=屏蔽	1

20. 外部中断3、4（3、4组）屏蔽寄存器（见表14-23）

表14-23 外部中断3、4（3、4组）屏蔽寄存器

EINT34MASK	位	描 述		初始状态
Reserved	[31:30]	保留		0
EINT4[m]	[16+m] m=0~13	0=使中断	1=屏蔽	1
Reserved	[15:5]	保留		0
EINT3[n]	[n],n=0~4	0=使中断	1=屏蔽	1

21. 外部中断5、6（5、6组）屏蔽寄存器（见表14-24）

表14-24　外部中断5、6（5、6组）屏蔽寄存器

EINT56MASK	位	描　述		初始状态
Reserved	[31:26]	保留		0
EINT6[m]	[16+m] m=0~9	0=使中断	1=屏蔽	1
Reserved	[15:7]	保留		0
EINT5[n]	[n] n=0~6	0=使中断	1=屏蔽	1

22. 外部中断7、8（7、8组）屏蔽寄存器（见表14-25）

表14-25　外部中断7、8（7、8组）屏蔽寄存器

EINT78MASK	位	描　述		初始状态
EINT8[m]	[16+m] m=0~14	0=使中断	1=屏蔽	1
EINT7[n]	[n] n=0~15	0=使中断	1=屏蔽	1

23. 外部中断9（9组）屏蔽寄存器（见表14-26）

表14-26　外部中断9（9组）屏蔽寄存器

EINT9MASK	位	描　述		初始状态
Reserved	[31:9]	保留		0
EINT9[n]	[n] n=0~8	0=使中断	1=屏蔽	1

24. 外部中断1、2（1、2组）挂起寄存器（见表14-27）

表14-27　外部中断1、2（1、2组）挂起寄存器

EINT12PEND	位	描　述		初始状态
Reserved	[31:24]	保留	0	
EINT2[m]	[16+m] m=0~7	0=不发生中断	1=发生中断	0
Reserved	[15]	保留		0
EINT1[n]	[n] n=0~14	0=不发生中断	1=发生中断	1

25. 外部中断3、4（3、4组）挂起寄存器（见表14-28）

表14-28 外部中断3、4（3、4组）挂起寄存器

EINT34PEND	位	描述		初始状态
Reserved	[31:30]	保留		0
EINT4[m]	[16+m] m=0~13	0=不发生中断	1=发生中断	1
Reserved	[15:5]	保留		0
EINT3[n]	[n] n=0~4	0=不发生中断	1=发生中断	1

26. 外部中断5、6（5、6组）挂起寄存器（见表14-29）

表14-29 外部中断5、6（5、6组）挂起寄存器

EINT56PEND	位	描述		初始状态
Reserved	[31:26]	保留		0
EINT6 [m]	[16+m] m=0~9	0=不发生中断	1=发生中断	1
Reserved	[15:7]	保留		0
EINT5 [n]	[n] n=0~6	0=不发生中断	1=发生中断	1

27. 外部中断7、8（7、8组）挂起寄存器（见表14-30）

表14-30 外部中断7、8（7、8组）挂起寄存器

EINT78PEND	位	描述		初始状态
EINT8 [m]	[16+m] m=0~14	0=不发生中断	1=发生中断	1
EINT7 [n]	[n] n=0~15	0=不发生中断	1=发生中断	1

28. 外部中断9（9组）挂起寄存器（见表14-31）

表14-31 外部中断9（9组）挂起寄存器

EINT9PEND	位	描述		初始状态
Reserved	[31:9]	保留		0
EINT9 [n]	[n] n=0~8	0=不发生中断	1=发生中断	1

29. 当前服务寄存器（SERVICE）（见表14-33）

当前服务寄存器将显示出服务于哪个中断，位的值描述的是组的序号和中断的序号。当产生nIRQ时，通过PRIORITY寄存器决定位的值。

当前服务寄存器将显示出需要清除哪个中断悬挂位，见表14-34。完成中断服务后，可以通过写入值清除中断悬挂寄存器内的中断悬挂位。例如，如果当前服务寄存器的组序号是4，可以通过向 EINT34PEND 内输入 SERVICEPEND 的值清除相应的中断悬挂位。

表 14-32 当前服务寄存器与当前服务悬挂寄存器

寄存器	地址	读/写	描述	复位值
SERVICE	0x7F008284	读	当前服务寄存器	0x00
SERVICEPEND	0x7F008288	读	当前服务悬挂寄存器	0x00

表 14-33 当前服务寄存器位的定义

SERVICE	位	描述	初始状态
Group	[7:4]	组序号	0000
Interrupt No	[3:0]	中断序号。当组位不为00时才有效	0000

14.3.3 外部中断优先级仲裁及中断号

设置对应 GPIO 为外部中断引脚功能，并设置了外部中断的触发方式后，当外部中断产生时，中断信号没有被对应屏蔽寄存器屏蔽掉（外部中断组 0 为 EINT0MASK，其他中断组为 EINTxxMASK），会进入外部中断源挂起寄存器（外部中断组 0 为 EINT0PEND，其他中断组为 EINTxxPEND），如果这时有多个外部中断信号产生，要进行中断优先级的仲裁。

如表 14-34 所示，通过设置 PRIORITY（优先级寄存器）来设置 10 个中断组是否进行优先级的轮转（常采用默认值），经过优先级仲裁出的最高优先级中断信号进入 VIC 控制器中，如图 14-2 所示。

表 14-34 优先级寄存器

寄存器	地址	读/写	描述	复位值
PRIORITY	0x7F008280	读/写	外部中断优先控制寄存器 0	0x000003FF

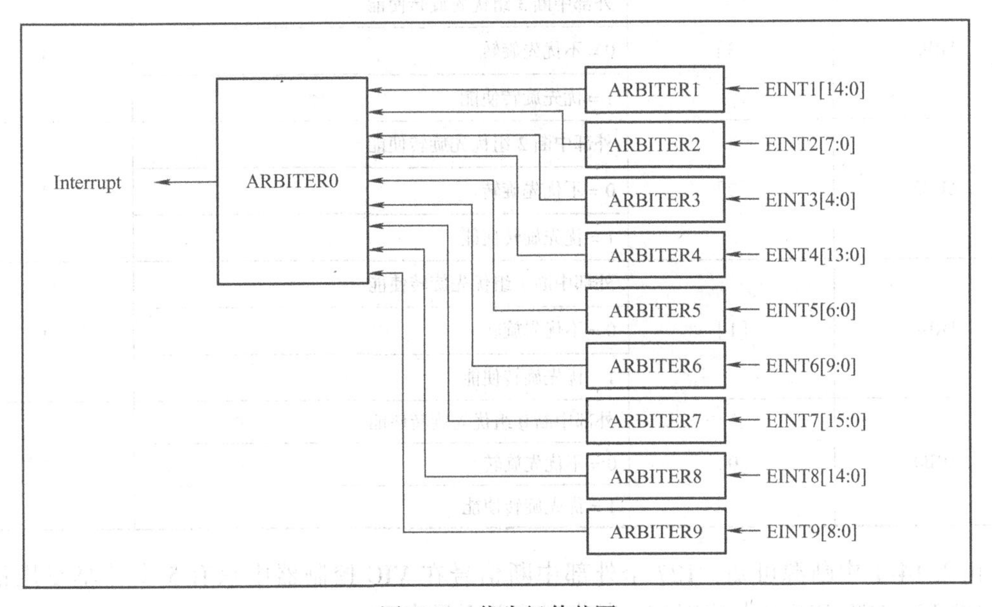

图 14-2 优先级仲裁图

优先级寄存器的位定义见表14-35。

表14-35 优先级寄存器的位定义

PRIORITY	位	描述	初始状态
ARB9	[9]	外部中断9组优先旋转使能 0＝不优先旋转 1＝优先旋转使能	1
ARB8	[8]	外部中断8组优先旋转使能 0＝不优先旋转 1＝优先旋转使能	1
ARB7	[7]	外部中断7组优先旋转使能 0＝不优先旋转 1＝优先旋转使能	1
ARB6	[6]	外部中断6组优先旋转使能 0＝不优先旋转 1＝优先旋转使能	1
ARB5	[5]	外部中断5组优先旋转使能 0＝不优先旋转 1＝优先旋转使能	1
ARB4	[4]	外部中断4组优先旋转使能 0＝不优先旋转 1＝优先旋转使能	1
ARB3	[3]	外部中断3组优先旋转使能 0＝不优先旋转 1＝优先旋转使能	1
ARB2	[2]	外部中断2组优先旋转使能 0＝不优先旋转 1＝优先旋转使能	1
ARB1	[1]	外部中断1组优先旋转使能 0＝不优先旋转 1＝优先旋转使能	1
ARB0	[0]	外部中断0组优先旋转使能 0＝不优先旋转 1＝优先旋转使能	1

由表14-1中断源可知，127个外部中断信号在VIC控制器中只有5个共享复用信号INT_EINT0～INT_EINT4与之对应。其中对应关系见表14-36。

表 14-36 外部中断对应中断号

中 断 号	VIC 控制器中断号	外部中断号
0	INT_EINT0	外部中断组 0 中断源 EINT0 ~ EINT3
1	INT_EINT1	外部中断组 0 中断源 EINT4 ~ EINT11
32	INT_EINT2	外部中断组 0 中断源 EINT12 ~ EINT19
33	INT_EINT3	外部中断组 0 中断源 EINT20 ~ EINT27
53	INT_EINT4	外部中断组 1 ~ 组 9 所有中断源

14.4 中断处理过程及控制器

14.4.1 中断流程

如图 14-1 所示，S3C6410 中断控制可以处理 64 个中断源，这些中断源可以是内部中断也可以是外部中断，所有中断源会先进入 TZIC 仲裁单元，该单元需要配置为是否可通过该中断源到 VIC 单元，默认是可以通过的，这样所有中断直接到 VIC 下仲裁以及处理。

向量中断控制器支持 32 个向量中断，拥有 16 个可编程中断优先级，并且每个可编程优先级对应固定硬件优先级，具有硬件优先级屏蔽逻辑。除了设置为 FIQ 的中断外，其余中断类型为 IRQ，还可以产生软件中断。

IRQ 中断优先级可以编程设置，如果有一个以上 IRQ 中断分配相同优先级且同时产生中断请求，VIC 对所有向量 IRQ 进行“或”操作，则连接到 VIC 的通道靠前的中断源先被应答服务，最终向 ARM 内核产生一个 IRQ 信号。

向量中断控制器 VIC0 和 VIC1 提供了 64 个中断通道，分别是 VIC0ADDR [0 ~ 31] 和 VIC1ADDR [32 ~ 63]，中断源和中断通道不可能是一一对应的关系，像外部中断 0 ~ 3 对应 VIC0VECTADDR0 通道，外部中断 4 ~ 11 对应 VIC0VECTADDR1 通道。所以需要将 ISR（中断服务程序）地址放到中断源对应的中断通道中，当中断发生时，对应中断通道的 ISR 会被硬件自动装载到 VICxADDRESS 寄存器中。VICxADDRESS 寄存器中保存的是当前触发中断并获得 CPU 执行权限的中断源的 ISR 地址，这个地址就是从寄存器 VICx VECTADDRn 中获得的（从 64 个通道中获得）。

在中断服务程序执行完毕后，对中断标志的清零将会对 VIC 寄存器（VICRawIntr、VICFIQStatus 和 VICIRQStatus）当中的对应位产生影响。另外，为了能够服务下次中断，必须在中断返回之前对 VICxADDRESS 寄存器执行一次写操作（一般可写入 0），向该寄存器写入任意值都会清除当前中断，因此只能在中断服务程序的最后才能写该寄存器清除当前中断。

总之，S3C6410 中断操作有 3 种类型，分别是使用 AHB 总线的矢量中断、使用 VIC 接口的 IRQ 矢量中断和软件中断。S3C6410 大大简化了中断的编程处理，这里结合流程图对 S3C6410 常用的使用 VIC 接口的 IRQ 矢量中断处理方式进行介绍，如图 14-3 所示。

在使用 VIC 接口处理中断之前，必须先确保 VIC 接口处理中断协处理使能，然后设置寄存器 VICxVECTADDRn 存放中断服务程序的入口地址和设置中断优先级。使能中断后，如果有中断事件发生，处理器就会自动跳转到中断服务程序，不需要软件参与。中断执行完毕后也需要同时清除 VICxADDRESS 地址寄存器。

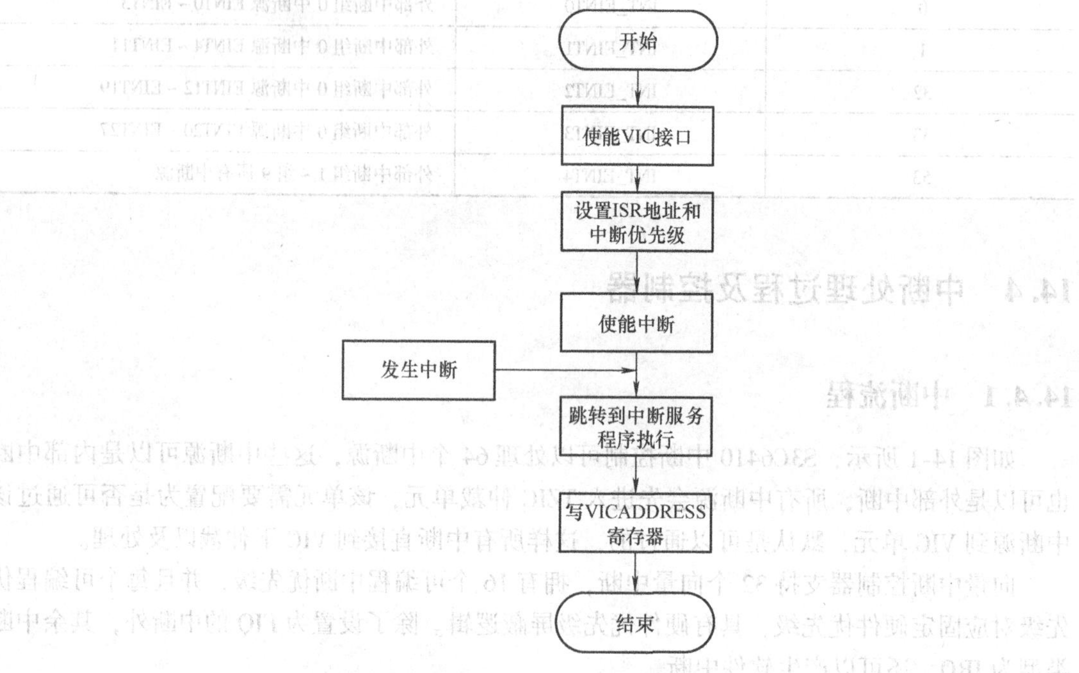

图 14-3　使用 VIC 接口的中断处理流程

针对外部中断的编程除了上述中断处理的一般中断流程之外，还需要配置 GPIO 为外部中断输入引脚、设置滤波方式和中断信号触发方式、外部中断屏蔽寄存器、外部中断源挂起寄存器等功能相关寄存器。

14.4.2　中断控制器

与中断相关的控制器见表 14-37，VIC0 的基本地址是 0x71200000，VIC1 的基本地址是 0x71300000，寄存器地址 = 基本地址 + 偏移量，下面分别给予介绍。

表 14-37　矢量中断控制器

寄存器	偏移量	类型	描　述	复位值
VICxIRQSTATUS	0x000	读	IRQ 中断状态寄存器	0x00000000
VICxFIQSTATUS	0x004	读	快速中断状态寄存器	0x00000000
VICxIRAWINTR	0x008	读	原始中断状态寄存器	0x00000000
VICxINTSELECT	0x00C	读/写	中断选择寄存器	0x00000000
VICxINTENABLE	0x010	读/写	中断使能寄存器	0x00000000
VICxINTENCLEAR	0x014	写	中断使能清除寄存器	—
VICxSOFTINT	0x018	读/写	软件中断寄存器	0x00000000
VICxISOFTINTCLEAR	0x01C	写	软件中断清除寄存器	—
VICxPROTECTION	0x020	读/写	保护使能寄存器	0x0
VICxSWPRIORITYMASK	0x024	读/写	软件优先级屏蔽寄存器	0x0FFFF

（续）

寄存器	偏移量	类型	描　　述	复位值
VICxPRIORITYDAISY	0x028	读/写	链式向量优先级寄存器	0xF
VICxVECTADDR0	0x100	读/写	矢量地址 0 寄存器	0x00000000
VICxVECTADDR1	0x104	读/写	矢量地址 1 寄存器	0x00000000
VICxVECTADDR2	0x108	读/写	矢量地址 2 寄存器	0x00000000
VICxVECTADDR3	0x10C	读/写	矢量地址 3 寄存器	0x00000000
VICxVECTADDR4	0x110	读/写	矢量地址 4 寄存器	0x00000000
VICxVECTADDR5	0x114	读/写	矢量地址 5 寄存器	0x00000000
VICxVECTADDR6	0x118	读/写	矢量地址 6 寄存器	0x00000000
VICxVECTADDR7	0x11C	读/写	矢量地址 7 寄存器	0x00000000
VICxVECTADDR8	0x120	读/写	矢量地址 8 寄存器	0x00000000
VICxVECTADDR9	0x124	读/写	矢量地址 9 寄存器	0x00000000
VICxVECTADDR10	0x128	读/写	矢量地址 10 寄存器	0x00000000
VICxVECTADDR11	0x12C	读/写	矢量地址 11 寄存器	0x00000000
VICxVECTADDR12	0x130	读/写	矢量地址 12 寄存器	0x00000000
VICxVECTADDR13	0x134	读/写	矢量地址 13 寄存器	0x00000000
VICxVECTADDR14	0x138	读/写	矢量地址 14 寄存器	0x00000000
VICxVECTADDR15	0x13C	读/写	矢量地址 15 寄存器	0x00000000
VICxVECTADDR16	0x140	读/写	矢量地址 16 寄存器	0x00000000
VICxVECTADDR17	0x144	读/写	矢量地址 17 寄存器	0x00000000
VICxVECTADDR18	0x148	读/写	矢量地址 18 寄存器	0x00000000
VICxVECTADDR19	0x14C	读/写	矢量地址 19 寄存器	0x00000000
VICxVECTADDR20	0x150	读/写	矢量地址 20 寄存器	0x00000000
VICxVECTADDR21	0x154	读/写	矢量地址 21 寄存器	0x00000000
VICxVECTADDR22	0x158	读/写	矢量地址 22 寄存器	0x00000000
VICxVECTADDR23	0x15C	读/写	矢量地址 23 寄存器	0x00000000
VICxVECTADDR24	0x160	读/写	矢量地址 24 寄存器	0x00000000
VICxVECTADDR25	0x164	读/写	矢量地址 25 寄存器	0x00000000
VICxVECTADDR26	0x168	读/写	矢量地址 26 寄存器	0x00000000
VICxVECTADDR27	0x16C	读/写	矢量地址 27 寄存器	0x00000000
VICxVECTADDR28	0x170	读/写	矢量地址 28 寄存器	0x00000000
VICxVECTADDR29	0x174	读/写	矢量地址 29 寄存器	0x00000000
VICxVECTADDR30	0x178	读/写	矢量地址 30 寄存器	0x00000000
VICxVECTADDR31	0x17C	读/写	矢量地址 31 寄存器	0x00000000
VICxVECTPRIORITY0	0x200	读/写	矢量优先 0 寄存器	0xF
VICxVECTPRIORITY1	0x204	读/写	矢量优先 1 寄存器	0xF
VICxVECTPRIORITY2	0x208	读/写	矢量优先 2 寄存器	0xF

（续）

寄存器	偏移量	类型	描　述	复位值
VICxVECTPRIORITY3	0x20C	读/写	矢量优先 3 寄存器	0xF
VICxVECTPRIORITY4	0x210	读/写	矢量优先 4 寄存器	0xF
VICxVECTPRIORITY5	0x214	读/写	矢量优先 5 寄存器	0xF
VICxVECTPRIORITY6	0x218	读/写	矢量优先 6 寄存器	0xF
VICxVECTPRIORITY7	0x21C	读/写	矢量优先 7 寄存器	0xF
VICxVECTPRIORITY8	0x220	读/写	矢量优先 8 寄存器	0xF
VICxVECTPRIORITY9	0x224	读/写	矢量优先 9 寄存器	0xF
VICxVECTPRIORITY10	0x228	读/写	矢量优先 10 寄存器	0xF
VICxVECTPRIORITY11	0x22C	读/写	矢量优先 11 寄存器	0xF
VICxVECTPRIORITY12	0x230	读/写	矢量优先 12 寄存器	0xF
VICxVECTPRIORITY13	0x234	读/写	矢量优先 13 寄存器	0xF
VICxVECTPRIORITY14	0x238	读/写	矢量优先 14 寄存器	0xF
VICxVECTPRIORITY15	0x23C	读/写	矢量优先 15 寄存器	0xF
VICxVECTPRIORITY16	0x240	读/写	矢量优先 16 寄存器	0xF
VICxVECTPRIORITY17	0x244	读/写	矢量优先 17 寄存器	0xF
VICxVECTPRIORITY18	0x248	读/写	矢量优先 18 寄存器	0xF
VICxVECTPRIORITY19	0x24C	读/写	矢量优先 19 寄存器	0xF
VICxVECTPRIORITY20	0x250	读/写	矢量优先 20 寄存器	0xF
VICxVECTPRIORITY21	0x254	读/写	矢量优先 21 寄存器	0xF
VICxVECTPRIORITY22	0x258	读/写	矢量优先 22 寄存器	0xF
VICxVECTPRIORITY23	0x25C	读/写	矢量优先 23 寄存器	0xF
VICxVECTPRIORITY24	0x260	读/写	矢量优先 24 寄存器	0xF
VICxVECTPRIORITY25	0x264	读/写	矢量优先 25 寄存器	0xF
VICxVECTPRIORITY26	0x268	读/写	矢量优先 26 寄存器	0xF
VICxVECTPRIORITY27	0x26C	读/写	矢量优先 27 寄存器	0xF
VICxVECTPRIORITY28	0x270	读/写	矢量优先 28 寄存器	0xF
VICxVECTPRIORITY29	0x274	读/写	矢量优先 29 寄存器	0xF
VICxVECTPRIORITY30	0x278	读/写	矢量优先 30 寄存器	0xF
VICxVECTPRIORITY31	0x27C	读/写	矢量优先 31 寄存器	0xF
VICxADDRESS	0xF00	读/写	矢量地址寄存器	0x00000000

1. IRQ 中断状态寄存器（见表 14-38）

当使能对应中断及选择其中断类型为一般中断时，该寄存器表示对应中断状态，表示有无中断产生。

表 14-38　IRQ 中断状态寄存器

寄 存 器	地　　址	读/写	描　　述	复位值
VIC0IRQSTATUS	0x7120_0000	读	IRQ 中断状态寄存器（VIC0）	0x0000_0000
VIC1IRQSTATUS	0x7130_0000	读	IRQ 中断状态寄存器（VIC1）	0x0000_0000

IRQ 中断状态寄存器的位定义见表 14-39。

表 14-39　IRQ 中断状态寄存器的位定义

名　　称	位	描　　述	复位值
IRQStatus	[31:0]	在通过 VICxINTENABLE 和 VICxINTSELECT 设置后，读 IRQ 中断状态寄存器 VICxIRQSTATUS 的值判断中断是否有效 0 = 中断不被激活（复位） 1 = 中断被激活 每个中断源都有一个寄存器位	0x0

2. 快速中断状态寄存器（见表 14-40）

当使能对应中断及选择其中断类型为快速中断时，该寄存器表示对应中断状态，表示有无快速中断产生。

表 14-40　快速中断状态寄存器

寄 存 器	地　　址	读/写	描　　述	复位值
VIC0FIQSTATUS	0x7120_0004	读	快速中断状态寄存器（VIC0）	0x0000_0000
VIC1FIQSTATUS	0x7130_0004	读	快速中断状态寄存器（VIC1）	0x0000_0000

快速中断状态寄存器的位定义见表 14-41。

表 14-41　快速中断状态寄存器的位定义

名　　称	位	描　　述	复位值
FIQStatus	[31:0]	在通过 VICxINTENABLE 和 VICxINTSELECT 设置后，读 FIQ 中断状态寄存器 VICxFIQSTATUS 的值判断中断是否有效 0 = 中断不被激活（复位） 1 = 中断被激活 每个中断源都有一个寄存器位	0x0

3. 原始中断状态寄存器（见表 14-42）

表 14-42　原始中断状态寄存器

寄 存 器	地　　址	读/写	描　　述	复位值
VIC0RAWINTR	0x7120_0008	读	原始中断状态寄存器（VIC0）	0x0000_0000
VIC1RAWINTR	0x7130_0008	读	原始中断状态寄存器（VIC1）	0x0000_0000

原始中断状态寄存器的位定义见表14-43。

表 14-43 原始中断状态寄存器的位定义

名　称	位	描　述	复位值
Raw Interrupt	[31:0]	在 VICxINTENABLE 和 VICxINTSELECT 寄存器屏蔽之前，显示 FIQ 中断的状态 0 = 屏蔽之前中断不被激活（复位） 1 = 屏蔽之前中断被激活 每个中断源都有一个寄存器位	0x0

4. 中断选择寄存器（见表14-44）

选择对应的中断信号类型为一般中断还是快速中断。

表 14-44 中断选择寄存器

寄 存 器	地　址	读/写	描　述	复位值
VIC0INTSELECT	0x7120_000C	读/写	中断选择寄存器（VIC0）	0x0000_0000
VIC1INTSELECT	0x7130_000C	读/写	中断选择寄存器（VIC1）	0x0000_0000

中断选择寄存器的位定义见表14-45。

表 14-45 中断选择寄存器的位定义

名称	位	描　述	复位值
IntSelect	[31:0]	选择中断请求的中断类型 0 = IRQ 中断（复位） 1 = FIQ 中断 每个中断源都有一个寄存器位	0x0

5. 中断使能寄存器（见表14-46）

使能中断信号只能通过该寄存器，如果禁用中断使用 VICxINTENCLEAR 寄存器，在系统重置后，所有中断都默认被禁用。

表 14-46 中断使能寄存器

寄 存 器	地　址	读/写	描　述	复位值
VIC0INTENABLE	0x7120_0010	读/写	中断使能寄存器（VIC0）	0x0000_0000
VIC1INTENABLE	0x7130_0010	读/写	中断使能寄存器（VIC1）	0x0000_0000

中断使能寄存器的位定义见表14-47。

表 14-47　中断使能寄存器的位定义

<table>
<tr><th>名称</th><th>位</th><th colspan="2">描　述</th><th>复位值</th></tr>
<tr><td rowspan="6">IntEnable</td><td rowspan="6">[31:0]</td><td colspan="2">使能中断请求，允许中断到达处理器</td><td rowspan="6">0x0</td></tr>
<tr><td>0 = 中断禁止（复位）</td><td rowspan="2">读</td></tr>
<tr><td>1 = 中断使能</td></tr>
<tr><td colspan="2">中断使能只能用这个寄存器设置。VICINTENCLEAR 寄存器用来清除中断使能</td></tr>
<tr><td>0 = 没有影响</td><td rowspan="2">写</td></tr>
<tr><td>1 = 中断使能</td></tr>
<tr><td></td><td></td><td colspan="2">每个中断源都有一个寄存器位</td><td></td></tr>
</table>

6. 中断使能清除寄存器（见表 14-48）

该寄存器用来清除 VICxINTENABLE 寄存器启用的中断信号。

表 14-48　中断使能清除寄存器

寄　存　器	地　　址	读/写	描　　述	复位值
VIC0INTENCLEAR	0x7120_0014	写	中断使能清除寄存器（VIC0）	—
VIC1INTENCLEAR	0x7130_0014	写	中断使能清除寄存器（VIC1）	—

中断使能清除寄存器的位定义见表 14-49。

表 14-49　中断使能清除寄存器的位定义

<table>
<tr><th>名称</th><th>位</th><th>描　述</th><th>复位值</th></tr>
<tr><td rowspan="4">IntEnable Clear</td><td rowspan="4">[31:0]</td><td>在 VICINTENABLE 寄存器内清除相应的位</td><td rowspan="4">—</td></tr>
<tr><td>0 = 没有影响</td></tr>
<tr><td>1 = 中断清除</td></tr>
<tr><td>每个中断源都有一个寄存器位</td></tr>
</table>

7. 软件中断寄存器（见表 14-50）

表 14-50　软件中断寄存器

寄　存　器	地　　址	读/写	描　　述	复位值
VIC0SOFTINT	0x7120_0018	读/写	软件中断寄存器（VIC0）	0x0000_0000
VIC1SOFTINT	0x7130_0018	读/写	软件中断寄存器（VIC1）	0x0000_0000

软件中断寄存器的位定义见表 14-51。

表 14-51　软件中断寄存器的位定义

<table>
<tr><th>名称</th><th>位</th><th colspan="2">描　述</th><th>复位值</th></tr>
<tr><td rowspan="6">IntEnable</td><td rowspan="6">[31:0]</td><td colspan="2">通过向软件中断寄存器 VICxSOFTINT 的对应位写 1 来产生软件中断，一位对应一个中断源</td><td rowspan="6">0x0</td></tr>
<tr><td>0 = 软件中断不被激活（复位）</td><td rowspan="2">读</td></tr>
<tr><td>1 = 软件中断被激活</td></tr>
<tr><td>0 = 没有影响</td><td rowspan="2">写</td></tr>
<tr><td>1 = 软件中断使能</td></tr>
<tr><td colspan="2">每个中断源都有一个寄存器位</td></tr>
</table>

8. 软件中断清除寄存器（见表14-52）

表14-52 软件中断清除寄存器

寄存器	地址	读/写	描述	复位值
VIC0SOFTINTENCLEAR	0x7120_001C	写	软件中断清除寄存器（VIC0）	—
VIC1SOFTINTENCLEAR	0x7130_001C	写	软件中断清除寄存器（VIC1）	—

软件中断清除寄存器的位定义见表14-53。

表14-53 软件中断清除寄存器的位定义

名称	位	描述	复位值
SoftInt Clear	[31:0]	在VICSOFTINT寄存器内清除相应的位 0=没有影响 1=中断清除 每个中断源都有一个寄存器位	—

9. 保护使能寄存器（见表14-54）

默认禁用保护模式，通过写入1开启了保护模式，只有特权模式下才可以访问所有的中断寄存器。

表14-54 保护使能寄存器

寄存器	地址	读/写	描述	复位值
VIC0PROTECTION	0x7120_0020	读/写	保护使能寄存器（VIC0）	0x0000_0000
VIC1PROTECTION	0x7130_0020	读/写	保护使能寄存器（VIC1）	0x0000_0000

保护使能寄存器的位定义见表14-55。

表14-55 保护使能寄存器的位定义

名称	位	描述	复位值
Reserved	[31:1]	保留，作为0读取，不要修改	0x0
IntEnable	[0]	使能或禁止保护寄存器访问 0=保护模式禁止（复位） 1=保护模式使能 当保护模式使能时，只有特权模式可以访问（进行读和写）中断控制寄存器。当保护模式禁止时，用户模式和特权模式都可以访问寄存器。当保护模式禁止时，这个寄存器只能在特权模式下被访问	0

10. 软件优先级屏蔽寄存器（见表14-56）

该寄存器用于决定是否开启软件中断优先级。

表 14-56 软件优先级屏蔽寄存器

寄存器	地址	读/写	描述	复位值
VIC0SWPRIORITYMASK	0x7120_0024	读/写	软件优先级屏蔽寄存器 VIC0	0x0000_FFFF
VIC1SWPRIORITYMASK	0x7130_0024	读/写	软件优先级屏蔽寄存器 VIC1	0x0000_FFFF

软件优先级屏蔽寄存器的位定义见表14-57。

表 14-57 软件优先级屏蔽寄存器的位定义

名称	位	描述	复位值
Reserved	[31:16]	保留，作为0读取，不要修改	0x0
SWPriorityMask	[15:0]	控制16个中断信号优先级	0xFFFF
		0 = 中断优先级被屏蔽	
		1 = 中断优先级未被屏蔽	
		寄存器的位与16个中断优先级相适应	

11. 链式向量优先级寄存器（见表14-58）

表 14-58 链式向量优先级寄存器

寄存器	地址	读/写	描述	复位值
VIC0PRIORITYDAISY	0x7120_0028	读/写	链式向量优先级寄存器 VIC0	0x0000_000F
VIC1PRIORITYDAISY	0x7130_0028	读/写	链式向量优先级寄存器 VIC1	0x0000_000F

链式向量优先级寄存器的位定义见表14-59。

表 14-59 链式向量优先级寄存器的位定义

名称	位	描述	复位值
Reserved	[31:16]	保留，作为0读取，不要修改	0x0
SWPriorityMask	[15:0]	选择矢量中断优先级。可以选择十六进制数0~15范围内的任何一个矢量中断优先级值运行寄存器	0xF

12. 矢量地址寄存器（见表14-60）

每个寄存器对应一个中断源的ISR处理程序地址。

表 14-60 矢量地址寄存器

寄存器	地址	读/写	描述	复位值
VIC0VECTADDR [31:0]	0x7120_0100 ~ 0x7120_017C	读/写	矢量地址 [31:0] 寄存器 VIC0	0x0000_0000
VIC1VECTADDR [31:0]	0x7130_0100 ~ 0x7130_017C	读/写	矢量地址 [31:0] 寄存器 VIC1	0x0000_0000

矢量地址寄存器的位定义见表14-61。

表 14-61 矢量地址寄存器的位定义

名　称	位	描　　述	复位值
VectorAddr	[31:0]	包含 ISR 矢量地址	0x0000_0000

13. 矢量优先级寄存器（见表 14-62）

表 14-62 矢量优先级寄存器

寄 存 器	地　址	读/写	描　　述	复位值
VIC0VECTPRIORITY [31:0]	0x7120_0200 ~ 0x7120_027C	读/写	矢量优先 [31:0] 寄存器（VIC0）	0x0000_000F
VIC1VECTPRIORITY [31:0]	0x7130_0200 ~ 0x7130_027C	读/写	矢量优先 [31:0] 寄存器（VIC1）	0x0000_000F

矢量优先级寄存器的位定义见表 14-63。

表 14-63 矢量优先级寄存器的位定义

名　称	位	描　　述	复位值
Reserved	[31:4]	保留，作为 0 读取，不要修改	0x0
VectorAddr	[3:0]	选择矢量中断优先级。可以选择十六进制数 0 ~ 15 范围内的任何一个矢量中断优先级值运行寄存器	0x0000_0000

14. 矢量地址寄存器（见表 14-64）

该寄存器里存放的是当前正在处理的 ISR 中断服务程序的地址。当前正在处理中断时，只能从该寄存器里读取其值，在处理完中断时向该寄存器里写入任何值都可以清除其值。

表 14-64 矢量地址寄存器

寄 存 器	地　址	读/写	描　　述	复位值
VIC0ADDRESS	0x7120_0F00	读/写	矢量地址寄存器（VIC0）	0x0000_0000
VIC1ADDRESS	0x7130_0F00	读/写	矢量地址寄存器（VIC1）	0x0000_0000

矢量地址寄存器的位定义见表 14-65。

表 14-65 矢量地址寄存器的位定义

名　称	位	描　　述	复位值
VectAddr	[31:0]	包含当前激活的 ISR 地址，复位值是 0x00000000，寄存器的读取操作可以返回 ISR 的地址。只有当有激活中断的时候可以进行读操作。向寄存器写入任何值都可以清除当前中断。只有在中断服务最后才可以进行写入操作	0x0

14.5 中断程序编写实例

本中断实例选择的是外部中断 EINT0（GPN0 端口），用 LED 亮来显示按钮按下，LED 连接 GPK4 端口，因此，在程序中要对 N 端口和 K 端口进行设置。中断的产生来自 S1，当按钮按下时，S1 与地连接，输入低电平，从而向 CPU 发出中断请求。当 CPU 受理中断后，进入相应的中断服务程序。实例电路如图 14-4 所示。

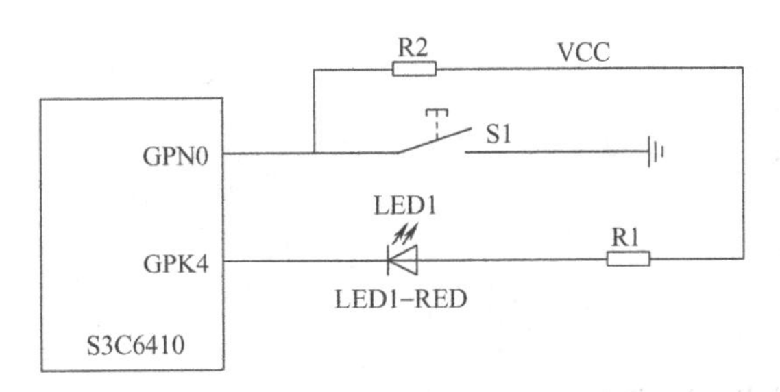

图 14-4 中断实例电路图

14.5.1 编程思路

按照前面章节描述，按照以下思路编写程序：

1）初始化中断源。也就是设置中断源是什么，进行 GPIO 端口功能设置、中断的触发方式（高电平、低电平、上升沿、下降沿、双边沿）设置、中断挂起寄存器等设置，使外部中断不屏蔽、设置中断滤波。

2）初始化中断控制器。也就是使能对应的中断，让中断信号能够传递到 CPU。需要进行中断优先级、中断类型选择、中断服务程序的入口地址、中断使能设置等与中断相关的设置。

3）编写中断处理函数。也就是如果中断到了，该干什么事情。干完后，还要把中断挂起给清除，编写相关的函数，并在函数中对相应的寄存器进行配置。

4）编写主函数，调用相关函数实现其功能。

14.5.2 实例程序

```
#include "s3c6410_addr.h"
#include "interrupt.h"
#include "defs.h"
//==================================================================
// File Name : interrupter.c
// Function : S3C6410 interrupt handler
//中断处理公用代码
//==================================================================
#include "interrupt.h"
#include "s3c6410_addr.h"
void key_config(void)
{
    rGPKCON0 = rGPKCON0 & ~(0xffff << 16) | (0x1111 << 16);
    rGPKDAT = rGPKDAT | (0xf << 4);
    rGPNCON = rGPNCON & ~(0xff << 0) | (0xaa << 0);//将 EINT 配置为中断
    rEINT0CON0 = rEINT0CON0 | (0x66 << 0);//双边沿
    rEINT0MASK = rEINT0MASK & ~(0xf);
```

```
}//端口初始化配置

void VIC_Init(void)
{
    rVIC0ADDR = 0;
    rVIC1ADDR = 0;
}
void INTC_Init(void)
{
  //关闭所有中断
    rVIC0INTENCLEAR = 0xffffffff;
    rVIC1INTENCLEAR = 0xffffffff;
    rVIC0INTSELECT = 0x0;
    rVIC1INTSELECT = 0x0;
    INTC_ClearVectAddr();
}
//打开某一个中断
int INTC_Enable(unsigned int intNum)
{
    if(intNum > INT_LIMIT)
    {
        return -1;
    }
    if(intNum < 32)
    {
        rVIC0INTENABLE |= (1 << intNum);
    }
    else
    {
        rVIC1INTENABLE |= (1 << (intNum - 32));
    }
    return 0;
}
//关闭某一个中断
int INTC_Disable(unsigned int intNum)
{
    if(intNum > INT_LIMIT)
    {
        return -1;
    }
    if(intNum < 32)
    {
        rVIC0INTENCLEAR |= (1 << intNum);
    }
    else
```

```
	{
		rVIC1INTENCLEAR |=(1<<(intNum-32));
	}
	return 0;
}
//设置某一个中断为快速中断
int INTC_SetFIQ(unsigned int intNum)
{
	if(intNum > INT_LIMIT)
	{
		return -1;
	}

	if(intNum<32)
	{
		rVIC0INTSELECT |=(1<<intNum);
	}
	else
	{
		rVIC1INTSELECT |=(1<<(intNum-32));
	}
	return 0;
}
/*
读取当前发生中断信号的中断地址
*/
int INTC_ReadIntSrc(void)
{
	return rVIC0ADDR;
}
//清除中断指示,防止干扰下一次中断发生
void INTC_ClearVectAddr(void)
{
	rVIC0ADDR=0x0;
	rVIC1ADDR=0x0;
}
//设置中断向量
void INTC_SetIntISR(unsigned int intNum, void (*isr)(void) __irq)
{
if(intNum > INT_LIMIT)
	{
		return ;
	}
	if(intNum < 32)
	{
```

```
        VIC0VECTADDR[intNum] = (unsigned )isr;
    }
    else
    {
        VIC1VECTADDR[intNum - 32] = (unsigned )isr;
    }
}
//清除 GPIO 中断指示标志,一般用 ISR 的最后执行
void EINT_Group0_ClrPend(unsigned int uEINT_No )
{
    rEINT0PEND  |= (1 << uEINT_No);
}
//中断服务程序
void key_isr(void) __irq
{
    int tmp;
    if(rEINT0PEND & 0x1){
    tmp = ~(rGPKDAT & (0x1 << 4));
    rGPKDAT = rGPKDAT & ~(0x1 << 4) | tmp;
    EINT_Group0_ClrPend(0);
    }
    INTC_ClearVectAddr();
}

//中断控制器初始化配置
void key_int_init(void)
{
    key_config();
    INTC_Init();
    INTC_SetIntISR(0, key_isr);
    INTC_Enable(0);
}

//主函数
void main(void)
{
    key_int_init();
    while(1)
    {

    }

}
```

习　　题

14－1　S3C6410内的矢量中断控制器的性能特点有哪些？

14－2　S3C6410的中断源有多少个？分别是哪些？如何分组的？

14－3　S3C6410常用的使用VIC接口的IRQ矢量中断处理方式过程是怎样的？每一个过程与哪些中断控制寄存器相关？

14－4　S3C6410外部中断源有多少个？是如何分组的？在处理外部中断时，需要设置哪些相关的控制寄存器？

14－5　S3C6410执行完中断服务程序需要如何处理，才能使下次中断请求能够到达CPU？

14－6　外部中断与中断源是如何对应的？

第 15 章　S3C6410 的串口 UART

UART 串行接口是嵌入式最常用的低速数据交换接口之一，现在使用的几种标准都是在 RS232 标准的基础上发展而来的。本章将详细介绍 S3C6410 串行端口 RS232 通信，包括串行通信单元、波特率的产生、UART 通信操作、控制寄存器设置和通信程序的编写。

15.1　S3C6410 的串口概述

15.1.1　S3C6410 串行通信单元

S3C6410 具有 4 个独立的 UART 端口，每个端口都可以通过中断或者 DMA（Direct Memory Access）模式来操作。S3C6410 的 UART 可支持高达 3Mbit/s 的传输速率，每个 UART 通道包含两个 64B 的 FIFO 缓冲寄存器。S3C6410 的 UART 通道 0、1 支持 nRTS0、nCTS0、nRTS1 和 nCTS1 引脚功能，能够通过它们实现自动流量控制，如果需要将 UART 与调制解调器相连，则必须在调制解调器控制寄存器 UMCONn 中将自动流量控制功能禁止。4 个通道都支持 IrDA1.0 标准红外模式和收发握手模式。S3C6410 的 UART 包括可编程波特率，红外线（IR）的传送/接收，一个或两个停止位插入，5 位、6 位、7 位或 8 位数据的宽度和奇偶校验。图 15-1 是 S3C6410 的 UART 结构框图，一个完整的 UART 单元由时钟单元、波特率发生器、发送器、接收器以及控制单元组成。下面结合结构框图对每部分进行介绍。

1. 时钟单元

时钟单元是为波特率发生器服务的，S3C6410 的 UART 时钟源有 3 个。3 个时钟源分别是来自系统 APB 总线的时钟 PCLK 和外部时钟 EXT_UCLK0、EXT_UCLK1。实际上 EXT_UCLK0 是通过外部时钟源直接输入的，而 EXT_UCLK1 是由配置 SYSCON 对 EPLL 或 MPLL 分频得到的。这 3 个时钟可以通过配置 UART 通道控制寄存器 UCONn（n =0 ~3）的［11:10］位来灵活选择，一般而言采用外部时钟源可以得到更高的波特率。

2. 波特率的产生

通过设置 UCONn 寄存器选择 UART 时钟是由 S3C6410 的系统内部时钟（PCLK）产生还是由外部 UART 设备的时钟产生。波特率的大小可以通过设置波特率分频寄存器（UBRDIVn）控制，使用 PCLK 时的计算公式如下：

DIV_VAL = UBRDIVn + (UDIVSLOTn 中 1 的量)/16

DIV_VAL = (PCLK/(bit/s × 16)) - 1

利用 UDIVSLOT，能够得到更准确的波特率。例如，如果波特率是 115200bit/s，PCLK 是 40MHz，则 UBRDIVn 和 UDIVSLOTn 是：

DIV_VAL = (40000000/(115200 × 16)) - 1

= 21.7 - 1

= 20.7

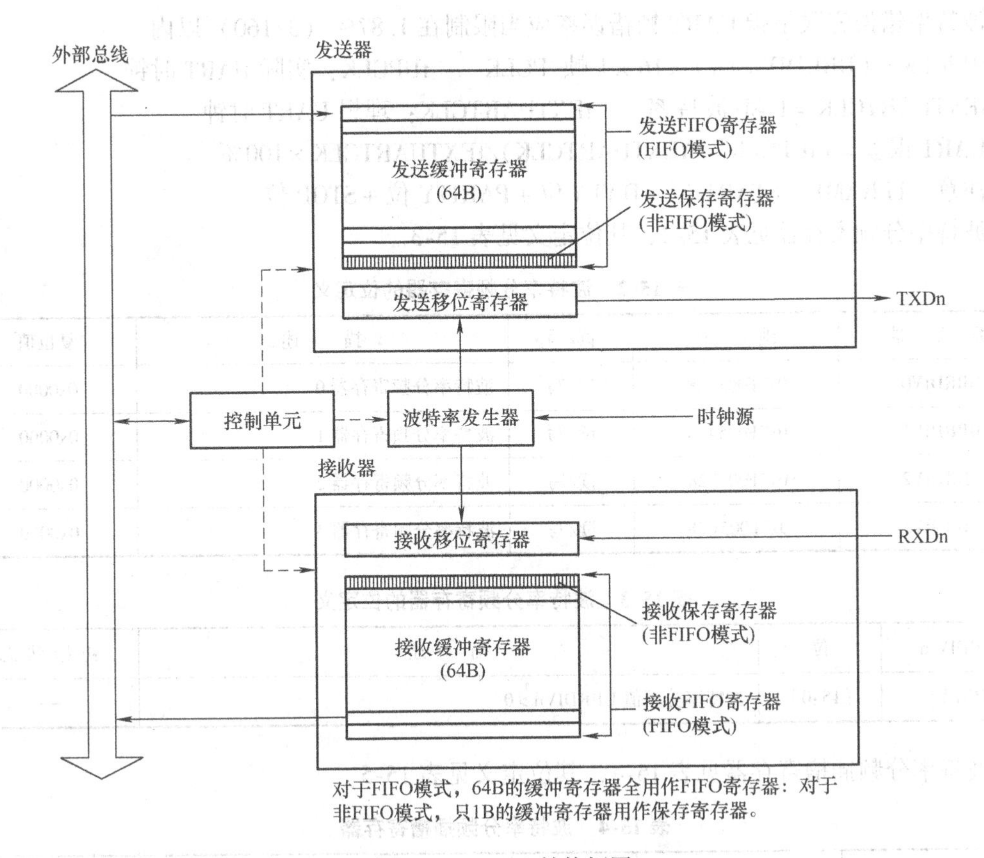

图 15-1 UART 结构框图

UBRDIVn = 20(DIV_VAL 的整数部分)

(UDIVSLOTn 中 1 的数量)/16 = 0.7，这时，(UDIVSLOTn 中 1 的数量) = 11，因此，UDIVSLOTn 为 16'b1110_ 1110_ 1110_ 1010 或者 16'b1101_ 1101_ 1101_ 0101 等。UDIVSLOTn 的选择见表 15-1。

表 15-1 UDIVSLOTn 寄存器的推荐取值

"1" 的个数	UDIVSLOTn 的值	"1" 的个数	UDIVSLOTn 的值
0	0x0000 (0000_0000_0000_0000b)	8	0x5555 (0101_0101_0101_0101b)
1	0x0080 (0000_0000_0000_1000b)	9	0xD555 (1101_0101_0101_0101b)
2	0x0808 (0000_1000_0000_1000b)	10	0xD5D5 (1101_0101_1101_0101b)
3	0x0888 (0000_1000_1000_1000b)	11	0xDDD5 (1101_1101_1101_0101b)
4	0x2222 (0010_0010_0010_0010b)	12	0xDDDD (1101_1101_1101_1101b)
5	0x4924 (0100_1001_0010_0100b)	13	0xDFDD (1101_1111_1101_1101b)
6	0x4A52 (0100_1010_0101_0010b)	14	0xDFDF (1101_1111_1101_1111b)
7	0x54AA (0101_0100_1010_1010b)	15	0xFFDF (1111_1111_1101_1111b)

波特率错误容限是指 UART 帧错误率应当限制在 1.87% (3/160) 以内。

tUPCLK = (UBRDIVn + 1) × 16 × 1 帧/PCLK   tUPCLK：实际 UART 时钟

tEXTUARTCLK = 1 帧/波特率   tEXTUARTCLK：理想 UART 时钟

UART 误差 = (tUPCLK - tEXTUARTCLK)/tEXTUARTCLK × 100%

注意：1FRAME = START 位 + DATA 位 + PARITY 位 + STOP 位

波特率分频寄存器见表 15-2，其位定义见表 15-3。

表 15-2 波特率分频寄存器的位定义

寄存器	地址	读/写	描述	复位值
UBRDIV0	0x7F005028	读/写	波特率分频寄存器 0	0x0000
UBRDIV1	0x7F005428	读/写	波特率分频寄存器 1	0x0000
UBRDIV2	0x7F005828	读/写	波特率分频寄存器 2	0x0000
UBRDIV3	0x7F005C28	读/写	波特率分频寄存器 3	0x0000

表 15-3 波特率分频寄存器的位定义

UBRDIV n	位	描述	初始状态
UBRDIV	[15:0]	波特率分频值 UBRDIVn > 0	—

波特率分频插槽寄存器见表 15-4，其位定义见表 15-5。

表 15-4 波特率分频插槽寄存器

寄存器	地址	读/写	描述	复位值
UDIVSLOT0	0x7F00502C	读/写	波特率分频寄存器 0	0x0000
UDIVSLOT1	0x7F00542C	读/写	波特率分频寄存器 1	0x0000
UDIVSLOT2	0x7F00582C	读/写	波特率分频寄存器 2	0x0000
UDIVSLOT3	0x7F005C2C	读/写	波特率分频寄存器 3	0x0000

表 15-5 波特率分频插槽寄存器的位定义

UDIVSLOT n	位	描述	初始状态
UDIVSLOT	[15:0]	选择产生分频时钟源的插槽	—

15.1.2 UART 通信操作

下面介绍 UART 的操作过程，其中对于数据发送、数据接收、自动流量控制、中断/DMA 请求的产生进行详细介绍，其他如查询检测模式、红外模式的内容，请参阅相关的教材和手册，这里不再赘述。

1. 数据发送

数据帧发送是可编程的。它由一个起始位、5~8 个数据位、一个可选的奇偶位和 1~2 位停止位组成。发送器由发送移位寄存器、发送保存寄存器和发送 FIFO 组成。发送移位寄存器的容量是1B，数据到达发送移位寄存器之后便由低位到高位按位移出。发送保存寄存器的大小是1B，在非中断模式下用于缓存待移动到发送移位寄存器发送的数据，当数据写入发送缓冲寄存器UTXHn后便会立即通过发送移位寄存器发出，在数据发送完毕会产生发送中断。发送FIFO用于暂时储存待发送的数据，当发送器将数据从发送FIFO传输到它的发送移位寄存器，并且发送FIFO剩余的数据量达到Tx FIFO的触发门限后，此时产生发送中断。如果控制器的传输模式为非FIFO模式，采用中断请求模式或轮询模式，数据从发送保存寄存器传输到发送移位寄存器会引发发送中断，中断的类型由寄存器UCONn的第［9］位确定。

2. 数据接收

和数据发送一样，数据帧接收也是可编程的。它由一个起始位、5~8个数据位、1个可选的奇偶位和1~2位停止位组成。实际上接收器就是将发送器做的工作反过来执行。接收器可以检测到溢出错误、奇偶错误、帧错误和中断条件，并为它们设置错误标志。

3. 自动流量控制（AFC）

S3C6410的UART0和UART1通过nRTS和nCTS信号支持自动流量控制。某种情况下，它可以连接到外部UART。如果想要将UART和一台调制解调器连接，必须在UMCONn寄存器中禁用自动流量控制位，并且通过软件控制信号nRTS。

4. 中断/DMA请求的产生

每个S3C6410的UART有7个状态（发送/接收/错误）信号：溢出错误、奇偶错误、帧错误、中断、接收缓冲区数据就绪、传输缓冲区为空、发送移位寄存器为空。其状态信号靠相应的UART的状态寄存器（UTRSTATn/UERSTATn）来指示。

当接收器将数据从接收移位寄存器传送到接收FIFO寄存器（在FIFO模式下），并且数量达到RX FIFO触发电平时，则接收中断产生。如果控制寄存器（UCONn）中接收模式设置为1（中断请求或轮询模式），则接收中断产生。

非FIFO模式中，在中断请求和轮询模式下，数据从接收移位寄存器传输到接收保存寄存器时会引发接收中断。

当发送器将数据从发送FIFO寄存器传输到它的发送移位寄存器，并且发送FIFO剩余的数据数量达到TX FIFO触发水平时，发送中断产生。如果控制器的传输模式选定为中断请求或轮询模式，发送中断产生。

非FIFO模式中，在中断请求和轮询模式下，数据从发送保存寄存器传输到发送移位寄存器会引发发送中断。

在上述情况下，如果接收模式和发送模式的控制器获得DMA请求，则DMA请求代替接收中断和发送中断。

15.2 UART的控制寄存器

本节将介绍UART通信使用的控制寄存器，主要是线路（行）控制寄存器ULCONn、控制寄存器UCONn、接收发送数据状态寄存器，与UART相关的寄存器见表15-6，关于寄存器的详细说明请参考其他教材和手册。

表 15-6 与 UART 相关的寄存器

名 称	地 址	功 能
ULCON0	0x7F005000	线路信号格式
UCON0	0x7F005004	工作模式
UFCON0	0x7F005008	FIFO 设置
UMCON0	0x7F00500C	Modem 设置（传输控制协议）
UTRSTAT0	0x7F005010	接收/发送数据状态
UERSTAT0	0x7F005014	错误状态
UFSTAT0	0x7F005018	FIFO 状态
UMSTAT0	0x7F00501C	调制解调器（Modem）状态寄存器
UTXH0	0x7F005020	发送
URXH0	0x7F005024	接收
UBRDIV0	0x7F005028	波特率设置
UDIVSLOT0	0x7F00502C	波特率设置
UINTP0	0x7F005030	中断处理寄存器
UINTSP0	0x7F005034	中断源处理寄存器
UINTM0	0x7F005038	中断屏蔽寄存器

1. UART 行控制寄存器

在 UART 模块中包括 4 个行控制寄存器，即 ULCON0、ULCON1、ULCON2 和 ULCON3，见表 15-7。下面就来看看行控制寄存器的位定义，见表 15-8。

表 15-7 UART 行控制寄存器

寄 存 器	地 址	读/写	描 述	复位值
ULCON0	0x7F005000	读/写	UART0 通道行控制寄存器	0x00
ULCON1	0x7F005400	读/写	UART1 通道行控制寄存器	0x00
ULCON2	0x7F005800	读/写	UART2 通道行控制寄存器	0x00
ULCON3	0x7F005C00	读/写	UART3 通道行控制寄存器	0x00

表 15-8 UART 行控制寄存器的位定义

位名称	位	描 述	初 始 状 态
Reserved	[7]	保留	0
Infra-Red Mode	[6]	确定是否采用红外模式 0 = 普通操作模式 1 = 红外线输出/接收模式	0
Parity Mode	[5:3]	在 UART 发送/接收操作过程中，确定奇偶和校验产生类型 0xx = 无校验 100 = 奇校验 101 = 偶校验 110 = 奇偶强制/校验为 1 110 = 奇偶强制/校验为 0	000

（续）

位名称	位	描 述	初始状态
Number of Stop Bit	[2]	确定每帧中停止位个数 0 = 每帧1位停止位 1 = 每帧2位停止位	0
Word Length	[1:0]	确定每帧中数据位的个数 00 = 5位 01 = 6位 10 = 7位 11 = 8位	00

2. UART控制寄存器

UART控制寄存器也有4个，即UCON0、UCON1、UCON2和UCON3，见表15-9，其位定义见表15-10。

表15-9 UART控制寄存器

寄 存 器	地 址	读/写	描 述	复位值
UCON0	0x7F005004	读/写	UART0通道控制器	0x00
UCON1	0x7F005404	读/写	UART1通道控制器	0x00
UCON2	0x7F005804	读/写	UART2通道控制器	0x00
UCON3	0x7F005C04	读/写	UART3通道控制器	0x00

表15-10 UART控制寄存器的位定义

位名称	位	描 述	初始状态
Clock Selection	[11:10]	选择PCLK或者EXT_UCLKn作为UART波特率时钟 x0 = PCLK:DIV_VAL = (PCLK/(bit/s×16)) - 1 01 = EXT_UCLK0:DIV_VAL = (EXT_UCLK/(bit/s×16)) - 1 11 = EXT_UCLK1:DIV_VAL = (EXT_UCLK/(bit/s×16)) - 1	0
Tx Interrupt Type	[9]	发送中断请求类型 0 = 脉冲(当非FIFO模式下的发送缓冲区中的数据发送完毕或者FIFO模式下发送FIFO达到了触发水平时,中断产生) 1 = 电平(当非FIFO模式下的发送缓冲区中的数据发送完毕或者FIFO模式下发送FIFO达到了触发水平时,中断产生)	0
Rx Interrupt Type	[8]	接收中断请求类型 0 = 脉冲 (在非FIFO模式下接收缓冲区接收到数据或者在FIFO模式下达到接收FIFO触发水平时,请求中断) 1 = 电平(在非FIFO模式下接收缓冲区接收到数据或者在FIFO模式下达到接收FIFO触发水平时,请求中断)	0

（续）

位名称	位	描　述	初始状态
Rx Time Out Enable	[7]	使能/禁止接收超时中断，当 UART FIFO 使能时 0 = 禁止 1 = 使能	0
Rx Error Status Interrupt Enable	[6]	在接收过程中，如果发生帧错误或溢出错误，使能/禁止 UART 产生中断 0 = 不产生接收错误状态中断 1 = 产生接收错误状态中断	0
Loop-back Mode	[5]	设置环回位为 1，使 UART 进入环回模式。此模式仅为测试目的使用 0 = 普通操作 1 = 环回模式	0
Send Break Signal	[4]	设置在一帧中发送一个中断信号，在发送中断信号后，该位被自动清除 0 = 正常发送 1 = 发送中断信号	0
Transmit Mode	[3:2]	确定哪个模式可以发送数据到 UART 发送缓冲寄存器 00 = 禁止 01 = 中断请求或轮询模式 10 = DMA 请求（DMA_UART0） 11 = DMA 请求（DMA_UART1）	00
Receive Mode	[1:0]	确定哪个模式可以从 UART 接收缓冲寄存器读数据 00 = 禁止 01 = 中断请求或轮询模式 10 = DMA 请求（DMA_UART0） 11 = DMA 请求（DMA_UART1）	00

3. FIFO 控制寄存器

UART 模块中含有 4 个 FIFO 控制寄存器，即 UFCON0、UFCON1、UFCON2、UFCON3，见表 15-11，其位定义见表 15-12。

表 15-11　FIFO 控制寄存器

寄　存　器	地　　址	读/写	描　　述	复位值
UFCON0	0x7F005008	读/写	UART0 通道 FIFO 控制寄存器	0x0
UFCON1	0x7F005408	读/写	UART1 通道 FIFO 控制寄存器	0x0
UFCON2	0x7F005808	读/写	UART2 通道 FIFO 控制寄存器	0x0
UFCON3	0x7F005C08	读/写	UART3 通道 FIFO 控制寄存器	0x0

表 15-12 FIFO 控制寄存器的位定义

位名称	位	描述		初始状态
Tx FIFO Trigger Level	[7:6]	确定发送 FIFO 的触发条件		00
		00 =空	01 =16B	
		10 =32B	11 =48B	
Rx FIFO Trigger Level	[5:4]	确定发送 FIFO 的触发条件		00
		00 =1B	01 =8B	
		10 =16B	11 =32B	
Reserved	[3]	保留		0
Tx FIFO Reset	[2]	Tx 复位，该位在 FIFO 复位后自动清除		0
		0 =正常	1 =Tx FIFO 复位	
Rx FIFO Reset	[1]	Rx 复位，该位在 FIFO 复位后自动清除		0
		0 =正常	1 =Rx FIFO 复位	
FIFO Enable	[0]	0 =FIFO 禁止	1 =FIFO 模式	0

4. Modem 控制寄存器

UART 模块中有两个 Modem 控制寄存器，即 UMCON0 和 UMCON1，见表 15-13，其位定义见表 15-14。

表 15-13 Modem 控制寄存器

寄 存 器	地 址	读/写	描 述	复位值
UMCON0	0x7F00500C	读/写	UART0 通道 Modem 控制寄存器	0x0
UMCON1	0x7F00540C	读/写	UART1 通道 Modem 控制寄存器	0x0
Reserved	0x7F00580C	—	保留	未定义
Reserved	0x7F005C0C	—	保留	未定义

表 15-14 Modem 控制寄存器的位定义

位名称	位	描 述	初始状态
RTS Trigger Level	[7:5]	当 AFC 被激活时，这个位决定什么时候阻止信号	000
		000 =接收 FIFO 包含 63B	
		001 =接收 FIFO 包含 56B	
		010 =接收 FIFO 包含 48B	
		011 =接收 FIFO 包含 40B	
		100 =接收 FIFO 包含 32B	
		101 =接收 FIFO 包含 24B	
		110 =接收 FIFO 包含 16B	
		111 =接收 FIFO 包含 8B	
Auto Flow Control (AFC)	[4]	AFC 是否允许	0
		0 =禁止 1 =激活	
Modem Interrupt Enable	[3]	0 =禁止 1 =使能	0
Reserved	[2:1]	这 2 位必须均为 0	00
Request to Send	[0]	如果 AFC 位允许，则该位被忽略，这时，S3C6410 将自动控制 nRTS 如果 AFC 位禁止，则 nRTS 必须被软件控制 0 =“H”电平（nRTS 无效） 1 =“L”电平（nRTS 有效）	

5. UART 接收/发送状态寄存器

UART 模块有 4 个 UART 接收/发送状态寄存器：UTRSTAT0、UTRSTAT1、UTRSTAT2 和 UTRSTAT3，见表 15-15，其位定义见表 15-16。

表 15-15　UART 接收/发送状态寄存器

寄　存　器	地　　址	读/写	描　　述	复位值
UTRSTAT0	0x7F005010	读	UART0 通道 Tx/Rx 状态寄存器	0x6
UTRSTAT1	0x7F005410	读	UART1 通道 Tx/Rx 状态寄存器	0x6
UTRSTAT2	0x7F005810	读	UART2 通道 Tx/Rx 状态寄存器	0x6
UTRSTAT3	0x7F005C10	读	UART3 通道 Tx/Rx 状态寄存器	0x6

表 15-16　UART 接收/发送状态寄存器的位定义

位名称	位	描　　述	初 始 状 态
Transmitter empty	[2]	在发送缓冲寄存器没有有效数据或发送移位寄存器为空时，该位自动置“1”	1
		0 = 不空	
		1 = 发送器（发送缓冲寄存器和移位寄存器）空	
Transmit buffer empty	[1]	当发送缓冲寄存器为空时，该位自动置“1”	1
		0 = 发送缓冲寄存器不空	
		1 = 空	
		（在非 FIFO 模式下，中断或 DMA 被申请。在 FIFO 模式下，当 Tx FIFO 触发电平被设置为 00（空）时，中断或 DMA 被申请）	
		如果 UART 使用 FIFO，则用户应该检查 UFSTAT 寄存器的 Tx FIFO计数位和 Tx FIFO 满标志位，以代替检查该位	
Receive buffer data ready	[0]	无论何时接收缓冲寄存器（在 RXDn 端口）接收到有效数据，该位自动置“1”	0
		0 = 空	
		1 = 接收缓冲寄存器有接收数据（在非 FIFO 模式下，中断或 DMA 被申请）	
		如果 UART 使用 FIFO，则用户应该检查 UFSTAT 寄存器中的 Rx FIFO计数位和 Rx FIFO 满标志位，以代替检查该位	

6. UART 错误状态寄存器

UART 模块有 4 个 UART 错误状态寄存器：UERSTAT0、UERSTAT1、UERSTAT2 和 UERSTAT3，见表 15-17，其位定义见表 15-18。

表 15-17　UART 错误状态寄存器

寄　存　器	地　　址	读/写	描　　述	复位值
UERSTAT0	0x7F005014	读	UART0 通道错误状态寄存器	0x0
UERSTAT1	0x7F005414	读	UART1 通道错误状态寄存器	0x0
UERSTAT2	0x7F005814	读	UART2 通道错误状态寄存器	0x0
UERSTAT3	0x7F005C14	读	UART3 通道错误状态寄存器	0x0

表 15-18 UART 错误状态寄存器的位定义

位名称	位	描 述	初始状态
Break Detect	[3]	自动设置为“1”，说明接收到中断信号	0
		0 = 发送中断信号没被接收	
		1 = 发送中断（信号被接收）（请求中断）	
Frame Error	[2]	在接收过程中无论何时发生帧错误，该位自动置“1”	0
		0 = 没发生帧错误	
		1 = 发生帧错误（请求中断）	
Parity Error	[1]	在接收过程中无论何时发生奇偶错误，该位自动置“1”	0
		0 = 没发生奇偶错误	
		1 = 发生奇偶错误（请求中断）	
Overrun Error	[0]	在接收过程中无论何时发生溢出错误，该位自动置“1”	0
		0 = 没发生溢出错误	
		1 = 发生溢出错误（请求中断）	

7. FIFO 状态寄存器

UART 模块有 4 个 FIFO 状态寄存器：UFSTAT0、UFSTAT1、UFSTAT2 和 UFSTAT3，见表 15-19，其位定义见表 15-20。

表 15-19 FIFO 状态寄存器

寄 存 器	地 址	读/写	描 述	复位值
UFSTAT0	0x7F005018	读	UART0 通道 FIFO 状态寄存器	0x00
UFSTAT1	0x7F005418	读	UART1 通道 FIFO 状态寄存器	0x00
UFSTAT2	0x7F005818	读	UART2 通道 FIFO 状态寄存器	0x00
UFSTAT3	0x7F005C18	读	UART3 通道 FIFO 状态寄存器	0x00

表 15-20 FIFO 状态寄存器的位定义

位名称	位	描 述	初始状态
保留	[15]	保留	0
Tx FIFO Full	[14]	无论何时发送 FIFO 满时，该位自动置“1”	0
		0 = 0B ≤ Tx FIFO 中的数据 ≤ 63B	
		1 = Tx FIFO 中的数据满	
Tx FIFO Count	[13:8]	Tx FIFO 数据中的数量	0
Reserved	[7]	保留	
Rx FIFO FulL	[6]	无论何时接收 FIFO 满时，该位自动置“1”	0
		0 = 0B ≤ Tx FIFO 数据 ≤ 63B	
		1 = Rx FIFO 中的数据满	
Rx FIFO Count	[5:0]	Rx FIFO 数据中的数量	0

8. Modem 状态寄存器

UART 模块有两个 Modem 状态寄存器：UMSTAT0 和 UMSTAT1，见表 15-21，其位定义见表 15-22。

表 15-21 Modem 状态寄存器

寄存器	地址	读/写	描述	复位值
UMSTAT0	0x7F00501C	读	UART0 通道 Modem 状态寄存器	0x0
UMSTAT1	0x7F00541C	读	UART1 通道 Modem 状态寄存器	0x0
Reserved	0x7F00581C	—	保留	未定义
Reserved	0x7F005C1C	—	保留	未定义

表 15-22 Modem 状态寄存器的位定义

位名称	位	描述	初始状态
Reserved	[7：5]	保留	000
Delta CTS	[4]	该位指示输入到 S3C6410 的 nCTS 信号自从上次读后是否已经改变状态 0 = 没有改变 1 = 有改变	0
Reserved	[3:1]	保留	00
Clear to Send	[0]	0 = CTS 信号没有改变（nCTS 引脚为高电平） 1 = CTS 信号改变（nCTS 引脚为低电平）	0

9. UART 发送缓冲寄存器

UART 模块有 4 个发送缓冲寄存器：UTXH0、UTXH1、UTXH2 和 UTXH3，见表 15-23，其位定义见表 15-24。UTXHn 有一个 8 位数据作为发送数据。

表 15-23 UART 发送缓冲寄存器

寄存器	地址	读/写	描述	复位值
UTXH0	0x7F005020	写	UART0 通道发送缓冲寄存器	—
UTXH1	0x7F005420	写	UART1 通道发送缓冲寄存器	—
UTXH2	0x7F005820	写	UART2 通道发送缓冲寄存器	—
UTXH3	0x7F005C20	写	UART3 通道发送缓冲寄存器	—

表 15-24 UART 发送缓冲寄存器的位定义

位名称	位	描述	初始值
TXDATAn	[7:0]	UARTn 的发送数据	—

10. UART 接收缓冲寄存器

UART 模块有 4 个接收缓冲寄存器：URXH0、URXH1、URXH2 和 URXH3，见表 15-25，其位定义见表 15-26。URXHn 有一个 8 位数据作为接收数据。

表 15-25 UART 接收缓冲寄存器

寄 存 器	地 址	读/写	描 述	复位值
URXH0	0x7F005024	读	UART0 通道接收缓冲寄存器	—
URXH1	0x7F005424	读	UART1 通道接收缓冲寄存器	—
URXH2	0x7F005824	读	UART2 通道接收缓冲寄存器	—
URXH3	0x7F005C24	读	UART3 通道接收缓冲寄存器	—

表 15-26 UART 接收缓冲寄存器的位定义

URXHn	位	描 述	初始状态
RXDATAn	[7:0]	UARTn 的接收数据	—

11. 中断处理寄存器

中断处理寄存器包括产生中断的信息，见表 15-27，其位定义见表 15-28。

表 15-27 中断处理寄存器

寄 存 器	地 址	读/写	描 述	复位值
UINTP0	0x7F005030	读/写	UART0 通道中断处理寄存器	0x0
UINTP1	0x7F005430	读/写	UART1 通道中断处理寄存器	0x0
UINTP2	0x7F005830	读/写	UART2 通道中断处理寄存器	0x0
UINTP3	0x7F005C30	读/写	UART3 通道中断处理寄存器	0x0

表 15-28 中断处理寄存器的位定义

UINTPn	位	描 述	初始状态
MODEM	[3]	产生 Modem 中断	0x0
TXD	[2]	产生发送中断	0x0
ERROR	[1]	产生错误中断	0x0
RXD	[0]	产生接收中断	0x0

当 4 位有 1 位置位为逻辑“1”时，UART 每个通道都产生中断。在中断服务程序中可以通过置“1”在指定的位来清理 UINTP 特殊的位。

12. 中断源处理寄存器

中断源处理寄存器包含产生中断的信息（不管中断屏蔽为何值），见表 15-29，其位定义见表 15-30。

表 15-29 中断源处理寄存器

寄 存 器	地 址	读/写	描 述	复位值
UINTSP0	0x7F005034	读/写	中断源处理寄存器 0	0x0
UINTSP1	0x7F005434	读/写	中断源处理寄存器 1	0x0
UINTSP2	0x7F005834	读/写	中断源处理寄存器 2	0x0
UINTSP3	0x7F005C34	读/写	中断源处理寄存器 3	0x0

表 15-30 中断源处理寄存器的位定义

UINTSPn	位	描述	初始状态
MODEM	[3]	产生 Modem	中断
TXD	[2]	产生发送中断	0
ERROR	[1]	产生错误中断	0
RXD	[0]	产生接收中断	0

13. 中断屏蔽寄存器

中断屏蔽寄存器包含屏蔽中断信息，见表 15-31，其位定义见表 15-32。如果一个特殊位被置为“1”，尽管相应的中断产生，但不产生到中断控制器的中断请求信号（在这种情况下，UINTSPn 寄存器相应位置为“1”）。如果屏蔽位是“0”，中断请求能从相应的中断源得到响应（在这种情况下，UINTSPn 寄存器相应位置为“1”）。

表 15-31 中断屏蔽寄存器

寄存器	地址	读/写	描述	复位值
UINTM0	0x7F005038	读/写	UART0 通道中断屏蔽寄存器	0x0
UINTM1	0x7F005438	读/写	UART1 通道中断屏蔽寄存器	0x0
UINTM2	0x7F005838	读/写	UART2 通道中断屏蔽寄存器	0x0
UINTM3	0x7F005C38	读/写	UART3 通道中断屏蔽寄存器	0x0

表 15-32 中断屏蔽寄存器的位定义

UINTMn	位	描述	初始状态
MODEM	[3]	屏蔽 Modem 中断	0
TXD	[2]	屏蔽发送中断	0
ERROR	[1]	屏蔽错误中断	0
RXD	[0]	屏蔽接收中断	0

14. S3C6410 UART 使用的端口

S3C6410 UART 使用系统 I/O 口作为串行通道，在编程时这些 I/O 口要设置为串行通信接口的功能，具体见表 15-33。

表 15-33 S3C6410 UART 使用的端口

UART	使用的 I/O 口	
	RXDn	TXDn
UART0	GPA0	GPA1
UART1	GPA4	GPA5
UART2	GPB0	GPB1
UART3	GPB2	GPB3

15.3 UART 通信程序实例

UART 通信电平有 3 种形式：TTL 电平、RS232 或 RS485。许多设备接口和 S3C6410 距离很近，没有干扰，为简化电路，可采用 TTL 电平直接与 S3C6410 相连。如果通信距离在几十米左右并且是点对点通信，可采用 RS232 接口，否则只能采用 RS485 接口或者其他方式通信。在工程上 UART 通信大多采用三线制（发送连对方接收、接收连对方发送，双方共地）。本节在介绍 RS232 接口电路的同时给出了一个 UART 通信程序实例。

15.3.1 RS232 接口电路

本实例的电路中，UART0 与 S3C6410 连接电路如图 15-2 所示，UART0 只采用 3 根接线 RXD0 和 TXD0，且两点要共地，因此只能进行数据传输及接收。UART0 采用美信 3232 集成电路电平转换器（MAX3232）做电平转换。

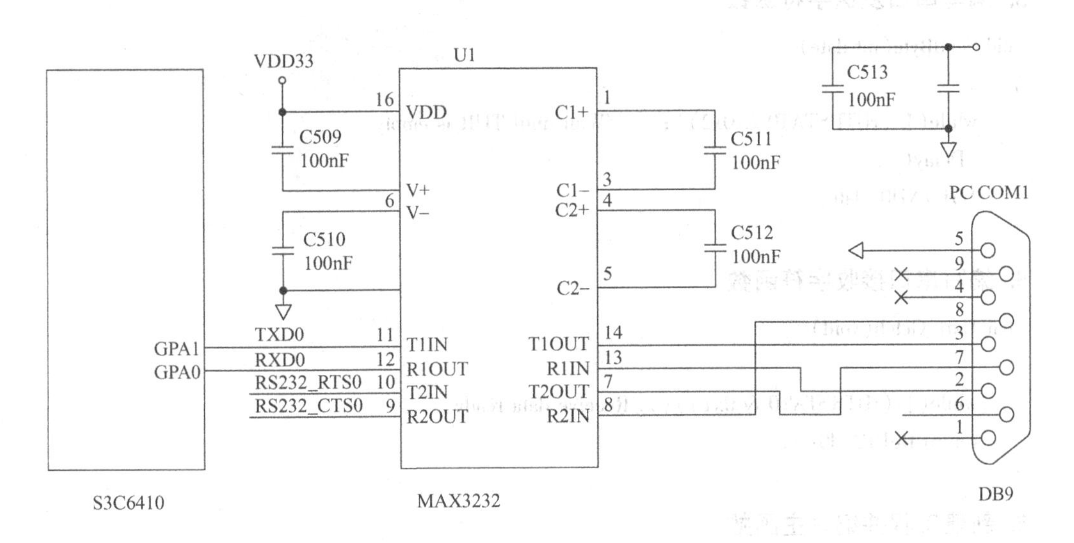

图 15-2 PC 与 S3C6410 串口连接框图

RXD0 和 TXD0 使用 GPA0 和 GPA1 引脚，因此要对 A 端口初始化，设置成串（行）口工作方式。

通信双方是 S3C6410 和 PC，在 PC 上运行 Windows 自带的超级终端串口通信程序，或者使用串口通信程序（串口精灵等）。设置超级终端参数为：COM1、波特率 115200、8 位数据位、1 位停止位、无奇偶校验、无硬件流控制。

本实例采用查询方式完成 PC 串口和 S3C6410 串口的数据收发功能。S3C6410 串口实现接收来自 PC 串口（超级终端）的字符，并将接收到的字符发送到 PC 串口（超级终端）显示，PCLK 值为 66.5MHz，波特率设定为 115200bit/s，不使用 FIFO。

15.3.2 编程思路

1. UART 端口初始化设置

```
rGPACON &= ~0xff;
rGPACON | =0x22;
rGPAPUD = (rGPAPUD & ~(0xf <<0)) | (0x1 <<0);
```

2. UART 串口初始化设置

```
rULCON0 =0x3;
rUCON0  =0x5;
rUFCON0 =0x0;
rUMCON0 =0;
// DIV_VAL = (PCLK/(bps ×16 )) -1 = (66500000/(115200 ×16)) -1 =35.08
// DIV_VAL =35.08 = UBRDIVn + (UDIVSLOTn 中 1 的量)/16
rUBRDIV0 =35;
rUDIVSLOT0 =0x1;
```

3. 编写串口发送字符函数

```
void SendByte(int date)
{
    while(! (rUTRSTAT0 & 0x2));    //Wait until THR is empty
     Delay();
    WrUTXH0(date);
}
```

4. 编写串口接收字符函数

```
char Uart_Getch(void)
{
    while(! (rUTRSTAT0 & 0x1)); //Receive data ready
    return RdURXH0();
}
```

5. 新建工程并编写主函数

主函数就可以调用相关函数来完成数据的接收和发送过程。

15.3.3 UART 实例程序

```
#include "uart.h"
#include "s3c6410_addr.h"
#include "soc_cfg.h"
void init_uart(void)
{
    rGPACON &= ~0xff;
    rGPACON | =0x22;
    rGPAPUD = (rGPAPUD & ~(0xf <<0)) | (0x1 <<0);
```

```
    rULCON0 = 0x3;
    rUCON0    = 0x5;
    rUFCON0 = 0x0;
    rUMCON0 = 0;
    // DIV_VAL = (PCLK / (bps × 16)) - 1 = (66500000/(115200 × 16)) - 1 = 35.08
    // DIV_VAL = 35.08 = UBRDIVn + (UDIVSLOTn 中 1 的量)/16
    rUBRDIV0    = 35;
    rUDIVSLOT0 = 0x1;
}
void Delay(void)
{
    volatile int i;
    for(i = 0 ; i < 1000 ; i ++ )
    {
    }
}
char Uart_Getch(void)
{
     while(! (rUTRSTAT0 & 0x1)); //Receive data ready
     return RdURXH0();
}
void SendByte(int date)
{
    while(! (rUTRSTAT0 & 0x2));    //Wait until THR is empty
    Delay();
    WrUTXH0(date);
}
void SendString(char * pt)
{
    while( * pt)
    SendByte( * pt ++ );
}
void main(void)
{
Char   c;
init_uart();
while (1)
     {
     c = Uart_Getch();
     SendByte(c);
     if(c  == 0x0d)
     SendByte(0x0a);
     }
}
```

习　　题

15－1　S3C6410 能提供几个 UART？它由哪些单元组成？

15－2　S3C6410 UART 波特率如何确定？

15－3　S3C6410 的行控制寄存器和控制寄存器的功能有哪些？

15－4　熟悉本章采用查询模式的编程，利用上一章学的中断方式，利用中断方式编程实现本章实例的功能。

第 16 章　S3C6410 的 PWM 控制

本章主要介绍 PWM 的工作原理、输出控制、控制寄存器的功能和使用，最后给出编程思路和实例。

16.1　PWM 定时器概述

16.1.1　脉宽调制的概念和原理

脉宽调制（PWM）就是利用微处理器的数字输出来对模拟电路进行控制的一种非常有效的技术，广泛应用于测量、通信、功率控制与变换等许多领域中，PWM 是一种对模拟信号电平进行数字编码的方法。

脉宽调制技术是通过对逆变电路开关的通断控制来实现对模拟电路的控制的。脉宽调制技术的输出波形是一系列大小相等的脉冲，用于替代所需要的波形，以正弦波为例，也就是使这一系列脉冲的等值电压为正弦波，并且使输出脉冲尽量平滑且具有较少的低次谐波。根据不同的需求，可以对各脉冲的宽度进行相应的调整，以改变输出电压或输出频率等值，进而达到对模拟电路的控制。PWM 的一个优点是从处理器到被控系统信号都是数字式的，无须进行数-模转换，让信号保持为数字形式可将噪声影响降到最小。

在嵌入式控制系统中，有许多场合需要直流电动机做驱动。直流电动机给定直流电压就可以旋转。给定的电压高，电动机转速就快；给定的电压低，电动机转速就慢。这样，控制给定电压的大小就可以控制电动机的转速。

假定用定时器进行控制，使微处理器的 I/O 口输出周期为 400μs 的方波，一个周期中高低电平各占 200μs。人们把高电平占整个周期的时间比率称为“占空比”，上面周期为 400μs 的方波的占空比为 50%。用占空比可以改变的方波控制直流电动机，就可以改变直流电动机的输入平均电压，从而控制电动机速度。也可以说，PWM 是占空比可以改变的方波。

16.1.2　S3C6410 的 PWM 定时器

S3C6410 RISC 微处理器由 5 个 32 位定时器组成，这些定时器用来产生内部中断到 CPU。定时器 0 和 1 包含一个 PWM 功能（脉宽调制），它可以驱动外部的 I/O 信号。定时器 0、1 的 PWM 能够通过一个可选的死区发生器，满足大电流驱动的要求。定时器 2、3、4 是内部定时器，没有输出引脚。定时器结构框图如图 16-1 所示。

定时器所用的时钟频率来自 APB - PCLK 的分频。定时器 0 和 1 共享一个可编程的 8 位预定标器，对来自 PCLK 的信号进行第一层的分频，而定时器 2、3、4 共用另外一个预定标器，可以通过设置寄存器 TCFG0 来确定分频比。每个定时器又有自己独立的分频器对来自预定标器的频率进行第二层的分频，分频比是通过寄存器 TCFG1 确定的。除此之外，定时器还可以从外部引脚选择时钟源，定时器 0、1 可以选择外部时钟源 TCLK0，定时器 2、3、4 可以选择外部时钟源 TCLK1，是否选择外部时钟由寄存器 TCFG1 确定。

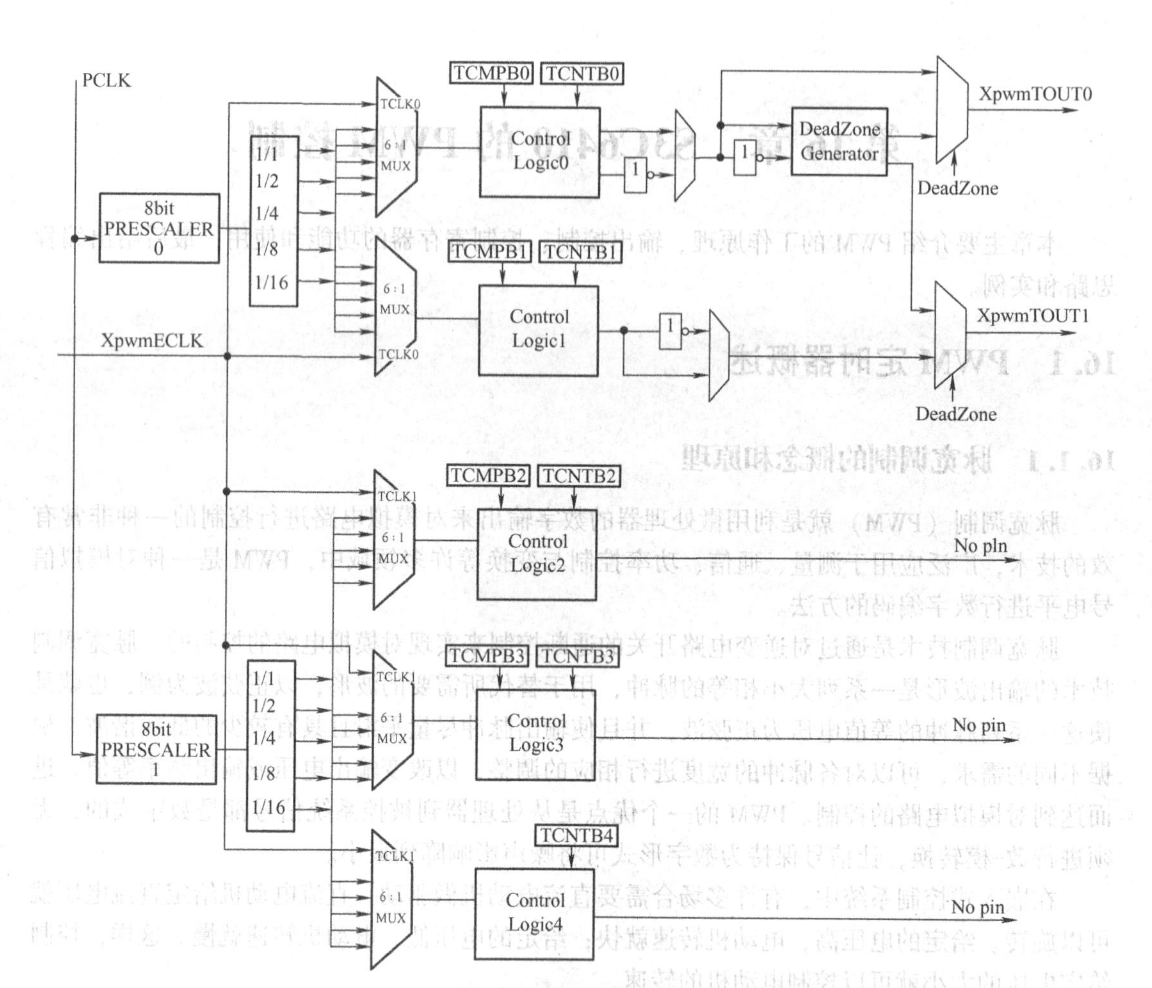

图 16-1 定时器结构框图

每个定时器模块都从时钟分频器接收自己的时钟信号，时钟分频器接收的时钟信号来自于 8 位预定标器。可编程 8 位预定标器根据存储在 TCFG0 和 TCFG1 中的数据对 PCLK 进行预分频。分频器的功能见表 16-1。

表 16-1 分频器的功能

4 位分频器设置	最低分辨率（prescaler = 1）	最高分辨率（prescaler = 255）	最大间隔（TCNTBn = 4294967295）
1/1（PCLK = 66MHz）	0.031μs（33.0MHz）	3.87μs（258kHz）	16621.52s
1/2（PCLK = 66MHz）	0.060μs（16.5MHz）	7.75μs（129kHz）	33243.05s
1/4（PCLK = 66MHz）	0.121μs（8.25MHz）	15.5μs（64.5kHz）	66486.09s
1/8（PCLK = 66MHz）	0.242μs（4.13MHz）	31.0μs（32.2kHz）	132972.19s
1/16（PCLK = 66MHz）	0.484μs（2.07MHz）	62.1μs（16.1kHz）	265944.37s

每个定时器都有一个由定时器时钟驱动的向下计数的计数器（简称下计数器），下计数器的初始值来自定时器缓冲计数器（TCNTBn）。当向下计数到 0 时，定时器向 CPU 请求中

断，本轮计数完成。当定时器下计数器到达0时，相应的TCNTBn又会重新装载，进入下一轮的向下计数。如果要在定时器正常运行模式下停止计数，就必须清除寄存器TCONn中的定时器使能位，这样TCNTBn中的值就不会重载到下计数器中。

比较寄存器TCMPBn决定PWM波的输出形状，当下计数器TCNTBn向下计数到和TCMPBn中的值相等时，输出电平发生翻转。当下计数器继续向下计数到0时，输出电平再次翻转并产生中断（如果中断使能）。由于寄存器TCMPBn和TCNTBn都是双缓冲寄存器，允许参数循环更新，当前计数周期完成后新的值便立即生效。

16.1.3　S3C6410的自动重新加载和双缓冲功能

S3C6410具有双缓冲功能，能在不中止当前定时器运行的情况下，重装下一次定时器运行的参数，虽然新的定时器值被设定好了，但当前定时器的操作仍然能成功完成。定时器的值可以被写入TCNTBn（定时器计数缓冲寄存器），当前计数器值可以从TCNTOn（定时器计数观察寄存器）中读出。读的TCNTBn值不是当前计数器的值，而是下次重载的计数器值。

自动重新载入是一个操作，减法计数器TCNTn的值等于0时，自动重载，把TCNTBn的值装入减法计数器TCNTn，只有当自动重载允许并且减法计数器TCNTn的值等于0时才会自动重载。如果减法计数器TCNTn =0，自动重载禁止，则定时器停止运行，如图16-2所示。

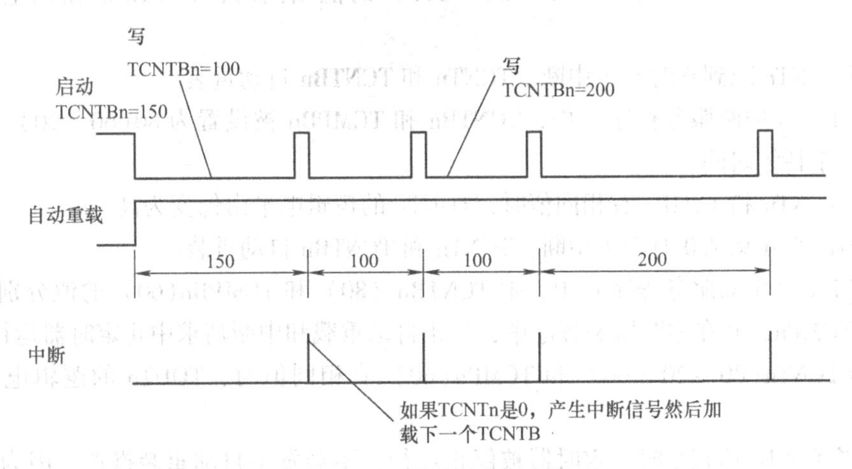

图16-2　双缓冲功能示意图

因为计数器达到0时，定时器发生自动重载，所以用户必须首先定义TCNTn的开始值。在这种情况下，自动更新位必须载入初始值。可以采取下列步骤启动定时器：

1）写初始值到TCNTBn和TCMPBn中。

2）设置相应定时器的手动更新位。不管是否使用倒相功能，推荐设置倒相位。

3）设置相应定时器的起始位去启动定时器，并清空手动更新位。

如果定时器被强制停止，TCNTn将保持原来的值，如果要设置一个新的值，必须使用手动更新位。手动更新位要在定时器启动后清除，否则不能正常运行。只要TOUT的倒相位改变，不管定时器是否处于运行状态，TOUT都会倒相。因此，在手动更新时需要设置倒相位，定时器启动后清除。

16.1.4 定时器的基本操作示例

定时器操作示例如图 16-3 所示。

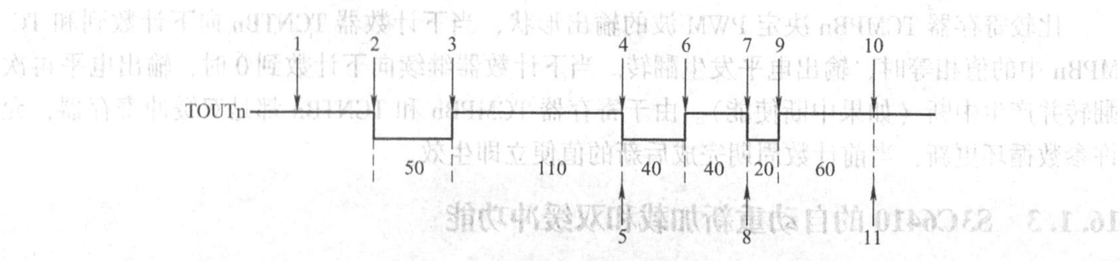

图 16-3 定时器操作示例

1）启用自动重新载入功能。设置 TCNTBn 为 160（50 + 110），TCMPBn 为 110，设置手动更新位和倒相。该手动更新位设置后，TCNTBn 和 TCMPBn 的值自动装入 TCNTn 和 TC-MPn。然后，分别设置 TCNTBn 和 TCMPBn 为 80（40 + 40）和 40，以确定下一个重新载入的值。

2）启动定时器即设置启动位和关闭手动更新位，取消倒相功能，允许自动重装，定时器开始启动减法计数。

3）当 TCNTn(160 − 50）和 TCMPn(= 110）的值相同时，TOUTn 的输出电平由低变为高。

4）当 TCNTn 减到 0 时产生中断，TCNTn 和 TCNTBn 自动重装。

5）在 ISR（中断服务程序）中，TCNTBn 和 TCMPBn 被设置为 80(60 + 20）和 60，它被用于下一个持续时间。

6）当 TCNTn 和 TCMPn 有相同值时，TOUTn 的逻辑电平由低变为高。

7）当 TCNTn 减到 0 时产生中断，TCNTn 和 TCNTBn 自动重装。

8）在 ISR（中断服务程序）中，把 TCNTBn（80）和 TCMPBn(60）的值分别自动装入 TCNTn 和 TCMPn，并在中断服务程序中，禁止自动重载和中断请求中止定时器运行。

9）当 TCNTn(80 − 20 = 60）和 TCMPn(60）有相同值时，TOUTn 的逻辑电平由低变为高。

10）当 TCNTn 达到 0 时，定时器被停止运行，不会发生自动重装操作，因为自动重载被禁止，也不会产生中断请求。

16.2 PWM 输出电平控制

16.2.1 PWM 工作原理

当把一个数值放入 TCNTBn 之后，启动定时器、使能重载功能。TCNTBn 把该数值放入减法计数器 TCNTn，减法计数器开始减 1 操作，减到 0 时，相应的 TCNTBn 值被自动重载到减法计数器 TCNTn 中继续下一次的操作。这样，在定时器的输出会产生连续的锯齿波，如图 16-4 所示的 V_{tcnt}。当把比较值放入 TCMPBn 后，该值会使定时器输出一个负电压，如

图 16-4所示的 V_{tcmpb}。定时器的输出电压 $V_{out}=V_{tcnt}-V_{tcmpb}$，当 V_{tcnt}大于 V_{tcmpb}时，V_{out}输出电压变正，反之，变负。经整形电路处理，V_{out}输出电压就变成了宽度随 V_{tcmpb}而改变的方波 V_{tout}。

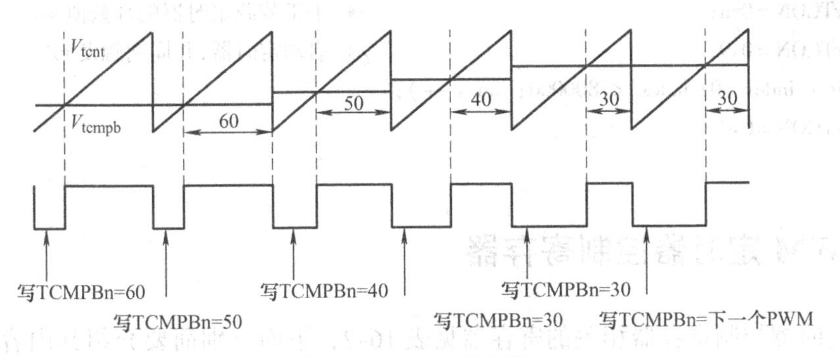

图 16-4　PWM 调制原理

16.2.2　PWM 输出控制

1. 输出电平倒相

PWM 在不改变占空比的情况下，输出电平可以倒相，即把输出电平取反。在 PWM 控制器中有一个逆变位，通过修改该位可以实现倒相。

2. 编程改变输出频率

PWM 的输出频率很容易改变，具体实现方法如下面的程序。

```
/* 设置定时器的预分频率值:TIME0/1 = 255, TIME2/3 = 0, TIME4/5 = 0 */
    rTCFG0 = 0xFF;
/* 设置定时器的工作模式:中断模式,设置分频率值:TIME0 为 1/4,其他为 1/2 */
    rTCFG1 = 0x1;
/* 输出脉冲:频率从 4000Hz 到 14000Hz, 使用 2/3 的占空比 */
    for ( freq = 500; freq < 14000; freq += 500 )
{
    div = (PCLK/256/4)/freq;
    rTCON = 0x0;
    rTCNTB0 = div;
    rTCMPB0 = (2 * div)/3;
    rTCON = 0xa;                                  /* 手工装载定时器的计数值 */
    rTCON = 0x9;                                  /* 启动定时器,并周期模式触发 */
    for( index = 0; index < 800000; index ++ );
    rTCON = 0x0;                                  /* 延时并停止定时器 */
}
```

3. 编程改变输出占空比

```
/* 输出脉冲:频率 1000Hz, 使用 1/100 ~ 95/100 的占空比 */
    div = (PCLK/256/4)/1000;
    for ( rate = 1; rate < 100; rate += 5 )
    {
```

```
    rTCNTB0 = div;
    rTCMPB0 = (rate * div)/100;               /* 修改占空比 */
    rTCON = 0xa;                              /* 手工装载定时器的计数值 */
    rTCON = 0x9;                              /* 启动定时器,并周期触发 */
    for( index = 0; index < 800000; index ++ );
    rTCON = 0x0;
}
```

16.3 PWM 定时器控制寄存器

PWM 定时器控制寄存器相关的寄存器见表 16-2，下面分别简要介绍其内容，详细的内容可以参考相关的教材和手册。

表 16-2 PWM 相关寄存器

寄存器	偏移量	读/写	描述	复位值
TCFG0	0x7F006000	读/写	定时器配置寄存器 0，配置两个 8 位预定标器和死区长度	0x0000_0101
TCFG1	0x7F006004	读/写	定时器配置寄存器 1，5 – MUX 和 DMA 模式选择寄存器	0x0000_0000
TCON	0x7F006008	读/写	定时器控制寄存器	0x0000_0000
TCNTB0	0x7F00600C	读/写	定时器 0 计数缓冲器	0x0000_0000
TCMPB0	0x7F006010	读/写	定时器 0 比较缓冲寄存器	0x0000_0000
TCNTO0	0x7F006014	读	定时器 0 计数观察寄存器	0x0000_0000
TCNTB1	0x7F006018	读/写	定时器 1 计数缓冲器	0x0000_0000
TCMPB1	0x7F00601C	读/写	定时器 1 比较缓冲寄存器	0x0000_0000
TCNTO1	0x7F006020	读	定时器 1 计数观察寄存器	0x0000_0000
TCNTB2	0x7F006024	读/写	定时器 2 计数缓冲器	0x0000_0000
TCMPB2	0x7F006028	读/写	定时器 2 比较缓冲寄存器	0x0000_0000
TCNTO2	0x7F00602C	读	定时器 2 计数观察寄存器	0x0000_0000
TCNTB3	0x7F006030	读/写	定时器 3 计数缓冲器	0x0000_0000
TCMPB3	0x7F006034	读/写	定时器 3 比较缓冲寄存器	0x0000_0000
TCNTO3	0x7F006038	读	定时器 3 计数观察寄存器	0x0000_0000
TCNTB4	0x7F00603C	读/写	定时器 4 计数缓冲器	0x0000_0000
TCNTO4	0x7F006040	读	定时器 4 计数观察寄存器	0x0000_0000
TINT_CSTAT	0x7F006044	读/写	定时器中断控制和状态寄存器	0x0000_0000

1. TCFG0（定时器配置寄存器 0）

定时器输入时钟频率 = PCLK/{预定标器的值 + 1}/{分频值}

{预定标器的值} = 1 ~ 255；{分频值} = 1,2,4,8,16,TCLK

定时器配置寄存器 0 见表 16-3，其位定义见表 16-4。

表 16-3　定时器配置寄存器 0

寄存器	偏移量	读/写	描　述	复位值
TCFG0	0x7F006000	读/写	定时器配置寄存器 0，可配置两个 8 位预定标器和死区长度	0x0000_0101

表 16-4　定时器配置寄存器 0 的位定义

TCFG0	位	读/写	描　述	初始状态
Reserved	[31:24]	读	保留	0x00
Dead zone length	[23:16]	读/写	死区的长度	0x00
Prescaler1	[15:8]	读/写	预定标器 1 的值，用于定时器 2、3 和 4	0x01
Prescaler0	[7:0]	读/写	预定标器 0 的值，用于定时器 0 和 1	0x01

2. TCFG1（定时器配置寄存器 1）

定时器配置寄存器 1 见表 16-5，其位定义见表 16-6。

表 16-5　定时器配置寄存器 1

寄存器	地　址	读/写	描　述	复位值
TCFG1	0x7F006004	读/写	定时器配置寄存器 1，可控制 5MUX 和 DMA 模式选择位	0x0000_0000

表 16-6　定时器配置寄存器 1 的位定义

<table>
<tr><th>TCFG1</th><th>位</th><th>读/写</th><th colspan="2">描　述</th><th>初始状态</th></tr>
<tr><td>Reserved</td><td>[31:24]</td><td>读</td><td colspan="2">保留位</td><td>0x00</td></tr>
<tr><td rowspan="4">DMA mode</td><td rowspan="4">[23:20]</td><td rowspan="4">读/写</td><td colspan="2">选择 DMA 请求通道选择位</td><td rowspan="4">0x0</td></tr>
<tr><td>0000:无选择</td><td>0001:INT0</td></tr>
<tr><td>0010:INT1</td><td>0011:INT2</td></tr>
<tr><td>0100:INT3</td><td>0101:INT4</td></tr>
<tr><td rowspan="4">Divider MUX 4</td><td rowspan="4">[19:16]</td><td rowspan="4">读/写</td><td colspan="2">选择定时器 4 的 MUX 输入</td><td rowspan="4">0x00</td></tr>
<tr><td>0000:1/1</td><td>0001:1/2</td></tr>
<tr><td>0010:1/4</td><td>0011:1/8</td></tr>
<tr><td>0100: 1/16</td><td>0101:外部 TCLK1</td></tr>
<tr><td rowspan="4">Divider MUX 3</td><td rowspan="4">[15:12]</td><td rowspan="4">读/写</td><td colspan="2">选择定时器 3 的 MUX 输入</td><td rowspan="4">0x00</td></tr>
<tr><td>0000:1/1</td><td>0001:1/2</td></tr>
<tr><td>0010:1/4</td><td>0011:1/8</td></tr>
<tr><td>0100:1/16</td><td>0101:外部 TCLK1</td></tr>
<tr><td rowspan="4">Divider MUX 2</td><td rowspan="4">[11:8]</td><td rowspan="4">读/写</td><td colspan="2">选择定时器 2 的 MUX 输入</td><td rowspan="4">0x00</td></tr>
<tr><td>0000:1/1</td><td>0001:1/2</td></tr>
<tr><td>0010:1/4</td><td>0011:1/8</td></tr>
<tr><td>0100: 1/16</td><td>0101:外部 TCLK1</td></tr>
</table>

（续）

TCFG1	位	读/写	描　述		初始状态
Divider MUX 1	[7:4]	读/写	选择定时器 1 的 MUX 输入		0x00
			0000:1/1	0001:1/2	
			0010:1/4	0011:1/8	
			0100:1/16	0101:外部 TCLK0	
Divider MUX 0	[3:0]	读/写	选择定时器 0 的 MUX 输入		0x00
			0000:1/1	0001:1/2	
			0010:1/4	0011:1/8	
			0100:1/16	0101:外部 TCLK0	

3. TCON（定时器控制寄存器）

定时器控制寄存器见表 16-7，其位定义见表 16-8。

表 16-7　定时器控制寄存器

寄存器	地　址	读/写	描　述	复位值
TCON	0x7F006008	读/写	定时器控制寄存器	0x0000_0000

表 16-8　定时器控制寄存器的位定义

TCON	位	读/写	描　述		初始值
Reserved	[31:23]	读	保留		0x000d
Timer4 Auto Reload on/off	[22]	读/写	确定定时器 4 的自动加载开/关		0x0
			0 = One-shot	1 = 间隔模式（自动重载）	
Timer4 manual update	[21]	读/写	确定定时器 4 的手动更新		0x0
			0 = 无操作	1 = 更新 TCNTB4	
Timer4 Start/Stop	[20]	读/写	确定定时器 4 的启动/停止		0x0
			0 = 停止	1 = 启动定时器 4	
Timer3 Auto Reload on/off	[19]	读/写	确定定时器 3 的自动加载开/关		0x0
			0 = One-shot	1 = 间隔模式（自动重载）	
Reserved	[18]	读/写	保留		0x0
Timer3 manual update	[17]	读/写	确定定时器 3 的手动更新		0x0
			0 = 无操作	1 = 更新 TCNTB3 或 TCMPB3	
Timer 3 Start/Stop	[16]	读/写	确定定时器 3 的启动/停止		0x0
			0 = 停止	1 = 启动定时器 3	
Timer2 Auto Reload on/off	[15]	读/写	确定定时器 2 的自动加载开/关		0x0
			0 = One-shot	1 = 间隔模式（自动重载）	
Reserved	[14]	读/写	保留		0x0
Timer2 manual update	[13]	读/写	确定定时器 2 的手动更新		0x0
			0 = 无操作	1 = 更新 TCNTB2 或 TCMPB2	

（续）

<table>
<tr><th>TCON</th><th>位</th><th>读/写</th><th colspan="2">描　　述</th><th>初始值</th></tr>
<tr><td rowspan="2">Timer2 Start/Stop</td><td rowspan="2">[12]</td><td rowspan="2">读/写</td><td colspan="2">确定定时器 2 的启动/停止</td><td rowspan="2">0x0</td></tr>
<tr><td>0 = 停止</td><td>1 = 启动定时器 2</td></tr>
<tr><td rowspan="2">Timer1 Auto Reload on/off</td><td rowspan="2">[11]</td><td rowspan="2">读/写</td><td colspan="2">确定定时器 1 的自动加载开/关</td><td rowspan="2">0x0</td></tr>
<tr><td>0 = One - shot</td><td>1 = 间隔模式（自动重载）</td></tr>
<tr><td rowspan="2">Timer1 Output Inverter on/off</td><td rowspan="2">[10]</td><td rowspan="2">读/写</td><td colspan="2">确定定时器 1 的输出反转器开/关</td><td rowspan="2">0x0</td></tr>
<tr><td>0 = 逆变器关闭</td><td>1 = 逆变器开，用于 TOUT1</td></tr>
<tr><td rowspan="2">Timer1 manual update</td><td rowspan="2">[9]</td><td rowspan="2">读/写</td><td colspan="2">确定定时器 1 的手动更新</td><td rowspan="2">0x0</td></tr>
<tr><td>0 = 无操作</td><td>1 = 更新 TCNTB1 或 TCMPB1</td></tr>
<tr><td rowspan="2">Timer1 Start/Stop</td><td rowspan="2">[8]</td><td rowspan="2">读/写</td><td colspan="2">确定定时器 1 的启动/停止</td><td rowspan="2">0x0</td></tr>
<tr><td>0 = 停止</td><td>1 = 启动定时器 1</td></tr>
<tr><td>Reserved</td><td>[7:5]</td><td>读/写</td><td colspan="2">保留</td><td>0x0</td></tr>
<tr><td rowspan="2">Dead Zone Enable</td><td rowspan="2">[4]</td><td rowspan="2">读/写</td><td colspan="2">确定死区的操作</td><td rowspan="2">0x0</td></tr>
<tr><td>0 = 禁用</td><td>1 = 使能</td></tr>
<tr><td rowspan="2">Timer0 Auto Reload on/off</td><td rowspan="2">[3]</td><td rowspan="2">读/写</td><td colspan="2">确定定时器 0 的自动加载开/关</td><td rowspan="2">0x0</td></tr>
<tr><td>0 = One - shot</td><td>1 = 间隔模式（自动重载）</td></tr>
<tr><td rowspan="2">Timer0 output inverter on/off</td><td rowspan="2">[2]</td><td rowspan="2">读/写</td><td colspan="2">确定定时器 0 的输出反转器开/关</td><td rowspan="2">0x0</td></tr>
<tr><td>0 = 逆变器关闭</td><td>1 = 逆变器开，用于 TOUT0</td></tr>
<tr><td rowspan="2">Timer0 manual update</td><td rowspan="2">[1]</td><td rowspan="2">读/写</td><td colspan="2">确定定时器 0 的手动更新</td><td rowspan="2">0x0</td></tr>
<tr><td>0 = 无操作</td><td>1 = 更新 TCNTB0 或 TCMPB0</td></tr>
<tr><td rowspan="2">Timer0 Start/Stop</td><td rowspan="2">[0]</td><td rowspan="2">读/写</td><td colspan="2">确定定时器 0 的启动/停止</td><td rowspan="2">0x0</td></tr>
<tr><td>0 = 停止</td><td>1 = 启动定时器 0</td></tr>
</table>

4. TCNTB0（定时器 0 计数缓冲器）

定时器 0 计数缓冲器见表 16-9，其位定义见表 16-10。

表 16-9　定时器 0 计数缓冲器

寄存器	地　址	读/写	描　述	复位值
TCNTB0	0x7F00600C	读/写	定时器 0 计数缓冲器	0x0000_0000

表 16-10　定时器 0 计数缓冲器的位定义

TCNTB0	位	读/写	描　述	初始状态
Timer 0 Count Buffer	[31:0]	读/写	设置定时器 0 的计数缓冲器的值	0x00000000

5. TCMPB0（定时器 0 比较缓冲寄存器）

定时器 0 比较缓冲寄存器见表 16-11，其位定义见表 16-12。

表 16-11　定时器 0 比较缓冲寄存器

寄存器	地　址	读/写	描　述	复位值
TCMPB0	0x7F006010	读/写	定时器 0 比较缓冲寄存器	0x0000_0000

表 16-12　定时器 0 比较缓冲寄存器的位定义

TCMPB0	位	读/写	描　　述	初始状态
Timer 0 Compare Buffer	[31:0]	读/写	设置定时器 0 的比较缓冲寄存器的值	0x00000000

6. TCNTO0（定时器 0 计数观察寄存器）

定时器 0 计数观察寄存器见表 16-13，其位定义见表 16-14。

表 16-13　定时器 0 计数观察寄存器

寄存器	地　　址	读/写	描　　述	复位值
TCNTO0	0x7F006014	读	定时器 0 计数观察寄存器	0x0000_0000

表 16-14　定时器 0 计数观察寄存器的位定义

TCNTO0	位	读/写	描　　述	初始状态
Timer 0 Count Observation	[31:0]	读	设置定时器 0 计数观察寄存器的值	0x00000000

7. TCNTB1（定时器 1 计数缓冲器）

定时器 1 计数缓冲器见表 16-15，其位定义见表 16-16。

表 16-15　定时器 1 计数缓冲器

寄存器	地　　址	读/写	描　　述	复位值
TCNTB1	0x7F006018	读/写	定时器 1 计数缓冲器	0x0000_0000

表 16-16　定时器 1 计数缓冲器的位定义

TCNTB1	位	读/写	描　　述	初始状态
Timer 1 Count Buffer	[31:0]	读/写	设置定时器 1 的计数缓冲器的值	0x00000000

8. TCMPB1（定时器 1 比较缓冲寄存器）

定时器 1 比较缓冲寄存器见表 16-17，其位定义见表 16-18。

表 16-17　定时器 1 比较缓冲寄存器

寄存器	地　　址	读/写	描　　述	复位值
TCMPB1	0x7F00601C	读/写	定时器 1 比较缓冲寄存器	0x0000_0000

表 16-18　定时器 1 比较缓冲寄存器的位定义

TCMPB1	位	读/写	描　　述	初始状态
Timer 1 Compare Buffer	[31:0]	读/写	设置定时器 1 的比较缓冲寄存器的值	0x00000000

9. TCNTO1（定时器 1 计数观察寄存器）

定时器 1 计数观察寄存器见表 16-19，其位定义见表 16-20。

表 16-19　定时器 1 计数观察寄存器

寄存器	地　　址	读/写	描　　述	复位值
TCNTO1	0x7F006020	读	定时器 1 计数观察寄存器	0x0000_0000

表 16-20 定时器 1 计数观察寄存器的位定义

TCNTO1	位	读/写	描　述	初始状态
Timer 1 Count Observation	[31:0]	读	设置定时器 1 计数观察寄存器的值	0x00000000

10. TCNTB2（定时器 2 计数缓冲器）

定时器 2 计数缓冲器见表 16-21，其位定义见表 16-22。

表 16-21 定时器 2 计数缓冲器

寄存器	地　址	读/写	描　述	复位值
TCNTB2	0x7F006024	读/写	定时器 2 计数缓冲器	0x0000_0000

表 16-22 定时器 2 计数缓冲器的位定义

TCNTB2	位	读/写	描　述	初始状态
Timer 2 Count Buffer	[31:0]	读/写	设置定时器 2 的计数缓冲器的值	0x00000000

11. TCMPB2（定时器 2 比较缓冲寄存器）

定时器 2 比较缓冲寄存器见表 16-23，其位定义见表 16-24。

表 16-23 定时器 2 比较缓冲寄存器

寄存器	地　址	读/写	描　述	复位值
TCMPB2	0x7F006028	读/写	定时器 2 比较缓冲寄存器	0x0000_0000

表 16-24 定时器 2 比较缓冲寄存器的位定义

TCMPB2	位	读/写	描　述	初始状态
Timer 2 Compare Buffer	[31:0]	读/写	设置定时器 2 的比较缓冲寄存器的值	0x00000000

12. TCNTO2（定时器 2 计数观察寄存器）

定时器 2 计数观察寄存器见表 16-25，其位定义见表 16-26。

表 16-25 定时器 2 计数观察寄存器

寄存器	地　址	读/写	描　述	复位值
TCNTO2	0x7F00602C	读	定时器 2 计数观察寄存器	0x0000_0000

表 16-26 定时器 2 计数观察寄存器的位定义

TCNTO2	位	读/写	描　述	初始状态
Timer 2 Count Observation	[31:0]	读	设置定时器 2 计数观察寄存器的值	0x00000000

13. TCNTB3（定时器 3 计数缓冲器）

定时器 3 计数缓冲器见表 16-27，其位定义见表 16-28。

表 16-27 定时器 3 计数缓冲器

寄存器	地址	读/写	描述	复位值
TCNTB3	0x7F006030	读/写	定时器 3 计数缓冲器	0x0000_0000

表 16-28 定时器 3 计数缓冲器的位定义

TCNTB3	位	读/写	描述	初始状态
Timer 3 Count Buffer	[31:0]	读/写	设置定时器 3 的计数缓冲器的值	0x00000000

14. TCMPB3（定时器 3 比较缓冲寄存器）

定时器 3 比较缓冲寄存器见表 16-29，其位定义见表 16-30。

表 16-29 定时器 3 比较缓冲寄存器

寄存器	地址	读/写	描述	复位值
TCMPB3	0x7F006034	读/写	定时器 3 比较缓冲寄存器	0x0000_0000

表 16-30 定时器 3 比较缓冲寄存器的位定义

TCMPB3	位	读/写	描述	初始状态
Timer 3 Compare Buffer	[31:0]	读/写	设置定时器 3 的比较缓冲寄存器的值	0x00000000

15. TCNTO3（定时器 3 计数观察寄存器）

定时器 3 计数观察寄存器见表 16-31，其位定义见表 16-32。

表 16-31 定时器 3 计数观察寄存器

寄存器	地址	读/写	描述	复位值
TCNTO3	0x7F006038	读	定时器 3 计数观察寄存器	0x0000_0000

表 16-32 定时器 3 计数观察寄存器的位定义

TCNTO3	位	读/写	描述	初始状态
Timer 3 Count Observation	[31:0]	读	设置定时器 3 计数观察寄存器的值	0x00000000

16. TCNTB4（定时器 4 计数缓冲器）

定时器 4 计数缓冲器见表 16-33，其位定义见表 16-34。

表 16-33 定时器 4 计数缓冲器

寄存器	地址	读/写	描述	复位值
TCNTB4	0x7F00603C	读/写	定时器 4 计数缓冲器	0x0000_0000

表 16-34 定时器 4 计数缓冲器的位定义

TCNTB4	位	读/写	描述	初始状态
Timer 4 Count Buffer	[31:0]	读/写	设置定时器 4 的计数缓冲器的值	0x00000000

17. TCNTO4（定时器 4 计数观察寄存器）

定时器 4 计数观察寄存器见表 16-35，其位定义见表 16-36。

表 16-35　定时器 4 计数观察寄存器

寄存器	地　址	读/写	描　述	复位值
TCNTO4	0x7F006040	读	定时器 4 计数观察寄存器	0x0000_0000

表 16-36　定时器 4 计数观察寄存器的位定义

TCNTO4	位	读/写	描　述	初始状态
Timer 4 Count Observation	[31:0]	读	设置定时器 4 计数观察寄存器的值	0x00000000

18. TINT_CSTAT（定时器中断控制和状态寄存器）

定时器中断控制和状态寄存器见表 16-37，其位定义见表 16-38。

表 16-37　定时器中断控制和状态寄存器

寄存器	位	读/写	描　述	复位值
TINT_CSTAT	0x7F006044	读/写	定时器中断控制和状态寄存器	0x0000_0000

表 16-38　定时器中断控制和状态寄存器的位定义

TINT_CSTAT	位	读/写	描　述	初始状态
Reserved	[31:10]	读	保留位	0x00000
Timer 4 Interrupt Status	[9]	读/写	定时器 4 中断状态位，通过写 1 清除该位	0x0
Timer 3 Interrupt Status	[8]	读/写	定时器 3 中断状态位，通过写 1 清除该位	0x0
Timer 2 Interrupt Status	[7]	读/写	定时器 2 中断状态位，通过写 1 清除该位	0x0
Timer 1 Interrupt Status	[6]	读/写	定时器 1 中断状态位，通过写 1 清除该位	0x0
Timer 0 Interrupt Status	[5]	读/写	定时器 0 中断状态位，通过写 1 清除该位	0x0
Timer 4 Interrupt Enable	[4]	读/写	定时器 4 中断启动 1：启动　0：禁止	0x0
Timer 3 Interrupt Enable	[3]	读/写	定时器 3 中断启动 1：启动　0：禁止	0x0
Timer 2 Interrupt Enable	[2]	读/写	定时器 2 中断启动 1：启动　0：禁止	0x0
Timer 1 Interrupt Enable	[1]	读/写	定时器 1 中断启动 1：启动　0：禁止	0x0
Timer 0 Interrupt Enable	[0]	读/写	定时器 0 中断启动 1：启动　0：禁止	0x0

16.4 定时器控制编程实例

本章的实例是利用 GPIO 硬件电路，通过定时器精确延时来控制 LED 亮灭。具体的实验电路如图 16-5 所示。

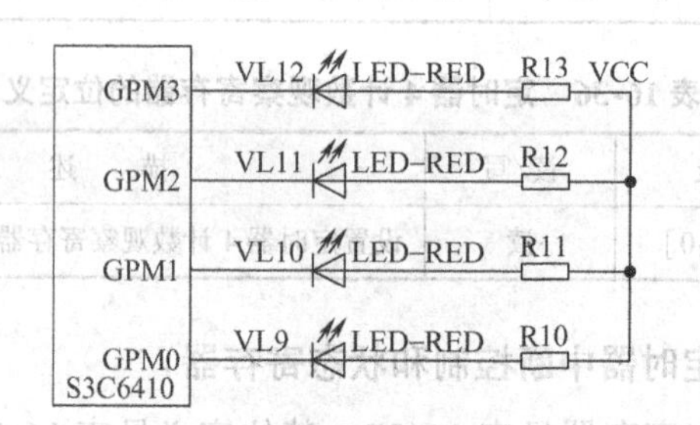

图 16-5 LED 显示电路图

16.4.1 硬件电路

发光二极管分别与 GPM0 ~ GPM3 相连接，发光二极管 LED 的一端连接到了 S3C6410 的 GPIO，另一端经过一个限流电阻接电源 VCC。当 GPIO 口为低电平时，LED 两端产生电压降，这时 LED 有电流通过并发光。反之当 GPIO 为高电平时，LED 将熄灭。注意亮灭之间要精确的延时，精确的延时采用 1s，用定时器完成。端口 M 控制寄存器包括三个控制寄存器，分别是 GPMCON0、GPMDAT、GPMPUD。

16.4.2 参考程序

```
#include "s3c6410_addr. h"
#include "defs. h"
#include "soc_cfg. h"
#define PCLK 66000000 //forS3C6410 66MHz
void uDelay(time)
{
    unsigned int val = (PCLK)/1000000 - 1; //val = 65
    //configure prescalerand divider
    rTCFG0&= ~(0xff << 8); //0000_0000_1111_1111 TCFG0[15:8 - 7:0]
    rTCFG0| = 0 << 8;//0000_0000_0000_0000|0000_0000_1111_1111prescalar0 = 255, timer0, timer1 的
prescalar value = 255, timer2, 3, 4 的 prescalar1 value = 0
    rTCFG1&= ~(0xf << 8); // 0000_1111_1111 TCFG1[7:0] = 1111_1111 TCFG1[11:8] = 0000(se-
lect mux for timer2. divider value = 1 );
    rTCFG1| = 0 << 8;
    //compute
    //timerinput clock frequency = PCLK /({prescaler value + 1})/{divider value}
```

```
    // timer2input clock frequency = 66M /(1)/(1) =66MHz
    //configure timercounter buffer and enable timer2
    rTCNTB2 = val;
    rTCON&= ~(0xf << 12);//0000_1111_1111_1111
    rTCON| =0xb << 12;//1011_0000_0000_0000|0000_1111_1111_1111 =1011_1111_1111_1111
    rTCON&= ~(2 << 12);//1101_1111_1111_1111&1011_1111_1111_1111 =1001_1111_1111_1111
    //TCON(Timer control register)
    //1001:表示:auto - reload,starttimer2
    //TCON[15] =1 auto - reload
    //TCON[14] Reserved bits
    //TCON[13] =0 no operatin, =1,update TCNTB2 TCMPB2
    //TCON[12] =0 stop, =1,start timer2
    //rTCON&=0x9fff;
    while(time --){
    while(rTCNTO2  >= val >> 1);
    while(rTCNTO2  <  val >> 1);
}
void msDelay(int stime)
{
    volatile unsigned int i,j;
    for(i =0;i <2000000;i ++)
    for(j =0;j < stime;j ++);
}
void GPIO_Init(void)
{
    rGPMCON  =0x11111;
    rGPMPUD  =0x00;
    rGPMDAT  =0X1F;
}
voidLedTest(void)
{
volatile unsigned int i,j;
while(1)
{
for(i =0;i <4;i ++)
{
rGPMDAT = ~(1 << i);
for(j =0;j <1000;j ++)
uDelay(1000000);
        }
}
}
```

```
void Main(void)
{
    GPIO_Init();
    LedTest();
}
```

习　题

16-1　S3C6410 RISC 微处理器由 5 个 32 位定时器组成，它们有何特点？

16-2　PWM 是什么含义？实现它的原理是怎样的？

16-3　定时器的输入频率如何计算？需要设置哪些相关的寄存器？

16-4　如果已确定 Timer Tout 输出信号频率和输入定时器频率，如何求定时器的初值？

16-5　PWM 的输出频率和占空比如何计算？

第17章　S3C6410的实时时钟

在一个嵌入式系统中，实时时钟单元可以提供可靠的时钟，包括时、分、秒和年、月、日。即使系统处于关机状态下它也能够正常工作（通常采用后备电池供电），它的外围也不需要太多的辅助电路，典型的就是只需要一个高精度的晶体（一般为32.768kHz）。它除了给嵌入式系统提供时钟外（主要用来显示时间），还可以做要求不太精确的延时。

本章在讲解实时时钟控制寄存器功能的同时给出了实时时钟程序编写实例。

17.1　S3C6410的实时时钟概述

17.1.1　S3C6410的RTC单元

S3C6410的实时时钟结构框图如图17-1所示。

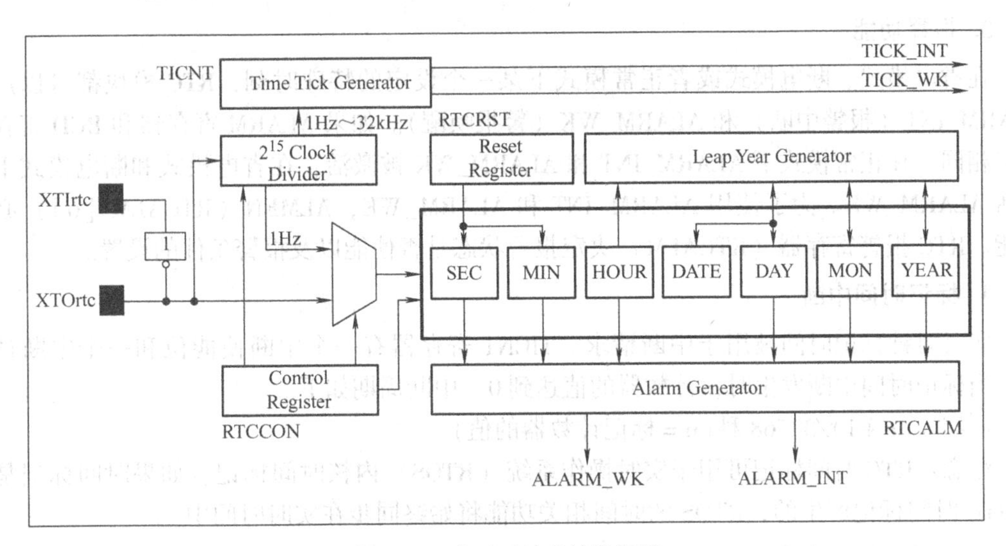

图17-1　实时时钟的结构框图

它具有以下功能及特点：

1）二进制编码数据：秒、分钟、小时、日期、日、月和年。

2）闰年发生器：不存在千年虫问题。

3）报警功能：报警中断或从断电模式中唤醒。

4）时钟计数功能：时钟节拍中断或从断电模式中唤醒。

5）独立电源引脚（RTCVDD）。

6）支持毫秒标记的时间中断信号（时钟滴答中断），用于RTOS内核时间标记。

1. 闰年发生器

闰年发生器通过BCDDAY、BCDMON和BCDYEAR这3个寄存器的数据来确定每个月的最后一天是28、29、30还是31，模块是通过最后的日期来判断闰年的。一个8位的计数器只能代表两个BCD数字，因此它不能决定00年（年的最后两个数字为00）是不是闰年。举例来说：例如对1900和2000无法识别，怎么解决这个问题呢？就是支持闰年的硬件逻辑，因为1900年不是闰年而2000年是闰年，BCD码00代表的是2000，所以S3C6410的RTC模块支持的时间范围是1901～2099。

2. 读/写寄存器

RTCCON寄存器的第0位必须被设置为“1”，这样才能正常写入实时时钟模块中的BCD寄存器。显示秒、分钟、小时、日期、日、月和年，CPU必须分别在RTC模块的BCDSEC、BCDMIN、BCDHOUR、BCDDATE、BCDDAY、BCDMON和BCDYEAR寄存器中读取数据。但是，因为多个寄存器被读取，所以可能会有一秒的偏差存在。例如，当用户从BCDYEAR到BCDMIN读取寄存器时，结果假设为2059（年）、12（月）、31（日期）、23（小时）和59（分钟）。当用户读取BCDSEC寄存器及其值范围为1～59（秒）时，没有问题；但如果值为0秒，年、月、日、小时和分钟将被改变为2060（年）、1（月）、1（日期）、0（小时）和0（分钟），就是因为这一秒的偏差就出现了问题，在这种情况下，如果BCDSEC为0，用户必须从BCDYEAR到BCDSEC重新读取。

3. 报警功能

在省电模式、断电模式或者正常模式下某一个设定的特殊时刻，RTC模块都可以产生ALARM_INT（报警中断）和ALARM_WK（警报唤醒）。如果ALARM寄存器和BCD寄存器的值相同，在正常模式下ALARM_INT和ALARM_WK被激活，在省电模式和断电模式下只激活ALARM_WK。为了使用ALARM_INT和ALARM_WK，ALMEN（RTCALM [6]）必须使能。RTC报警寄存器（RTCALM）决定报警状态是否使能以及报警条件的设置。

4. 标记时间中断

实时时钟标记时间被用于中断请求。TICNT寄存器有一个中断使能位和一个中断计数值。当标记时间中断发生时，计数器的值达到0。中断周期如下。

周期 = (n + 1)/32768秒(n = 标记计数器的值)

注意：RTC时间标记可用于实时操作系统（RTOS）内核时间标记。如果时间标记是通过RTC时间标记产生的，RTOS的时间相关功能将始终同步在实时时间中。

5. 实时时钟的电路

如图17-2所示，采用32768Hz晶体和电容组成振荡电路。

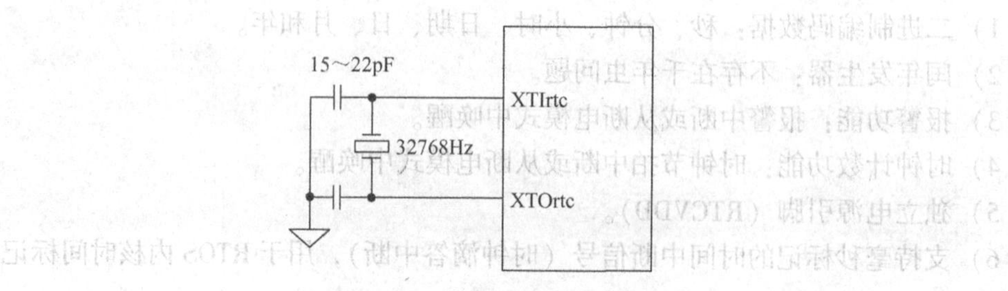

图17-2 实时时钟电路

17.1.2 RTC 控制寄存器

这里主要介绍一下和实时时钟相关的一些寄存器，见表 17-1。

表 17-1 实时时钟相关寄存器

寄存器	地 址	读/写	描 述	复位值
INTP	0x7E005030	读/写	中断悬挂寄存器	0x0
RTCCON	0x7E005040	读/写	实时时钟控制寄存器	0x0
TICNT	0x7E005044	读/写	标记时间计数寄存器	0x0
RTCALM	0x7E005050	读/写	实时时钟报警控制寄存器	0x0
ALMSEC	0x7E005054	读/写	报警秒数据寄存器	0x0
ALMMIN	0x7E005058	读/写	报警分钟数据寄存器	0x00
ALMHOUR	0x7E00505C	读/写	报警小时数据寄存器	0x0
ALMDATE	0x7E005060	读/写	报警天数据寄存器	0x01
ALMMON	0x7E005064	读/写	报警月数据寄存器	0x01
ALMYEAR	0x7E005068	读/写	报警年数据寄存器	0x0
BCDSEC	0x7E005070	读/写	BCD 秒寄存器	未定义
BCDMIN	0x7E005074	读/写	BCD 分钟寄存器	未定义
BCDHOUR	0x7E005078	读/写	BCD 小时寄存器	未定义
BCDDATE	0x7E00507C	读/写	BCD 日期寄存器	未定义
BCDDAY	0x7E005080	读/写	BCD 天寄存器	未定义
BCDMON	0x7E005084	读/写	BCD 月寄存器	未定义
BCDYEAR	0x7E005088	读/写	BCD 年寄存器	未定义
CURTICCNT	0x7E005090	读	当前标记时间计数寄存器	0x0

1. 实时时钟控制寄存器（RTCCON）

RTCCON 寄存器由 9 位组成。它控制 CLKSEL、CNTSEL 和 TICEN 测试的读写功能。RTCEN 位能够控制 CPU 和 RTC 之间的所有接口，因此在系统复位后，它必须在 RTC 控制中设置为“1”来启动数据读取/写入。切断电源前，RTCEN 位必须清除为“0”，以预防无意写入 RTC 寄存器中。

实时时钟控制寄存器见表 17-2，其位定义见表 17-3。

表 17-2 实时时钟控制寄存器

寄存器	地 址	读/写	描 述	复位值
RTCCON	0x7E005040	读/写	实时时钟控制寄存器	0x0

表 17-3　实时时钟控制寄存器的位定义

RTCCON	位	描述		初始状态
TICEN	[8]	标记定时器启动		0
		0 = 禁止	1 = 启动	
TICCKSEL	[7:4]	滴答时钟子时钟选择		0000
		4' b0000 = 32768Hz	4' b1000 = 128Hz	
		4' b0001 = 16384Hz	4' b1001 = 64Hz	
		4' b0010 = 8192Hz	4' b1010 = 32Hz	
		4' b0011 = 4096Hz	4' b1011 = 16Hz	
		4' b0100 = 2048Hz	4' b1100 = 8Hz	
		4' b0101 = 1024Hz	4' b1101 = 4Hz	
		4' b0110 = 512Hz	4' b1110 = 2Hz	
		4' b0111 = 256Hz	4' b1111 = 1Hz	
CLKRST	[3]	时钟计数器复位设置		0
		0 = 启动		
		1 = 复位/禁止		
CNTSEL	[2]	BCD 计数选择		0
		0 = 合并 BCD 计数器		
		1 = 保留（分开 BCD 计数器）		
CLKSEL	[1]	BCD 时钟选择		0
		0 = XTAL1/2^{15} 分频时钟		
		1 = 保留（XTAL 时钟单独测试）		
RTCEN	[0]	RTC 控制启动		0
		0 = 禁止	1 = 启动	

2. 标记时间计数寄存器（TICNT）

标记时间计数寄存器见表 17-4，其位定义见表 17-5。

表 17-4　标记时间计数寄存器

寄存器	地　址	读/写	描　述	复位值
TICNT	0x7E005044	读/写	标记时间计数寄存器	0x0

表 17-5　标记时间计数寄存器的位定义

TICNT	位	描　述	初始状态
TICK TIME COUNT	[31: 0]	32 位标记定时器计数值	0

3. 实时时钟报警控制寄存器（RTCALM）

RTCALM 寄存器决定报警启动和报警时间，见表 17-6，其位定义见表 17-7。

表 17-6 实时时钟报警控制寄存器

寄存器	地 址	读/写	描 述	复位值
RTCALM	0x7E005050	读/写	实时时钟报警控制寄存器	0x0

表 17-7 实时时钟报警控制寄存器的位定义

RTCALM	位	描 述		初始状态
Reserved	[7]			0
ALMEN	[6]	通用报警启动		0
		0 = 禁止	1 = 启动	
YEAREN	[5]	年报警启动		0
		0 = 禁止	1 = 启动	
MONEN	[4]	月报警启动		0
		0 = 禁止	1 = 启动	
DATEEN	[3]	天报警启动		0
		0 = 禁止	1 = 启动	
HOUREN	[2]	小时报警启动		0
		0 = 禁止	1 = 启动	
MINEN	[1]	分钟报警启动		0
		0 = 禁止	1 = 启动	
SECEN	[0]	秒报警启动		0
		0 = 禁止	1 = 启动	

4. 报警秒数据寄存器（ALMSEC）

报警秒数据寄存器见表 17-8，其位定义见表 17-9。

表 17-8 报警秒数据寄存器

寄存器	地 址	读/写	描 述	复位值
ALMSEC	0x7E005054	读/写	报警秒数据寄存器	0x0

表 17-9 报警秒数据寄存器的位定义

ALMSEC	位	描 述	初始状态
Reserved	[7]		0
SECDATA	[6:4]	秒报警的 BCD 值。0 ~ 5	000
	[3:0]	0 ~ 9	0000

5. 报警分钟数据寄存器（ALMMIN）

报警分钟数据寄存器见表 17-10，其位定义见表 17-11。

表 17-10 报警分钟数据寄存器

寄存器	地 址	读/写	描 述	复位值
ALMMIN	0x7E005058	读/写	报警分钟数据寄存器	0x00

表 17-11 报警分钟数据寄存器的位定义

ALMMIN	位	描　述	初始状态
Reserved	[7]		0
MINDATA	[6:4]	分钟报警的 BCD 值。0~5	000
	[3:0]	0~9	0000

6. 报警小时数据寄存器（ALMHOUR）

报警小时数据寄存器见表 17-12，其位定义见表 17-13。

表 17-12 报警小时数据寄存器

寄存器	地　址	读/写	描　述	复位值
ALMHOUR	0x7E00505C	读/写	报警小时数据寄存器	0x00

表 17-13 报警小时数据寄存器的位定义

ALMHOUR	位	描　述	初始状态
Reserved	[7:6]		00
HOUR DATA	[5:4]	时报警的 BCD 值。0~2	00
	[3:0]	0~9	0000

7. 报警天数据寄存器（ALMDATE）

报警天数据寄存器见表 17-14，其位定义见表 17-15。

表 17-14 报警天数据寄存器

寄存器	地　址	读/写	描　述	复位值
ALMDATE	0x7E005060	读/写	报警天数据寄存器	0x01

表 17-15 报警天数据寄存器的位定义

ALMDATE	位	描　述	初始状态
Reserved	[7: 6]		00
DATEDATA	[5:4]	天报警的 BCD 值，0~28，29，30，31。0~3	00
	[3:0]	0~9	0001

8. 报警月数据寄存器（ALMMON）

报警月数据寄存器见表 17-16，其位定义见表 17-17。

表 17-16 报警月数据寄存器

寄存器	地　址	读/写	描　述	复位值
ALMMON	0x7E005064	读/写	报警月数据寄存器	0x01

表 17-17　报警月数据寄存器的位定义

ALMMON	位	描　述	初始状态
Reserved	[7:5]		00
MONDATA	4	月报警的 BCD 值。0～1	
	[3:0]	0～9	0001

9. 报警年数据寄存器（ALMYEAR）

报警年数据寄存器见表 17-18，其位定义见表 17-19。

表 17-18　报警年数据寄存器

寄存器	地　址	读/写	描　述	复位值
ALMYEAR	0x7E005068	读/写	报警年数据寄存器	0x0

表 17-19　报警年数据寄存器的位定义

ALMYEAR	位	描　述	初始状态
YEARDATA	[7:4]	年报警的 BCD 值。0～9	0x0
	[3:0]	0～9	

10. BCD 秒寄存器（BCDSEC）

BCD 秒寄存器见表 17-20，其位定义见表 17-21。

表 17-20　BCD 秒寄存器

寄存器	地　址	读/写	描　述	复位值
BCDSEC	0x7E005070	读/写	BCD 秒寄存器	未定义

表 17-21　BCD 秒寄存器的位定义

BCDSEC	位	描　述	初始状态
SECDATA	[6:4]	秒的 BCD 值。0～5	—
	[3:0]	0～9	—

11. BCD 分钟寄存器（BCDMIN）

BCD 分钟寄存器见表 17-22，其位定义见表 17-23。

表 17-22　BCD 分钟寄存器

寄存器	地　址	读/写	描　述	复位值
BCDMIN	0x7E005074	读/写	BCD 分钟寄存器	未定义

表 17-23　BCD 分钟寄存器的位定义

BCDMIN	位	描　述	初始状态
MINDATA	[6:4]	分的 BCD 值。0～5	—
	[3:0]	0～9	—

12. BCD 小时寄存器（BCDHOUR）

BCD 小时寄存器见表 17-24，其位定义见表 17-25。

表 17-24 BCD 小时寄存器

寄存器	地 址	读/写	描 述	复位值
BCDHOUR	0x7E005078	读/写	BCD 小时寄存器	未定义

表 17-25 BCD 小时寄存器的位定义

BCDHOUR	位	描 述	初始状态
Reserved	[7:6]		
HOURDATA	[5:4]	时的 BCD 值。0~2	—
	[3:0]	0~9	—

13. BCD 日期寄存器（BCDDATE）

BCD 日期寄存器见表 17-26，其位定义见表 17-27。

表 17-26 BCD 日期寄存器

寄存器	地 址	读/写	描 述	复位值
BCDDATE	0x7E00507C	读/写	BCD 日期寄存器	未定义

表 17-27 BCD 日期寄存器的位定义

BCDDATE	位	描 述	初始状态
Reserved	[7:6]		
DATEDATA	[5:4]	日期的 BCD 值。0~3	—
	[3:0]	0~9	—

14. BCD 天寄存器（BCDDAY）

BCD 天寄存器见表 17-28，其位定义见表 17-29。

表 17-28 BCD 天寄存器

寄存器	地 址	读/写	描 述	复位值
BCDDAY	0x7E005080	读/写	BCD 天寄存器	未定义

表 17-29 BCD 天寄存器的位定义

BCDDAY	位	描 述	初始状态
Reserved	[7:3]		
DAYDATA	[2:0]	周每天的 BCD 值。1~7	

15. BCD 月寄存器（BCDMON）

BCD 月寄存器见表 17-30，其位定义见表 17-31。

表 17-30　BCD 月寄存器

寄存器	地　址	读/写	描　述	复位值
BCDMON	0x7E005084	读/写	BCD 月寄存器	未定义

表 17-31　BCD 月寄存器的位定义

BCDMON	位	描　述	初始状态
Reserved	[7:5]		
MONDATA	[4]	月的 BCD 值。0～1	—
	[3:0]	0～9	—

16. BCD 年寄存器（BCDYEAR）

BCD 年寄存器见表 17-32，其位定义见表 17-33。

表 17-32　BCD 年寄存器

寄存器	地　址	读/写	描　述	复位值
BCDYEAR	0x7E005088	读/写	BCD 年寄存器	未定义

表 17-33　BCD 年寄存器的位定义

BCDYEAR	位	描　述	初始状态
YEARDATA	[7:4]	年的 BCD 值。0～9	—
	[3:0]	0～9	

17. 当前标记时间计数寄存器

当前标记时间计数寄存器见表 17-34，其位定义见表 17-35。

表 17-34　当前标记时间计数寄存器

寄存器	地　址	读/写	描　述	复位值
CURTICCNT	0x7E005090	读	当前标记时间计数寄存器	0x0

表 17-35　当前标记时间计数寄存器的位定义

CURTICCNT	位	描　述	初始状态
Tick counter observation	[31:0]	当前标记计数值	—

18. 中断悬挂寄存器

中断悬挂寄存器见表 17-36，其位定义见表 17-37。

表 17-36　中断悬挂寄存器

寄存器	地　址	读/写	描　述	复位值
INTP	0x7E005030	读/写	中断悬挂寄存器	未定义

表 17-37 中断悬挂寄存器的位定义

INTP	位	描述	初始状态
Reserved	[7:2]	保留	00
ALARM	[1]	报警中断悬挂 0 = 没有中断发生 1 = 中断发生	0
Time	[0]	Time TIC 中断悬挂位 0 = 没有中断发生 1 = 中断发生	0

17.2 RTC 应用编程实例

本实例利用 S3C6410 的实时时钟功能，通过超级终端显示实时时钟，包括 RTC 初始化、初始时间设定、时间读取以及超级终端打印 RTC 实时时间等程序，以供参考。

```
#include "module_cfg.h"
#include "s3c6410_addr.h"
#include "interrupt.h"
#include "rtc.h"
#ifdef RTC_TEST
int year, mon, date, weekday, hour, min, sec;
char *week[7] = {"SUN", "MON", "TUES", "WED", "THURS", "FRI", "SAT"};
int led_index = 0;
/************************************************************************
/读取实时时钟的时间
/
/************************************************************************/
void get_rtc(void)
{
    rRTCCON = 0x1;
    if(rBCDYEAR == 99)
        year = 0x1999;
    else
        year = 0x2000 + rBCDYEAR;
    mon = rBCDMON;
    date = rBCDDATE;
    weekday = rBCDDAY;
    hour = rBCDHOUR;
    min = rBCDMIN;
    sec = rBCDSEC;
    if(sec == 0)
```

```
    {
        if(rBCDYEAR ==0x99)
            year = 1999;
        else
            year = 0x2000 + rBCDYEAR;
        mon = rBCDMON;
        date = rBCDDATE;
        weekday = rBCDDAY;
        hour = rBCDHOUR;
        min = rBCDMIN;
    }
    rRTCCON = 0x0;
}
/*******************************************************************
/
/实时时钟中断服务程序,通过超级终端显示实时时钟
/*******************************************************************/
void __ irq rtc_int(void)
{
    rINTP |=0x1;
    INTC_ClearVectAddr();
    get_rtc();
    Uart_Printf("time:%2x:%2x:%2x\r\n", hour, min, sec);
    led_index ++ ;
    rRTCCON |=(0x1 << 8) | (0xf << 4);
}
/*******************************************************************
/
/设置实时时钟
/*******************************************************************/
void rtc_init(void)
{
    rRTCCON = 0x1;
    rBCDYEAR = 0x11;
    rBCDMON = 0x05;
    rBCDDAY = 0x02;
    rBCDDATE = 0x16;
    rBCDHOUR = 0x11;
    rBCDMIN = 0x17;
    rBCDSEC = 0x34;
    rRTCCON = 0x0;
}
/*******************************************************************
```

```
/
/启动实时时钟
/******************************************************************/

void rtc_test(void)
{
    rtc_init();
    INTC_Init();
    rTICNT  =0x1;
    INTC_SetIntISR(INT_RTC_TIC, rtc_int);
    INTC_Enable(INT_RTC_TIC);
    rRTCCON |=(0x1 << 8) | (0xf << 4);
}
#endif
/******************************************************************
//   主函数测试时钟滴答功能
/******************************************************************/
void main(void)
{
    Uart_Init();
    rtc_test();
    while(1)
    {

    }
}
```

习　　题

17-1　S3C6410 RTC 具有哪些特点？

17-2　S3C6410 RTC 控制寄存器 RTCCON 的各位代表什么意思？如何使用？

17-3　S3C6410 RTC 告警寄存器 RTCALM 的各位代表什么意思？如何使用？

17-4　熟悉实例程序，学会按照自己的思路设置时间、读取时间，并按照一定格式在超级终端显示读取的时间。

17-5　实时时钟标记时间的周期如何计算？

第 18 章　S3C6410 看门狗电路

在许多控制系统中都设置了看门狗电路，以保证当系统受到干扰而死机时能够使系统复位重新开始正常工作。本章将介绍看门狗电路的配置与使用，并在最后给出一个参考程序。

18.1　S3C6410 看门狗概述

18.1.1　S3C6410 看门狗的工作原理

嵌入式系统运行时受到外部干扰或者系统错误时，程序有时会出现“跑飞”，导致整个系统瘫痪。为了防止这一现象的发生，在对系统稳定性要求较高的场合往往要加入看门狗（WATCHDOG）电路。看门狗的作用就是当系统“跑飞”而进入死循环时，恢复系统的运行。

其基本原理为：设本系统程序完整运行一周期的时间是 T_p，看门狗的定时周期为 T_i，$T_i > T_p$，在程序运行一周期后就修改定时器的计数值（俗称“喂狗”），只要程序正常运行，定时器就不会溢出。若由于干扰等原因使系统不能在 T_p 时刻修改定时器的计数值，定时器将在 T_i 时刻溢出，引发系统复位，使系统得以重新运行，从而起到监控作用。

在一个完整的嵌入式系统或单片机最小系统中通常都有看门狗定时器，且一般集成在处理器芯片中，看门狗实际上就是一个定时器，只是它在期满后将自动引起系统复位。

18.1.2　S3C6410 看门狗的功能

看门狗定时器包含两个功能：一个作为常规定时器，并且可以产生中断，使用电平触发中断机制；另一个作为看门狗定时器，当计数器递减为 0 时，产生复位信号。看门狗定时器的功能模块图如图 18-1 所示，看门狗定时器用 PCLK 作为它的源时钟。PCLK 频率预分频器产生相应的看门狗定时器时钟，并将所得的频率再通过分频器分频用于看门狗计数器。

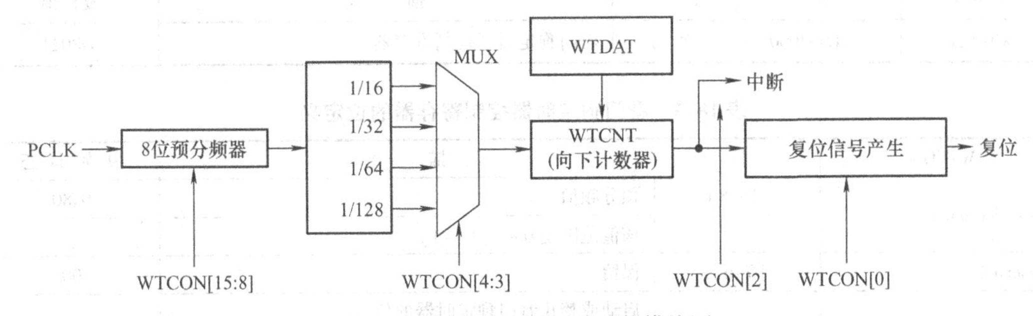

图 18-1　看门狗定时器的功能模块图

在看门狗定时器控制（WTCON）寄存器中，预分频器值和分频因子被指定。有效的预分频器值的范围是 0 ~ 255，分频因子能选择 16、32、64 或 128。因此看门狗定时器工作的基准计数周期用下面的等式来计算。

基准计数周期：

$$t\_watchdog = 1/(PCLK/(预分频值+1)/分频系数)$$

看门狗定时选择其中一种基准频率，WTCN（下计数器）按照这个基准频率进行减1计数。当计数到0之后，可以通过看门狗控制寄存器位WTCON［2］确定产生中断请求或复位信号。看门狗定时器的喂狗周期为

$$T = WTCN \times t\_watchdog$$

一旦看门狗定时器有效，看门狗定时器数据（WTDAT）寄存器的值将不能被自动重新载入定时器计数器（WTCNT）。在看门狗定时器开始前，必须写入一个初始值到看门狗定时器计数（WTDAT）寄存器。

18.1.3 S3C6410看门狗控制寄存器

看门狗相关控制寄存器见表18-1。

表18-1 看门狗相关控制寄存器

寄存器	地 址	读/写	描 述	复位值
WTCON	0x7E004000	读/写	看门狗定时器控制寄存器	0x8021
WTDAT	0x7E004004	读/写	看门狗定时器数据寄存器	0x8000
WTCNT	0x7E004008	读/写	看门狗定时器计数寄存器	0x8000
WTCLRINT	0x7E00400C	写	看门狗定时器中断清除寄存器	—

1. 看门狗定时器控制（WTCON）寄存器

WTCON寄存器（见表18-2）允许用户启动/禁止看门狗定时器，从4个不同的时钟源选择时钟信号，启动/禁止看门狗定时器输出。其位定义见表18-3。

看门狗定时器用于恢复S3C6410故障重启。如果不希望控制器重启，则看门狗定时器必须禁止。如果用户想使用看门狗定时器提供的正常定时器，需要启动中断，并且禁止看门狗定时器。

表18-2 看门狗定时器控制寄存器

寄存器	位	读/写	描 述	复位值
WTCON	0x7E004000	读/写	看门狗定时器控制寄存器	0x8021

表18-3 看门狗定时器控制寄存器的位定义

WTCON	位	描 述		初始状态
Prescaler value	[15:8]	预分频值		0x80
		该值范围是0～(2^8-1)		
Reserved	[7:6]	保留		00
Watchdog timer	[5]	启动或禁止看门狗定时器的位		1
		0 = 禁止	1 = 启动	
Clock select	[4:3]	决定时钟分频因子		00
		00 = 16	01 = 32	
		10 = 64	11 = 128	

（续）

WTCON	位	描　述		初始状态
Interrupt generation	[2]	中断的启动或禁止位		
		0 = 禁止	1 = 启动	
Reserved	[1]	保留。正常操作时，该位必须设置为“0”		0
Reset enable/disable	[0]	对于复位信号，启动或禁止看门狗定时器的输出位		1
		0 = 禁止看门狗定时器的复位功能		
		1 = 看门狗定时器超时，发出复位信号		

2. 看门狗定时器数据（WTDAT）寄存器

WTDAT寄存器用于指定超时时间，见表18-4，其位定义见表18-5。看门狗定时器初始化时，WTDAT的内容不能被自动载入定时/计数器。然而，使用0x8000（WTCNT的初始值）可以驱使第一个超时。这种情况下，WTDAT的值将自动重载入WTCNT。

表18-4　看门狗定时器数据寄存器

寄存器	地　址	读/写	描　述	复位值
WTDAT	0x7E004004	读/写	看门狗定时器数据寄存器	0x8000

表18-5　看门狗定时器数据寄存器的位定义

WTDAT	位	描　述	初始状态
Count reload value	[15:0]	看门狗定时器重载的计数值	0x8000

3. 看门狗定时器计数（WTCNT）寄存器

正常操作情况下，WTCNT寄存器包含看门狗定时器的当前计数值，见表18-6，其位定义见表18-7。注意：当看门狗定时器初始化时，WTDAT寄存器的内容不能被自动载入定时/计数寄存器中，因此在激活它前，WTCNT寄存器必须设置一个初始值。

表18-6　看门狗定时器计数寄存器

寄存器	地　址	读/写	描　述	复位值
WTCNT	0x7E004008	读/写	看门狗定时器计数寄存器	0x8000

表18-7　看门狗定时器计数寄存器的位定义

WTCNT	位	描　述	初始状态
Count value	[15:0]	看门狗定时器的当前计数值	0x8000

4. 看门狗定时器中断清除（WTCLRINT）寄存器

WTCLRINT寄存器用于清除中断，见表18-8，其位定义见表18-9。中断服务完成后，中断服务程序清除相关中断。可以在该寄存器写入任意值清除中断，不允许读该寄存器。

表18-8　看门狗定时器中断清除寄存器

寄存器	地　址	读/写	描　述	复位值
WTCLRINT	0x7E00400c	写	看门狗定时器中断清除寄存器	—

表 18-9 看门狗定时器中断清除寄存器的位定义

WTCLRINT	位	描　述	初始状态
中断清除	[0]	写任意值来清除中断	—

18.2 看门狗控制编程实例

18.2.1 例程思路

本例程在“实时时钟实验”的基础上添加了看门狗功能。首先打开看门狗定时器，并将其设置为看门狗模式，让它引起复位。

在“实时时钟实验”的代码中增加使能看门狗的代码，进行编译后再运行，程序运行一段时间后应该被复位，现象就是不能正确地显示和执行正常的程序流程，实时时钟显示不正确，从超级终端上可以看到复位的启动信息。

再使用程序定期地设置 WTCNT 寄存器（“喂狗”），观察是否还出现复位情况，并记录复位的产生条件，修改上一次的程序，在 TICK 中断中每秒重置一次 WTCNT 的值，检查是否有复位发生。

18.2.2 参考程序

```
#include "module_cfg.h"
#include "s3c6410_addr.h"
#include "interrupt.h"
#include "rtc.h"
#define WDT_ENABLE          (0x01 << 5)
#define WDT_INT_ENABLE          (0x01 << 2)
#define WDT_RST_ENABLE          (0x01 << 0)
#define WDT_CLK_SEL             (0X3 << 3)          /* 1/128 */
#define WDT_PRE_SCALER          ((PCLK/1000000 - 1)     << 8)
#ifdef RTC_TEST
int year, mon, date, weekday, hour, min, sec;
char *week[7] = {"SUN", "MON", "TUES", "WED", "THURS", "FRI", "SAT"};
void get_rtc(void)
{
    rRTCCON = 0x1;
    if(rBCDYEAR == 99)
        year = 0x1999;
    else
        year = 0x2000 + rBCDYEAR;
    mon = rBCDMON;
    date = rBCDDATE;
    weekday = rBCDDAY;
```

```
    hour = rBCDHOUR;
    min = rBCDMIN;
    sec = rBCDSEC;
    if(sec  ==0)
    {
        if(rBCDYEAR  ==0x99)
            year = 1999;
        else
            year = 0x2000  +  rBCDYEAR;
        mon = rBCDMON;
        date = rBCDDATE;
        weekday = rBCDDAY;
        hour = rBCDHOUR;
        min = rBCDMIN;
    }
    rRTCCON = 0x0;
}
void __ irq rtc_int(void)
{
    get_rtc();
    Uart_Printf("time:%4x - %x - %2x   %s   %2x:%2x:%2x\r\n", year, mon, date, week[weekday - 1],
hour, min, sec);
    rINTP | = 0x1;
    INTC_ClearVectAddr();
    rRTCCON | = (0x1  << 8) | (0xf  << 4); //启动 rtc
    num ++ ;
    rWTCNT = 8448  *  6;

}
void rtc_init(void)
{
    rRTCCON = 0x1;
    rBCDYEAR = 0x11;
    rBCDMON = 0x05;
    rBCDDAY = 0x02;
    rBCDDATE = 0x16;
    rBCDHOUR = 0x11;
    rBCDMIN = 0x17;
    rBCDSEC = 0x34;
    rRTCCON = 0x0;
}

void rtc_test(void)
```

```
{
    rtc_init();
    INTC_Init();
    INTC_SetIntISR(INT_RTC_TIC, rtc_int);
    INTC_Enable(INT_RTC_TIC);
    rTICNT = 0x1;
    rRTCCON |= (0x1 << 8) | (0xf << 4); //启动 RTC
}
#endif

void watchdog_init()
{
    rWTCNT = 8448 * 6;          /* 设置看门狗初始值 */
    rWTCON = WDT_ENABLE | WDT_RST_ENABLE | WDT_CLK_SEL | WDT_PRE_SCALER;
                                /* 打开看门狗 */
}
void main(void)
{
    Uart_Init();
    rtc_test();
    watchdog_init();
    while(1)
    {

    }
}
```

习　　题

18－1　简述看门狗电路的功能和工作原理。

18－2　看门狗电路的输入时钟周期、看门狗的定时器周期如何计算？

18－3　看门狗电路的控制寄存器（WTCON）有哪些功能？

18－4　看门狗电路的数据寄存器（WTDAT）和计数器寄存器（WTCNT）的使用场合有何区别？

18－5　修改示例程序的预分频值和分频因子，使看门狗 5s 复位。

第 19 章　工程项目开发实例

本章通过一个具体项目的构建、调试和下载到目标机运行来对前面学习的内容进行复习和巩固。本实例中采用的设计步骤和方法在嵌入式系统开发中具有普遍的指导意义，为了对学习内容进一步强化并帮助读者反复练习，本项目实例内容可能与前面内容会有一些重复。

19.1　工程项目任务和软硬件准备

19.1.1　项目任务

项目的任务是在 8 位数码管上动态显示一个 8 位数。目的是让读者掌握嵌入式 I/O 的控制、数码管动态显示的实现方法及用 C 语言编写相应的程序。

19.1.2　项目的软硬件准备

RVDS 是一套应用于嵌入式软件开发的新一代集成开发环境，它提供高效、清晰、可视化的嵌入式软件开发平台，包括一整套完备的面向嵌入式系统的开发和调试工具，如编辑器、编译器、链接器、工程管理器以及调试器等，并能生成二进制文件（. bin）以及各源文件的目标代码（. o），装载映像文件或二进制文件到 ARM 平台，实现跟踪调试。硬件由北京百科融创教学实验箱构成。图 19-1 是项目开发环境平台，它主要由 PC、实验箱、Mini-Tools 下载工具和连接线组成。

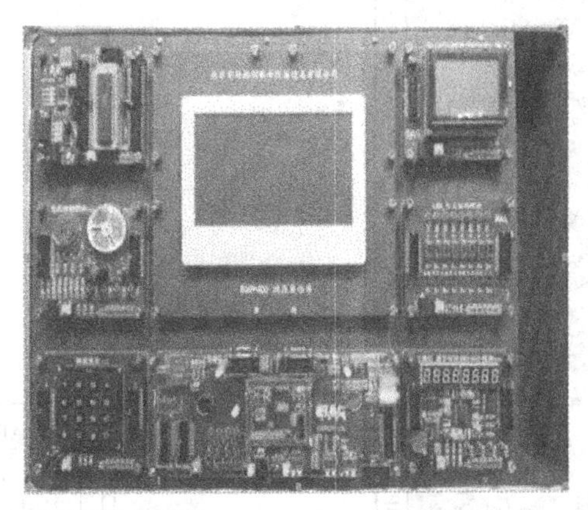

图 19-1　ARM 开发平台环境

19.2　工程项目建立步骤

19.2.1　项目整体思路

1）要实现在 8 位数码管上动态显示数据，根据动态显示的原理，与数码管相连的 I/O 口控制线分别是段选和位选线，确定段选与位选分别与哪个端口相连接（一般情况下段选与位选选择不同的端口)。本项目中确定了采用 S3C6410 的 M 端口作为数码管位选控制，N 端口作为段选控制，电路图如图 19-2 所示，分别对相应端口的工作方式和上拉/下拉电阻进行设置，并通过一个带形参的函数设置输出到 I/O 的数据。

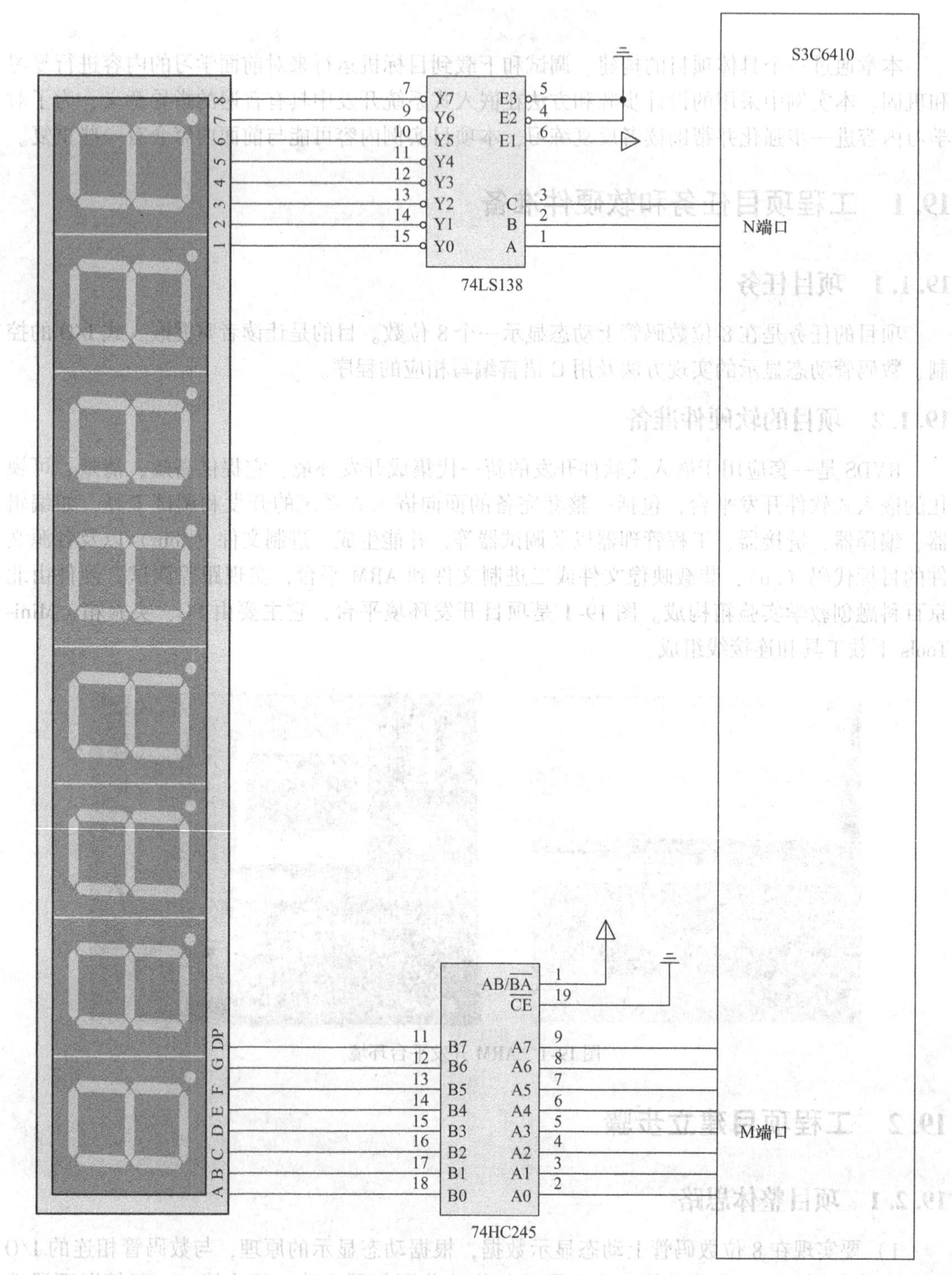

图 19-2 电路连接示意图

2）显示的 8 位数如何分别显示在 8 个数码管上，需要把 8 位数区别开来，定义一个变量，把 8 位数值赋值给变量，再把变量分别求商和取余，得到在 8 位数码管上显示的数值。

3）根据硬件电路编写数码管的段码，按照选择一个数码管、送一个数的段码显示，再选择第二个数码管、送一个数的段码显示的逻辑，这样不停地循环，保证每一个数码管在 1s 之内显示 25 次以上，就可以看见 8 位数在 8 个数码管动态显示。

4）编写（参考）程序流程图，如图 19-3 所示。

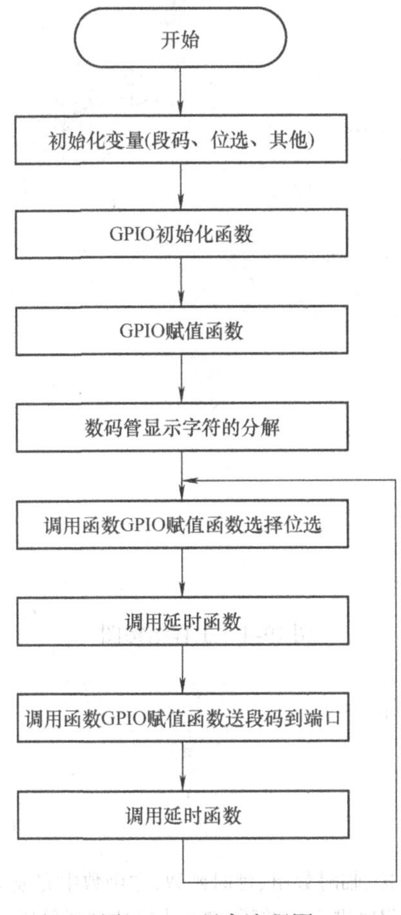

图 19-3 程序流程图

19.2.2 建立工程项目

在北京百科融创教学实验系统中有一套 RVDS 实验软件，里面还包括其他工程，可以将“SoftWare”文件夹复制到所建立的工程目录下。

工程的结构如图 19-4 所示，它包含多个文件。在工程文件中包含头文件、Inc 文件以及汇编程序文件。在这些文件当中，我们需要修改 main. c 文件和 port_led. c 文件，使其满足具体的项目要求。其他的文件基本上是项目自带的，几乎不用修改。

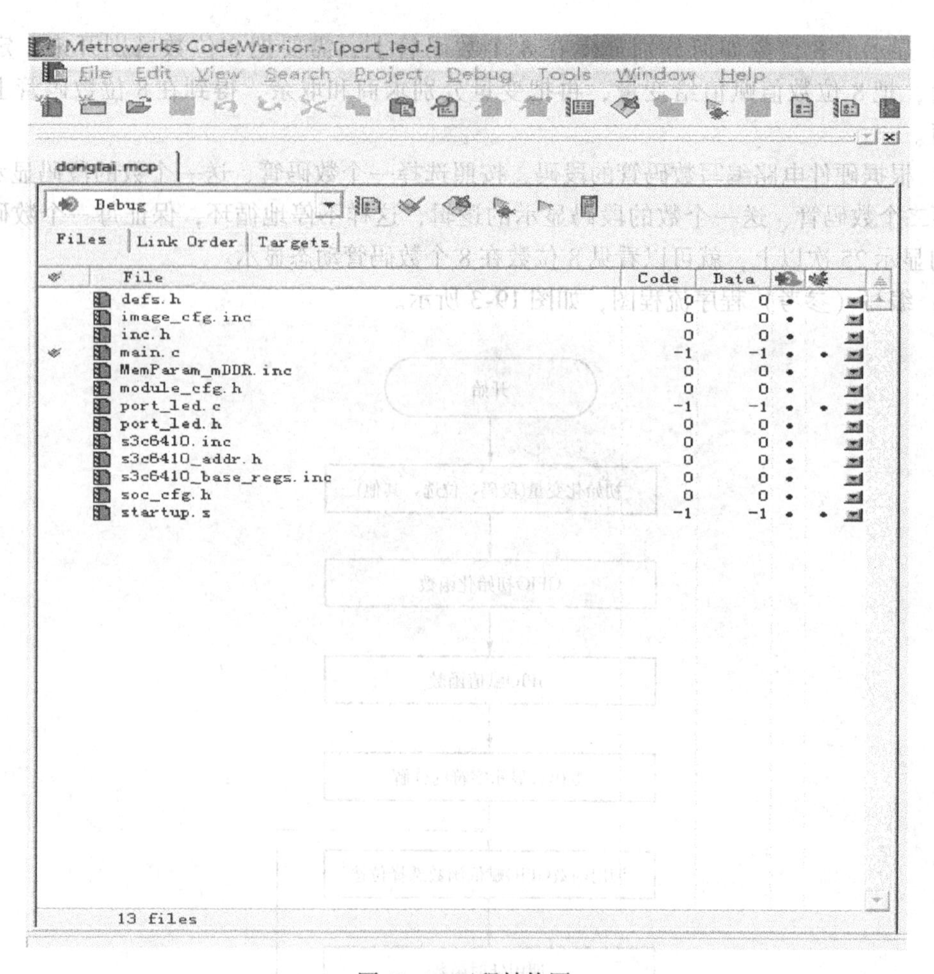

图 19-4 工程结构图

19.2.3 编写（参考）程序

```
#include "s3c6410_addr.h"
#include "soc_cfg.h"
#include "port_led.h"
//Main.c 函数中定义段码、位选、临时数组、延时函数,主函数中完成了初始化端口
//和数据的 8 位的分解,最后程序进入死循环,在其中完成选择数码管和送数显示过程
int table[] = {
/*0      1      2      3      4      5      6      7      8    */
  0x3f,  0x06,  0x5b,  0x4f,  0x66,  0x6d,  0x7d,  0x07,  0x7f,
/*9      A      B      C      D      E      F*/
  0x6f,  0x77,  0x7c,  0x39,  0x5e,  0x79,  0x71,
};//段码数组
int WEI[] = {0x00,0x01,0x2,0x03,0x04,0x05,0x06,0x07};//位选数组定义
int DISTEMP[8];//临时数组

void ledMPort_Init(void)
```

```
{
    rGPMCON = (rGPMCON & ~(0xffffffU))|(0x111111U);
    rGPMPUD = (rGPMPUD & ~(0xfffU ))|(0x000U);
} //端口工作方式配置

void LedM_Display(int data)
{
    rGPMDAT = (rGPMDAT & ~(0x3f)) | ((data & 0x3f));
} //端口数据配置

void ledNPort_Init(void)
{
    rGPNCON = (rGPMCON & ~(0x33fffU))|(0x15555U);
    rGPNPUD = (rGPMPUD & ~(0x33fffU ))|(0x00000U);
} //端口工作方式配置

void LedN_Display(int data)
{
    rGPNDAT = (rGPNDAT & ~(0x17f)) | ((data & 0x17f));
} //端口数据配置

void delay(int time)
{
    int x, y;
    for(x = time; x >0; x --);
    for(y = 100; y >0; y --);
}//延时函数

void main(void)
{
    int i, data;
    int qianwan,baiwan, shiwan,wan,qian,bai,shi,ge;
    ledMPort_Init();
    ledNPort_Init();

/* 数码管显示数字的分解 */
   data = 67029135;
   qianwan = data/10000000;
   baiwan = data%10000000/1000000;
   shiwan = data%10000000%1000000/100000;
   wan = data%10000000%1000000%100000/10000;
   qian = data%10000000%1000000%100000%10000/1000;
   bai = data%10000000%1000000%100000%10000%1000/100;
```

```
    shi = data%10000000%1000000%100000%10000%1000%100/10 ;
    ge = data%10000000%1000000%100000%10000%1000%100%10;
    DISTEMP[0] = table[qianwan];
    DISTEMP[1] = table[baiwan];
    DISTEMP[2] = table[shiwan];
    DISTEMP[3] = table[wan];
    DISTEMP[4] = table[qian];
    DISTEMP[5] = table[bai];
    DISTEMP[6] = table[shi];
    DISTEMP[7] = table[ge];
    while(1)
    {
     for(i =0;i <8;i ++)
     {
    LedM_Display(WEI[i]);
     delay(1000);
    LedN_Display(DISTEMP[i]);
        delay(50000);
     }
    }
}
```

19.2.4 工程环境配置

由于嵌入式系统的可定制性，使得嵌入式系统软件的设置变得比较复杂，通过设置我们可以明确地定义软件的代码组织、数据组织、规定程序入口等。这是一个包含多页的对话框，我们可以对工程的各个部分进行相应的设置，操作步骤如下：

1）单击“Targets”，然后双击“Debug”，如图 19-5 所示。

图 19-5　工程设置 1

利用上述操作打开工程设置对话框，如图 19-6 所示。

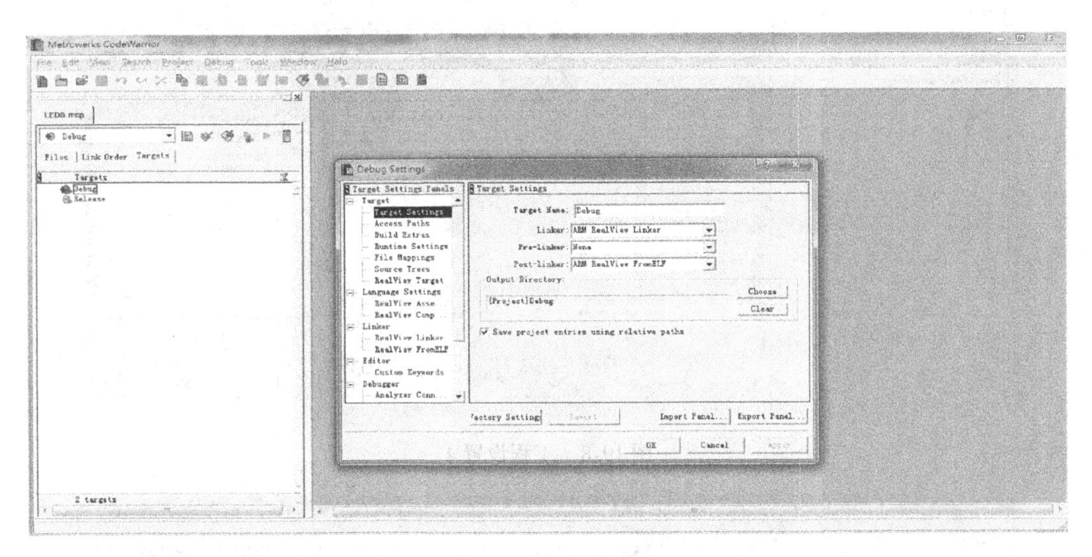

图 19-6　工程设置 2

2）按图 19-7 所示选择“Access Paths”，把工程下的“SoftWare”目录加进去，如图 19-8 所示。

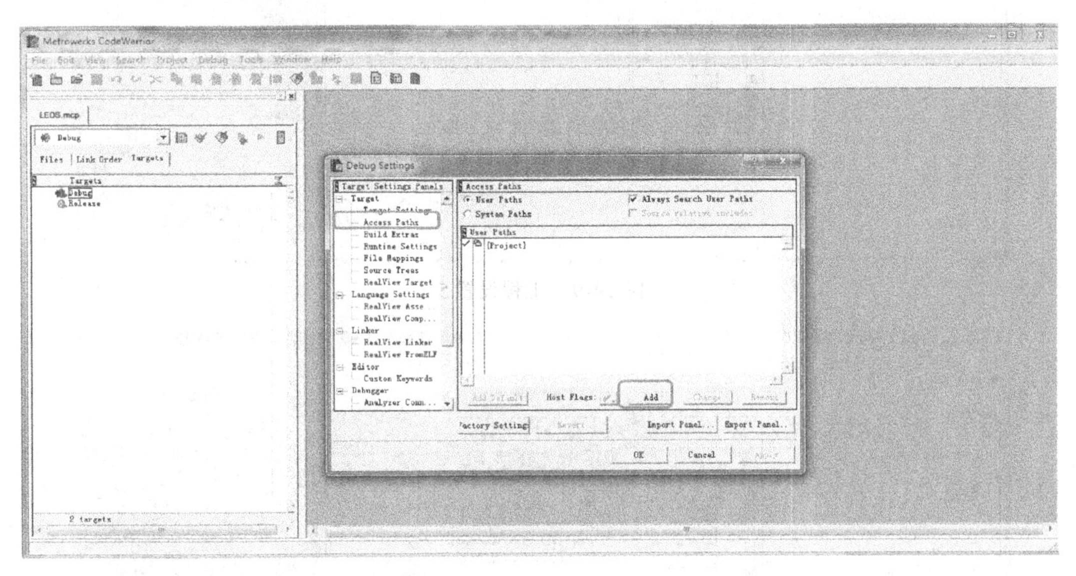

图 19-7　工程设置 3

添加完成后的界面如图 19-9 所示。

3）选择 CPU 的型号。

展开“Language Settings”，选择“RealView Assembly”，在“Architecture or Processor”下拉列表框中选择“ARM1176JZF－S”，如图 19-10 所示。

然后单选择“RealView Compile”，将“Architecture or Processor”的下拉菜单改为“ARM1176JZF－S”，如图 19-11 所示。

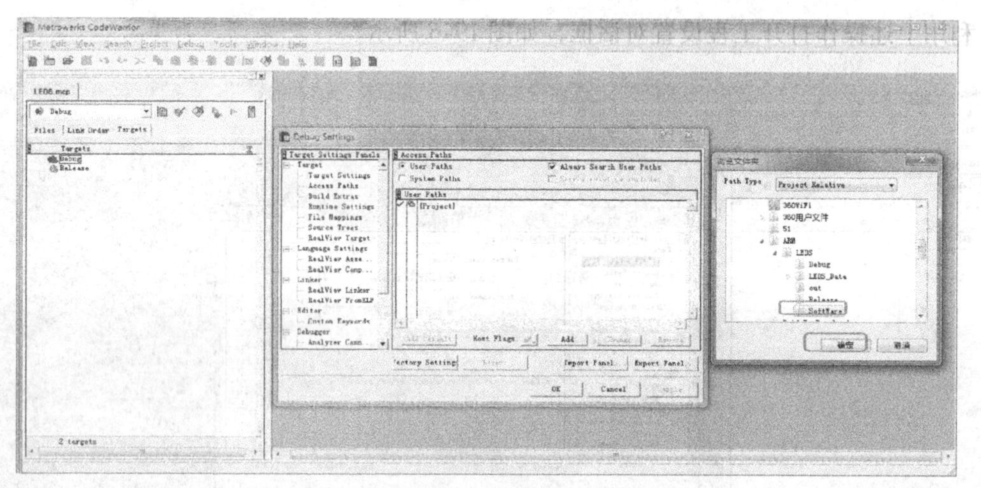

图 19-8 工程设置 4

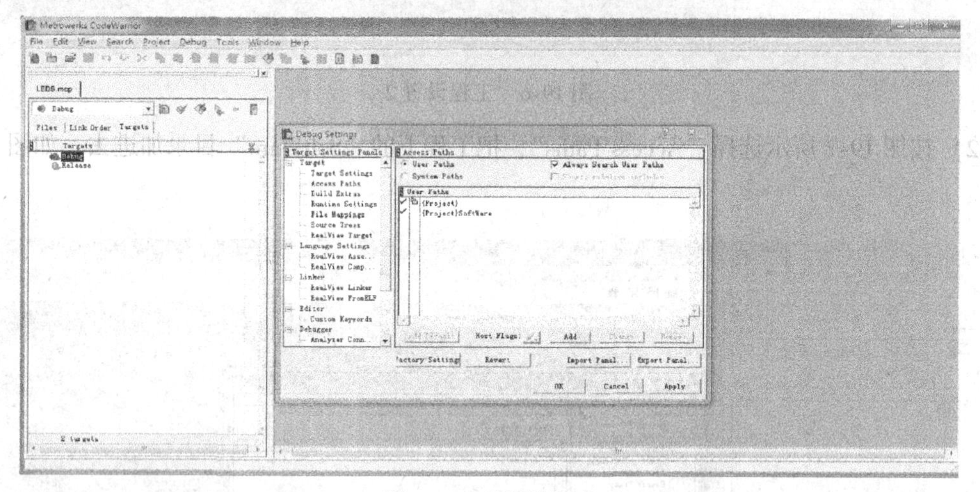

图 19-9 工程设置 5

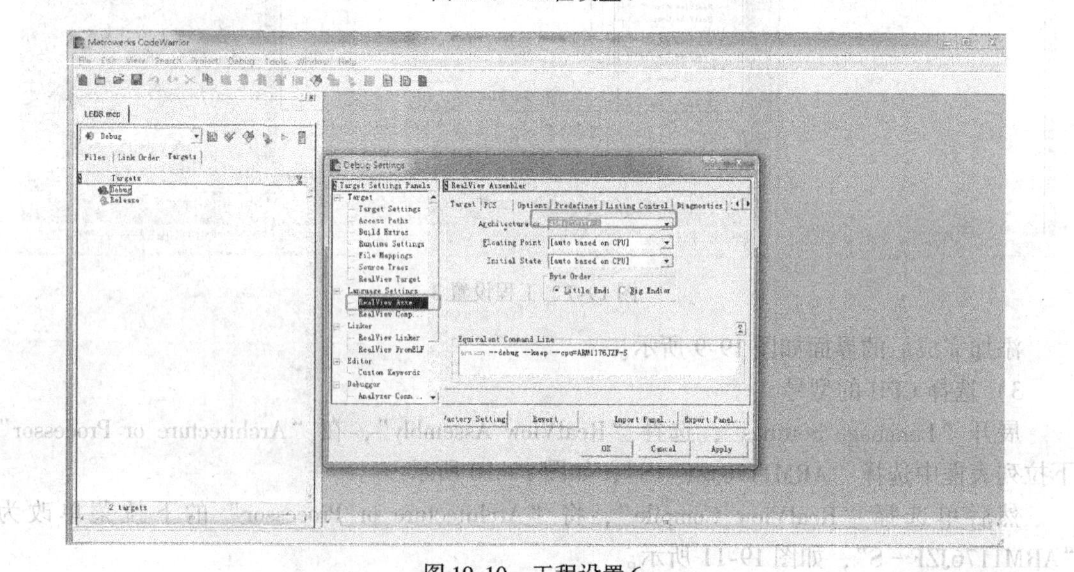

图 19-10 工程设置 6

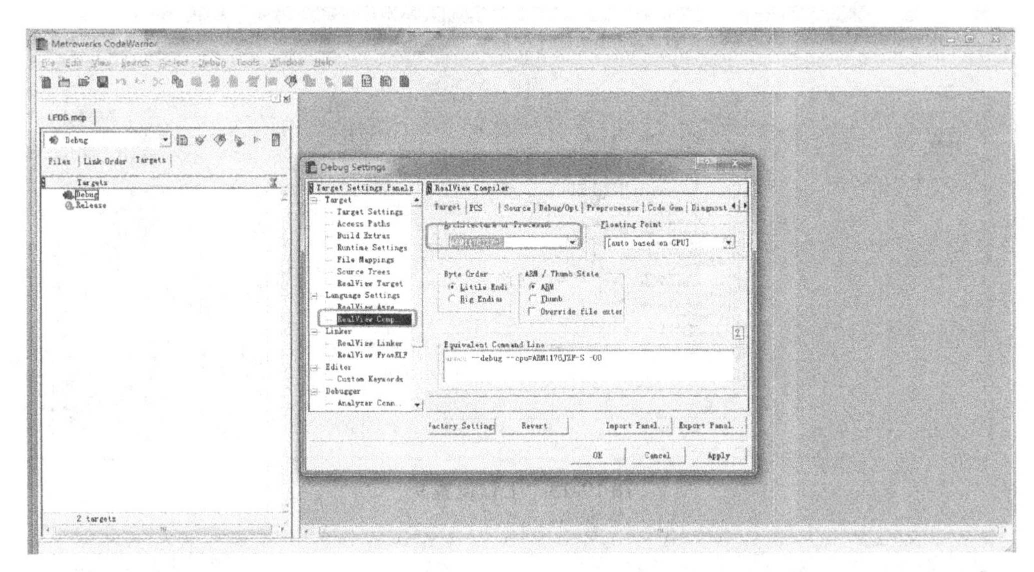

图 19-11　工程设置 7

4）设置 Linker 选项。

展开“Linker”，选择“RealView Linker”，在“RO Base”文本框中填写“0x50000000”，如图 19-12 所示。

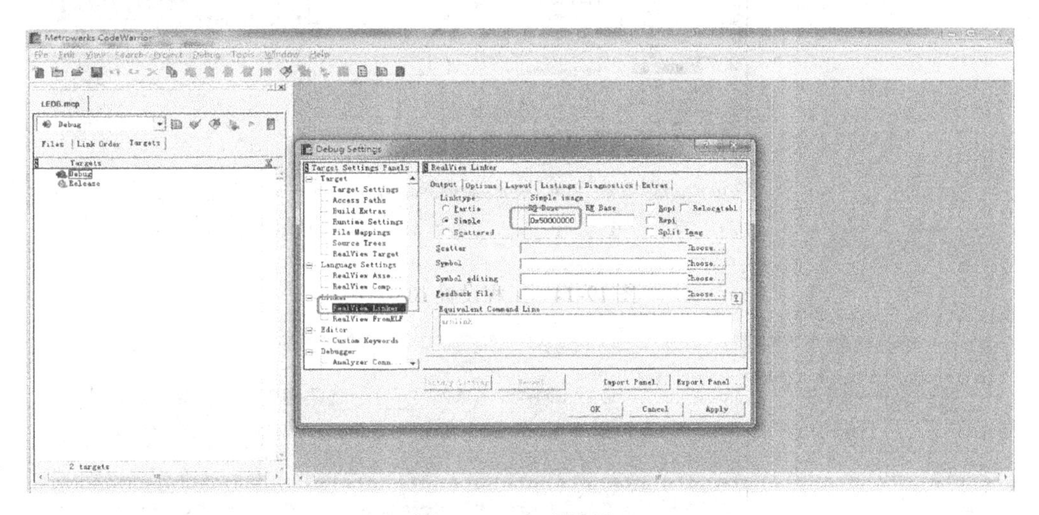

图 19-12　工程设置 8

单击“Options”选项卡，在“Image entry point”文本框中填写“MemStart”，如图 19-13 所示。

单击“Layout”选项卡，在“Object/Symbol”文本框中填写“startup. o”，设置完成后单击“OK”按钮，如图 19-14 所示。

5）设置工程生成的输出文件。

选择工程目录中的 out 文件夹，在文件名对话框中命名一个扩展名为“bin”的文件，例如“led. bin”文件，如图 19-15 所示。

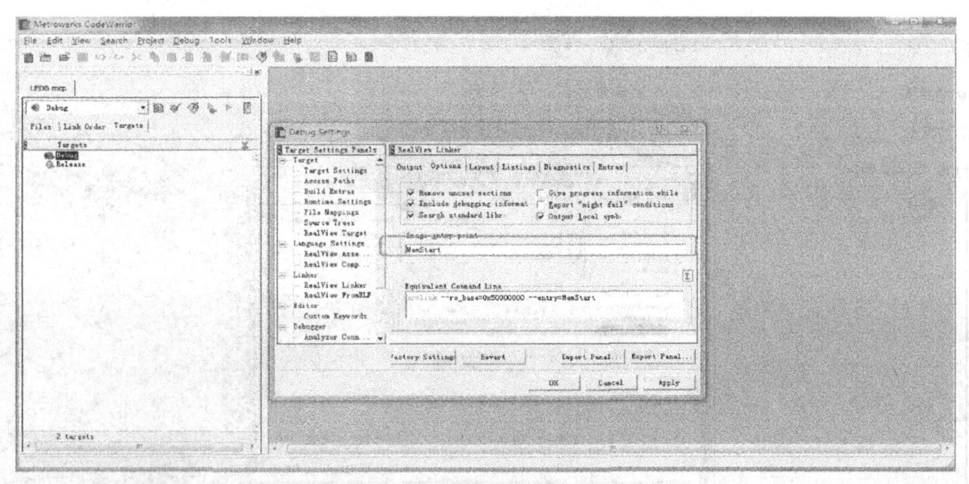

图 19-13 工程设置 9

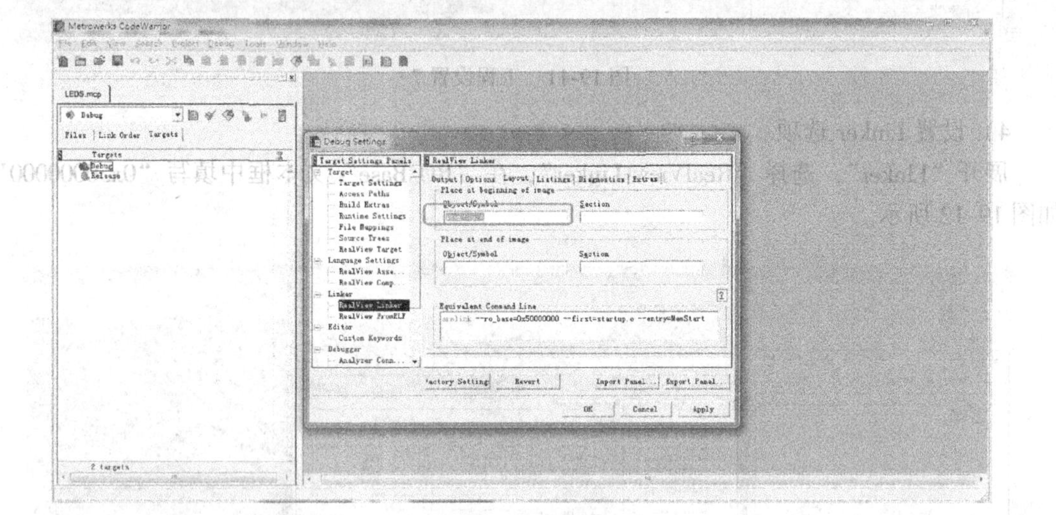

图 19-14 工程设置 10

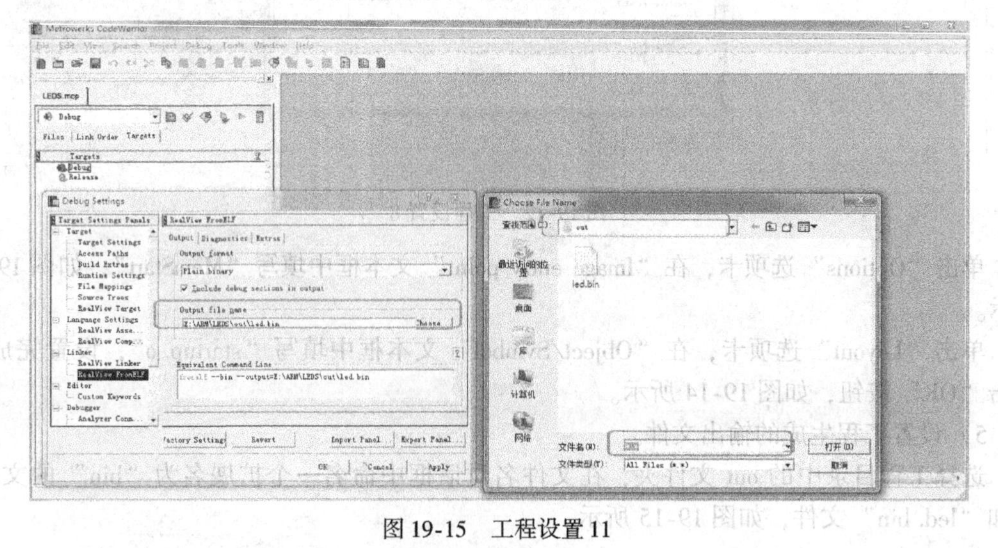

图 19-15 工程设置 11

19.2.5　工程编译方法

设置完成后，单击“Project”菜单，选择“Make”选项或者单击“Make”编译图标编译整个工程，如图 19-16 所示。

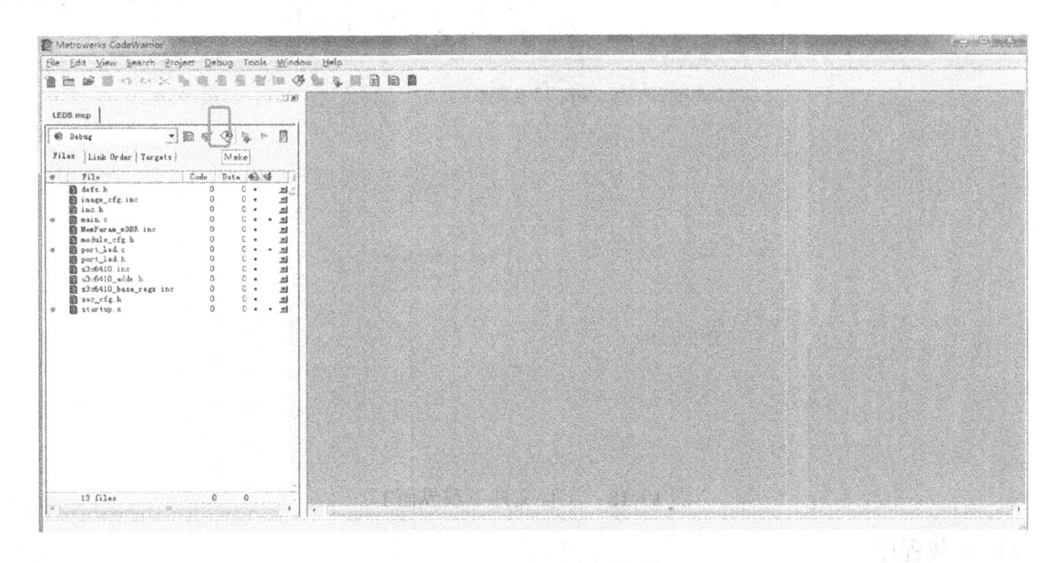

图 19-16　工程编译对话框

编译过程当中会弹出一个工程对话框，这个对话框会显示编译结果，如图 19-17 所示。

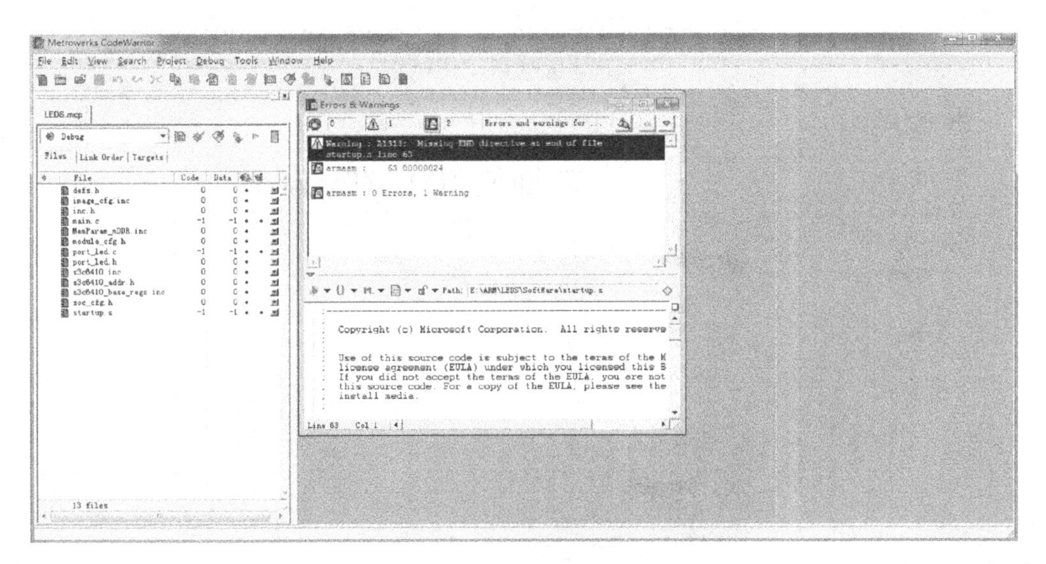

图 19-17　工程编译结果对话框

19.2.6　工程文件下载

1）首先把 USB 连接线一端连接到计算机的 USB 接口，另一端连接到试验箱 MiniUSB1 接口，然后双击桌面上的快捷图标，出现图 19-18 所示的界面。

图 19-18 工程文件下载界面 1

2）下载程序。

把启动方式设置为 SD 卡启动（将 SW2 开关拨到左边），把 SD 卡插入到卡槽中，然后上电，出现如图 19-19 所示的结果。

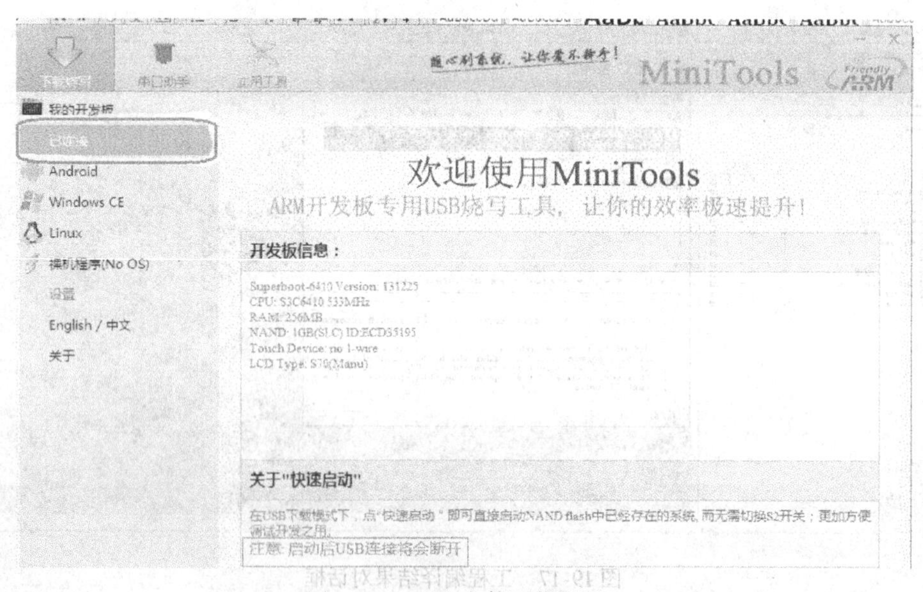

图 19-19 工程文件下载界面 2

如图 19-20 所示，直接下载程序到 SDRAM 中，选择要下载的裸机程序，然后单击“下载运行”按钮即可。

3）将自已编写的程序按照上述操作过程进行编译、调试，并对照程序功能，观察现象和结果。

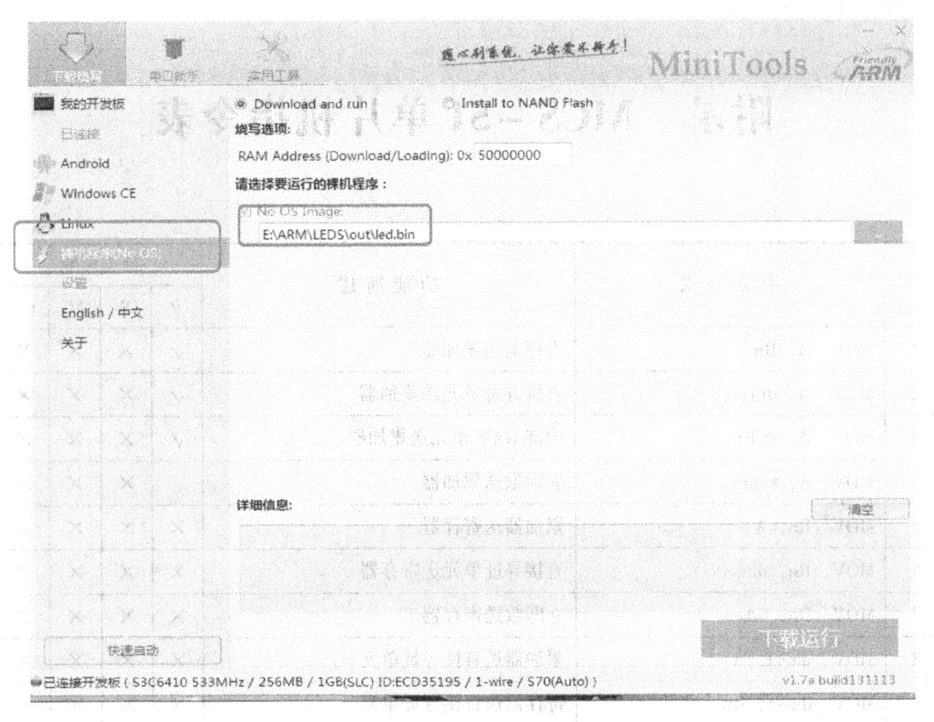

图 19-20　工程文件下载界面 3

附录　MCS-51单片机指令表

类别	序号	指令格式	功能简述	标志影响				字节数
				P	OV	AC	CY	
数据传送类指令	1	MOV A，Rn	寄存器送累加器	✓	×	×	×	1
	2	MOV A，direct	直接寻址单元送累加器	✓	×	×	×	2
	3	MOV A，@Ri	内部RAM单元送累加器	✓	×	×	×	1
	4	MOV A，#data	立即数送累加器	✓	×	×	×	2
	5	MOV Rn，A	累加器送寄存器	×	×	×	×	1
	6	MOV Rn，direct	直接寻址单元送寄存器	×	×	×	×	2
	7	MOV Rn，#data	立即数送寄存器	×	×	×	×	2
	8	MOV direct，A	累加器送直接寻址单元	×	×	×	×	2
	9	MOV direct，Rn	寄存器送直接寻址单元	×	×	×	×	2
	10	MOV direct1，direct2	直接寻址单元送直接寻址单元	×	×	×	×	3
	11	MOV direct，@Ri	内部RAM单元送直接寻址单元	×	×	×	×	2
	12	MOV direct，#data	立即数送直接寻址单元	×	×	×	×	3
	13	MOV @Ri，A	累加器送内部RAM单元	×	×	×	×	1
	14	MOV @Ri，direct	直接寻址单元送内部RAM单元	×	×	×	×	2
	15	MOV @Ri，#data	立即数送内部RAM单元	×	×	×	×	2
	16	MOV DPTR，#data16	16位立即数送数据指针	×	×	×	×	3
	17	MOVC A，@A+DPTR	查表数据送累加器（DPTR为基址）	✓	×	×	×	1
	18	MOVC A，@A+PC	查表数据送累加器（PC为基址）	✓	×	×	×	1
	19	MOVX A，@Ri	外部RAM单元送累加器（8位地址）	✓	×	×	×	1
	20	MOVX A，@DPTR	外部RAM单元送累加器（16位地址）	✓	×	×	×	1
	21	MOVX @Ri，A	累加器送外部RAM单元（8位地址）	×	×	×	×	1
	22	MOVX @DPTR，A	累加器送外部RAM单元（16位地址）	×	×	×	×	1
	23	PUSH direct	直接寻址单元压入栈顶	×	×	×	×	2
	24	POP direct	栈顶弹出指令直接寻址单元	×	×	×	×	2
	25	XCH A，Rn	累加器与寄存器交换	✓	×	×	×	1
	26	XCH A，direct	累加器与直接寻址单元交换	✓	×	×	×	2
	27	XCH A，@Ri	累加器与内部RAM单元交换	✓	×	×	×	1
	28	XCHD A，@Ri	累加器与内部RAM单元低4位交换	✓	×	×	×	1
	29	SWAP A	累加器高4位与低4位交换	×	×	×	×	1

（续）

类别	序号	指令格式	功能简述	标志影响				字节数
				P	OV	AC	CY	
算术运算类指令	1	ADD A，Rn	累加器加寄存器	√	√	√	√	1
	2	ADD A，@Ri	累加器加内部RAM单元	√	√	√	√	1
	3	ADD A，direct	累加器加直接寻址单元	√	√	√	√	2
	4	ADD A，#data	累加器加立即数	√	√	√	√	2
	5	ADDC A，Rn	累加器加寄存器和进位标志	√	√	√	√	1
	6	ADDC A，@Ri	累加器加内部RAM单元和进位标志	√	√	√	√	1
	7	ADDC A，#data	累加器加立即数和进位标志	√	√	√	√	2
	8	ADDC A，direct	累加器加直接寻址单元和进位标志	√	√	√	√	2
	9	INC A	累加器加1	√	×	×	×	1
	10	INC Rn	寄存器加1	×	×	×	×	1
	11	INC direct	直接寻址单元加1	×	×	×	×	2
	12	INC @Ri	内部RAM单元加1	×	×	×	×	1
	13	INC DPTR	数据指针加1	×	×	×	×	1
	14	DA A	十进制调整	√	√	√	√	1
	15	SUBB A，Rn	累加器减寄存器和进位标志	√	√	√	√	1
	16	SUBB A，@Ri	累加器减内部RAM单元和进位标志	√	√	√	√	1
	17	SUBB A，#data	累加器减立即数和进位标志	√	√	√	√	2
	18	SUBB A，direct	累加器减直接寻址单元和进位标志	√	√	√	√	2
	19	DEC A	累加器减1	√	×	×	×	1
	20	DEC Rn	寄存器减1	×	×	×	×	1
	21	DEC @Ri	内部RAM单元减1	×	×	×	×	1
	22	DEC direct	直接寻址单元减1	×	×	×	×	2
	23	MUL AB	累加器乘以寄存器B	√	√	×	√	1
	24	DIV AB	累加器除以寄存器B	√	√	×	√	1
逻辑运算类指令	1	ANL A，Rn	累加器与寄存器	√	×	×	×	1
	2	ANL A，@Ri	累加器与内部RAM单元	√	×	×	×	1
	3	ANL A，#data	累加器与立即数	√	×	×	×	2
	4	ANL A，direct	累加器与直接寻址单元	√	×	×	×	2
	5	ANL direct，A	直接寻址单元与累加器	×	×	×	×	2
	6	ANL direct，#data	直接寻址单元与立即数	×	×	×	×	3
	7	ORL A，Rn	累加器或寄存器	√	×	×	×	1
	8	ORL A，@Ri	累加器或内部RAM单元	√	×	×	×	1
	9	ORL A，#data	累加器或立即数	√	×	×	×	2
	10	ORL A，direct	累加器或直接寻址单元	√	×	×	×	2
	11	ORL direct，A	直接寻址单元或累加器	×	×	×	×	2

（续）

类别	序号	指令格式	功能简述	标志影响				字节数
				P	OV	AC	CY	
逻辑运算类指令	12	ORL direct，#data	直接寻址单元或立即数	×	×	×	×	3
	13	XRL A，Rn	累加器异或寄存器	✓	×	×	×	1
	14	XRL A，@Ri	累加器异或内部 RAM 单元	✓	×	×	×	1
	15	XRL A，#data	累加器异或立即数	✓	×	×	×	2
	16	XRL A，direct	累加器异或直接寻址单元	✓	×	×	×	2
	17	XRL direct，A	直接寻址单元异或累加器	×	×	×	×	2
	18	XRL direct，#data	直接寻址单元异或立即数	×	×	×	×	3
	19	RL A	累加器左循环移位	×	×	×	×	1
	20	RLC A	累加器连进位标志左循环移位	✓	×	×	✓	1
	21	RR A	累加器右循环移位	×	×	×	×	1
	22	RRC A	累加器连进位标志右循环移位	✓	×	×	✓	1
	23	CPL A	累加器取反	×	×	×	×	1
	24	CLR A	累加器清零	×	×	×	×	1
控制转移类指令	1	ACCALL addr11	2KB 范围内绝对调用	×	×	×	×	2
	2	AJMP addr11	2KB 范围内绝对转移	×	×	×	×	2
	3	LCALL addr16	64KB 范围内长调用	×	×	×	×	3
	4	LJMP addr16	64KB 范围内长转移	×	×	×	×	3
	5	SJMP rel	相对短转移	×	×	×	×	2
	6	JMP @A + DPTR	相对长转移	×	×	×	×	1
	7	RET	子程序返回	×	×	×	×	1
	8	RETI	中断返回	×	×	×	×	1
	9	JZ rel	累加器为零转移	×	×	×	×	2
	10	JNZ rel	累加器非零转移	×	×	×	×	2
	11	CJNE A，#data，rel	累加器与立即数不等转移	×	×	×	×	3
	12	CJNE A，direct，rel	累加器与直接寻址单元不等转移	×	×	×	×	3
	13	CJNE Rn，#data，rel	寄存器与立即数不等转移	×	×	×	×	3
	14	CJNE@Ri，#data，rel	RAM 单元与立即数不等转移	×	×	×	×	3
	15	DJNZ Rn，rel	寄存器减 1 不为零转移	×	×	×	×	2
	16	DJNZ direct，rel	直接寻址单元减 1 不为零转移	×	×	×	×	3
	17	NOP	空操作	×	×	×	×	1

（续）

类别	序号	指令格式	功能简述	标志影响				字节数
				P	OV	AC	CY	
位操作类指令	1	MOV C, bit	直接寻址位送 C	×	×	×	√	2
	2	MOV bit, C	C 送直接寻址位	×	×	×	×	2
	3	CLR C	C 清零	×	×	×	√	1
	4	CLR bit	直接寻址位清零	×	×	×	×	2
	5	CPL C	C 取反	×	×	×	√	1
	6	CPL bit	直接寻址位取反	×	×	×	×	2
	7	SETB C	C 置位	×	×	×	√	1
	8	SETB bit	直接寻址位置位	×	×	×	×	2
	9	ANL C, bit	C 逻辑与直接寻址位	×	×	×	√	2
	10	ANL C, /bit	C 逻辑与直接寻址位的反	×	×	×	√	2
	11	ORL C, bit	C 逻辑或直接寻址位	×	×	×	√	2
	12	ORL C, /bit	C 逻辑或直接寻址位的反	×	×	×	√	2
	13	JC rel	C 为 1 转移	×	×	×	×	2
	14	JNC rel	C 为零转移	×	×	×	×	2
	15	JB bit, rel	直接寻址位为 1 转移	×	×	×	×	3
	16	JNB bit, rel	直接寻址位为 0 转移	×	×	×	×	3
	17	JBC bit, rel	直接寻址位为 1 转移并清该位	×	×	×	×	3

参考文献

[1] 谢维成，杨加国．单片机原理与应用及C51程序设计［M］．3版．北京：清华大学出版社，2014.
[2] 李建忠，余新拴，等．单片机原理及应用［M］．3版．西安：西安电子科技大学出版社，2013.
[3] 文武松，王璐，等．单片机原理及应用［M］．北京：机械工业出版社，2015.
[4] 桑胜举，沈丁．单片机原理及应用［M］．北京：中国铁道出版社，2010.
[5] 王玮，费莉，等．单片机技术及应用［M］．西安：西安电子科技大学出版社，2015.
[6] 范书瑞．ARM处理器与C语言开发应用［M］．2版．北京：北京航空航天大学出版社，2014.
[7] 侯殿有．嵌入式系统开发基础：基于ARM9微处理器C语言程序设计［M］．北京：清华大学出版社，2011.
[8] 严海蓉，等．嵌入式微处理器原理及应用——基于ARM Cortex－M3微控制器［M］．北京：清华大学出版社，2014.
[9] 赵德安．单片机与嵌入式系统原理及应用［M］．北京：机械工业出版社，2016.
[10] 杨宗德．嵌入式ARM系统原理与实例开发［M］．北京：电子工业出版社，2010.
[11] 谭浩强．C语言设计［M］．3版．北京：清华大学出版社，2005.
[12] 田泽．ARM9嵌入式开发实验与实践［M］．北京：北京航空航天大学出版社，2006.